세상의 모든 치즈

l'atlas pratique des
FROMAGES

세상의 모든 치즈

치즈의 기원부터 종류, 생산지, 페어링까지 -
치즈의 모든 것에 대하여

트리스탕 시카르 지음
야니스 바루치코스 그림
강현정 옮김

CITRON MACARON

일러두기 : 이 책에 쓰인 표현 '꼬릿하다'의 사전적 표준어 표기는 '고릿하다'입니다. 하지만 '고릿하다'의 순수 의미와 치즈 테이스팅에서 흔히 사용되는 '꼬릿하다'에는 약간의 뉘앙스 차이가 있다고 판단하였고, 톡 찌르는 듯한 치즈 특유의 강한 풍미를 표현할 때 통상적으로 많이 사용되는 '꼬릿하다'가 더 적합하다고 판단되어 그대로 표기하였습니다. - 편집자.

요약

1

Pages 6-39

치즈의 기원 : 역사와 제조

치즈의 원재료와 생산 환경을 바탕으로 한 치즈의 제조과정을 살펴보고 11가지 계열의 각 치즈들이 생산되는 방식을 알아본다.

2

Pages 40-191

세상의 모든 치즈

유럽 연합 인증(AOP, IGP, STG)을 받은 치즈들을 비롯한 세계 각국의 유명 치즈들에 대하여 알아보자. 이 책에는 총 400여 종의 치즈가 소개되었다.

3

Pages 192-233

치즈 생산지

2부에 소개된 모든 치즈의 생산지를 자세히 소개한다. 품질 인증 라벨을 받은 유명 치즈 제품들의 생산지역을 총 24개의 지도를 통해 살펴볼 수 있다.

4

Pages 234-261

치즈 테이스팅

치즈의 맛, 냄새, 질감은 어디서 오는 것일까? 치즈는 언제, 어떻게 먹어야 할까? 계열별로 각각의 치즈들과 특별히 잘 어울리는 페어링은 어떤 것들이 있을까? 치즈 플래터는 어떻게 구성하는 것이 좋을까? 치즈 테이스팅에 관한 모든 비법과 요령을 알아보자.

1

치즈의 기원

역사와 제조

p. 008-009 간략한 치즈 연대표

p. 010-017 낙농 동물의 품종

p. 018-019 낙농 동물의 섭생

p. 020-021 기본이 되는 원재료, 젖

p. 022-025 치즈 제조과정

p. 026-037 11가지의 치즈 계열

p. 038-039 치즈의 포장 라벨 및 인증 마크

간략한 치즈 연대표

수천 년 전부터 생산되어 온 치즈는 인간이 자연으로부터 습득한 것을 잘 드러내는 식품이다. 과연 어떻게 액체(우유)가 고체(치즈)로 변할 수 있을까? 이 현상을 우연히 목도했던 그날 인간은 이 같은 의문을 갖게 되었다. 그 이후 수 세기를 거치면서 그 원리를 터득하게 되었고 기술을 더욱 발전시켰다. 치즈 역사에서 중요한 지표가 되는 시점들을 연대별로 살펴보자.

B.C. 5000

수많은 고대 유물 및 문헌 발굴을 통해 우리는 치즈의 역사가 아주 오래전으로 거슬러 올라간다는 사실을 알 수 있다. 메소포타미아의 모자이크 화(기원전 5,000년)와 수메리아의 문헌들(기원전 3,000년)은 당대에 20여 가지의 치즈가 존재했다는 사실을 보여준다. 이집트에서도 유제품용으로 사용되었음이 분명해 보이는 집기들의 잔해(기원전 2,000년)가 발견되었다. 이 지역의 기후가 매우 건조하고 더운 것으로 미루어 보아 고고학자들은 이 당시에 만들어졌던 치즈들이 꽤 짭짤하고 시큼했을 것으로 추정하고 있다.

B.C. 3000

그리스와 시칠리아에서 기원전 3,000년 것으로 추정되는 페셀(faissels, 커드의 수분을 뺄 수 있도록 작은 구멍들이 나 있는 몰드의 일종)이 발견되었다.

고대

고대에 그리스인들과 로마인들은 축하 만찬이나 연회 때뿐 아니라 군부대에서도 치즈를 즐겨 먹었다. 치즈는 병사들에게 배급되는 식량에 포함되어 있었다(하루에 약 30g). 기원전 200년 대(大) 카토(Marcus Porcius Cato)는 저서 『농업에 관하여(*De agri cultura*)』를 출간했고 여기에서 치즈를 이용한 요리법들을 소개했다. 기원 후 1세기에는 농학자 콜루멜라(Lucius Junius Moderatus Columella)가 자신의 책 『농업론(*De re rustica*)』에서 우유의 응고, 압착, 가염, 숙성 등의 주요 과정을 상세히 설명하며 치즈 만드는 방법을 소개했다. 그는 특히 치즈의 맛을 내고 효과적으로 보관하는 데 있어 소금이 얼마나 중요한지를 강조했다. 또 다른 저자인 대(大) 플리니우스(Gaius Plinius Secundus)는 자신의 책 『박물지(*De diversitate caseorum*)』에서 가발리(Gabali 현 Lozère) 혹은 제보당(Gévaudan) 지역의 고대 로마인들이 좋아하던 몇 가지 치즈들을 기록해놓았다. 이 치즈들은 오늘날의 로크포르(roquefort), 캉탈(cantal) 치즈와 매우 흡사한 것으로 묘사되었다.

중세

게르만, 몽골, 사라센 인들의 대량 유입과 함께 수많은 로마의 치즈들이 사라졌다. 하지만 몇몇 치즈의 레시피와 제조 방법은 수도원이나 고립된 계곡 지대를 중심으로 보존되었다. 치즈를 만들어 온 수도사들 덕분에 마루왈(maroilles), 에푸아스(époisses), 쿨로미에(coulommiers), 블루 드 젝스(bleu de Gex), 퐁 레베크(pont-l'évêque), 아봉당스(abondance) 등의 치즈가 명맥을 유지했다.

1135

치즈를 의미하는 '포르마티쿠스(formaticus)'라는 단어가 문헌에 처음 등장했고 이는 14세기에 '푸르마주(fourmage)', 15세기에 '프로메주(fromaige)', 이어서 오늘날의 프랑스어 '프로마주(fromage)'로 변화했다.

1273

프랑스 데제르빌레르(Déservillers, Doubs)에서 세계 최초의 치즈 협동조합이 탄생했다. 지역에서 생산되는 우유의 상호 부조를 통해 농민들에게 새로운 소득원을 제공할 목적으로 결성한 이 협동조합은 이후 치즈 제조소 프뤼티에르(fruitière: '수확하다'라는 뜻의 라틴어 fructis에서 유래)가 되었다. 쥐라와 알프스 산악지방에서 치즈의 제조와 숙성이 이루어지는 장소이다.

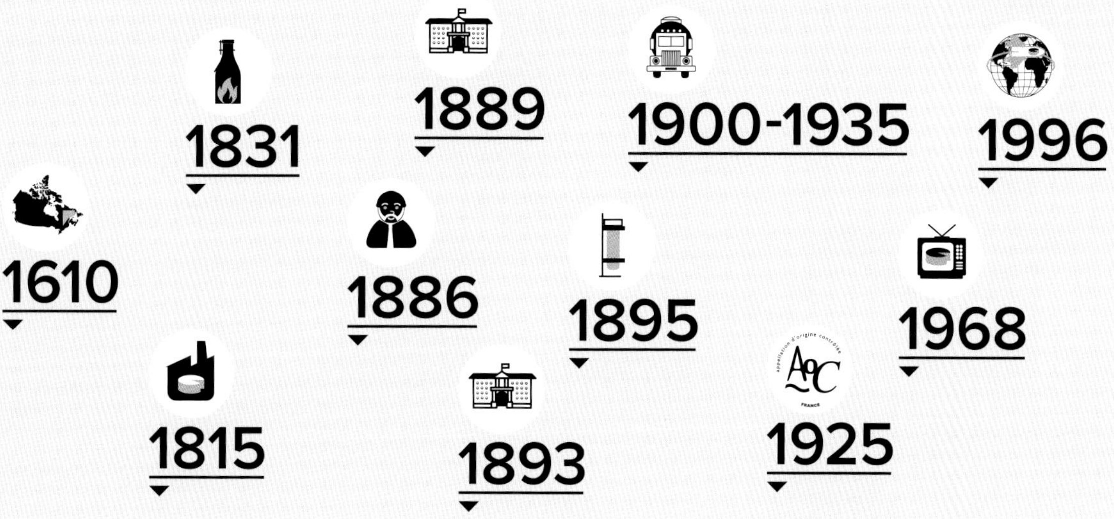

한편, 프랑스에서 최초의 치즈 판매 상점(프랑슈 콩테 지방)이 문을 연 것은 16세기에 이르러서이다.

1610
프랑스의 탐험가 사뮈엘 드 샹플랭(Samuel de Champlain)이 캐나다 퀘벡 지방에 정착하고 소들이 함께 유입되면서 미주 대륙에서 치즈 생산이 시작되었다.

1815
19세기는 과학의 급격한 발전과 생산 방식의 산업화로 인해 치즈 산업도 큰 변화를 겪는 시기가 되었다. 1815년에는 스위스 베른 주에 최초의 치즈 공장이 등장했다.

1831
프랑스의 발명가 니콜라 아페르(Nicolas Appert)는 밀폐 용기 안에 우유를 넣고 가열하면 보존성을 더 높일 수 있다는 사실을 발견하였다. 아페르티자시옹(appertisation)이라고 불리는 이 방식은 파스퇴르 저온살균(pasteurisation)의 효시가 되었다.

1886
독일의 농화학자 프란츠 폰 속슬레트(Franz von Soxhlet)에 의해 우유의 저온살균법(pasteurisation)이 최종 완성되었다.

1889
프랑슈 콩테 지방 폴리니(Poligny, Franche-Comté)에 최초의 국립 낙농 학교가 설립되었다.

1893
캐나다 퀘벡 지방 생 티아생트(Saint-Hyacinthe)에 북미 최초의 낙농 학교가 설립되었다.

1895
루이 파스퇴르(Louis Pasteur)의 제자인 에밀 뒤클로(Émile Duclaux)는 치즈 제조과정에 저온살균 방식인 '파스퇴리자시옹(pasteurisation)'을 도입했다.

1900-1935
양철 우유통 대신 액체 운반용 보온 탱크 트럭이 사용되기 시작했고, 목장에서의 착유 작업에도 기계의 사용이 점점 더 많아졌으며 우유의 냉장 보관이 일반화됨에 따라 저온살균 우유를 사용한 치즈 산업이 더욱 발전하게 된다.

1925
로크포르(roquefort)가 최초로 AOC(원산지명칭통제 Appellation d'origine controlée) 치즈 인증을 받았다. AOC는 이후 AOP(원산지명칭보호 Appellation d'origine protegée)로 그 명칭이 바뀐다.

1968
최초의 치즈 TV 광고가 등장한다(Boursin®).

1996
프랑스의 우주비행사 장 자크 파비에(Jean-Jacques Favier) 덕분에 피코동(picodon)은 최초로 지구를 한 바퀴 돈 치즈가 되었다. 그는 미국의 우주 왕복선 콜럼비아호에 피코동 치즈 14개를 갖고 탑승했다.

낙농 동물의 품종

온순한 기질의 동물인 암양은 인간에 의해 길들여진 최초의 젖 생산 동물 종이었다. 특히 골짜기가 많은 언덕 지역과 중간 고도의 산악지대에서 많이 서식하는 산양들은 가장 영양가가 풍부하며 치즈를 만들기에 최적인 젖을 생산한다. 프랑스 낙농 양들의 주요 품종들을 살펴보자.

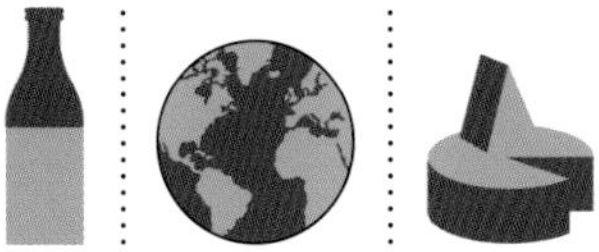

바스코 베아르네즈 LA BASCO-BÉARNAISE : 소용돌이 모양으로 휜 뿔이 특징

두상이 좁고 얼굴 옆모습이 심하게 돌출된 모양을 하고 있으며 양쪽에는 소용돌이 모양으로 꼬인 두 개의 큰 뿔이 귀를 둘러싸고 있다. 털이 곱슬곱슬하며 흰색을 띤다. 평균 무게는 60kg 정도 된다.

산유 능력
연간 145일의 수유기 동안 약 180리터의 젖을 생산한다. 동종 양들과 마찬가지로 이 품종은 치즈 제조 적합도(fromageabilité)*가 아주 높은 양질의 우유를 생산한다(단백질 함유율 54g/kg, 유지방 함유율 74g/kg).

서식지
바스코 베아르네즈라는 이름에서 알 수 있듯이 이 품종의 양은 프랑스 남서부 피레네 산맥 자락의 베아른과 바스크 지방에서 방목되고 있다.

치즈
오소 이라티(Ossau-iraty), 톰 데 피레네(tomme des Pyrénées)

* 용어 정리 p.262-263 참조

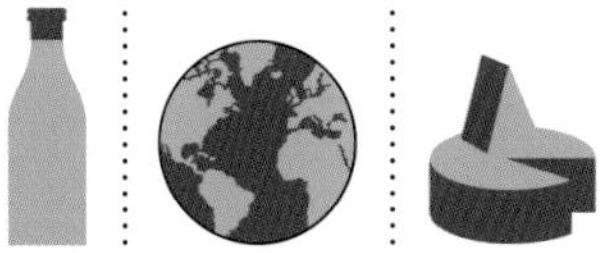

라콘 LA LACAUNE : 개체 수 1위의 프랑스 양 품종

은빛이 나는 흰색 털로 덮인 긴 모양의 두상을 갖고 있다. 귀는 길쭉하고 가로로 뻗어 있으며 흰색 솜털로 얇게 덮여 있다. 몸통은 배 쪽을 제외한 윗면만 얇은 털로 덮여 있다. 평균 무게는 약 70kg 정도 된다.

산유 능력
프랑스에서 가장 많은 개체수를 자랑하는 이 품종 양은 연간 167일의 수유기 동안 평균 260 리터의 젖을 생산한다(단백질 함유율 54g/kg, 유지방 함유율 72g/kg).

서식지
이 양 품종은 마시프 상트랄 남부(Aveyron, Tarn), 랑그독 루시용, 코르시카 섬에서 자란다.

치즈
대표적인 치즈는 로크포르(roquefort)다. 그 외에 이 품종 양의 젖은 블루 드 세브락(bleu de Séverac), 피추네(pitchounet), 르퀴트 드 라베롱(recuite de l'Aveyron), 페라이(pérail) 등의 치즈에도 사용된다.

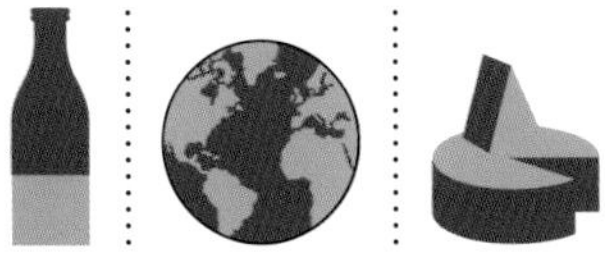

마네슈 아 테트 누아르 LA MANECH À TÊTE NOIRE : 대표적인 산양

이름에서 알 수 있듯이 이 양의 머리는 검정색이다. 중간 정도의 무게(55~60kg)를 갖고 있는 이 품종은 회색, 검정색, 흰색 빛이 도는 최대 30cm 길이의 양모를 생산한다. 두상은 앞부분이 좁으며 뿔과 귀는 아래쪽을 향해 있다. 발은 키에 비해 큰 편이며 털이 없다.

산유 능력
연간 133일의 수유기 동안 약 110리터의 젖을 생산한다(단백질 함유율 55g/kg, 유지방 함유율 75g/kg).

서식지
주로 산악지대에 많이 서식하는 양 품종이다. 알뒤드(Aldudes) 계곡이나 이라티(Iraty) 숲과 같은 피레네 산맥 바스크 지역 가파른 경사 지대에서 방목한다.

치즈
오소 이라티(Ossau-iraty), 잇차수(itxassou)

마네슈 아 테트 루스 LA MANECH À TÊTE ROUSSE : 풍부한 맛의 양젖

이름처럼 머리는 적갈색이고 발 또한 같은 색이다. 굵직한 술 모양을 한 흰색의 양모는 아래로 축 처져 있다. 머리에는 뿔이 없으며 얼굴 앞부분이 좁고 길쭉한 귀는 아래를 향하고 있다.

산유 능력
연간 167일의 수유기 동안 약 150리터의 젖을 생산한다(단백질 함유율 55.8g/kg, 유지방 함유율 76g/kg).

서식지
바스 나바르(Basse-Navare)나 바스 술(Basse-Soule) 등의 바스크 지방의 산악 저지대와 구릉지대에서 주로 방목한다. 아리에주(Ariège) 지방에서도 볼 수 있다.

치즈
오소 이라티(Ossau-iraty), 퀴피동(cupidon)

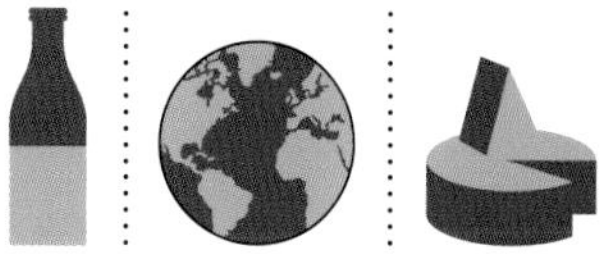

사촌 격인 양들과 마찬가지로 염소 또한 비교적 작은 사이즈의 반추동물이다. 소만큼 많은 양의 젖을 생산하지는 않지만 염소젖은 무기질과 비타민이 더욱 풍부할 뿐 아니라 소화도 더 잘 된다. 프랑스에서 치즈 생산용으로 키우는 낙농 염소 품종 중 대표적인 5종류를 소개한다.

알핀 샤무아제 L'ALPINE CHAMOISÉE : 프랑스 개체 1위의 염소 품종

알파인 염소의 크기는 중간 정도(키* 80cm, 무게 60kg)로 담황색이 도는 갈색을 띠고 있으며 털이 짧다. 등줄기를 따라 검은색 선이 나 있고 가슴의 위치가 높으며 골반은 넓은 편이다. 유방이 매우 커서 손이나 기계를 이용해 손쉽게 착유할 수 있다.

산유 능력
수유기에 평균 약 800리터의 젖을 생산한다(단백질 함유율 32.4g/kg, 유지방 함유율 37.3g/kg).

서식지
이름은 알파인 염소지만 알프스 지역에서만 자라는 것은 아니다. 프랑스 서부 지역(Loire, Poitou, Touraine, Limousin, Corrèze) 및 발레 뒤 론(vallée du Rhône)이나 아베롱(Aveyron) 지방에서도 찾아볼 수 있다.

치즈
생트 모르 드 투렌(sainte-maure de Touraine), 풀리니 생 피에르(pouligny-saint-pierre), 피코동 드 라 드롬(picodon de la Drôme)

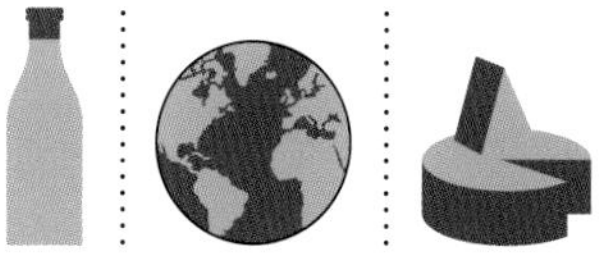

푸아트빈 LA POITEVINE : 털이 멋진 염소

키* 70cm, 무게 60kg의 중간 사이즈 염소로 배, 꼬리, 사지 안쪽은 흰색이다. 목이 길고 유연하며 특히 독특한 털 형태로 인해 동종의 다른 염소와 쉽게 구별된다. 털이 길고 검정색은 또는 갈색을 띠고 있다.

산유 능력
연간 239일의 수유기 동안 약 538리터의 젖을 생산한다(단백질 함유율 30.7g/kg, 유지방 함유율 35.9g/kg).

서식지
이름이 말해주듯 푸아투(Poitou) 지방에 서식하지만 투렌(Touraine), 브르타뉴(Bretagne) 남부와 리옹(Lyon), 생테티엔(Saint-Étienne) 지역에서도 찾아볼 수 있다.

치즈
샤비슈 뒤 푸아투(Chabichou du Poitou), 모테 쉬르 푀유(mothais-sur-feuille), 셀 쉬르 셰르(selles-sur-cher)

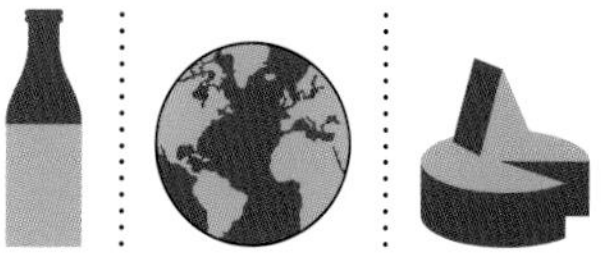

* hauteur au garrot : 여기에 언급되는 키는 서 있는 짐승의 앞발바닥에서부터 어깨까지 수직으로 잰 높이를 뜻한다.

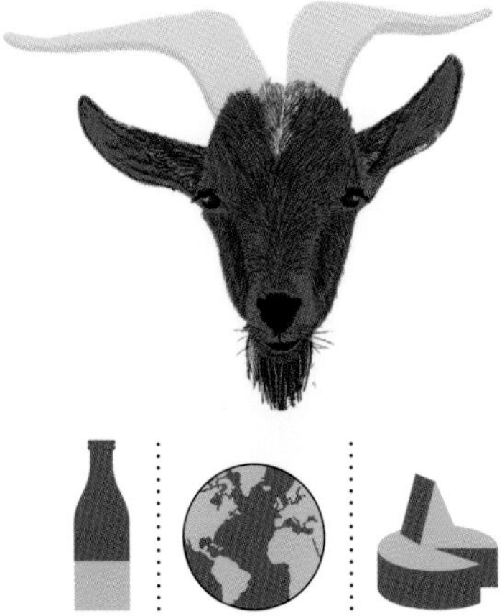

피레네엔 LA PYRÉNÉENNE : 이 지역에서만 만나볼 수 있는 품종

비교적 덩치가 큰(키* 75cm, 평균 무게 70kg) 이 품종의 염소는 뿔이 뒤쪽을 향해 굽어져 있으며 앞부분에 털이 술처럼 늘어져 있고 짤막한 턱수염을 갖고 있는 것이 특징이다. 털은 빳빳하고 길이는 중간 이상이며 흰색에서 밤색, 담황색, 검정색을 띠고 있다.

산유 능력
동종 염소들에 비해 산유량은 적은 편이다(연간 228일의 수유기 동안 평균 315리터의 젖을 생산한다). 하지만 이 젖의 단백질 함유율과 유지방 함유율은 결코 낮은 수치가 아니다(각 30.4g/kg, 38.5g/kg).

서식지
알파인이나 푸아트빈 종 염소는 이름과 달리 해당 지역 외에서도 만나볼 수 있지만 이 품종은 이름처럼 오직 피레네 산맥 지역에서만 서식한다.

치즈
톰 데 피레네(tomme des Pyrénées), 크로탱 데 피레네(crottin des Pyrénées), 톰 다스프(tomme d'Aspe)

로브 LA ROVE : 보존해야 할 귀한 품종

이 염소는 매우 희귀한 품종이며 번식률이 낮기 때문에 거의 사라질 뻔했다. 비교적 키가 큰 편(75cm 정도)이지만 반대로 평균 무게는 50kg 정도로 매우 가볍다. 뿔이 길고 경우에 따라 뒤틀리듯이 꼬여 있는 모양도 있다. 귀는 얇고 넓으며 앞쪽을 향하고 있다. 털은 베이지, 검정 혹은 흰색을 띤 적갈색이다. 몸이 작은 편이지만 근육의 탄성이 매우 좋다.

산유 능력
젖 생산량이 적은 편(연간 평균 250리터)이지만 이 염소젖의 치즈 제조 적합도는 매우 우수하다(단백질 함유율 34g/kg, 유지방 함유율 48g/kg).

서식지
이 품종은 프랑스 남동부 전역에서 볼 수 있다. 특히 프로방스 알프 코트 다쥐르(Provence-Alpes-Côte d'Azur) 지역 산악지대에 많이 분포되어 있다.

치즈
바농(banon), 펠라르동(pélardon), 로브탱(rovethym), 브루스 뒤 로브(brousse du Rove)

자넨 SAANEN : 전 세계 어디서나 볼 수 있는 품종

온순하고 기르기 용이하기 때문에 전 세계에 가장 널리 퍼져 있는 낙농 염소 품종이다(프랑스에서는 두 번째로 많다). 몸이 흰색이고 털이 짧기 때문에 쉽게 알아볼 수 있는 이 품종은 본래 스위스의 계곡 지대 자네(Saane)가 원산지다. 이마에서 콧방울까지 일직선으로 떨어지며 가슴과 갈빗대가 잘 두드러지는 편이다. 특히 구형의 유방은 세로보다 가로로 더 넓은 모양을 하고 있다.

산유 능력
이 염소 종은 많은 양의 젖을 생산한다(연간 280일의 수유기 동안 평균 약 800리터). 단점은 단백질과 유지방 함유율이 낮다는 것이다(각 29g/kg, 32g/kg).

서식지
모르비앙(Morbihan)에서부터 피레네 오리앙탈(Pyrénées-Orientales)과 루아레(Loiret)를 거쳐 바르(Var)에 이르기까지 널리 분포되어 있다. 뿐만 아니라 오 드 프랑스(Hauts-de-France) 지역에서도 만나볼 수 있다.

치즈
발랑세(valençay), 셀 쉬르 세르(selle-sur-cher), 구르 누아르(gour noir)

소가 들판에서 풀을 뜯고 있는 모습은 프랑스의 전형적인 농촌 풍경이다. 양과 염소와는 달리 소는 프랑스 영토 전역에 널리 분포되어 있다. 낙농 젖소 품종 중 치즈를 만들 수 있는 대표적인 품종 11가지를 소개한다.

라봉당스 L'ABONDANCE : 매우 튼튼한 소 품종

심한 일교차(고지 하계 목장의 경우 아침 영하10℃~저녁 35℃)에도 잘 견디는 이 품종은 산악지대에 최적화되어 있다. 눈과 귀 둘레가 짙은 적갈색을 띠고 있는 것이 특징인데 이는 특히 빛의 반사를 줄여 안질환으로부터 눈을 보호해준다. 평균 키는 145cm이며 무게는 550~800kg 정도이다.

산유 능력
이 품종 소의 젖은 대부분(80%) AOP(원산지명칭보호) 또는 IGP(지리적표시보호) 인증 치즈를 만드는 데 사용된다. 305일간의 수유기 동안 약 5,550리터의 우유를 생산한다(단백질 함유율 33.1g/kg, 유지방 함유율 37g/kg).

서식지
주로 론 알프(Rhône-Alpes)와 마시프 상트랄(Massif central) 지역에서 자라며 스위스와 이탈리아령 알프스 산맥 지대 및 이집트, 알제리, 예멘, 이란, 베트남 등지에서도 기른다.

치즈
에망탈 드 사부아(emmental de Savoie), 톰 데 보주(tome des Bauge), 보포르(beaufort), 르블로숑(reblochon), 아봉당스(abondance)

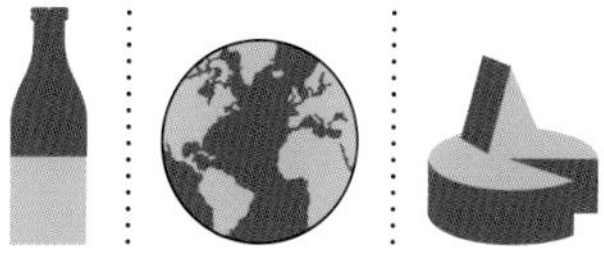

브륀 LA BRUNE : 세계적인 소 품종

프렌치 브라운이라고도 불리는 이 품종은 스위스 동부 지방 소들의 교배종이다. 중간 정도 크기에(키 150cm, 무게 700kg) 이마가 넓고 뿔은 끝이 위를 향하고 있으며 발목이 매우 튼튼하다.

산유 능력
305일간의 수유기 동안 7,000리터를 조금 넘는 양의 우유를 생산한다. 단백질 함유율과 유지방 함유율은 각 34.3g/kg, 41.1g/kg로 매우 양호한 편이다.

서식지
프랑스를 비롯하여 전 세계에 널리 분포되어 있다(스페인, 이탈리아, 스위스, 독일, 영국, 오스트리아, 슬로베니아, 캐나다, 미국, 호주).

치즈
에푸아스(époisse), 랑그르(langres), 캉탈(cantal), 브리 드 모(brie de Meaux)

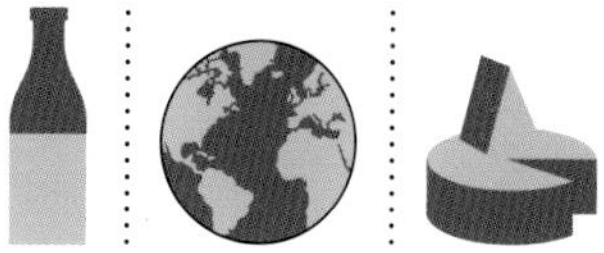

제르시에즈 LA JERSIAISE : 덩치는 작지만 우수한 산유 능력

저지(Jersey) 종. 저지 섬이 원산지인 이 작은 사이즈(키 128cm, 평균 무게 430kg)의 소는 황갈색을 띠고 있다. 머리는 몸보다 색이 더 짙은 편이며 코 점막은 어두운 색을 띤다. 콧방울 주위는 흰색으로 둘러싸여 있으며 뿔은 아래쪽을 향하고 있다. 목 부분은 일직선 모양을 하고 있다.

산유 능력
324일간의 수유기 동안 약 5,100리터의 우유를 생산한다(단백질 함유율 54.5g/kg, 유지방 함유율 37.8g/kg).

서식지
주로 브르타뉴(Bretagne)와 노르망디(Normandie) 지방에서 자란다. 그 외에 루아르(Loire), 마시프 상트랄(Massif central)에서도 볼 수 있으며, 캐나다에서 뉴질랜드에 이르기까지 전 세계에 널리 분포되어 있다.

치즈
콩테(comté), 모르비에(morbier), 몽 도르(mont-d'or), 생 넥테르(saint-nectaire)

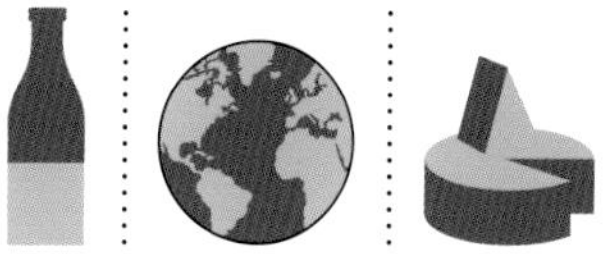

몽벨리아르드 LA MONTBÉLIARDE : 5대륙에 널리 분포하는 소 품종

개체수에 있어 프랑스에서 2위를 차지하고 있는 품종이다. 원산지는 프랑슈 콩테 지방에 위치하고 있지만 몽벨리아르드 소는 프랑스 산악지대 전체에 널리 퍼져 있다. 덩치가 큰 편(키 145cm, 무게 750g)에 속하는 이 소는 흰 바탕에 적갈색 얼룩이 있으며 하부는 흰색이 주를 이루고 있다.

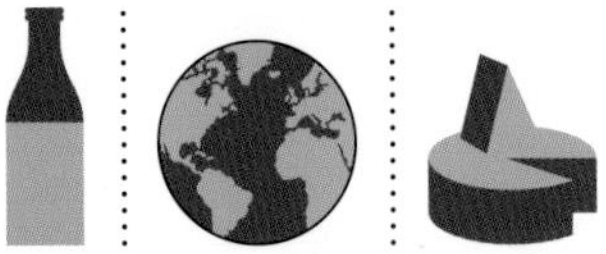

산유 능력
305일간의 수유기 동안 평균 7,800리터의 치즈 제조 적합도(fromageabilité)*가 아주 높은 품질의 우유를 생산한다(단백질 함유율 32.7g/kg, 유지방 함유율 38.4g/kg).

서식지
프랑스 거의 대부분의 지역에서 볼 수 있다. 그 외에 벨기에, 네덜란드, 스위스, 폴란드, 루마니아, 러시아, 모로코, 콜롬비아, 멕시코 등지와 호주에서도 기르고 있다.

치즈
콩테(comté), 모르비에(morbier), 몽 도르(mont-d'or), 생 넥테르(saint-nectaire)

노르망드 LA NORMANDE : 안경을 쓴 것 같은 눈 모양이 특징

이름이 말해주듯 이 소는 노르망디 지방을 대표하는 품종이다. 안경을 쓴 듯한 눈 모습과 갈색 또는 검정색의 얼룩무늬로 쉽게 구분할 수 있는 이 소는 온순하고 쉽게 새끼를 낳는다. 비교적 큰 사이즈(키 145cm, 평균 무게 800kg)로 몸이 길쭉하고 덩치가 크다.

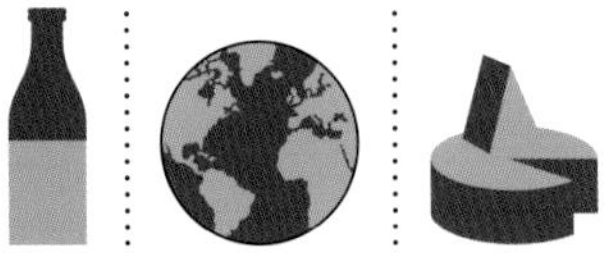

산유 능력
322일간의 수유기 동안 평균 6,500리터의 우유를 생산한다. 단백질 함유율 34.5g/kg, 유지방 함유율 42.9g/kg로 영양이 풍부하다.

서식지
노르망디를 필두로 프랑스의 기타 지역(북부, 브르타뉴, 아르덴, 서부 지역, 마시프 상트랄)과 세계 각국(미주, 서부 아프리카, 마다가스카르, 스칸디나비아, 중국, 일본, 몽골, 호주)에서 기르고 있다.

치즈
카망베르 드 노르망디(camembert de Normandie), 퐁 레베크(pont l'évêque), 리바로(livarot), 쾨르 드 뇌샤텔(cœur de Neufchâtel)

피 루즈 LA PIE ROUGE : 유럽에서 두 번째로 개체수가 많은 소

붉은색(또는 밝은 밤색)과 흰색 얼룩무늬로 쉽게 구분이 가능한 이 품종은 동종 소들보다 키가 더 작지만(147cm) 무게는 더 나간다(평균 750kg). 몸통이 길고 골반이 넓으며 갸름한 두상에 넓적한 콧방울을 갖고 있다. 유럽에서 두 번째로 개체 수가 많은 젖소 품종이다.

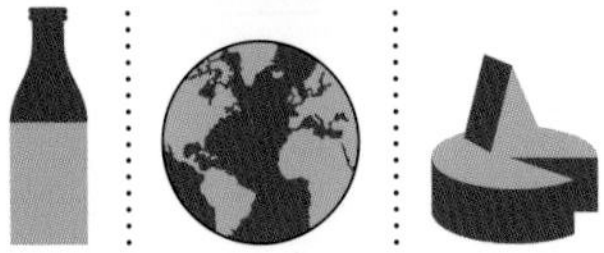

산유 능력
305일간의 수유기 동안 평균 7,800리터의 우유를 생산한다(단백질 함유율 32.6g/kg, 유지방 함유율 41.9g/kg).

서식지
브르타뉴, 노르망디, 중부지방, 마시프 상트랄 지역에서 볼 수 있다. 그 외에 독일, 네덜란드, 스위스에서도 기르는 품종이다.

치즈
포르 살뤼(port-salut), 티마되크(timadeuc)

프림 올스타인 LA PRIM'HOLSTEIN : 많은 양의 젖을 생산하는 소 품종

몸집이 큰 젖소의 대표주자격인 홀스타인 품종이 생산하는 젖의 양은 프랑스에서 착유하는 우유의 80%를 차지한다. 검정과 흰색의 얼룩무늬를 띤 이 젖소는 평균 키가 145cm이며 무게는 600~700kg 정도 된다. 이 소의 유방은 직접 손으로 젖을 짜는 방법은 물론 착유기를 사용하기에도 아주 이상적이다.

산유 능력
연간 348일의 수유기 동안 평균 9350리터의 젖을 생산한다(단백질 함유율 31.8g/kg, 유지방 함유율 39g/kg).

서식지
프로방스 지방과 코르시카 섬을 제외한 프랑스 전역에서 볼 수 있다. 그 외에 폴란드, 독일, 영국, 미국과 뉴질랜드에서도 키우는 품종이다.

치즈
미몰레트(mimolette), 고다(gouda), 체다(cheddar)

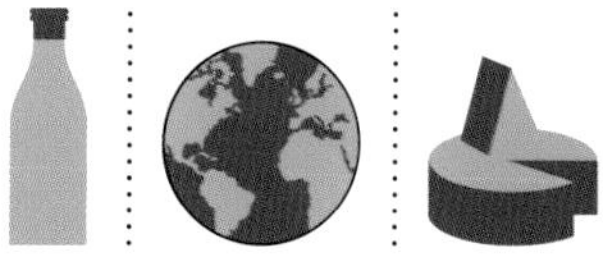

루즈 플라망드 LA ROUGE FLAMANDE : 오랜 역사를 가진 소 품종

프랑스에서 가장 오래된 젖소 품종 중 하나이다. 짙은 적갈색의 단색 털을 갖고 있으며 뿔이 있는 경우, 앞을 향한 왕관모양을 하고 있다. 덩치가 비교적 큰 편이다(키 145cm, 평균 무게 700kg).

산유 능력
305일간의 수유기 동안 평균 5,700리터의 젖을 생산한다(단백질 함유율 32.4g/kg, 유지방 함유율 39.5g/kg).

서식지
프랑스 북부 전 지역(오 드 프랑스, 노르망디, 아르덴)에서 기르고 있다. 또한 벨기에, 브라질, 호주 혹은 중국 등지에서도 볼 수 있다.

치즈
마루알(maroilles), 미몰레트(mimolette), 몽 데 카츠(Mont des Cats), 베르그(bergues)

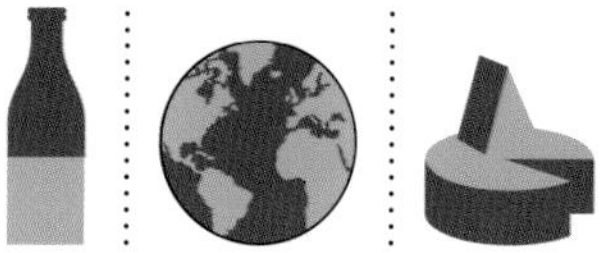

시망탈 LA SIMMENTAL : 세계적인 소 품종

시망탈(시멘탈)은 전 세계 5대륙에 널리 존재하는 몇 안 되는 젖소 품종 중 하나이다. 커피우유 톤의 붉은색 얼룩이 있으며 골반이 넓고 깊다. 키는 보통 사이즈(150cm)이며 무게는 평균 800kg 정도 된다.

산유 능력
305일간의 수유기 동안 약 6,300리터의 우유를 생산한다. 이 소의 젖은 치즈 제조에 매우 좋은 조건을 갖추고 있다(단백질 함유율 33.6g/kg, 유지방 함유율 39.8g/kg).

서식지
시멘탈 젖소는 브르타뉴, 마시프 상트랄 및 프랑스 동부 거의 모든 지역에서 기르고 있다. 총 개체 수는 4,000만 마리에 달하며 전 세계 모든 대륙에서 볼 수 있다.

치즈
라기올(laguiole), 에푸아스(époisses), 수맹트랭(soumaintrain)

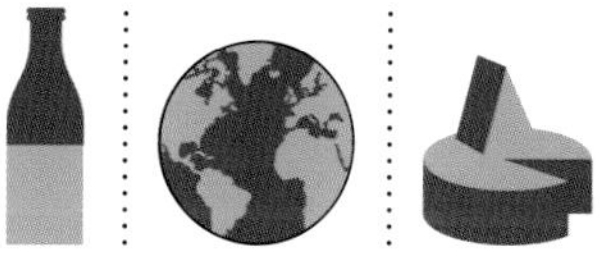

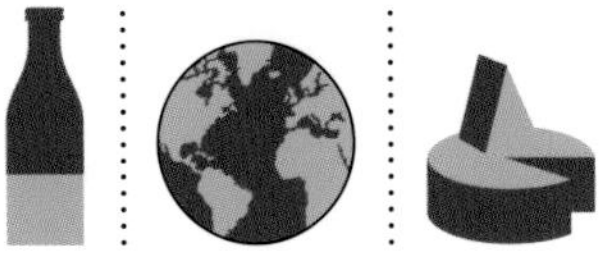

타린 LA TARINE : 보행 능력이 뛰어난 소 품종

'타랑테즈(tarentaise)'라고도 불리는 이 품종은 몸집이 가장 작은 젖소들 중 하나이다(키 135cm, 평균 무게 550kg). 황갈색 털로 쉽게 분별이 가능한 이 소는 몸이 날씬하며 검은색 발톱이 매우 단단해 보행 능력이 아주 뛰어나다. 두상이 짧고 옆모습은 직선을 이루고 있다. 뿔은 끝부분이 검은색이며 위쪽으로 휘어 있다.

산유 능력
305일간의 수유기 동안 약 4,500리터의 젖을 생산한다. 이 소젖의 단백질(32.1g/kg)과 유지방 함유율(35.9g/kg)은 최상급은 아니지만 4종의 AOP(원산지명칭보호) 치즈와 2종의 IGP(지리적 표시보호) 치즈를 만드는 데 사용된다.

서식지
프랑스에서는 마시프 상트랄(massif central)과 알프(Alpes) 지역에서 주로 기른다. 그 외에 캐나다, 미국, 알바니아, 이집트, 이라크, 베트남과 히말라야 산악지역에서도 볼 수 있다.

치즈
보포르(beaufort), 톰 데 보주(tome des Bauges), 르블로숑(reblochon), 아봉당스(abondance), 톰 드 사부아(tomme de Savoie), 에망탈 드 사부아(emmental de Savoie)

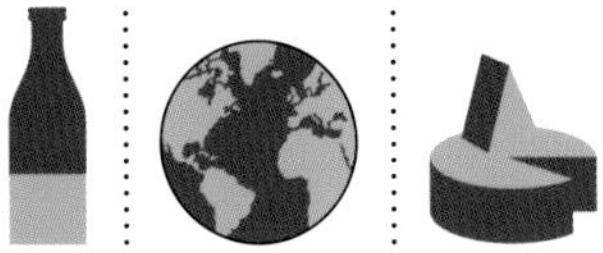

보지엔 LA VOSGIENNE : 큰 이목을 끌지는 않지만 소중한 품종

키(140cm)가 그다지 큰 편이 아니지만 덩치는 우람하다(무게 650kg). 주둥이 부위가 검은색이고 다리는 짧아도 근육과 살집이 육중하다. 몸에는 흰색과 검은색 얼룩무늬가 있으며, 특히 머리에서 뒷다리에 이르기까지 측면에 펼쳐진 검은색의 넓은 띠 모양이 인상적이다. 등과 배는 주로 흰색이 많이 차지한다.

산유 능력
305일간의 수유기 동안 평균 약 4,300리터의 젖을 생산한다(단백질 함유율 31.7g/kg, 유지방 함유율 37.4g/kg).

서식지
로렌, 알자스, 프랑슈 콩테, 부르고뉴, 쥐라, 알프, 마시프 상트랄 지역에서 기른다. 루아르 지역에서도 볼 수 있다. 개체수가 매우 적으며 프랑스 이외 지역에서는 거의 찾아보기 힘들다.

치즈
묑스테르(munster), 프티그레(petit grès)

프랑스의 기타 젖소 품종

블루 뒤 노르
La bleue du Nord
프랑스 북부에만 존재하는 품종으로 현재 이 소의 젖으로 만드는 치즈는 파베 블루(pavé bleu) 한 종류다.

보르들레즈
La bordelaise
이름이 말해주듯 보르도 지역이 원산지인 품종이다. 이 소의 젖은 주로 해당 지역에서 생산하여 근거리 소비자에게 직거래되는 크림과 버터의 원재료로 사용된다.

브르톤 피 누아
La bretonne pie noir
이 품종 소는 척박하고 단단한 화강암질의 토양에서 방목한다. 이 소의 젖은 크림, 버터, 버터 밀크(lait ribot) 등을 만드는 데 사용된다.

페랑데즈
La ferrandaise
마시프 상트랄 지역이 원산지인 품종으로 이 소의 젖으로 생 넥테르(saint-nectaire)나 푸름 당베르(fourme d'Ambert) 등의 AOP 치즈를 만든다.

프로망 뒤 레옹
La froment du Léon
브르타뉴 북부 지역이 원산지인 품종이다. 이 소의 젖은 크림, 버터를 만드는 데 주로 사용되며 특히 주황빛이 도는 진한 맛의 버터가 일품이다.

빌라르 드 랑
La villard-de-lans
주로 산악지대에서 기르는 큰 덩치의 소 품종이다. 이 소의 젖으로 블루 뒤 베르코르 사스나주(bleu du Vercors-Sassenage) AOP 치즈를 만든다.

젖으로 치즈를 만들 수 있는 낙농 반추동물에는 양, 염소, 소만 있는 것이 아니다. 그중 빼놓을 수 없는 대표적 동물은 물소다. 하지만 그 외 기타 낙농 동물이 제공하는 젖의 양은 전 세계 생산량의 1%에 불과하다. 또한 이 젖들이 모두 치즈를 만드는 데 사용되는 것은 아니다.

물소 LA BUFFLONNE : 전 세계에서 두 번째로 많은 젖을 생산하는 동물

물소는 전 세계에서 일반 젖소 다음으로 젖을 가장 많이 생산하는 동물로 총 생산량의 13%를 차지한다(소 83%, 염소 2%, 양 1%, 기타 젖 생산 동물 1%). 유럽에서 물소는 특히 쭉쭉 늘어나는 계열의 파스타 필라타 치즈(모차렐라, 스카모르차, 카초카발로 등) 생산용으로 많이 기른다. 인도, 파키스탄, 중국 등지에서 물소 젖은 주로 우유로 소비된다.
물소의 키는 약 140cm, 몸의 길이는 250cm, 무게는 평균 500kg 정도 된다. 몸은 검은색이며 위로 향해 굽은 큰 뿔과 넓은 콧방울이 특징이다.

산유 능력
9개월간의 수유기 동안 평균 2,700리터의 젖을 생산한다(단백질 함유율 48g/kg, 유지방 함유율 85g/kg).

서식지
주로 질퍽한 늪지대에서 자라는 이 소는 이탈리아 남부가 최적의 서식지이며 그 외에 이집트, 파키스탄, 인도, 네팔, 중국 등지에서도 볼 수 있다.

치즈
모차렐라 디 부팔라 캄파나(mozzarella di bufala campana), 부라타(burrata), 카초카발로(caciocavallo)

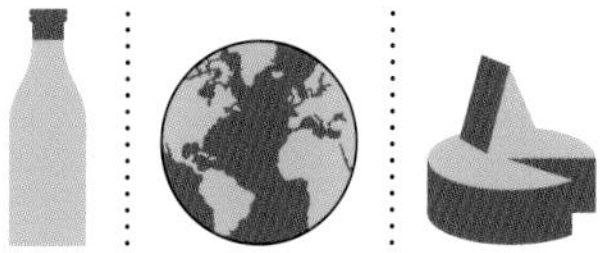

전 세계의 기타 젖 생산 동물 AUTRES RACES LAITIÈRES DANS LE MONDE

양, 염소, 젖소, 물소 이외에도 그 양은 비록 미미하지만 우유와 치즈 생산용 젖을 얻기 위해 기르는 동물들이 있다.

당나귀 L'ânesse
인간의 모유 영양 성분과 거의 비슷해 20세기 초까지 모유 대용으로 사용되었던 당나귀 젖(일일 평균 생산량 5리터)은 소젖보다 유당이 많고 지방은 더 적다. 때문에 일반 우유에 알러지가 있는 아이들에게 좋은 대안이 될 수 있다.
당나귀 젖은 특히 화장품업계에서 많이 사용되고 있다. 카제인과 지방 함량이 적기 때문에 치즈를 만들기에는 까다로운 재료다. 따라서 당나귀 젖으로 만든 치즈는 세계에서 가장 비싼 치즈 중 하나가 된다(kg당 1,000유로). 세르비아의 한 목장에서 당나귀유로 치즈를 만들고 있으며 그 이름은 퓔(pule)이다.

낙타 La chamelle
낙타의 젖(일일 평균 생산량 20리터)은 소젖에 비해 단백질 함유율이 특히 높으며 유지방 함유율은 낮다. 반면 이 젖을 구성하고 있는 무기질과 비타민은 매우 영양가가 높다. 이러한 이유로 실제 영양실조를 겪고 있는 영아들에게 매우 효과적이다. 특히 아프리카, 아라비아 반도, 아시아(아프가니스칸, 몽골) 지역에서 많이 생산된다.

야크 La dri(femelle du yack)
아시아 고원 지대에 서식하는 야크는 아주 적은 양의 젖(연간 약 300리터, 수유 일수 200일)을 생산하지만, 이 젖으로 척박한 환경에서 생활하는 인구를 위한 버터와 치즈를 만들 수 있다. 티벳, 중국 히말라야 지역 등지에서는 이 야크 젖으로 만든 건조 치즈(aarul, eezgii, tarag 등)를 발견할 수 있다.

낙농 동물의 섭생

낙농 동물이 섭취하는 먹이의 종류와 영양분은 젖의 질에 직접적인 영향을 미친다. 이는 결과적으로 이 젖으로 만드는 치즈의 품질을 좌우하게 된다.

양 LES BREBIS : 소금을 마음껏 섭취하도록

양의 먹이는 풀이 주를 이루며 벼 건초, 콩과 식물 건초, 건초와 사일리지* 사료도 사용한다. 목축업자는 이 사료에 결핍된 소금을 동물이 마음껏 섭취할 수 있도록 반추동물용 소금 블록(pierre à sel)을 비치해두어 핥아 먹게 한다. 이는 입맛을 돋우고 침이 돌게 하며 물을 마시게 만들어 결과적으로 소화가 더 잘 되도록 돕는 효과가 있다. 양은 물을 매우 많이 마시는 동물이다.

*silage, ensilage : 목초나 사료작물을 베어서 말리지 않고 사일로(silo)에 저장해 젖산발효를 시킨 사료.

염소 LES CHÈVRES : 행복은 풀밭에

봄부터 가을까지 염소들은 먹이의 대부분을 풀밭에서 섭취한다. 겨울에는 건초, 말린 알팔파, 옥수수 알, 밀, 보리 등의 사료를 먹여야 한다. 특히 날씨가 더울 때는 양의 경우와 마찬가지로 소금 블록을 비치해두어 염소들이 핥아먹도록 한다.

먹이 섭취량 : *매일 약 2kg*
물 : *매일 5~10리터*

먹이 섭취량 : *매일 건초 약 2kg 또는 청예사료* 12kg*

*fourrages verts : 식물이 성싱할 때 베어 만든 가축의 먹이.

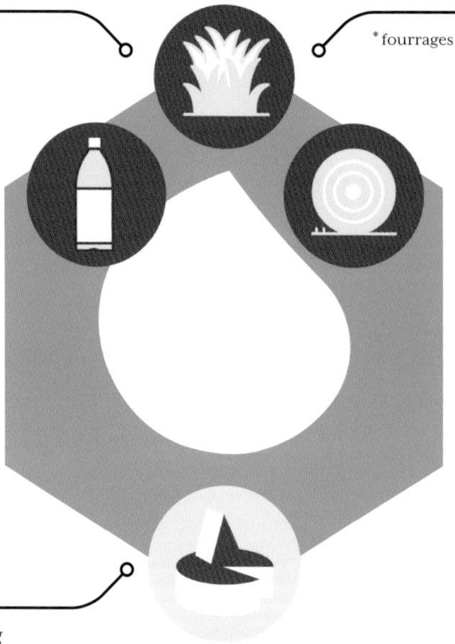

건초 LE FOIN
건초는 제철에 싱싱한 풀을 잘라 만든다. 이를 야외 들판에서 햇빛에 완전히 말려 건초를 만든다. 이것을 70kg씩 둥글게 말아 커다란 더미를 만들어 비축해 놓은 뒤 겨울철 가축의 사료로 사용한다.

사일리지 L'ENSILAGE
싱싱한 풀을 잘게 자른 것으로 목장에서는 이것을 덮개가 있는 사일로(silo) 안에 쌓아둔다. 여기서 발효가 일어나 풀을 봄까지 저장할 수 있게 되며 겨울 동안 동물에게 사료로 공급할 수 있다. 하지만 사일리지 사료는 납중독, 보툴리누스균 중독, 리스테리아균 등 위생상의 위험 요소가 될 수 있기 때문에 동물에 사용하는 것을 권장하지 않는 경우가 많다.

먹이 섭취량 : *매일 약 70kg*
물 : *매일 90리터*

소 LES VACHES : 하루에 흘리는 침의 양이 200리터!

양, 염소와 마찬가지로 소 또한 초식성 반추동물이다. 즉, 소는 풀뿐 아니라 곡물, 사탕무 또는 울타리 잎 등을 먹는다. 소들은 하루에 8시간 풀을 뜯어먹을 수 있으며 이어서 10시간 동안 되새김질한다. 대식가인 소는 물을 아주 많이 마시며 하루에 흘리는 침의 양이 200리터에 달한다. 소의 먹이는 주로 제철에 베어 만든 청예사료(목초, 알팔파, 유채)에 의존한다.

여름에는 고지대 하계 목장이나 골짜기가 많은 목초지로 이동해 목축을 하기도 한다. 겨울에는 건초 사료, 콩류, 곡물 알곡 및 목초 사일리지 사료(거의 권장하지 않는다) 등을 더 많이 섭취한다.

되새김질 LA RUMINATION

젖을 생산하는 낙농 동물들은 반추동물이다. 풀을 뜯어 먹고 이를 잘게 분쇄한 다음 소화를 용이하게 하기 위해 오랜 시간에 걸쳐 풀을 여러 번 씹어 되새김질한다. 이것을 '반추'라고 한다.

목초는 동물의 위와 입 사이를 여러 번 오가며 씹혀 걸쭉한 죽과 같은 형태로 분쇄된다. 이를 위해 반추동물은 4개의 위를 갖고 있다.

제1위, 혹위, 양 LA PANSE
반추동물의 제1위인 혹위는 목초를 저장하고 수십억 개의 미생물을 통해 발효시키는 저장고다. 되새김질이 끝나 죽 같은 상태가 되면 제2위인 벌집위로 이동한다.

제2위, 벌집위, 벌집 LE BONNET
벌집위는 목초 입자를 거르는 체 역할을 한다. 걸러진 작은 입자들을 제3위인 겹주름위로 보내고 큰 입자들은 제1위로 돌려보내 다시 잘게 반추하도록 한다.

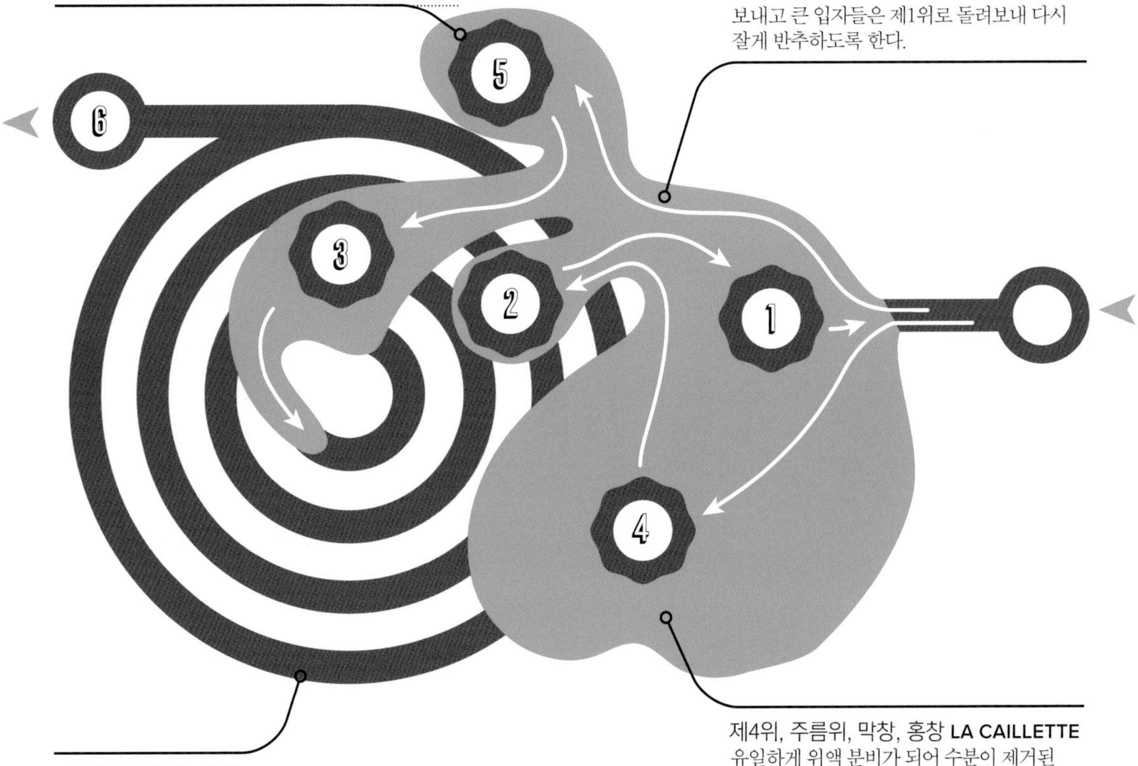

제3위, 겹주름위, 천엽 LE FEUILLET
반추되어 넘어온 음식물의 수분을 흡수한 다음 제4위로 보낸다.

제4위, 주름위, 막창, 홍창 LA CAILLETTE
유일하게 위액 분비가 되어 수분이 제거된 음식물과 즙을 소화시키는 곳이다. 이어서 음식물은 인간의 소화 과정과 마찬가지로 창자로 넘어간다.

1 식도
2 제2위, 벌집위
3 제3위, 겹주름위
4 제4위, 주름위
5 제1위, 혹위
6 창자

기본이 되는 원재료, 젖

젖은 치즈를 만드는 데 가장 기본이 되는 요소다. 이것이 없으면 치즈를 만들 수 없다. 뿐만 아니라 이 두 가지 식품은 밀접한 연관성을 갖고 있기 때문에 프랑스의 법령(1988)과 유럽연합의 규정(2007)에 의해 보호받고 있다. 그렇다면 이 원유, 즉 젖은 과연 무엇일까?

젖의 기원

젖, 즉 원유는 양, 염소, 소, 물소 등과 같은 반추동물에 의해 생산된다.
그렇다면 어떻게 이 동물들은 뜯어먹는 풀을 젖으로 변화시킬 수 있는 걸까?

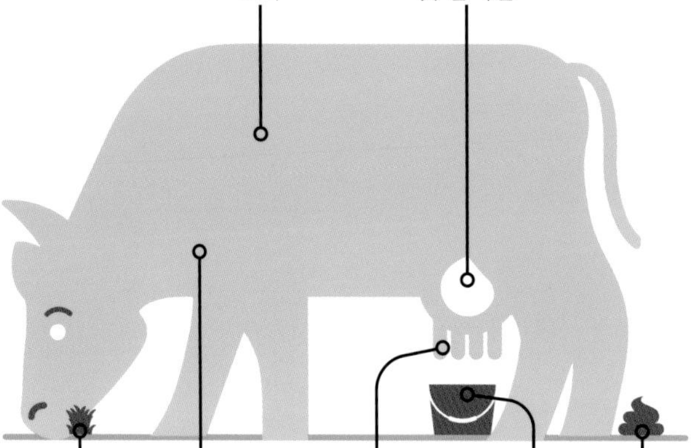

젖은 각 유두(소, 물소의 경우 4개, 양, 염소는 2개) 안에 위치한 소엽들(일종의 작은 주머니) 안에 생성된다. 이 '주머니'들은 혈액을 통해 영양을 공급받는다. 세포들은 이어서 혈액을 유당과 지방, 무기질, 비타민, 물의 혼합물인 젖으로 변형시킨다. 이 작은 주머니들이 꽉 차면 일명 '젖통'이라는 더 큰 주머니를 채우게 된다. 이어서 유방 안의 액체는 반추동물과 젖 짜는 사람의 힘을 통해 밖으로 배출된다. 젖 짜는 사람은 직접 손으로 혹은 착유기를 이용해 젖을 짤 수 있다.

법에 명시된 치즈의 정의

프랑스에서 '치즈(fromage 프로마주)'라는 명칭은 '젖, 크림 또는 이들의 혼합물을 응고시킨 뒤 수분 빼는 작업을 거친 식품을 가리키며 여기에는 발효된 것 또는 그렇지 않은 것이 모두 해당된다(2007년 4월 27일자 법령 No. 2007-628)'라고 정의하고 있다.
유럽연합 법령에 따르면 '치즈(fromage)'라는 명칭은 오로지 젖으로 만든 제품만을 가리키며, 제조 시 원유의 성분 중 하나를 온전히 또는 부분적으로 대체하기 위해 사용되지 않기만 한다면 필요한 물질이 첨가될 수 있다는 사실을 포함한다(2007년 10월 22일 규정 No.1234-2007).
그렇기 때문에 제품으로 출시되는 조리식품에 종종 사용되거나 비건 채식주의자들이 즐겨 먹는 인공 치즈(fromage artificiel), 유사 치즈(fromage analogue), 대체 치즈(fromage substitut) 등은 순수한 '치즈'라는 명칭으로 불릴 수 없다.

젖의 성분

동물의 젖에서 나온 원유는 다음과 같은 성분으로 이루어져 있다.

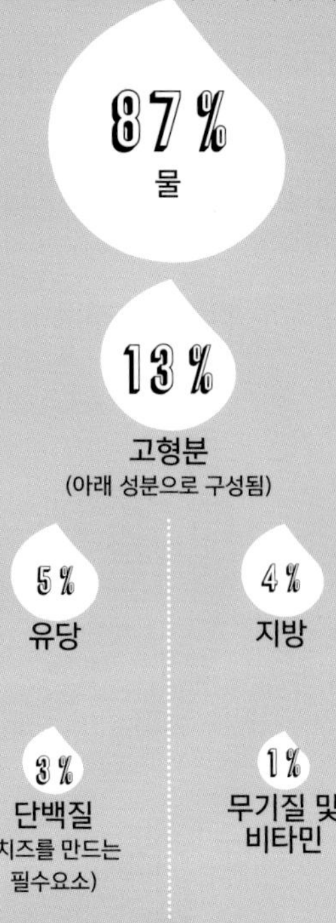

따라서 치즈를 구입한다면 이들 중 대부분을 차지하고 있는 수분을 구입하는 것이다. 숙성이 오래된 것일수록 수분 함량은 감소한다.

알고 계셨나요?
1리터의 우유를 생산하기 위해 소의 유방은 혈액 400리터를 걸러내야 한다.

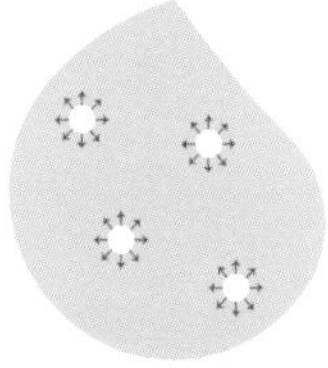

왜 우유는 흰색일까?

젖은 대부분의 수분과 소량의 물질(지방, 탄수화물, 단백질)로 이루어져 있다. 이 물질들은 녹지 않고 육안으로 보이지 않는 미세한 입자 형태로 부유한다. 우유에 광선을 투과시키면 이 입자들이 빛을 사방으로 회절(回折)시킨다. 실제로 그 어떤 색도 이 입자들에 의해 흡수되지 않기 때문에 우리에게 돌아오는 빛은 흰색이다. 바로 이러한 이유 때문에 우유는 흰색을 띠는 것이다. 전유, 저지방유, 탈지유가 모두 같은 색을 띠지 않는 것도 바로 이러한 이유다. 이들의 지방 함유율을 각기 다르다. 지방 성분이 적은 탈지유는 약간 푸른 기가 돈다. 결론적으로 지방 함량이 높은 우유일수록 순백색에 가깝다.

우유의 다양한 열처리

비멸균 생우유 LAIT CRU
40℃ 이상의 어떠한 열처리도 받지 않은 우유로 맛을 좌우하는 미생물이 그대로 보존되어 있다. 따라서 이 생우유로 만드는 치즈는 다른 것들보다 더 진한 맛을 느낄 수 있다.

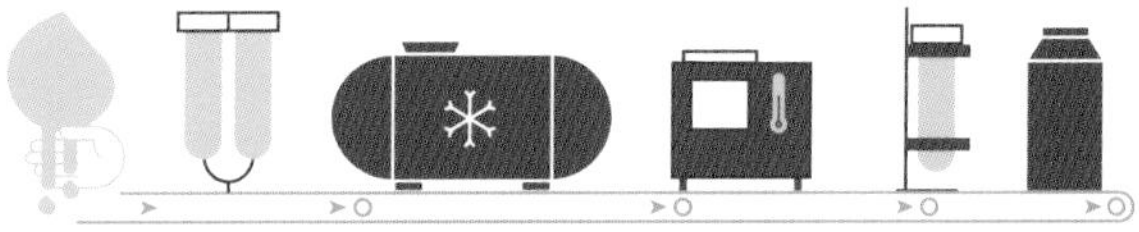

마이크로필터 공법 우유 LAIT MICROFILTRÉ
비멸균 생우유보다 더 오래 보존할 수 있으며 파스퇴라이즈드 저온살균 우유보다 맛이 더 진하다. 하지만 장비 도입 등의 비용 부담이 크기 때문에 주로 유제품업체에서 자체 생산 치즈를 만들 때 사용한다.

저온살균 우유 LAIT THERMISÉ
57~68℃의 온도에서 15초간 가열하며, 맛과 향을 최대한 지키면서 몇몇 병원성 균을 파괴하는 데 그 목적이 있다. 맛 측면으로 볼 때 이 우유로 만든 치즈는 비멸균 생우유로 만든 것과 파르퇴라이즈드 저온살균 우유로 만든 것의 중간쯤에 해당한다.

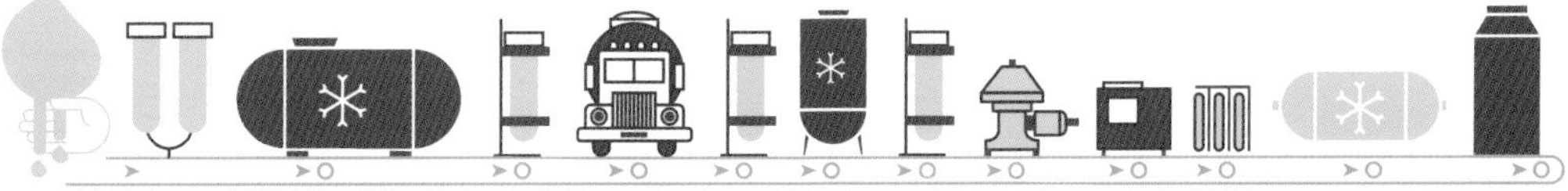

파스퇴라이즈드 저온살균 우유 LAIT PASTEURISÉ
72~85℃의 온도에서 15초간 가열하며 맛과 질감을 좌우하는 미생물의 대부분을 파괴한다. 이 살균작업으로 초기 미생물상(microflora)의 90% 이상이 소멸된다. 미각적 측면으로 볼 때 이 살균 방식은 보다 중립적이고 보편적이며 테루아의 특징이 덜 두드러지는 안정적인 맛의 제품을 만드는 데 그 목적이 있다.

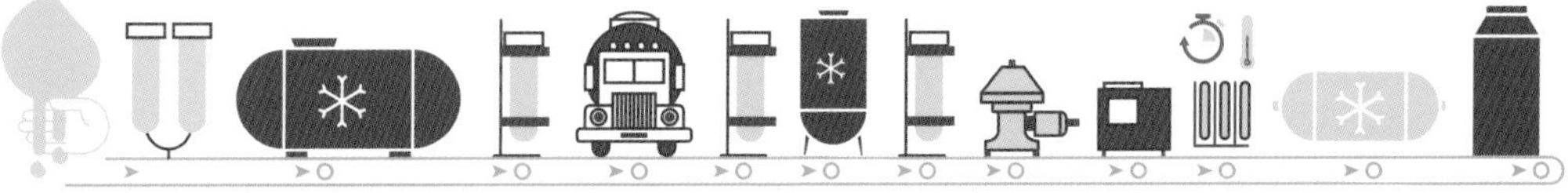

초고온멸균 우유 LAIT STÉRILISÉ
140℃의 고온에서 2~5초간 가열한 초고온멸균(UHT ultra haute température) 우유로 모든 미생물은 파괴된다. 따라서 이 유형의 우유로는 치즈를 만들기 매우 어렵다(거의 불가능하다).

치즈 제조과정

목장에서 젖을 짜는 과정부터 마지막 숙성 단계에 이르기까지 대부분의 치즈가 만들어지는 6단계의 주요 과정을 살펴보자.

① 착유, 수거하기 LA TRAITE ET LA COLLECTE DU LAIT

이 과정에는 두 가지 방법이 있다.

• 직접 손으로 젖을 짜거나 착유기를 사용해 젖을 짠다. 이어서 바로 목장의 치즈 제조소에서 직접 작업한다.

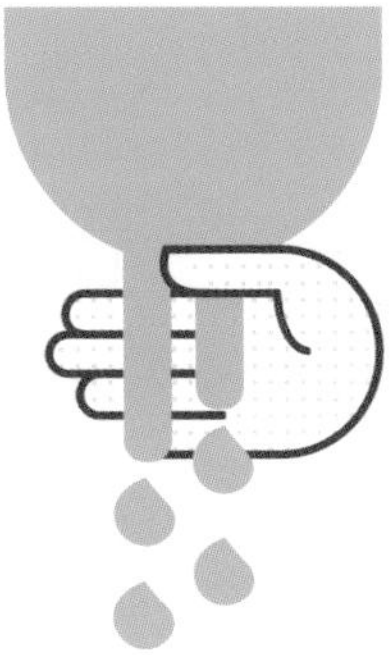

• 착유기로 젖을 짜 수거한 다음 탱크 온도가 3~4℃로 유지되는 냉장 트럭으로 옮긴다. 치즈 공장으로 운반한 다음 치즈 제조 작업이 시작된다.

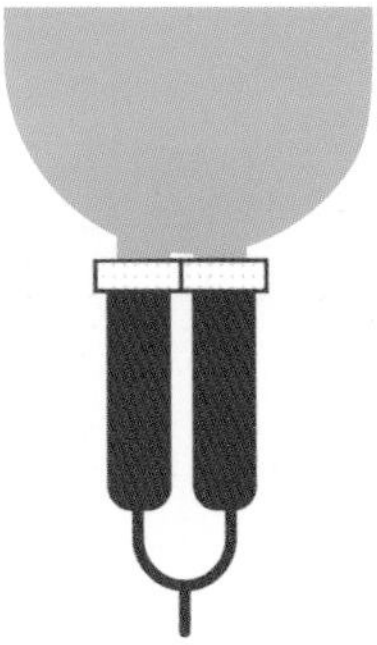

② 응고하기 LE CAILLAGE

우유은 액상이고 치즈는 고형이다. 액체 상태에서 고형이 되기 위해서는 우유가 응고되어 커드(curd, caillé) 상태가 되어야 한다. 각기 다른 세 가지 유형의 커드를 만들 수 있는 세 가지 방법을 소개한다.

8시간~36시간

젖산균 커드 LE CAILLÉ LACTIQUE
치즈 생산자는 레닛(응유효소)보다 젖산균을 더 많이 첨가한다. 커드가 형성되는 데 8시간~36시간 정도 소요된다. 시큼한 맛이 난다.

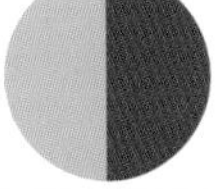

45분~4시간

젖산균, 응유효소 혼합 방식 커드 LE CAILLÉ MIXTE
치즈 생산자는 레닛(응유효소)과 동일한 양의 젖산균을 첨가한다. 커드가 형성되는 데 45분~4시간 정도 소요된다. 시큼한 맛과 순한 맛이 균형을 이룬다.

20~45분

응유효소 커드 LE CAILLÉ PRÉSURE
치즈 생산자는 젖산균보다 레닛(응유효소)을 더 많이 첨가한다. 우유는 빠른 시간 내에 응고된다(20~45분). 커드는 비교적 순한 맛을 지닌다.

레닛(RENNET, PRÉSURE)이란?

젖을 떼지 않은 어린 반추동물의 제4위에서 만들어지는 물질. 우유를 응고(액상에서 겔화 상태로 만들어줌) 시키는 키모신(chymosine)이라는 단백질 가수분해효소 포함하고 있다.

③ 성형하기 LE MOULAGE

치즈가 최종 형태를 갖추기 시작하는 단계이다. 이때 결정된 모양으로 치즈를 구분할 수 있게 된다. 틀에 넣어 모양을 잡는 몰딩 방식은 치즈 계열에 따라 달라지며 커드의 경도와도 관련이 있다.

둥근 나무 테두리에 얇은 치즈용 면포를 깔고 성형하기
이 성형 방법은 콩테(Comté), 보포르(Beaufort), 아봉당스(Abondance) 등의 압착 치즈(가열, 비가열 모두 포함)를 만들 때 주로 사용된다. 커드는 일반적으로 다른 계열 치즈들보다 더 단단하다.

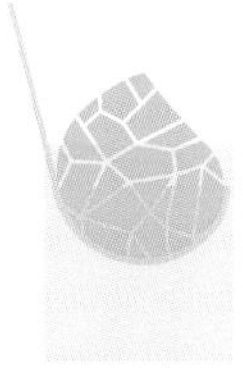

국자로 떠 넣어 성형하기
국자로 일일이 커드를 떠서 틀에 채워 넣는 수작업을 통해 이루어진다. 이 방식은 대량 생산 공장에서도(수많은 국자를 동시에 사용) 젖산균 커드와 몇몇 흰곰팡이 치즈(카망베르 등)를 만들 때 사용된다.

틀에 넣어 성형하기
틀을 커드 안에 직접 담가 넣는 방법이다. 이를 위해서는 커드가 비교적 단단해야 부서지지 않는다.

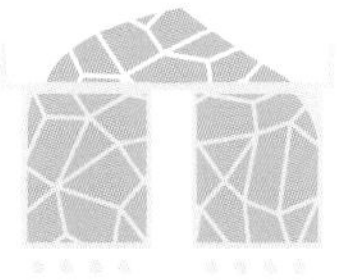

분배기를 이용해 작은 틀 안에 채워 성형하기
칸이 나뉘어져 있는 넓은 판에 커드를 직접 붓고 표면을 매끄럽게 밀어 틀 안에 고루 채워 넣는다.

여러 층의 틀 안에 채워 성형하기
분배기를 이용해 붓는 것은 동일하지만 한 켜의 틀이 아닌 여러 층의 틀 안에 채워 넣는 방식이다.

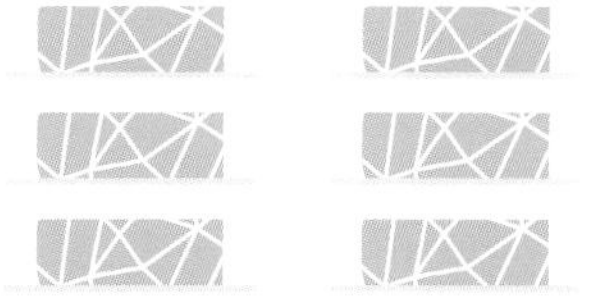

틀에 넣어 뒤집기
큰 통에 커드를 넣어둔다. 커드 분배기를 그 위에 놓고 칸이 나뉘어져 있는 판을 올린 다음 전체를 뒤집는다.

④ 수분 빼기 L'ÉGOUTTAGE

커드에서 수분을 분리하는 작업이다. 이는 치즈의 수분 함량을 결정할 뿐 아니라 이어지는 다음 단계들에도 영향을 미치기 때문에 아주 중요한 과정이다. 물 빼기 작업은 중력을 이용한 방법(커드의 무게로 저절로 물이 빠지게 둔다) 또는 일정 시간 동안 눌러 수분을 빼는 방식 등 두 가지 방법으로 이루어질 수 있다. 어떤 방식이 적합한지는 치즈의 유형과 원하는 질감에 따라 달라진다.

젖산균 커드
가만히 놓아두면 자연적으로 물이 빠진다. 이때 유청(치즈 가공 과정에서 나오는 부산물 액)도 서서히 빠진다.

압착 치즈(콩테 등)
커드를 압착하여 물을 빼낸다.

연성 치즈(카망베르 타입)
잘게 잘라 구멍이 있는 틀에 채워 넣으면 저절로 물이 빠진다.

블루 치즈
물 빼는 작업이 며칠에 걸쳐 천천히 진행된다. 유청이 잘 빠지도록 주기적으로 뒤집어준다.

⑤ 가염하기 LE SALAGE

치즈의 수분이 빠지면 틀에서 꺼낸다. 숙성실에 보관하기 전에 반드시 가염해야 한다. 소금은 치즈 제조의 기본이 되는 물질로 소금이 없이는 치즈를 만들 수 없다. 치즈에 소금을 반드시 넣어야 하는 이유는 무엇일까? 치즈에서 소금은 다양한 역할을 한다.

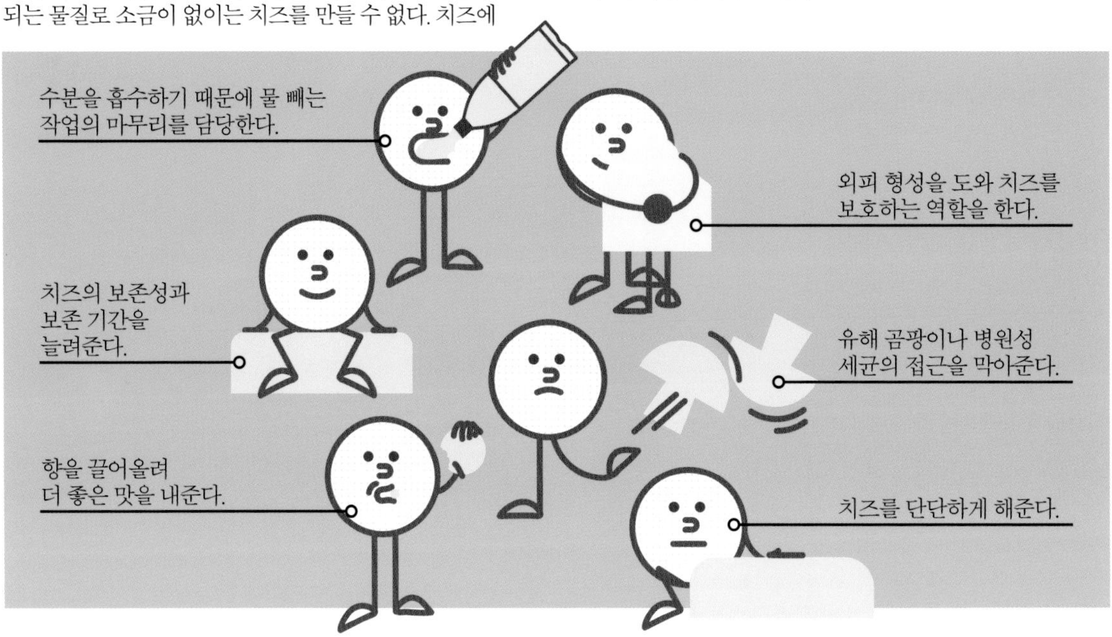

치즈의 가염은 틀에서 빼낸 후 24시간 이내에 이루어지며 다음 두 가지 방법을 사용할 수 있다.

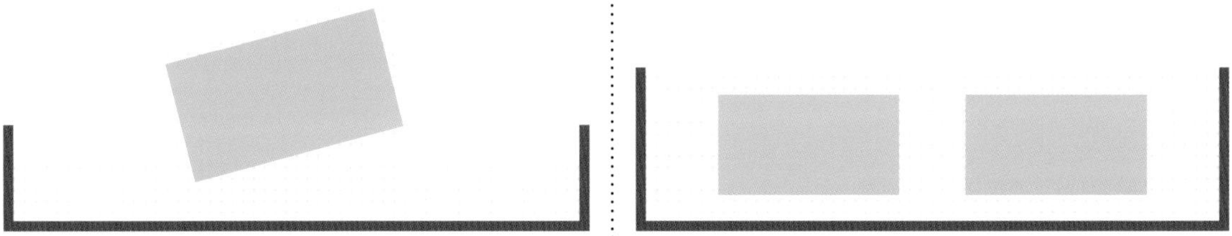

• 표면에 가염하기 : 건식 가염(salage à sec) 방식이다. 치즈 메이커는 치즈의 한 면과 옆면 둘레를 소금에 굴려 묻힌 뒤 이 소금을 문질러준다. 다음 날 다른 한 면과 옆면 둘레에 다시 한 번 소금을 묻힌 뒤 같은 방식으로 반복한다. 이 방식은 소금이 치즈의 수분을 자연스럽게 흡수하도록 해준다. 치즈 계열에 따라 가염 시간은 달라진다. 작은 사이즈의 치즈는 가염 시간이 짧은 편이다. 압착 치즈의 경우 숙성에 더 오랜 시간이 소요되기 때문에 가염 시간도 더 길다.

• 염수에 담가 가염하기: 치즈를 소금물에 담가 두는 방식이다. 치즈를 건조시키기 위해 소금물에 담근다는 것은 모순적으로 들릴지 모르나 이 과정이 진행되는 동안 치즈는 소금의 일부를 흡수하면서 자연적으로 수분을 잃게 된다. 삼투압 현상 때문이다. 소금은 치즈의 수분(유청)을 빨아들이고 치즈는 염분을 흡수한다.

커드 가염하기

푸름 드 몽브리종(fourme de Montbrison), 페타(feta), 혹은 웨스트 컨트리 팜하우스 체다 치즈(West Country Farmhouse Cheddar Cheese) 등 몇몇 치즈는 커드 전체에 가염 작업을 해준다. 따라서 커드를 성형하기 전에 유청을 제거할 수 있으며 이는 치즈에 특별한 질감과 맛을 내준다.

⑥ 숙성하기 L'AFFINAGE

최종 단계인 숙성 과정은 치즈의 색, 외피, 질감, 향, 맛을 결정한다. 이 단계에서 치즈는 공기가 통하는 환경에서 치즈 메이커(또는 치즈 숙성 전문가)의 관리 하에 미생물(박테리아, 효모, 곰팡이)에 의한 변화를 겪게 된다. 숙성의 중요한 기본 요소인 온도, 습도 조절은 치즈 계열에 따라 달라진다(숙성하지 않는 프레시 치즈, 락토세럼 치즈 제외). 각 치즈의 특징을 결정하는 요소는 바로 숙성이라 할 수 있다.

치즈 숙성 전문가란(AFFINEUR)?

치즈를 최적의 상태로 숙성시키기 위해 관리하는 사람을 뜻한다. 이 작업을 위해서는 통기, 온도, 습도를 잘 관리해야 한다. 또한 매일매일 치즈를 문질러 닦거나 세척하고 위치를 뒤집어놓는 등 세심하게 정성들여 관리해야 한다. 정확함과 꼼꼼함을 요구하는 반복적인 작업을 수행해나가는 이 직업은 인내심과 치즈에 대한 열정이 필요한 일이다.

인력과 장소

정확하고 올바른 치즈 숙성을 위해 치즈 숙성 전문가는 적절한 습도와 온도, 통풍 환경을 갖춘 각기 다른 3~5개의 환경을 구비하고 있다. 치즈 숙성 전문가는 수작업으로 혹은 특히 큰 사이즈의 경우 기계를 사용해 치즈 숙성 작업에 종사하는 인력으로부터 도움을 받는다. 숙성은 단시간에 뚝딱 이루어지는 것이 아니다.

나무, 완벽한 재료

천연의 기공이 있는 나무는 박테리아, 곰팡이, 효모균으로 이루어진 생물막(biofilm)을 포함하고 있다. 이 생물막은 치즈를 감싸 불청객인 미생물로부터 보호한다. 나무가 리스테리아 균의 서식을 제한하고 다른 병원균을 제거하는 데 효과가 있다는 사실이 과학적 연구를 통해 입증되었다. 치즈를 위한 일종의 살균제 역할을 한다고 할 수 있다.

치즈 숙성에 필요한 도구들

치즈 숙성 전문가는 오감 이외에도 여러 종류의 치즈의 숙성 작업을 위한 다양한 도구를 갖추고 있다.

세척용 용액(SOLUTION DE LAVAGE) : 광천수 + 알코올 + 소금

염수(MORGE) : 물 + 소금 + 효소 발효균 + 식초(경우에 따라)

솔(BROSSE)

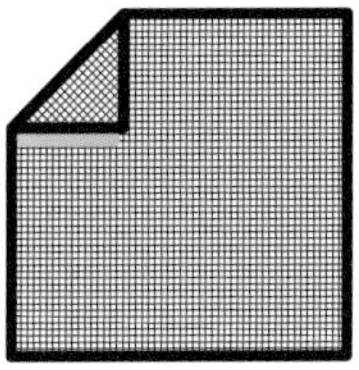

얇은 무슬린 면포(ÉTAMINE) : 말총, 실크 또는 아사로 된 얇은 천

붓(PINCEAU)

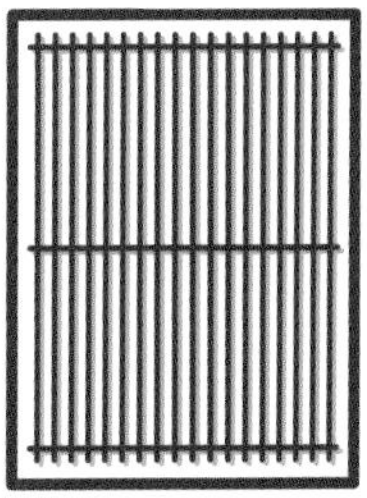

나무 판자와 볏짚으로 만든 매트(PLANCHES DE BOIS ET PAILLONS) : 치즈를 그 위에 놓는다.

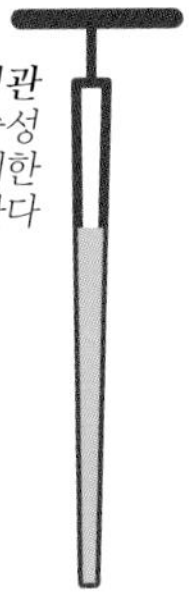

테이스팅용 주입관(SONDE) : 치즈의 숙성 정도 체크를 위한 테이스팅 때 사용한다

두 가지 숙성 방식 : 치즈 표면 숙성, 덩어리 내부 숙성

치즈 덩어리 내부 숙성은 치즈의 안쪽에서 시작되어 진행된다. 특히 푸른곰팡이 치즈(로크포르, 블루 드 젝스, 크로지에 블루 이를랑데 등)와 네덜란드 하우다처럼 밀랍으로 싸인 치즈 등을 숙성할 때 사용되는 방법이다. 표면 숙성은 치즈의 바깥 면에서부터 시작되어 차츰 안쪽으로 영향을 미친다. 대부분의 천연 외피 치즈(콩테, 레티바 등)가 이 방식으로 숙성된다. 숙성을 더 활성화하기 위해 경우에 따라 미생물이 추가되기도 한다(카망베르, 에푸아스 등).

11가지 치즈 계열

치즈 전문점에 들어가는 것은 감각의 여행이다. 색깔, 냄새, 촉각, 맛, 소리까지(치즈를 개봉할 때 귀를 기울이는 것으로 충분하다), 우리의 오감이 열린다. 치즈 전문점 진열대는 치즈 계열별로 구분되어 있는데 한 발 뒤로 물러서 살펴보면 각 치즈군에 해당하는 5가지의 각기 다른 색을 구분할 수 있다. 순백색부터 회녹색까지, 치즈의 색깔은 노란색, 갈색, 붉은색, 오렌지색, 베이지색의 서로 다른 톤을 띠고 있다.

01

프레시 치즈

페타(FETA), 브루스 뒤 로브(BROUSSE DU ROVE), 로브 데 가리그(ROVE DES GARRIGUES)…

p. 27, 42-51

02

락토세럼(훼이) 치즈

브로치우(BROCCIU), 세라크(SÉRAC), 리코타 로마나(RICOTTA ROMANA)…

p. 28, 52-55

03

천연 외피 연성 치즈

생트 모르 드 투렌(SAINTE-MAURE DE TOURAINE), 샤비슈 뒤 푸아투(CHABICHOU DU POITOU), 발랑세(VALENÇAY)…

p. 29, 56-69

04

흰곰팡이 연성 치즈

카망베르 드 노르망디(CAMEMBERT DE NORMANDIE), 브리 드 모(BRIE DE MEAUX), 샤우르스(CHAOURCE)…

p. 30, 70-79

05

세척 외피 연성 치즈

리바로(LIVAROT), 에푸아스(ÉPOISSES), 묑스테르(MUNSTER)…

p. 31, 80-97

06

비가열 압착 치즈

톰 데 보주(TOME DES BAUGES), 살레르(SALERS), 모르비에(MORBIER)…

p. 32, 98-151

07

가열 압착 치즈

콩테(COMTÉ), 보포르(BEAUFORT), 그뤼예르 스위스(GRUYÈRE SUISSE)…

p. 33, 152-165

08

푸른곰팡이 치즈

로크포르(ROQUEFORT), 블루 도베르뉴(BLEU D'AUVERGNE), 푸름 당베르(FOURME D'AMBERT)…

p. 34, 166-183

09

파스타 필라타 치즈

모차렐라 디 부팔라 캄파나(MOZZARELLA DI BUFALA CAMPANA), 프로볼로네 델 모나코(PROVOLONE DEL MONACO), 부라타 디 안드리아(BURRATA DI ANDRIA)…

p. 35, 184-187

10

녹여 만든 스프레드 치즈, 가공 치즈

캉쿠아요트(CANCOILLOTTE), 포르 드 베튄(FORT DE BÉTHUNE), 포 코르스(PÔT CORSE)…

p. 36, 188-189

11

가향, 가미 치즈

가프롱 도베르뉴(GAPERON D'AUVERGNE), 불레트 다베느(BOULETTE D'AVESNES), 세르벨 드 카뉘(CERVELLE DE CANUT)…

p. 37, 190-191

01

프레시 치즈
FROMAGES FRAIS

깨끗한 순백색의 이 치즈들은 그 무엇과도 비교할 수 없는 신선한 맛을 입안에 선사한다. 이 계열 치즈들은 세계에서 가장 오래된 것임이 분명하다. 왜냐하면 우유가 자연적으로 응고되어 얻어진 것이기 때문이다. 이 치즈를 만들기 위해서는 그 어떤 것도 첨가할 필요가 없다. 좋은 질의 원재료 즉 젖만 있으면 가능하다.

대표적인 치즈
페타(feta), 브루스 뒤 로브(brousse du Rove), 로브 데 가리그(rove des garrigues), 종셰(jonchée), 사뵈르 드 마키(saveur de maquis)...

색깔
이 계열의 치즈들은 외피가 없으며 아이보리 톤의 흰색을 띤다.

커팅 및 서빙 도구
프레시 치즈는 일반적으로 뾰족한 흘림 입구가 있는 국자와 함께 서빙된다.

질감
매끈하고 부드럽다. 아이들이 가장 먼저 맛보게 되는 치즈들이기도 하다. 프로마주 블랑(fromage blanc)과 프티 스위스(petit-suisse)는 이 계열에 해당한다.

프티 스위스(PETIT-SUISSE)는 노르망디 출신!

어린이들이 좋아하는 이 프레시 치즈는 사실 노르망디가 고향이다. 전해 내려오는 이야기에 따르면 빌레르 쉬르 오쉬(Villers-sur-Auchy, Oise)에 위치한 한 낙농 농가에서 일하던 스위스 출신 직원이 주인인 마담 에루(Hérould)에게 뇌샤텔 치즈를 만들기 위한 우유 커드에 크림을 첨가할 것을 제안했다고 한다. 주인은 이를 받아들였고 이 작은 원통형의 치즈를 얇은 종이로 포장했다. 그리고 이를 고안해낸 스위스 청년에게 헌정하는 의미로 '프티 스위스'라는 이름을 붙였다. 이 치즈가 성공을 거두면서 마담 에루는 샤를 제르베(Charles Gervais)라는 공증대리인을 통해 파리의 레 알 시장(les Halles de Paris)에서의 판매를 결정했다.

02

락토세럼(훼이) 치즈
FROMAGES DE LACTOSÉRUM

훼이 치즈는 불빛에서 보면 반짝반짝 빛나는데 이는 수분이 아주 많기 때문이다(수분 함량 82%). 이 치즈는 프레시 치즈 및 기타 치즈의 물을 빼고 난 뒤 남은 액체, 즉 락토세럼(훼이, 유청)을 가열하여 만든다는 특별한 제조방식 때문에 '가짜 치즈(faux fromages)'라고도 불린다. 락토세럼 치즈는 주로 구멍이 있는 소쿠리 용기(faiselles)에 넣어 수분을 뺀다.

대표적인 치즈
브로치우(brocciu), 마누리(manouri), 세라크(sérac), 리코타 로마나(ricotta romana), 니하이머 케제(Nieheimer Käse)…

커팅 및 서빙 도구
유제품 상점에서 이 치즈들은 작은 유리병이나 용기에 담아 판매한다. 이 치즈를 자를 때는 가는 철사가 달린 와이어 슬라이서나 구멍이 뚫린 스푼을 사용한다.

색깔
순백색 또는 약간의 미색이 도는 흰색.

질감
부서지기 쉬운 질감의 훼이 치즈는 오톨도톨한 입자가 있으며 녹듯이 부드럽다.

같은 치즈, 다른 이름

이 훼이 치즈들은 산악지대나 고립된 지역에서 탄생한 것으로 그 지역 주민들은 가족들을 먹이기 위해 그 어떤 재료 하나도 버리지 않는 것을 철칙으로 여겼다.
각 지역에 따라 이름은 다르지만 실상 같은 것이며, 단지 원유를 얻는 동물만 다를 뿐이다. 바스크 지역에서는 그뢰이(greuilh 양젖), 아베롱에서는 같은 치즈가 르퀴트(recuite 양젖)라고 불리며 프랑슈 콩테에서는 세라크(sérac) 또는 세라(serra 소젖), 코르시카에서는 브로치우(brocciu 양 또는 염소젖)로 불린다. 캐나다에는 네주 드 브르비(neige de brebis), 그리스에는 마누리(manouri 양 또는 염소젖)라는 이름의 훼이 치즈가 있다.

03

천연 외피 연성 치즈

PÂTES MOLLES À CROÛTE NATURELLE

이 계열 치즈는 안쪽이나 바깥쪽에 그 어떤 곰팡이도 보이지 않는 염소젖 치즈가 대부분을 차지한다. 숯의 재를 입혀 자연적으로 외피가 형성되는 목탄 코팅 치즈(fromages cendrés)만이 예외이다. 비교적 작은 크기로 대개 낱개로 판매되는 이 치즈는 다양한 형태가 존재한다. 이 치즈들은 건조해지면 풍미가 더 강해지기 때문에 가능한 한 빨리 소비하는 것이 좋다.

대표적인 치즈
생트 모르 드 투렌(sainte-maure de Touraine), 샤비슈 뒤 푸아투(chabichou du Poitou), 발랑세(valençay), 페라이(pérail), 비주(bijou)…

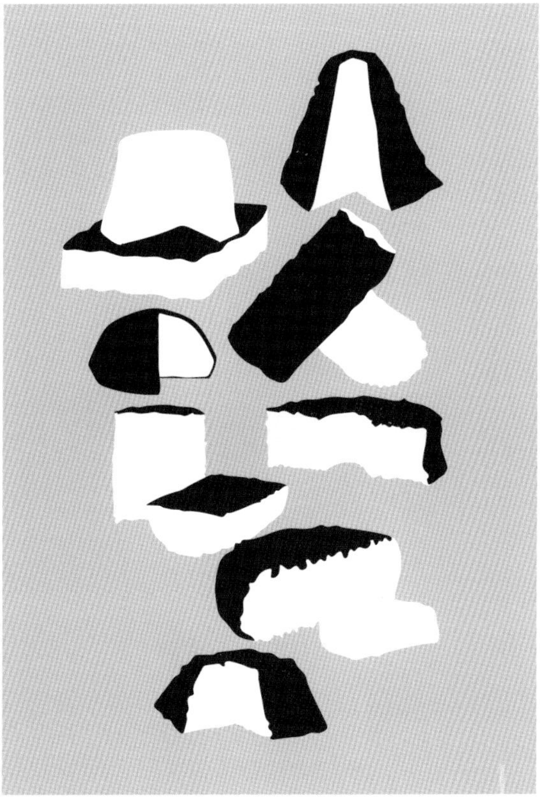

색깔
연한 미색에서 석고백색을 띠며 경우에 따라 밝은 베이지 톤을 띠고 있다. 목탄 외피 연성 치즈는 밝은 회색과 스틸 블루 톤을 띠고 있다.

커팅 및 서빙 도구
크기가 작은 이 치즈들은 낱개 그대로 서빙한다. 자를 경우에는 모양이 흐트러지지 않도록 작은 사이즈의 와이어 슬라이서를 사용한다.

질감
숙성 기간에 따라 치즈의 질감은 쫀득함, 크리미, 세미드라이, 드라이 상태가 되고 아주 오래 숙성한 경우 매우 건조한 텍스처를 띠게 된다.

다양한 형태

생트 모르 드 투렌(sainte-maure de Touraine), 셀 쉬르 셰르(selles-sur-cher) 혹은 발랑세(valençay) 치즈는 식물성 재(목탄가루)를 입힌 외피가 특징이다. 풀리니 생 피에르(pouligny-saint-pierre)나 코른비크 뒤 퀘벡(cornebique du Québec)은 흰색이며 일명 '벌레가 기어간 듯 쪼글쪼글한(vermiculée 가는 골이 꼬불꼬불하게 파여 있다)' 외피를 갖고 있다. 이 계열의 치즈는 독특한 모양의 제품들이 많이 출시되어 있다. 실제로 치즈 제조업자들은 자신들의 치즈 모양에 개성을 더하기 위해 기발한 아이디어를 내세우며 경쟁하고 있다. 원통형, 피라미드형, 벽돌형, 작은 벽돌형, 길쭉한 모양, 고리 모양 등 이들의 상상력은 무한하다.

04

흰곰팡이 연성 치즈

PÂTES MOLLES À CROÛTE FLEURIE

치즈의 세계를 대표한다고 해도 과언이 아닌 이 계열 치즈의 특징은 마치 벨벳같이 부드럽고 고운 솜털이 있는 외피이다. 이는 커드에 '페니실리움(penicillium)' 곰팡이를 주입하여 얻어진 결과이다.
많은 종류의 흰곰팡이 연성 치즈가 프랑스에서만 생산되지만 그 외의 지역에서도 찾아볼 수 있다.
아일랜드의 한 목장에서는 고트나모나(Gortnamona) 치즈를 생산하고 있으며 호주의 호라이즌(Horizon), 뉴질랜드의 볼케이노(Volcano) 치즈도 이 계열에 해당한다.

대표적인 치즈
카망베르 드 노르망디(camembert de Normandie), 브리 드 믈룅(brie de Melun), 브리 드 모(brie de Meaux), 샤우르스(chaource), 본체스터 치즈(Bonchester Cheese)…

커팅 및 서빙 도구
크기에 따라 작은 것은 낱개 그대로, 큰 것은 잘라서 서빙한다(브리 치즈용 나이프 또는 달라붙지 않도록 날에 구멍이 있는 치즈 나이프를 사용한다).

색깔
이 연성 치즈는 다양한 톤의 백색을 띠고 있다(연회색 또는 미색을 띤 흰색, 연 베이지, 아마포색, 석고백색 등).

질감
숙성된 연성 치즈들은 대개 쫀득한 탄력이 있으며 부드럽게 녹는다. 숙성이 완전히 되지 않은 어린 치즈의 경우 중심부가 '백악질(crayeux)'을 띠는데 이는 이 계열 치즈들의 전형적인 특징이라 할 수 있다.

녹색에서 흰색 외피로

흰곰팡이 연성 치즈의 외피가 항상 흰색이었던 것은 아니다. 원래 카망베르 드 노르망디, 쾨르 드 뇌샤텔, 샤우르스 등의 치즈는 청회색과 회녹색 톤을 띠고 있었으며 군데군데 갈색 또는 불그스름한 얼룩이 있었다. 주입한 페니실리움(Penicillium 또는 게오트리쿰 칸디둠 Geotrichum candidum) 곰팡이가 피어 치즈들이 흰색 외피를 입게 된 것은 20세기가 되어서야 시작된 일이다.

05

세척 외피 연성 치즈
PÂTES MOLLES À CROÛTE LAVÉE

냄새가 가장 지독한 치즈 계열이다. 이름처럼 이 치즈들은 외피를 씻어가며 숙성한 것이라 수분으로 인해 냄새가 더 잘 발산되는 것이다. 하지만 미리 겁낼 필요는 없다. 종종 독한 냄새 이면에는 섬세하고 신선하며 때로는 (물론) 강렬한 맛이 감춰져 있기 때문이다. 랑그르(langres), 마루알(maroilles), 맥주로 외피를 세척한 시르 드 크레키(sire de Créquy) 또는 퀘벡의 피에 드 방(pied-de-vent)과 같은 치즈의 냄새를 맡아보라. 미국 치즈인 하비슨(Harbison)과 보사(Bossa)도 이 계열 치즈들과 색이 비슷하며 냄새는 조금 덜한 편이다.

대표적인 치즈
리바로(livarot), 에푸아스(époisses), 묑스테르(munster), 랑그르(langres), 피에 드 방(pied-de-vent)…

색깔
이 계열 치즈들은 오렌지색, 갈색, 동색 또는 붉은색 톤을 띠는 것이 특징이라 쉽게 구분이 가능하다.

커팅 및 서빙 도구
크기에 따라 작은 것은 낱개 그대로, 큰 것은 잘라서 서빙한다(치즈의 단단한 정도에 따라 날에 구멍이 있는 치즈 나이프 혹은 버터나 치즈용 와이어 슬라이서를 사용한다).

질감
이 계열 치즈들은 대부분 말랑말랑하고 쫀득한 질감을 갖고 있으며 경우에 따라 크리미한 것들도 있다.

왜 붉은색을 띠고 있을까?

이 계열 치즈들의 독특한 색깔은 일명 '붉은 발효균'이라 불리는 '브레비박테리움 리넨스(Brevibacterium linens)'라는 박테리아에서 기인한다. 치즈를 숙성하는 기간 중에 이 박테리아를 넣은 소금물로 주기적으로 외피를 씻어준다. 이때 붉은색은 겉 표면에만 착색되며 치즈 내부는 훨씬 더 밝은색을 띤다. 경우에 따라 로쿠(빅사나무 열매, '아나토'라고도 한다) 용액을 섞은 물로 치즈를 닦아 붉은색을 내기도 한다. 라틴 아메리카가 원산지인 식물인 로쿠는 카로테노이드(caroténoïdes 주황색 또는 황색 색소)가 풍부하여 이 치즈들의 천연 색소 역할을 한다.

06

비가열 압착 치즈
PÂTES PRESSÉES NOT CUITES

종류가 가장 다양한 치즈 계열이다. 대부분 중간 크기(1~5kg)의 치즈들이지만 개중에는 15kg, 심지어 20kg까지 나가는 대형 사이즈도 있다. 이 치즈들은 제조 공정상 압착 과정을 거치지만 가열은 하지 않는다. 비슷한 종류의 다른 치즈(가열 압착 치즈)들과 달리 비가열 압착 치즈들은 평원지대 뿐 아니라 산악지방에서도 생산되며 다양한 모양과 질감의 제품이 출시되고 있다.

대표적인 치즈
톰 데 보주(tome des Bauges), 살레르(salers), 모르비에(morbier), 케소 만체고(queso manchego), 페코리노 로마노(pecorino romano)…

색깔
종류가 매우 다양한 이 계열 치즈들은 밝은 베이지에서 오렌지, 연갈색, 밤색을 거쳐 잿빛 회색에 이르기까지 색상의 스펙트럼이 방대하다.

커팅 및 서빙 도구
가장 큰 덩어리인 톰(tommes) 타입의 치즈를 자를 때는 우선 커팅용 와이어로 큼직하게 등분한 다음, 날끝이 사각형인 나이프를 사용해 깔끔하게 자른다.

질감
톰(tommes) 타입 치즈들은 대부분 단단한 질감을 가진 것으로 여겨진다. 하지만 이 가운데도 쫀득한 것, 단단한 것, 건조한 것 혹은 크리미한 것 등 다양한 텍스처가 있다.

tome 혹은 tomme?

철자가 다른 이 두 명칭은 동의어다. 'tome'으로 표기한 것은 주로(물론 이것에만 국한되지는 않는다) 톰 데 보주(tome des Bauges) AOP 치즈에 해당한다. 이 치즈의 제품 사양서는 "tome 혹은 tomme은 사부아 지역 사투리인 '토마(toma)'라는 단어에서 유래했으며 이는 고원지대에서 만들어진 치즈라는 의미이다"라고 그 기원을 설명하고 있다. 이 치즈의 생산자들은 같은 지역의 다른 톰(tomme)치즈들과 자신들의 치즈를 구분하기 위하여 'tome' 이라는 철자를 써서 차별화를 꾀했다. 치즈 이름에 'tomme' 철자법을 고수하는 경우는 문학 세계에서 책의 권 또는 부를 지칭하는 남성 명사인 '톰(tome)'과 구분하기 위한 의지가 담겨 있다고 볼 수 있다.

07

가열 압착 치즈

PÂTES PRESSÉES CUITES

큰 덩어리의 이 치즈들은 무게가 최대 110kg에 이른다. 이들 중 대부분은 장기간 보관이 가능한 산악지대 치즈들이다. 아주 오래 숙성된 것들은 치즈 안에 티로신(아미노산의 일종) 결정체가 박혀 있는데 이는 종종 굵은 소금으로 오인되기도 한다. 이것은 글루탐산나트륨으로 둘러싸인 아미노산이며 짭짤한 맛을 낸다. 커다란 맷돌 모양의 이 치즈들은 그 크기뿐 아니라 풍미와 식감 면에서도 매우 뛰어나며 아주 맛있다.

대표적인 치즈
콩테(comté), 보포르(beaufort), 그뤼예르 스위스(gruyère suisse), 파이오니어(pionnier), 하이디(Heidi)…

커팅 및 서빙 도구
치즈 커팅용 와이어를 사용해 우선 큰 휠 치즈를 반으로 자른 뒤 다시 반으로 자르고 그것을 또 반으로 잘라 총 8등분으로 나눈다. 이어서 양쪽 끝에 손잡이가 달린 치즈 칼(직선 모양 또는 둥글게 휜 모양의 날)로 다시 작게 자른다.

색깔
외피의 색깔은 황갈색, 베이지, 갈색 톤이며 치즈 안쪽은 황색(밝은 노랑에서 황금색)에서 크림색을 띠고 있다.

질감
이 계열 치즈들의 질감은 단단하며 부드럽게 녹는다.

왜 이 경성 치즈들은 이렇게 클까?

이 치즈들은 산악지대에서 처음 만들어졌다. 이곳의 목초지와 목장 농가들은 고립되어 있었기 때문에 목축업자들은 원재료의 낭비를 최소화하기 위해 많은 양의 우유를 가공해 저장해야만 했다. 얼마 안 되는 수의 가축을 기르던 목축업자 가족들은 특히 겨울철에 함께 힘을 모아 치즈를 만들기 시작했다. 이들은 고산지대에서 자신들이 생산한 우유를 한데 모은 뒤 등에 지고 운반할 수 있는 크기의 치즈를 만들었고 이것을 산 아랫마을로 운반하여 여러 가족들과 함께 나누어 먹었다.

08

푸른곰팡이 치즈
PÂTES PERSILLÉES

제일 두려운 치즈 계열이다. 왜냐하면 곰팡이가 육안으로 보이고 실제로 그렇지 않은 경우도 있긴 하지만 대부분 냄새가 지독하고 꼬릿한 맛이 날 것이라는 선입견을 갖고 있기 때문이다.
이 치즈의 곰팡이는 페니실리움 로크포르티(*Penicillium roqueforti*) 혹은 페니실리움 글라우쿰(*Penicillium glaucum*) 박테리아를 커드에 직접 넣거나 혹은 커드를 틀에 넣은 뒤 주입하여 만든 것이다. 또한 박테리아를 주입하지 않고 천연 곰팡이의 번식을 더 활성화시키는 방식으로 만드는 블루치즈들도 있다.

대표적인 치즈
로크포르(roquefort), 블루 도베르뉴(bleu d'Auvergne), 푸름 당베르(fourme d'Ambert), 스틸턴(Stilton), 고르곤졸라 돌체(gorgonzola dolce)…

커팅 및 서빙 도구
가장 이상적인 도구는 와이어 슬라이서(다양한 사이즈) 또는 로크포르 슬라이서(roquefortaise)로 블루치즈가 부서지지 않도록 깔끔하고 정확하게 잘라준다.

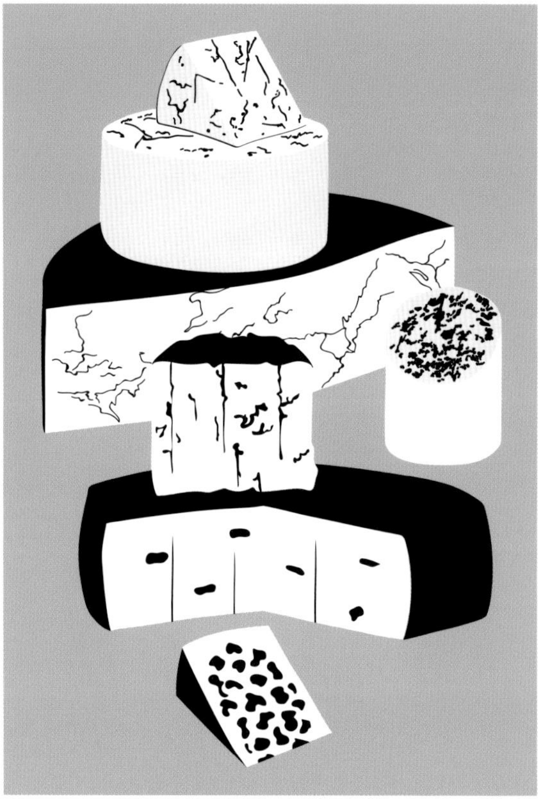

색깔
치즈 안쪽은 흰색에서 아이보리색을 띠며 푸른색, 검정 혹은 녹색의 곰팡이가 핏줄 모양으로 혹은 점점이 분포되어 있다.

질감
대부분 부슬부슬한 입자가 있고 부서지기 쉬우며 버터처럼 부드럽게 잘 녹는다.

주사기를 이용한 푸른곰팡이 주입

19세기 중반, 농부의 아들이자 로크포르 생산자의 손자인 앙투안 루셀(Antoine Roussel)은 여러 차례의 실험을 거친 후 우유 커드에 페니실리움 로크포르티(*Penicillium roqueforti*) 박테리아를 주입하면 치즈를 푸른색으로 만드는 데 도움이 된다는 결론에 도달했다. 그는 또한 곰팡이가 공기와 접촉하면 더 잘 번식한다고 강조했다. 그는 곰팡이가 잘 번식하고 고르게 퍼져나갈 수 있도록 뜨개질 바늘 크기의 바늘이 여러 개 달린 주사기로 치즈에 곰팡이를 주입하는 시스템을 개발해냈다.

09

파스타 필라타 치즈
PÂTES FILÉES

파스타 필라타 치즈는 전 세계에서 가장 많이 팔리는 치즈에 속하는데 이는 이 치즈들이 조리식품 산업 분야에서 대량 소비되기 때문이다.
이 계열 치즈 중의 스타는 뭐니 뭐니 해도 모차렐라 디 부팔라 캄파나(mozzarella di bufala Campana)이며 종종 (제대로 만들지 못한) 복제품이 등장하기도 한다. 파스타 필라타 치즈의 역사적 종주국은 이탈리아지만 몇몇 다른 나라에서도 찾아볼 수 있다.

대표적인 치즈
모차렐라 디 부팔라 캄파나 (mozzarella di bufala Campana), 카초카발로 실라노(caciocavallo silano), 프로볼로네 델 모나코 (provolone del Monaco), 부라타 디 안드리아(burrata di Andria), 케소 테티야 (queso Tetilla)···

커팅 및 서빙 도구
이 계열 치즈들은 주로 날개 그대로 서빙된다. 큰 사이즈의 경우, 유제품 판매업자는 끝이 뾰족한 나이프를 사용한다.

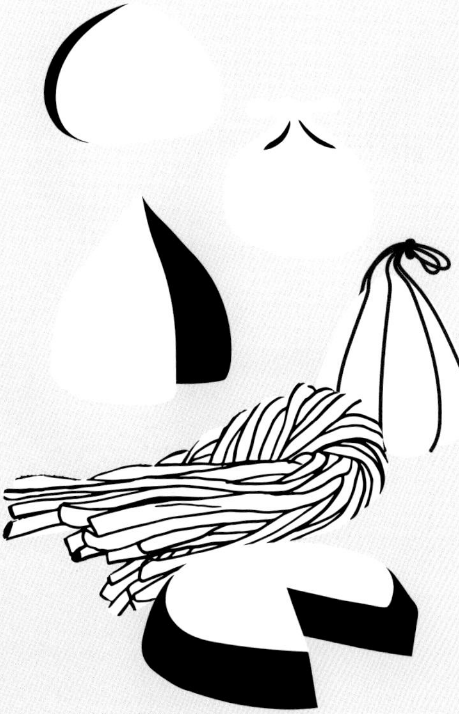

색깔
흰색, 아이보리, 연한 베이지 톤의 색을 띠며 훈연 과정을 거친 경우에는 황금색이 난다.

질감
이 치즈의 말랑말랑한 텍스처는 쫄깃한 탄성이 아니라 (닭 가슴살처럼) 결결이 찢어지는 질감이 되는 것이 가장 이상적이다.

우연한 탄생

모차렐라 치즈는 우연히 탄생한 것으로 전해진다. 치즈를 만드는 수련생 하나가 커드를 실수로 뜨거운 물에 빠트렸다. 이것을 꺼내면서 그는 커드가 끊어지지 않고 몇 번이고 늘어날 수 있다는 사실을 발견했고 이것으로 다양한 모양을 만들 수 있다는 것을 알게 되었다.
모차렐라와 그의 사촌 격인 늘어나는 치즈들은 이렇게 탄생하게 되었다. 모차렐라가 언급된 가장 오래된 문헌들은 그 역사가 12세기로 거슬러 올라간다. 16세기에는 나폴리와 카푸아의 증권거래소에도 상장되었을 정도이다. 오늘날 모차렐라 디 부팔라 캄파나는 이름처럼 캄파니아 지방에서 생산되지만 풀리아, 바실리카타, 라치오 주의 다른 지역에서도 생산되고 있다.

10

스프레드 치즈, 가공 치즈
PÂTES FONDUES

이 계열 치즈들은 주로 어린 아이들이 좋아한다. 전통적인 치즈 상점에서는 보기 힘든 이 치즈들은 수퍼마켓의 진열대를 가득 채우고 있다. 이 치즈들의 기본 원리는 여러 치즈를 녹여 하나의 새로운 치즈를 만드는 것에 있다. 대부분의 대량 생산 공장 치즈들이 이에 해당하지만 이 거대한 숲 뒤에는 몇몇 아티장 치즈들도 숨어 있다. 락토세럼(훼이) 치즈와 마찬가지로 가공 치즈들은 원유를 가공하고 남은 액체를 기반으로 만들 수도 있다.

대표적인 치즈
캉쿠아요트(cancoillotte), 포르 드 베튄(fort de Béthune), 포 코르스(pôt corse), 메쟁(mégin), 코흐케제(Kochkäse).…

커팅 및 서빙 도구
크기가 작거나 용기에 포장되어 있는 이 치즈들은 낱개 하나씩 그대로 서빙된다.

색깔
대부분의 가공 치즈들은 흰색, 녹색 톤, 황색 빛을 띠고 있다.

질감
직역하면 '녹인 치즈'라는 이름처럼 이 계열 치즈들은 입안에서 녹는 부드러운 질감을 갖고 있으며 농도는 다양하다. 어떤 것들은 입안에서 입자가 느껴질 정도로 부슬부슬한 질감을 갖고 있기도 하다.

'라 바슈 키 리(La Vache qui rit®)'의 기원

제1차 세계대전 중 레옹 벨(Léon Bel)이라는 이름의 한 병사가 군의 '신선육 보급' 연대에 배치되었다. 참모는 각 군용 트럭의 기능을 쉽게 구분할 수 있도록 그림 디자인을 공모했다. 벵자맹 라비에(Benjamin Ravier)가 응모한 그림이 벨이 소속된 연대의 트럭의 디자인으로 선정되었는데 이것은 '웃고 있는 소(vache qui rit 바슈 키 리)' 그림이었다. 곧이어 이 일러스트는 독일의 대표적 군용 트럭 발키리(Valkyrie)를 유머러스하게 연상시키는 바슈키리(Wachkyrie)라는 별명이 붙었다. 1921년 레옹 벨은 가공 치즈를 생산해냈고 그 유명한 그림을 추억하며 이 제품에 '라 바슈 키 리(La Vache qui rit)'라는 이름을 붙였다.

11

가향, 가미 치즈

PRÉPARATIONS FROMAGÈRES

역사적으로 볼 때 이 치즈 제품들은 빈곤한 지역 주민들이 음식 낭비를 줄이기 위해 남은 치즈들을 모아서 최대한 먹을 만하게 가공하여 만들었던 '가짜 치즈'에 가깝다고 할 수 있다. 이로 인해 각기 남은 치즈들을 활용해 만든 다양한 치즈 제품들이 탄생하게 되었다.

대표적인 치즈
가프롱 도베르뉴(gaperon d'Auvergne), 불레트 다베느(boulette d'Avesnes), 세르벨 드 카뉘(cervelle de canut), 아푸에갈 피투(Afuega'l Pitu), 야누 시어스(Janu siers)···

커팅 및 서빙 도구
치즈 종류에 따라 날개 그대로 또는 국자로 떠서 서빙한다.

색깔
레시피에 각기 다른 여러 재료가 들어가기 때문에 다양한 색상을 띠고 있다. 따라서 특정한 기준색은 없다.

질감
이들 치즈의 질감은 단단한 것, 부서지기 쉬운 것, 부드럽게 녹는 것 혹은 경우에 따라 완전히 크리미한 것까지 매우 다양하다.

폭넓은 다양성

마늘과 후추로 향을 내는 가프롱 도베르뉴(gaperon d'Auvergne)는 버터 밀크(크림, 우유를 처닝하여 버터를 만들고 남은 액체)를 이용해 만든다. 불레트 다베느(boulette d'Avesnes)는 마루알 치즈 커드에 프레시 치즈와 후추, 타라곤을 첨가해 만든다. 또한 '프로마주 포르(fromage fort '강한 치즈'라는 뜻)'이라고 불리는 치즈가 있는데 이것은 페이스트, 크림 혹은 흐르는 액상 치즈로 먹고 남은 치즈에 프레시 커드를 섞어 만든다. 지역에 따라 화이트와인, 소금, 향신료, 후추 등을 첨가하기도 한다. 이처럼 먹고 남은 치즈에 크림이나 버터 밀크 혹은 우유를 섞어 누구나 자신만의 레시피를 만들어낼 수 있다.

치즈 라벨

소비자가 제품에 대한 정확한 정보를 얻고 원하는 치즈를 올바르고 쉽게 선택할 수 있도록 치즈 판매업자들은 라벨에 제품 정보를 표시해야 하고 위생 규정을 준수해야 한다.

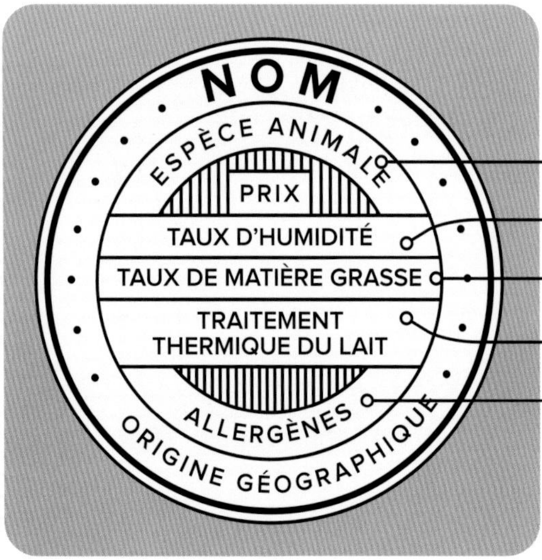

의무적 표시 조항

동물 종 : 라벨에 동물의 유형(소, 염소, 양 등)이 특정되지 않은 경우, 해당 치즈는 소젖으로 만든 것으로 간주된다.

수분 함유율 : 프로마주 블랑에만 해당된다.

지방 함유율 : 완제품의 지방 함유율. 만일 지방 함유율이 정확히 알려지지 않은 경우에는 라벨에 '지방 함유율 불명확(MGNP)'이라고 명시해야 한다.

원유 열처리 : 비멸균 생유, 저온살균, 고온멸균 등의 표시를 한다.

알러지 유발 가능인자 : 일반적으로 알러지 유발 물질은 라벨에 명시되어 있지 않으며 치즈 판매상점에서 정보를 얻을 수 있다.

특별한 경우
AOP(원산지명칭보호)와 IGP(지리적표시보호) 인증을 받은 치즈의 경우에는 명칭, 원유 열처리 방식, 인증 라벨 유형, 가격 표시가 의무적이다. 인증 표시(AOP, IGP, STG)를 나타내는 스티커도 부착해야 한다.

선택적 표시 조항

해당 치즈가 목장 자체 생산인지 소규모 공방 제조인지, 우유 가공업업체 제품인지, 치즈 제조 조합 생산인지 공장 대량 생산이지 등을 고지하는 것이 법적으로 강제성을 띤 의무는 아니다.

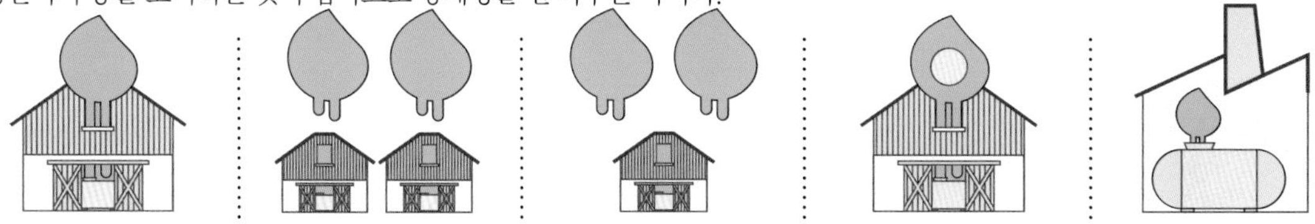

목장 생산 치즈
한 곳의 목장에서 생산한 원유만을 사용해 전통 방식으로 만든다. 치즈 제조는 원유를 짜는 목장에서 이루어져야 한다. 숙성의 경우 생산 현장 또는 외부의 치즈 공방 등에서 모두 가능하다. 일반적으로 이 치즈들은 소량 생산되지만 자신들만의 특성과 테루아를 장점으로 내세운다.

소규모 공방 생산 치즈
이 치즈는 해당 직종 업체명단에 공식 등록된 아티장 업체가 전통적인 제조 규칙을 준수하여 만든다. 업체는 생산 공방 근처에서 선택한 목장으로부터 원유를 공급받아 치즈를 만든다. 목장 자체 생산 치즈에 비해 특별한 개성은 덜 부각된다.

유가공업체 치즈
이 치즈는 여러 목장에서 생산된 젖을 사용하여 유제품 가공업체 또는 낙농조합 등에서 만든다. 이 유형의 치즈는 몇몇 AOP 인증 제품에만 해당하며 각 제품 사양서에 명시된 요건을 철저히 준수하여 만들어진다(아봉당스, 생 넥테르, 르블로숑 등). 비슷한 수준의 목장생산 치즈나 소규모 공방 생산 치즈에 비해 이 치즈는 맛 측면에서 볼 때 특징적인 개성은 덜한 편이다.

공동 치즈 제조업체 생산 치즈
이 치즈는 전통 방식으로 만들어진다. 지역에서 생산되는 비멸균 생유로 만들어지며 최대 두 번 연속 착유한 것까지만 허용된다. 이 원유는 이어서 마지막 착유 시점으로부터 반나절을 초과하지 않는 기한 내에 응유된다. 조합 생산 치즈들은 대부분 가열 압착 치즈 계열에 해당한다(대형 휠 타입).

공장 대량생산 치즈
유제품 생산 공장에서 만들어지는 치즈로 대부분의 경우 비멸균 생유보다는 세균학적 측면에서 안정적인 파스퇴라이즈드 저온살균 원유를 사용한다. 맛은 대개 큰 특징이 없다. 이 치즈들은 일반적으로 전통적인 치즈, 크림 전문점 진열대에서는 거의 찾아보기 힘들다.

품질 인증 마크

유제품 전문점에서 판매하는 몇몇 치즈들은 특정 지역의 산물임을 보증하는 지리적 표시 인증 마크를 보유하고 있다. 이는 즉 해당 지역 생산품의 역사와 맛, 유산의 가치를 인정하는 표시이다.

원산지 명칭 보호 AOP (APPELLATION D'ORIGINE PROTÉGÉE)
이 인증 마크는 제품의 복제를 방지하여 해당 지역의 치즈를 보호한다. AOP 치즈는 특정 지역 내에서 역사적으로 인정받은 노하우를 바탕으로 생산, 가공되어야 한다. AOP는 사실상 프랑스의 AOC(원산지명칭통제) 인증의 유럽 연합 버전이라 할 수 있다. 각 제품 사양서에 따라 몇몇 AOP 치즈의 특징은 서로 완전히 다를 수 있다. 모든 캉탈(cantals), 샤비슈 뒤 푸아투(chabichous du Poitou) 혹은 생 넥테르(saint-nectaires) 치즈들이 맛 측면에 있어서 모두 동일하다고 할 수는 없는 것이다.

지리적 표시 보호 IGP (INDICATION GÉOGRAPHIQUE PROTÉGÉE)
이 인증 마크는 농산물과 식품의 특징이 어느 한 특정 지역에 밀접하게 연관되어 있는 경우 부여되며 생산, 가공, 또는 제조 중 최소 어느 하나의 공정이 해당 지역 내에서 행해져야 한다. 실제로 IGP 제품사양서가 제시하는 요건은 AOP보다는 덜 엄격하다.

전통 특산품 인증 STG (SPÉCIALITÉ TRADITIONNELLE GARANTIE)
이 인증 마크는 어떠한 생산품의 전통적 구성이나 그 역사적 제조 방식의 가치를 인정하는 표시이다. 이 라벨 인증 요건은 IGP보다 덜 까다롭다.

라벨 루즈 LABEL ROUGE
프랑스의 인증 표시인 라벨 루즈(레드 라벨)는 그 생산 조건이나 특별한 제조 조건 덕에 우수한 맛과 품질을 지닌 생산품에 주어진다. 라벨 루즈는 특정 지역에 반드시 연계되어 있는 것은 아니다.

유기농, 친환경 인증 AB/BIO
이 인증 마크는 위의 라벨들과 함께 중복적으로 표시할 수 있다. 예를 들어 AOP 콩테 치즈가 유기농 제품인 경우 BIO 마크도 함께 부착할 수 있다. 이 라벨은 식품이 환경과 동물복지를 존중하는 규정에 의거해 만들어졌음을 뜻한다. 합성 화학물질과 GMO(유전자 변형식물) 등은 동물의 양육과 치즈 제조 전 과정에서 금지된다.

2

세상의 모든 치즈

p. 042-051 프레시 치즈
p. 052-055 락토세럼(웨이) 치즈
p. 056-069 천연 외피 연성 치즈
p. 070-079 흰곰팡이 연성 치즈
p. 080-097 세척 외피 연성 치즈
p. 098-151 비가열 압착 치즈
p. 152-165 가열 압착 치즈
p. 166-183 푸른곰팡이 치즈
p. 184-187 파스타 필라타 치즈
p. 188-189 스프레드 치즈, 가공 치즈
p. 190-191 가향, 가미 치즈

01 프레시 치즈

이 계열의 치즈는 숙성과정을 거치지 않은 생 치즈로 크리미하고 부드러운 식감이 특징이다. 프레시 치즈의 대부분은 시큼한 맛을 갖고 있으며 소금, 후추, 신선 허브, 잼, 꿀 등의 재료를 첨가하기도 한다. 특히 봄과 여름철에 많이 먹는다.

ANEVATO 아네바토 (그리스, 마케도니아)

AOP
since
1996

원유 I 비멸균 양젖 또는 염소젖.

지방 I 5%.

지도 참조 : p. 226-227

대륙성 기후 지역 산악지대에서 제조되는 이 치즈는 부드럽고 촉촉하며 입자가 느껴지는 질감을 갖고 있다. 짭조름하고 새콤한 맛이 나며 풍미가 다소 강한 편이다. 일반적인 프레시 치즈와는 달리 이 치즈는 2개월간의 숙성을 거친 뒤 판매된다. 숙성 담당자는 이 과정 동안 외피가 형성되지 않도록 주의하며 관리해야 한다. 이 치즈는 다른 지역에서는 거의 찾아보기 어려운 이 지역 토종 품종 산양과 염소(grévéniotika)의 젖을 사용해 만든다.

BATZOS 바트조스 (그리스, 테살리아, 마케도니아)

AOP
since
1988

원유 I 비멸균 또는 파스퇴라이즈드 저온 살균(pasteurisé) 양젖 또는 염소젖 (혹은 둘의 혼합).

크기 I 길이 20cm, 두께 10cm.

무게 I 1kg.

지방 I 6%.

지도 참조 : p. 226-227

수분이 적고 입안에서 부슬부슬 부서지기 쉬운 질감의 이 프레시 치즈는 사용한 원유(양젖 또는 염소젖, 경우에 따라 둘의 혼합)의 산미가 도드라진다. 이 치즈의 짭조름한 맛은 최소 3개월간 소금물에 담가둔 것의 결과이다. 수 세기 전 처음 만들어진 이 치즈는 역사적으로 유목민들이 가축을 몰고 이동생활을 할 때 즐겨 먹었다. 질감이 단단한 편이라 이동 시 휴대가 편리했기 때문이다. 당시 유목민들은 이 치즈를 그대로 먹거나 불에 구워 먹었다.

BLODER-SAUERKÄSE 블로더, 사우어케제 (스위스, 장크트갈렌, 리히텐슈타인)

AOP
since
2010

원유 | 비멸균 또는 저온 살균(thermisé) 소젖
무게 | 100g~8kg.
지방 | 8~18%.

지도 참조 : p. 222-223

각기 다른 두 가지 치즈다. 블로더케제(Bloderkäse)는 프레시 타입의 치즈이고 사우어케제(Sauerkäse)는 최소 2개월간의 건조 과정을 거친 것이다. 아이보리색을 띤 블로더케제는 외피가 없으며 단단하지만 손으로 누르면 부드러운 탄력이 느껴진다. 잘랐을 때 부슬부슬한 입자가 느껴지며 잘 부서지는 질감을 갖고 있다. 입안에 넣으면 우유의 풍미와 시큼한 맛으로 인해 좀 더 동물성의 피니시를 느낄 수 있다. 사우어케제는 얇은 외피가 형성되어 있으며 좀 더 진한 풍미를 지니고 있다.

BROUSSE DU ROVE 브루스 뒤 로브 (프랑스, 프로방스 알프 코트다쥐르)

원유 | 비멸균 염소젖.
크기 | 지름 3~4cm, 길이 9~12cm.
무게 | 40~50g.
지방 | 5%.

지도 참조 : p. 200-201

이 치즈는 원유를 가열한 뒤 산성화제(식초를 물에 희석해 사용한다)를 첨가해 응집시켜 얻은 것이다. 로브 종 염소(chèvre du Rove)는 우선적으로 고기를 소비하기 위해 키우는 품종으로 젖의 생산량은 극히 미미하다. 따라서 브루스 뒤 로브는 비교적 희귀한 치즈에 속한다. 순백색의 이 치즈는 촉촉한 윤기가 나고 부드러우며 손으로 만졌을 때 약간 모래와 같은 입자감이 느껴지기도 한다. 입안에 넣으면 촉촉하고 은은한 양젖 풍미가 나며 프레시 치즈치고는 상큼한 맛이 아주 오래 남는다.

BRYNDZA PODHALAŃSKA 브린자 포드할란스카 (폴란드, 마워폴스카)

AOP
since
2007

원유 | 비멸균 양젖과 비멸균 소젖 (최대 40%).
지방 | 6%.

지도 참조 : p. 224-225

5월에서 9월까지 만들어지는 이 치즈는 노르스름한 빛이 나는 흰색을 띠고 있다. 입안에 넣으면 짭조름하고 강한 맛을 내며 은은한 산미도 갖고 있다. 양젖은 털이 아주 긴 폴란드 품종인 폴스카 오프차 구르스카(polska owca górska '폴란드 산양'이라는 뜻)의 원유를 사용한다.

CASATELLA TREVIGIANA 카사텔라 트레비쟈나 (이탈리아, 베네토)

AOP
since
2006

원유 | 비멸균 소젖.
크기 | 소형 : 지름 5~12cm, 두께 4~6cm.
대형 : 지름 18~22cm, 두께 5~8cm.
무게 | 소형 : 200~700g.
대형 : 1.8~2.2kg.
지방 | 6%.

지도 참조 : p. 210-211

부드럽고 탄력이 있으며 크리미한 질감을 지닌 이 치즈는 매우 섬세한 버터, 우유의 풍미를 자랑한다. 육안으로 보기에 약간 거친 질감을 느낄 수 있지만 맛에는 영향을 미치지 않는다. 2012년 이 치즈의 제품 사양서는 이 치즈 원유를 생산하는 젖소 품종에 부를리나(burlina 트레비소 지역 토종소)가 추가되면서 개정되었다. 이 품종소는 카스텔라 프레비쟈나 치즈 제조를 위한 전통적인 품종임에도 불구하고 최초의 제품 사양서 제정 시에 빠져 있었다.

CHEESE BARN COTTAGE CHEESE 치즈 반 코티지 치즈 (뉴질랜드, 와이카토)

원유 | 파스퇴라이즈드 저온 살균 소젖.
크기 | 220~380g의 작은 용기.
지방 | 3%.

지도 참조 : p. 222-223

유기농 농법을 지향하는 하이(Haigh) 부부가 생산하는 치즈로 뉴질랜드 식품 박람회에서 여러 차례 수상한 경력을 자랑한다. 식물성 응유효소를 사용해 만든 치즈 반 코티지 치즈는 지방 함량이 낮아 담백하며 아주 연하고 부드러운 질감을 갖고 있다. 약간의 신맛이 있어 입안에서 상큼함을 느낄 수 있다.

CŒUR DE FIGUE 쾨르 드 피그 (프랑스, 누벨 아키텐)

원유 | 파스퇴라이즈드 저온 살균 염소젖.
크기 | 지름 5cm, 두께 1.5~2cm.
무게 | 80g.
지방 | 12%.

지도 참조 : p. 204-205

작고 납작한 원형의 부드럽고 촉촉한 이 프레시 치즈는 상큼함과 산미, 그리고 치즈 중앙에 들어 있는 무화과 잼이 주는 은은한 단맛이 섬세한 균형을 이루고 있다. 페리고르 지방에서 생산되는 이 치즈는 '쾨르 구르망(cœur gourmand)'이라고도 불린다. 무화과 잼 대신 건자두 혹은 밤 잼을 넣기도 한다.

FETA 페타
(그리스, 이피로스, 마케도니아, 트라키아, 테살리아, 그리스 내륙지방, 펠레폰네소스 반도, 레스보스 현)

AOP
since
2002

원유 I 비멸균 또는 파스퇴라이즈드 저온 살균 양젖(경우에 따라 염소젖을 섞기도 한다).

지방 I 21%.

지도 참조 : p. 226-227

AOP(원산지명칭보호) 인증을 받기 전까지만 해도 이 치즈와 비슷한 모방제품이나 위조 치즈가 종종 등장했다. 페타 치즈는 한동안 덴마크 인들이 대량 생산해왔다. 이것이 그리스 치즈이긴 하지만 17세기부터 사용된 '페타(feta)' 라는 단어는 라틴어 페테(fette)에서 그 어원을 찾을 수 있다. 이는 나무통에 넣기 위해 치즈를 슬라이스하는 작업을 뜻한다. 단단하지만 부서지기 쉬운 질감의 페타 치즈는 입안에 넣으면 상큼함, 특유의 풍미, 짭짤한 맛, 풀의 향 등을 느낄 수 있다.

그리스에서 페타 치즈의 일인당 평균 소비량은 연간 12kg을 상회한다.

GALOTYRI 갈로티리 (그리스, 이피로스, 테살리아)

AOP
since
1996

원유 I 파스퇴라이즈드 저온 살균 양젖, 염소젖(혹은 혼합).

지방 I 10%.

지도 참조 : p. 226-227

그리스 사람들에게는 자국에서 가장 오래된 치즈로 알려져 있다. 고대 문헌에서도 현재의 갈로티리 치즈를 연상하게 하는 묘사를 찾아볼 수 있다. 흰색을 띤 이 치즈는 크리미한 질감을 지니고 있으며 프레시 치즈의 특성이라 할 수 있는 산미가 두드러지는 편이다.

HALLOUMI 할루미 (키프로스, 니코시아, 리마솔, 라르나카, 파마구스타, 파포스, 키레니아)

AOP
since
2015

원유 I 파스퇴라이즈드 저온 살균 양젖, 염소젖, 소젖(혹은 혼합).

크기 I 길이 9~15cm, 두께 5~7cm.

무게 I 150~350g.

지방 I 6%.

지도 참조 : p. 226-227

원유와 유청 냄새가 강해 쉽게 구분할 수 있는 이 치즈는 입안에 넣으면 민트 향과 짭조름하고 찌르는 듯 꼬릿한 맛을 느낄 수 있다. 할루미 치즈는 숙성과정을 거치기도 하는데 이 경우 가열을 마친 치즈에 민트 잎 한 장을 넣고 접은 뒤 소금물에 최소 40일간 담가둔다. 이 경우 풍미가 훨씬 강해지며 숙성하지 않은 생 할루미보다 더 꼬릿한 맛이 난다.

할루미를 언급한 가장 오래된 문헌은 1554년의 것으로 베네치아 코레르(Correr) 시립 박물관 도서관에 보존되어 있는 고서에서 찾아볼 수 있다.

JONCHÉE 종셰 (프랑스, 누벨 아키텐)

원유 | 비멸균 또는 파스퇴라이즈드 저온 살균 소젖.
크기 | 길이 20cm, 두께 3~4cm.
무게 | 120~130g.
지방 | 8%.

지도 참조 : p. 204-205

길쭉한 모양에 등나무 발(천연 또는 플라스틱)로 싸여 있는 치즈인 종셰는 만든 후 24시간 이내에 소비해야 한다. 현재 극소수의 생산자들이 이 치즈를 만들고 있고 이들은 모두 로슈포르(Rochefort), 루아양(Royan), 라 로셸(La Rochelle)을 잇는 삼각형 지대 안에 위치하고 있다. 우유는 20분 만에 커드로 변해 매우 부드럽고 크리미한 젖빛의 프레시 치즈가 된다. 어떤 치즈들은 비터아몬드로 향을 내기도 한다.

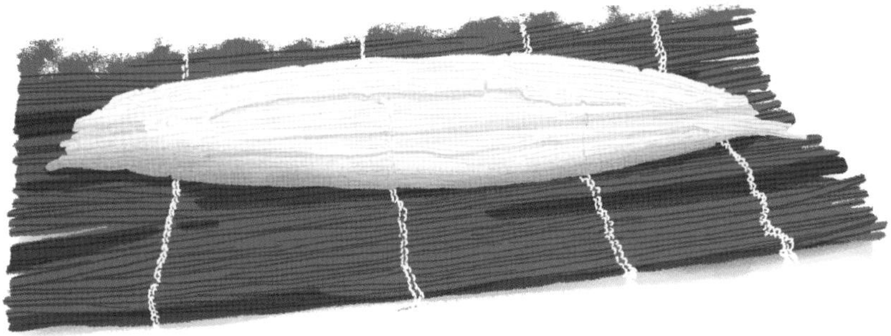

KALATHAKI LIMNOU 칼라타키 림누 (그리스, 림노스 섬)

AOP since 1996

원유 | 비멸균 양젖(경우에 따라 비멸균 염소젖과 혼합).
크기 | 지름 8~12cm, 두께 5~18cm.
무게 | 700g~1.3kg.
지방 | 6%.

지도 참조 : p. 226-227

탄력이 있으며 비교적 단단한 질감의 이 치즈는 입안에 넣으면 풀 향의 상큼함과 원유의 맛을 느낄 수 있다. 살짝 느껴지는 산미는 양젖 특유의 맛이며 소금물에 담가두었기 때문에 맛이 짭짤하다. 작은 소쿠리(kalathakia)에 넣어 물기를 빼 그 자국이 남아 있는 것이 특징이다.

KATIKI DOMOKOU 카티키 도모쿠 (그리스, 테살리아)

AOP since 1996

원유 | 파스퇴르 저온 살균 염소젖과 양젖(최대 30%)
지방 | 8%.

지도 참조 : p. 226-227

크리미한 질감으로 토스트 등에 쉽게 발라먹을 수 있으며 스푼으로 떠먹기에도 적당하다. 맛이 비교적 강하고 짭짤하며 염소젖이나 양젖 특유의 산미가 느껴진다. 주로 음식에 곁들여 먹는 치즈로 활용하는 경우가 많다. 특별한 형태와 정해진 중량이 없다. 커드는 천으로 된 주머니에 담겨 있으며 그 크기는 각 목장에 따라 다양하다.

LIETUVIŠKAS VARŠKĖS SŪRIS 리아투비스카스 바르슈케스 수리스 (리투아니아)

IGP
since
2013

원유 I 파스퇴라이즈드 저온 살균 소젖.
무게 I 100g~5kg.
지방 I 7%

지도 참조 : p. 220-221

삼각형 천 주머니에 넣어 손으로 모양을 만드는 이 프레시 치즈는 주로 가열하거나 훈연해서 먹기도 한다. 그 경우 색깔은 연한 황색이 도는 흰색에서 밝은 갈색 또는 구릿빛을 띤다. 제조방법에 따라 질감은 부드럽고 부슬부슬한 질감에서 자를 때 부스러기가 쉽게 떨어질 정도로 단단한 질감까지 다양하다. 입안에 넣으면 프레시 타입의 경우 새콤한 맛이 나고 가열 타입은 살짝 매콤한 향이 나며 훈연한 경우에는 훈연 특유의 향을 띤다.

LIL' MOO 릴 무 (미국, 조지아)

원유 I 파스퇴라이즈드 저온 살균 소젖.
무게 I 230g 용기 포장.
지방 I 4%

지도 참조 : p. 228-229

이 치즈를 만드는 목장의 소들은 조지아 주 남부의 이상적인 기후 조건 덕에 연중 내내 신선한 풀을 뜯어먹는다. 연한 미색을 띠고 있는 릴 무 치즈는 부드러우면서도 입자가 느껴지는 식감을 갖고 있으며 입안에 풀의 향과 새콤한 맛을 선사한다. 이 치즈는 발라먹기 좋은 요거트와 비슷하다.

MOHANT 모한트 (슬로베니아, 고렌스카, 고리치아)

AOP
since
2013

원유 I 비멸균 소젖.
지방 I 11%.

지도 참조 : p. 222-223

이 치즈의 포장 라벨에는 '보힌 모한트 치즈는 단 하나밖에 없습니다(Samo eden je Mohant Bohinj)'라는 표시를 반드시 해야 한다.

부드러운 질감의 이 치즈는 연한 황색, 베이지 혹은 아이보리색을 띠고 있으며 질감은 매끈하지만 펴 바를 정도로 유연하지는 않다. 입안에 넣으면 꼬릿하며 강한 맛을 내는 것이 특징이다. 이 풍미를 내기 위해 모한트 치즈는 공기가 차단된 상태(anaérobiose)의 큰 용기 안에서 숙성된다. 숙성과정에서 발산되는 가스가 치즈 안에 기공을 생성하고 강한 맛을 만들어낸다.

OVČÍ HRUDKOVÝ SYR – SALAŠNÍCKY 오브치 흐루드코비 시르 살라스니키 (슬로바키아)

STG since 2016

원유 | 비멸균 양젖.
무게 | 최대 5kg.
지방 | 10%.

지도 참조 : p. 224-225

봄과 여름철에만 생산되는 둥근 덩어리 모양의 이 고원지대 방목 치즈('salašnícky'는 방목지를 뜻한다)는 건조하고 깔끔한 표면을 갖고 있다. 치즈 속살에 미세한 균열부나 구멍이 나타날 수 있다. 겉은 흰색에서 미색을 띠고 있으며 안쪽은 흰색에 군데군데 황색 빛이 돈다. 식감은 탱탱하고 탄력이 있으며, 새콤한 풍미와 은은한 볏짚 향을 느낄 수 있다.

PICHTOGALO CHANION 픽토갈로 하니온 (그리스, 크레타)

AOP since 1996

원유 | 비멸균 염소젖 또는 양젖 (또는 혼합).
지방 | 8%.

지도 참조 : p. 226-227

크리미한 질감의 이 부드러운 치즈는 풀의 신선한 향과 짭조름한 맛을 지니고 있다. 역사가 오래된 이 치즈는 크레타 섬 서부 하니아(*Χανιά*) 지역에서 만들어진다. 특히 이곳에서 이 치즈는 지역 특산 케이크인 부가스타 하니온(bougasta chanion)을 만드는 데 사용된다.

PURE GOAT CURD 퓨어 고트 커드 (호주, 빅토리아)

원유 | 파스퇴라이즈드 저온 살균 염소젖.
무게 | 500g.
지방 | 8%.

지도 참조 : p. 232-233

이 치즈의 생산자인 타마라(Tamara)는 프로방스 여행 후 2000년대 초에 자신의 치즈 제작소를 열었다. 프로방스에서 그녀는 염소젖 치즈에 매료되었다. 굵직한 알갱이가 느껴지며 촉촉하게 윤기가 나는 흰색의 프레시 치즈인 퓨어 고트 커드는 프랑스의 프레시 염소 치즈와 같은 방식으로 만들어진다. 입안에 넣으면 상큼함이 느껴지며 풀 향기와 가벼운 산미가 주를 이룬다.

QUARTIROLO LOMBARDO 콰르티롤로 롬바르도 (이탈리아, 롬바르디아)

AOP
since
1996

원유 I 비멸균 소젖.
크기 I 사방 25cm 정사각형, 두께 6cm.
무게 I 2.5kg.
지방 I 9%.

지도 참조 : p. 210-211

부서지기 쉬운 부슬부슬한 질감을 갖고 있는 이 치즈는 순하고 달콤한 맛과 약간의 산미를 지니고 있으며 시간이 지날수록 시큼한 맛이 강해진다.
'콰르티롤로'라는 이름은 이탈리아어 표현인 '에르바 콰르티롤로(erba quartirolo)'에서 왔으며 이는 풀을 베기에 가장 좋은 계절(주로 여름 끝자락)을 의미한다. 이름처럼 이 치즈는 원래 소가 이 풀들을 먹는 9월 말에 만들었지만 지금은 연중 내내 생산되고 있다.

ROVE DES GARRIGUES 로브 데 가리그 (프랑스, 프로방스 알프 코트다쥐르)

원유 I 비멸균 또는 파스퇴라이즈드 저온 살균 염소젖.
크기 I 지름 4.5cm, 두께 3cm.
무게 I 80g.
지방 I 10%.

지도 참조 : p. 200-201

순백색의 공 모양 치즈로 겉면은 매끈하고 단단하며 부드럽게 녹는 식감을 갖고 있다. 입안에 넣으면 풀과 꽃향이 주를 이룬다. 또한 경우에 따라 치즈 생산자들이 레몬 에센스를 몇 방울 첨가하기 때문에 레몬 맛이 나기도 한다.
염소들이 레몬을 즐겨 먹었기 때문이라는 이야기와는 아무 관련이 없다.

SAINT-JOHN 세인트 존 (캐나다, 온타리오)

원유 I 파스퇴라이즈드 저온 살균 염소젖.
무게 I 350g 용기 포장.
지방 I 14%.

지도 참조 : p. 230-231

세인트 존 치즈의 생산자들은 아소로스 제도 출신의 포르투갈 인이다. 토론토에 정착한 이들은 루시타니아의 기질을 잘 보여주는 치즈들을 만들어내고 있다.
단단하면서도 부드럽게 녹는 질감을 지닌 이 치즈는 입안에 넣으면 프레시 타입 염소 치즈의 순하고 부드러운 맛을 보여준다. 마지막에는 짭조름한 맛과 산미가 느껴진다. 세인트 존 치즈는 식물성 응유효소를 사용하기 때문에 채식주의자들에게 아주 좋은 선택이 될 수 있다.

SAVEURS DU MAQUIS 사뵈르 뒤 마키 (프랑스, 코르시카)

원유 | 파스퇴라이즈드 저온 살균 양젖.
크기 | 사방 10~12cm 정사각형, 두께 6cm
무게 | 600~700g.
지방 | 15%.

지도 참조 : p. 200-201

'플뢰르 드 마키(fleur de maquis)' 또는 '브랭 다무르(brin d'amour)'라고도 불리는 이 프레시 타입 치즈는 관목 숲의 향기를 뿜어낸다. 왜냐하면 각종 허브(타임, 세이보리, 오레가노, 마조람), 주니퍼베리, 코르시카 특산품인 쥐똥고추 등으로 겉면이 덮여 있기 때문이다. 실제로 입안에 넣으면 거의 멘톨 향에 가까운 풍미가 퍼져 나오며 식감은 말랑하고 부드럽게 녹는다.

SILK 실크 (호주, 빅토리아)

원유 | 비멸균 염소젖.
크기 | 지름 5cm, 두께 4cm.
무게 | 140g.
지방 | 14.5%.

지도 참조 : p. 232-233

실크 치즈를 만드는 목장은 1999년 설립되었으며 안 마리와 카를라가 운영하고 있다. 이들은 처음부터 자넨(saanen)과 알파인(alpine) 종 염소젖을 사용한 유기농 치즈를 만들고자 했다. 둥근 공 모양의 이 작은 치즈는 순백색을 띠고 있으며 사용한 염소젖의 특징을 잘 보여주고 있다. 입안에 넣으면 강렬하고 선명한 맛이 나며 산미와 풀 향기를 느낄 수 있다. 외형은 프랑스의 로브 데 가리그(rove des garrigues)와 비슷하다(p.49).

SLOVENSKÁ BRYNDZA 슬로벤스카 브린자 (슬로바키아)

IGP
since
2008

원유 | 비멸균 양젖 또는 비멸균 양젖과 소젖 혼합.
무게 | 125g ~ 5kg 용기.
지방 | 5%.

지도 참조 : p. 224-225

용기(최대 5kg) 포장 판매가 이루어지기 이전에 이 치즈는 '젤레티(gelety, 우유나 유제품을 담아두던 나무 통으로 용량은 5~10kg이다)'라는 통에 담아 공급되었고 판매상은 이 나무 버킷에서 손님이 원하는 만큼 국자로 덜어 팔았다. 슬로벤스카 브린자는 흰색의 치즈로 질감이 부드러워 빵 등에 쉽게 발라먹을 수 있다. 입안에 넣으면 약간의 부드러운 입자가 느껴진다. 양젖 특유의 상큼한 풍미와 산미가 느껴지며 풀과 식물 향이 도드라진다.

SQUACQUERONE DI ROMAGNA 스콰쿠에로네 디 로마냐 (이탈리아, 에밀리아로마냐)

AOP since 2012

원유 | 비멸균 소젖.
크기 | 지름 6~25cm, 두께 2~5cm.
무게 | 100g~2kg.
지방 | 8%.

지도 참조 : p. 210-211

이 치즈의 포장지에는 '스콰쿠에로네 디 로마냐(Squacquerone di Romagna)'라는 이름이 반드시 규정에 맞게 표시되어 있어야 한다(Sari Extra Bold italique 폰트, 흰 바탕에 푸른색(pantone® 컬러 차트 2747호) 글씨). 이 제품은 빵 등에 발라먹기 좋은 대표적 치즈로 크리미하고 녹진하며 흐르는 듯한 부드러운 질감을 갖고 있다. 처음엔 은은한 짠맛이 느껴지며 이어서 풀 향기의 상큼한 맛으로 마무리된다.

TELEMEA DE IBĂNEŞTI 텔레메아 데 이바네슈티 (루마니아, 트란실바니아)

AOP since 2016

원유 | 비멸균 또는 파스퇴라이즈드 저온 살균 소젖.
무게 | 300g~1kg.
지방 | 6%.

지도 참조 : p. 224-225

탄력이 있으며 녹진한 질감이 균일하게 나타나는 이 치즈는 순백색에서 연한 회색 또는 미색 톤을 띤다. 입안에 넣으면 약간의 짠맛을 동반한 새콤달콤한 풍미를 느낄 수 있다. 구르기우(Gurghiu) 밸리 지역에서만 생산되는 이 치즈는 만든 후 24시간 이내에 소비하는 것이 가장 좋다. 또한 이 치즈는 숙성을 거친 제품도 있다(제조일로부터 최소 20일간 숙성).

이 치즈는 AOP(원산지명칭보호) 인증을 획득한 루마니아 최초의 제품이다.

XYGALO SITEIAS 시갈로 시테이아스 (그리스, 크레타)

AOP since 2011

원유 | 비멸균 또는 파스퇴라이즈드 저온 살균 염소젖 또는 양젖 (또는 혼합).
지방 | 4%.

지도 참조 : p. 226-227

중간 높이의 산악지대(해발 300~1500m)에서 만들어지는 이 백색의 치즈는 만든 방식에 따라 크리미하거나 약간의 입자가 느껴지는 질감을 지니고 있다. 맛은 상큼함과 산미, 짭짤함이 균형을 이루고 있다. 시갈로 시테이아스 치즈용 젖을 생산하는 양은 크레타 섬의 토종 산유종인 시테이아(siteia), 실로리티(psiloriti), 스파키아(sfakia) 종이다.

02 락토세럼(훼이) 치즈

프레시 치즈와 마찬가지로 이 치즈들은 플레인으로 혹은 다른 재료(과일, 잼, 꿀, 신선 허브 등)를 곁들여 먹을 수 있으며 봄과 여름철에 많이 소비된다. 하지만 락토세럼(우유가 엉겨 응고된 후 남은 액체인 유청)을 이용해 만드는 이 치즈들은 프레시 치즈들보다 지방 함량이 더 높다.

BROCCIU 브로치우 (프랑스, 코르시카)

AOC since 1983 AOP since 1998

원유 I 비멸균 양젖 또는 염소젖(또는 혼합)
크기 I 아랫면 지름 9~20cm(각 250g, 500g, 1kg, 2kg 등 치즈 크기에 따라), 윗면 지름 7.5~14.5cm, 두께 6.5~12cm.
무게 I 250g~3kg.
지방 I 35%.

지도 참조 : p. 200-201

브로치우는 AOP(원산지 명칭보호) 인증을 받은 프랑스 유일의 락토세럼(훼이) 치즈다. 이 치즈는 가열한 유청(전유를 보충해 넣는다)을 세게 휘저어 만든다. 계절성 때문에 프랑스 본토에서는 찾아보기 어려운 이 치즈는 시큼한 맛이 있으며 입자가 느껴지면서도 부드러운 질감을 갖고 있다. 최소 21일 이상 숙성하면 브로치우 파수(brocciu passu)가 되며 소금을 첨가한 것은 브로치우 살리투(brocciu salitu)라고 불린다. 브로치우 세쿠(brocciu secu)는 4개월 이상 숙성한 것으로 부서지기 쉬운 단단한 질감을 갖고 있다.

BROUSSE DE LA VÉSUBIE 브루스 드 라 베쥐비 (프랑스, 프로방스 알프 코트다쥐르)

원유 I 파스퇴라이즈드 저온 살균 염소젖 또는 양젖.
지방 I 18%.

지도 참조 : p. 200-201

진줏빛 흰색의 치즈로 입자가 있으면서도 부드러운 질감을 갖고 있다. 물이 빠지는 소쿠리에 넣어 형태를 잡아 그 자국이 그대로 남아 있다. 입안에 넣으면 풀의 향기와 새콤한 맛이 균형을 이루며 지배한다. 니스 해변 내륙 지방에서 생산되는 이 치즈는 향신료, 신선 허브, 올리브, 후추 또는 꿀 등을 곁들여 향과 맛을 더하기도 한다.

GREUILH 그뢰이 (프랑스, 누벨 아키텐)

원유 I 비멸균 양젖.
지방 I 33%.

지도 참조 : p. 202-203

모래처럼 부슬부슬한 입자가 느껴지는 가벼운 질감의 목장 생산 치즈인 그뢰이(또는 브뢰이 breuil라고도 표기한다)는 산미가 있어 상큼하다. 베아른(Béarn)에서 생산되는 이 치즈의 이름은 뭉친 응어리를 뜻하는 사투리 그룰(grulh)에서 유래했다. 원산지에서는 흔히 여름에 아주 단 커피나 아르마냑에 이 치즈를 곁들여 먹는 풍습이 있다. 바스크 지방에서 그뢰이 치즈는 '젠베라(zenbera)'라고 불리며 주로 블랙체리 잼과 함께 먹는다.

HESSISCHER HANDKÄSE 헤시셔 한트케제 (독일, 헤센)

원유 I 파스퇴라이즈드 저온 살균 소젖.
무게 I 20~125g.
지방 I 32%.

지도 참조 : p. 218-219

수작업으로 만든(독일어로 한트(hand)는 '손'을, 케제(käse)는 '치즈'를 뜻한다) 이 작고 납작한 원형

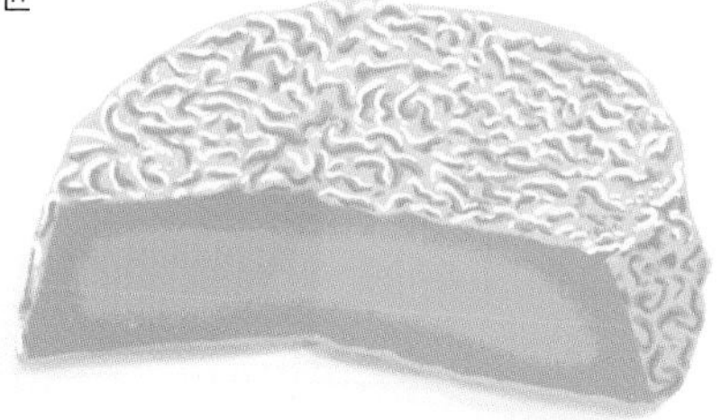

치즈는 맨질맨질한 표면을 갖고 있다. 윤기가 나며 황금색에서 붉은 기를 띠는 갈색 표면에 안쪽은 누르스름한 흰색을 띤다. 입안에 넣으면 쫀득하면서도 단단한 식감을 느낄 수 있으며 향이 강하고 스파이스 풍미와 꼬릿한 냄새가 난다. 이 락토세럼 치즈는 외피를 세척해가며 숙성하기도 하는데 이를 '겔프케제(gelbkäse)'라고 하며 이 경우 냄새가 더욱 강해진다.

MANOURI 마누리 (그리스, 테살리아, 마케도니아)

원유 I 파스퇴라이즈드 저온 살균 양젖 또는 염소젖(또는 혼합).
크기 I 지름 10~12cm, 두께 20~30cm.
무게 I 800g~1.1kg.
지방 I 36%.

지도 참조 : p. 226-227

커드가 형성된 후 염소젖이나 양젖 또는 크림을 더해 만든 치즈다. 단단하면서도 크리미한 질감으로 입안에 넣으면 부드럽게 녹는 마누리 치즈는 원유의 맛이 진하고 산미는 그리 강하지 않으며 상큼한 맛을 낸다. 생산자는 치즈 제조 시 색소, 보존제 또는 항생제 사용을 금하고 있다.

NEIGE DE BREBIS 네주 드 브르비 (캐나다, 퀘벡)

원유 I 파스퇴라이즈드 저온 살균 양젖.
무게 I 250g.
지방 I 33%.

지도 참조 : p. 230-231

이 치즈를 생산하는 라 무토니에르 목장(La Moutonnière, Sainte-Hélène de Chester, Centre-du-Québec)에서는 자체 생산 제품의 품질을 보증하는 라벨을 제작했다. 여기에는 목축용 동물이 먹는 사료 및 섭생뿐 아니라 기르는 환경 조건 등을 명시해 놓았다. 뿐만 아니라 치즈 제조 방식에 있어서도 꼼꼼하고 세심한 관리를 하고 있다. 네주 드 브르비는 순한 맛과 산미를 갖고 있는 녹진한 식감의 치즈로 군데군데 작은 구멍이 나 있다.

NIEHEIMER KÄSE 니하이머 케제 (독일, 노르트라인베스트팔렌)

IGP since 2010

원유 | 파스퇴라이즈드 저온 살균 소젖.
크기 | 지름 4~4.5cm, 두께 2~2.5cm.
무게 | 32~37g.
지방 | 28%.

지도 참조 : p. 218-219

이 치즈의 외피는 매끈하고 황색에서 녹회색을 띠며 외피가 홉의 잎으로 싸여 있는 경우도 있다. 치즈의 밀도가 촘촘한 편이며 캐러웨이 씨가 군데군데 뿌려져 있다. 단단한 질감을 갖고 있으며 맛이 강하고 꼬릿한 냄새가 나는 니하이머 케제는 주로 아주 얇게 셰이빙하거나 치즈 그레이터로 갈아 사용한다. IGP (지리적표시보호) 인증 조건 상 특이한 점은 이 치즈를 만들기 위해 사용된 원유와 건조된 커드가 반드시 니하임(Nieheim) 지역 영토 내에 있는 생산지에서 온 것이 아니어도 된다는 점이다.

RECUITE 르퀴트 (프랑스, 옥시타니)

원유 | 비멸균 양젖.
무게 | 400g.
지방 | 12%.

지도 참조 : p. 202-203

르퀴트 치즈는 '르쿠에차(recuècha)' 또는 '르쿠오차(recuòcha)'라는 이름으로도 알려져 있는데 이들은 랑그독 지방의 방언인 루에르가(rouergat)에서 유래한 명칭이다. 순백색의 윤기가 나고 촉촉한 표면을 가진 이 아베롱(Aveyron)산 치즈는 단단하면서도 부드럽게 녹는 매끈한 질감을 갖고 있다. 양젖 풍미가 나며 산미가 있어 상큼함을 느낄 수 있다.

RICOTTA DI BUFALA CAMPANA 리코타 디 부팔라 캄파나
(**이탈리아**, 캄파니아, 라치오, 몰리세, 풀리아)

AOP since 2010

원유 | 비멸균, 저온 살균 또는 파스퇴라이즈드 저온 살균 물소젖.
무게 | 최대 2kg.
지방 | 12%.

지도 참조 : p. 212-215

리코타 디 부팔라 캄파나 치즈는 프레스카(fresca 프레시 타입)와 프레스카 오모제네이자타(fresca omogeneizzata 균질 프레시 타입) 두 종류가 있다. 균질 프레시 치즈를 만들기 위해서는 리코타 치즈를 살짝 가열하여 최대 21일까지 보관할 수 있다. 프레시 타입 리코타의 경우는 최대 7일까지 보관이 가능하다. 모차렐라 디 부팔라 치즈를 만들고 남은 유청(락토세럼)으로 만든 리코타 디 부팔라 캄파나는 도자기 빛 백색이며 윤기가 난다. 질감은 말랑하고 부드러우며 약간의 입자(입안에 넣으면 부드럽게 녹는다)가 느껴진다. 새콤함과 크림의 풍미를 느낄 수 있는 상큼한 치즈이다.

RICOTTA ROMANA 리코타 로마나 (이탈리아, 라치오)

AOP since 2005

원유 I 비멸균 또는 파스퇴라이즈드 저온 살균 양젖.
무게 I 최대 2kg.
지방 I 12%.

지도 참조 : p. 212-213

라치오 지방에서 오래전부터 존재해온 치즈임이 분명하지만 리코타 로마나 치즈를 언급한 최초의 문헌은 1920년에야 작성된 것으로 알려졌다. 당시 이 치즈는 생산되던 지방의 농업, 수공업, 상공회의소 장부에 등록되어 있었다. 입자가 있으며 부드러운 질감의 이 치즈는 양젖 특유의 산미가 두드러지면서도 녹진하고 순한 맛과 상큼함을 지니고 있다.

SÉRAC 세라크 (프랑스, 부르고뉴 프랑슈 콩테)

원유 I 파스퇴라이즈드 저온 살균 소젖, 염소젖, 또는 양젖.
지방 I 15%.

지도 참조 : p. 198-199

전통적으로 이 치즈는 지역 생산 가열 압착 치즈인 콩테(comté)와 그뤼예르(gruyère)를 만들고 남은 유청으로 만들어졌다. 경우에 따라 유청에 저지방우유 또는 버터밀크를 첨가하기도 한다. 세라크는 밀도가 촘촘하고 부드럽게 녹는 질감의 치즈로 입안에 넣으면 상큼한 맛이 난다. 이 치즈는 훈연 과정을 거치기도 하는데 그 경우 본연의 훌륭한 산미 외에 더 특징적인 매력이 더해지기도 한다.

사부아 지방 무티에(Moûtiers)가 원산지인 세라크는 국경 너머 스위스에서도 생산되며 그곳에서는 지거(Ziger)라고 불린다.

XYNOMYZITHRA KRITIS 시노미지스라 크리티스 (그리스, 크레타)

AOP since 1996

원유 I 파스퇴라이즈드 저온 살균 양젖 또는 염소젖(또는 혼합).
지방 I 35%.

지도 참조 : p. 226-227

이 치즈는 그라비에라 크리시스(Graviera Kritis AOP) 또는 케팔로티리 크리티스(Kefalotýri kritis) 치즈를 만들고 남은 유청에 양젖이나 염소젖 혹은 이 둘을 모두 혼합해 만든다. 부드럽고 쫀득한 질감과 산미가 도드라지는 풍미를 갖고 있다. 이 치즈 원료로 사용되는 젖을 생산하는 양은 스파키아(sfakia) 종으로 거의 크레타 섬에서만 찾아볼 수 있다.

03 천연 외피 연성 치즈

이 치즈 계열의 대부분을 차지하는 것은 염소젖 치즈다. 바농(banon)을 제외하면 이 계열의 모든 치즈들은 젖산균 커드로 새콤한 맛이 주요한 특징이다. 현재 연중 내내 생산되기는 하지만 이 치즈들을 완벽하게 즐기려면 3월부터 10월 사이에 맛보는 것이 가장 좋다.

AGATE 아가트 (캐나다, 퀘벡)

원유 | 파스퇴라이즈드 저온 살균 염소젖.
크기 | 지름 4~5cm, 두께 3~4cm.
무게 | 60g.
지방 | 22%.

지도 참조 : p. 230-231

이 치즈는 2004년 퀘벡에 정착한 벨기에 출신의 아흐여 데니스(Aagje Denys)가 생산하고 있다. 그녀는 유기농 농법을 추구하고 있으며 치즈 제조에도 이 원칙을 적용하고 있다. 아가트는 균일하고 부드러운 질감을 가진 목장 생산 치즈로 외피가 얇고 쫀득하며 군데군데 작은 푸른 반점이 있다. 입안에 넣으면 염소젖의 풍미가 주를 이루지만 그리 과도할 정도는 아니다. 전체적으로 맛의 밸런스가 아주 좋은 치즈다.

BANON 바농 (프랑스, 프로방스 알프 코트다쥐르)

AOC since 2003
AOP since 2007

원유 | 비멸균 염소젖.
크기 | 지름 7.5~8.5cm, 두께 2~3cm.
무게 | 90~110g.
지방 | 21%.

지도 참조 : p. 200-201

프로방스 지방의 대표적 치즈로 1270년의 바농(Banon)과 생크리스톨(Saint-Christol) 마을 공동 문헌에 최초로 언급되어 있다. 적당하게 숙성된 이 동글납작한 치즈는 갈색과 베이지 톤을 띠고 있으며 크리미하고 부드럽게 녹는 질감을 갖고 있다. 염소젖 냄새와 숲의 풀 향이 주를 이룬다. 입안에 넣으면 겉을 싼 잎의 타닌 향이 염소젖 특유의 풍미뿐 아니라 산미와 잘 어우러진다.

이 치즈는 밤나무의 마른 잎으로 감싸기 전 포도즙 지게미나 오드비(브랜디)에 담가두기도 한다. 마른 밤나무 잎은 다시 물에 적셔 부드럽게 만든 다음 치즈를 감싸 접는 데 사용된다. 마른 잎을 적실 때는 끓는 물, 식초(5%)를 넣은 끓는 물, 식초를 넣은 물(5%) 등을 사용하는 세 가지 방법이 가능하다.

BIJOU 비주 (미국, 버몬트)

원유 | 파스퇴라이즈드 저온 살균 염소젖.
크기 | 지름 5cm, 두께 3cm.
무게 | 40g.
지방 | 22%.

지도 참조 : p. 230-231

작고 동글납작한 세미 드라이 염소젖 치즈인 비주는 외피가 보송보송한 솜털(지오트리쿰 효모)로 덮여 있으며 입안에 넣으면 거품처럼 부드럽게 녹는다. 염소젖 특유의 산미가 도드라지며 상큼한 맛을 내는 이 치즈는 미국 치즈 품평회에서 여러 차례 수상한 바 있다.

BONDE DE GÂTINE 봉드 드 가틴 (프랑스, 누벨 아키텐)

원유 | 비멸균 염소젖.
크기 | 지름 5~6cm, 두께 5~6cm.
무게 | 140~160g.
지방 | 22%.

지도 참조 : p. 204-205

표면에 식용숯가루를 입힌 가틴(Gâtine, Poitou-Charentes) 지방의 이 치즈는 외피 바로 아래에 버터와 매우 흡사한 테두리 층이 형성되어 있으며 가장 중심 부위는 백악질의 흰색으로 입에서 부드럽게 녹는 질감을 갖고 있다. 끝맛은 짭짤하고 새콤한 맛과 고소한 너트향이 은은하게 나며 염소젖 특유의 풍미가 잘 어우러진다. 이 치즈의 이름 '봉드'는 큰 포도주 통의 마개(bonde)를 닮은 모양에서 착안한 것이다.

BONNE BOUCHE 본 부슈 (미국, 버몬트)

원유 | 파스퇴라이즈드 저온 살균 염소젖.
크기 | 지름 10cm, 두께 3cm.
무게 | 200g.
지방 | 22%.

지도 참조 : p. 230-231

표면에 식용 숯가루를 입힌 이 치즈는 외피의 회색빛 외에도 질감이나 맛에 있어 투렌(Touraine)의 숯가루 치즈를 연상시킨다. 입안에 넣으면 고소한 너트 향과 진한 염소젖 풍미가 혼재됨을 느낄 수 있다. 외피에 보송보송한 솜털 감촉을 더하고 더 맛있어 보이도록 만들기 위해 생산자는 치즈 표면에 지오트리쿰(Geotrichum) 효모를 분사한다. 이 결과 청회색 빛이 돌며 벨벳과 같은 솜털이 섬세하게 덮인 외피가 형성된다.

BRIGID'S WELL 브리짓스 웰 (호주, 빅토리아)

원유 | 비멸균 염소젖.
크기 | 지름 15cm, 두께 5cm.
무게 | 650g.
지방 | 27%.

지도 참조: p. 232-233

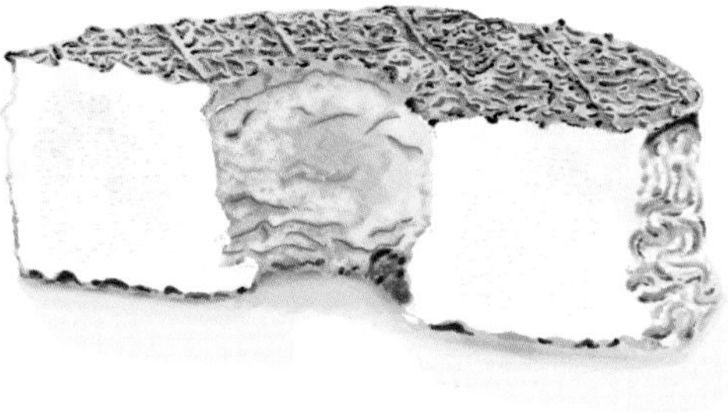

이 치즈를 생산하는 홀리 고트 치즈(Holy Goat Cheese) 목장은 유기농 및 친환경 농법을 추구하고 있다. 브리짓스 웰은 납작한 링 모양의 치즈로 숯가루를 입힌 쭈글쭈글한 외피를 갖고 있다. 부드럽게 녹는 질감을 갖고 있고 맛은 상큼한 편이며 고소한 너트와 시트러스 과일 향을 느낄 수 있다.

CATHARE® 카타르 (프랑스, 옥시타니)

원유 | 비멸균 염소젖.
크기 | 지름 12.5cm, 두께 1.2~1.5cm.
무게 | 180g.
지방 | 23%.

지도 참조: p. 200-201

납작하고 둥근 모양의 치즈로 생산지역의 상징인 옥시타니의 십자가 모양이 표면에 새겨져 있다. 외피는 부드럽고 내부는 녹진한 질감을 갖고 있으며 맛은 상큼하다. 시간이 지날수록 염소젖 특유의 풍미가 점점 두드러지지만 과하지는 않다. 카타르(Cathare®)는 등록상표로 구매 시 정품임을 보증해준다.

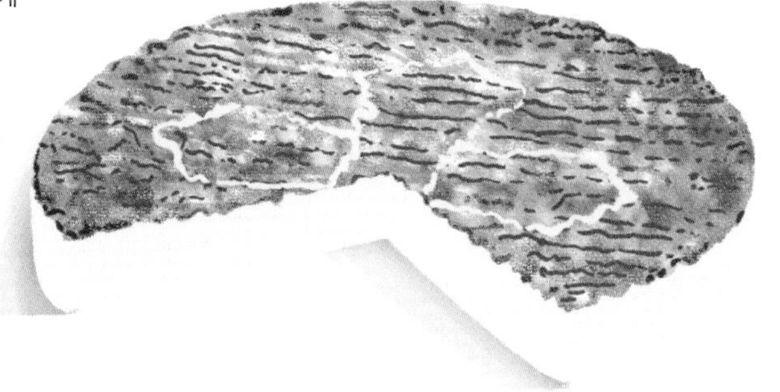

CERIDWEN 케리드윈 (호주, 빅토리아)

원유 | 파스퇴라이즈드 저온 살균 염소젖.
크기 | 지름 4cm, 길이 8cm.
무게 | 90g.
지방 | 22%.

지도 참조: p. 232-233

작은 원통형에 숯가루(포도나무를 태운 재)를 입힌 아삭하면서도 부드러운 외피를 가진 이 치즈는 매우 말랑말랑하고 촉촉하며 염소젖 특유의 새콤하고 상큼함이 느껴지는 풍부한 맛을 지니고 있을 뿐 아니라 섬세한 버섯의 풍미가 난다. 식물성 응유효소를 사용해 만든 케리드윈은 채식 애호가들에게 이상적인 치즈다.

CHABICHOU DU POITOU 샤비슈 뒤 푸아투 (프랑스, 누벨 아키텐)

AOC since 1990
AOP since 1996

원유 I 비멸균 염소젖.
크기 I 지름 5cm, 두께 6cm.
무게 I 120g.
지방 I 21%

지도 참조 : p. 204-205

샤비슈 뒤 푸아투 치즈를 넣어 물을 빼고 모양을 잡을 때 사용된 소쿠리(faisselles)에는 이 치즈 이름의 이니셜 'CdP'가 각인되어 있어 완성된 치즈 위에 이 글씨 자국이 남는다. 윗부분이 잘린 원뿔대 모양의 이 치즈는 아이보리색, 녹색, 푸른빛을 띠는 쭈글쭈글한 외피를 갖고 있다. 외피의 촉감은 부드럽고 크리미하고, 치즈를 잘랐을 때 안쪽은 매끈하며 흰색을 띠고 있다. 입안에 넣으면 염소젖 특유의 상큼한 맛이 바로 느껴지며 이어서 볏짚 향과 은은한 너트향이 받쳐준다.
샤비슈 뒤 푸아투 치즈는 이 지역 AOP (원산지명칭보호) 치즈 중 하나로 생산자에 따라 품질 및 제조 형태(소규모 공방, 목장제조, 대량생산 등)가 다양하다.

'샤비슈(chabichou)'라는 용어는 염소를 뜻하는 아랍어 '세블리(chebli)'에서 온 것이다. 이는 7~8세기 푸아투 지방에 아랍인들이 살았음을 증명한다.

CHAROLAIS 샤롤레 (프랑스, 부르고뉴 프랑슈 콩테, 오베르뉴 론 알프)

AOC since 2010
AOP since 2014

원유 I 비멸균 염소젖.
크기 I 지름 6~7cm, 두께 7~8.5cm.
무게 I 250~310g.
지방 I 23%.

지도 참조 : p. 198-199

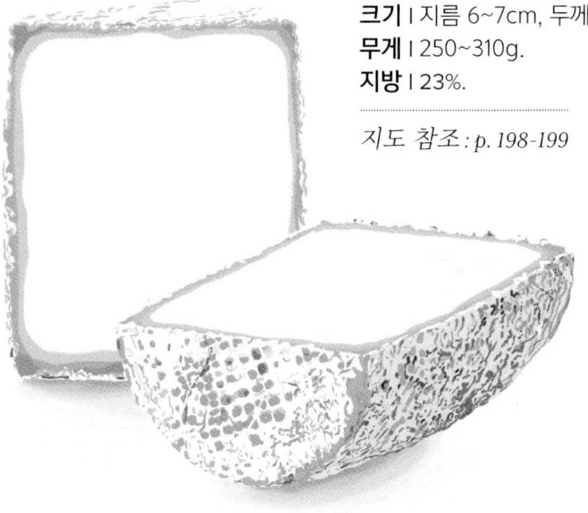

이 치즈의 기원은 16세기로 거슬러 올라간다. 생활이 넉넉지 못했던 농부들은 소를 목축하는 것 이외에 염소를 키웠고 그 젖으로 치즈를 만들어 가족에게 먹였다. 염소는 '가난한 이들의 소'라고 불렸다. 비교적 손쉽게 젖을 얻을 수 있고 이것으로 치즈를 만들 수 있었기 때문이다. 샤롤레 치즈는 밀도가 아주 빡빡하다. 250g의 치즈를 만드는 데 2~2.5리터의 염소젖이 필요하다. 외피는 거친 질감이며 녹색에서 황색을 거쳐 푸르스름한 색까지 복합적인 색을 띠고 있다. 자르면 속은 대리석을 닮았는데 이는 치즈를 만드는 과정에서 물 빼는 작업이 매우 느리게 이루어졌음을 뜻한다. 맛은 강한 편이며 식물성 노트와 견과류, 버터의 풍미를 지니고 있다. 밀도가 높은 이 치즈는 오래 보관이 가능하다.

CLACBITOU® 클라크비투 (프랑스, 부르고뉴 프랑슈 콩테, 오베르뉴 론 알프)

원유 | 비멸균 염소젖.
크기 | 지름 6~7cm, 두께 7~8.5cm.
무게 | 250~310g.
지방 | 23%.

지도 참조 : p. 198-199

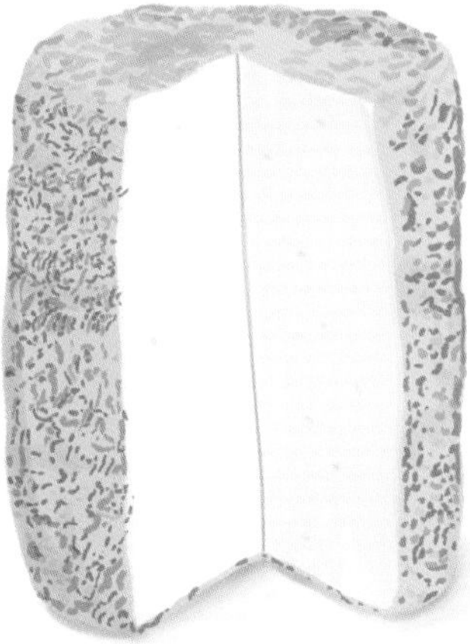

샤롤레의 사촌 격인 클라크비투(Clacbitou®) 치즈는 한 개를 만드는 데 2.4리터의 염소젖이 필요하다. 순백색의 내부는 단단하고 촘촘한 질감을 갖고 있으며 숲 향기와 고소한 너트 맛이 난다. 밀도가 높아 몇 주간 문제없이 보관할 수 있다. 샤롤 지방 방언으로 '클라크비투'는 염소 치즈를 의미한다.
이 치즈는 라 라코티에르(La Racotière) 목장이 40여 년 전에 상표 등록을 마쳤다.

CORNEBIQUE 코른비크 (캐나다, 퀘벡)

원유 | 파스퇴라이즈드 저온 살균 염소젖.
크기 | 지름 4.5cm, 길이 8cm.
무게 | 150g.
지방 | 22%.

지도 참조 : p. 230-231

이 치즈는 상트르 뒤 퀘백(Centre-du-Québec) 지방 생트 소피 달리팍스(Sainte-Sophie-d'Halifax)에서 생산된다. 생산자 샹탈 마티유(Chantal Mathieu)와 라파엘 모랭(Raphaël Morin)은 자신들의 염소 떼 60마리(대부분 알파인 종)를 정착시킬 토지를 찾는 데 2년의 시간을 투자했다. 코른비크 치즈는 프랑스 발레 드 라 루아르(vallée de la Loire)에서 생산되는 염소 치즈를 연상케 한다. 외피는 쪼글쪼글하고 부드러우며 약간 버터의 질감이 난다. 순백색의 안쪽은 산미를 동반한 상큼하고도 섬세한 맛을 느낄 수 있다. 마지막에 꿀의 풍미가 이어진다.

COURONNE LOCHOISE® 쿠론 로슈아즈 (프랑스, 상트르 발 드 루아르)

원유 | 비멸균 염소젖.
크기 | 지름 12cm, 두께 3.5cm.
무게 | 170g.
지방 | 23%.

지도 참조 : p. 204-205

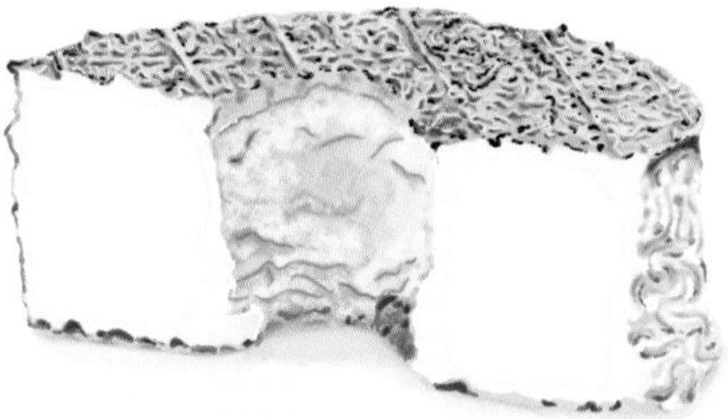

숯가루를 입힌 이 치즈의 외피는 살짝 주름진 형태이며 안쪽은 크리미한 질감을 갖고 있다. 가장 중심부는 거의 무스처럼 부드러우며 원유 풍미와 상큼한 맛이 주를 이룬다. 마지막에는 염소젖 특유의 산미가 더욱 도드라진다. 이 치즈의 이름은 상표등록을 마쳤다. 단 한 곳의 농장에서 생산하기 때문에 정품임을 보장받을 수 있다.

CROTTIN DE CHAVIGNOL 크로탱 드 샤비뇰 (프랑스, 상트르 발 드 루아르)

AOC since 1976
AOP since 1996

원유 | 비멸균 염소젖.
크기 | 지름 4~5cm, 두께 3~4cm.
무게 | 60~110g.
지방 | 22%.

지도 참조 : p. 204-205

'크로탱'이라는이름은 '구덩이'를 뜻하는 베리

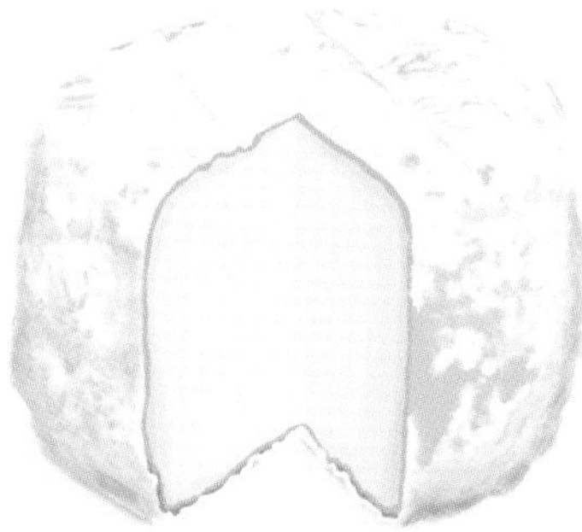

(Berry) 지방의 사투리 '크로(crot)'에서 온 것으로 추정된다. 바로 이 구덩이에서 퍼낸 진흙으로 농부들은 치즈 커드의 물을 빼고 모양을 잡는 틀을 만들었고 그 틀을 이용해 만든 치즈들 중 하나가 훗날 크로탱 드 샤비뇰 치즈가 된 것이다. 이 치즈는 외피가 건조되었을 때 먹는 것이 좋다. 이 상태가 되면 외피와 속 부분 사이에 경계선이 형성된다. 치즈 속 부분은 염소젖 향, 과일, 풀, 너트 향이 가득하다. 식감은 건조하지만 부드럽게 녹는 질감을 지니고 있다. 이 치즈는 얇게 저며 먹는 것을 추천한다.

GOUR NOIR 구르 누아르 (프랑스, 누벨 아키텐)

원유 | 비멸균 염소젖.
크기 | 길이 8~11cm, 폭 5~6cm, 두께 2.5~3cm.
무게 | 200g.
지방 | 22%.

지도 참조 : p. 202-203

1980년대에 아르노(Arnaud) 패밀리가 처음 선보인 구르 누아르 치즈는 봄철을 시작으로 아주 섬세한 맛을 낸다. 염소젖 무스처럼 부드러운 식감이 입안을 감싸며 풀 향기와 산미가 돋보이는 상큼함을 느낄 수 있다. 좀 더 숙성이 오래된 경우 이 가볍고 부드러운 식감은 더 녹진한 버터와 같은 텍스처로 바뀌고 향이 더 진해지지만 섬세한 풍미는 계속 유지된다.

MÂCONNAIS 마코네 (프랑스, 부르고뉴 프랑슈 콩테)

AOC since 2006
AOP since 2006

원유 | 비멸균 염소젖.
크기 | 윗면 지름 4cm, 아랫면 지름 5cm, 두께 4cm.
무게 | 50~60g.
지방 | 22%.

지도 참조 : p. 198-199

비슷한 사촌 격인 여러 치즈들과 마찬가지로 이 염소젖 치즈는 포도농사를 주업으로 하는 농부들에게 또 하나의 수입원이 되어주었다. 작은 크기의 이 치즈는 수분이 적고 강한 맛이 날 것 같은 인상을 주지만 실제로는 그 반대이다. 입안에 넣으면 녹는 듯한 부드러움과 상큼한 맛을 느낄 수 있으며 섬세한 견과류 풍미가 난다. 프레시 상태 또는 숙성된 것 모두 은은한 산미가 난다. 아주 건조한 상태가 되면 염소젖 특유의 풍미가 더욱 집중적으로 도드라진다.

MOTHAIS-SUR-FEUILLE 모테 쉬르 피유 (프랑스, 누벨 아키텐)

원유 | 비멸균 염소젖.
크기 | 지름 10~12cm, 두께 2~3cm.
무게 | 180~200g.
지방 | 22%.

지도 참조 : p. 204-205

진줏빛 백색과 아이보리색을 띤 동글납작한 이 치즈는 외피가 쪼글쪼글하고 경우에 따라 청록색 빛을 띠기도 한다. 질감은 말랑말랑하며 겉 부분은 크리미하다. 가장 안쪽은 비교적 단단하면서도 부드럽게 녹는 식감이며 입안에 넣으면 프레시 커드와 견과류 노트가 느껴진다. 치즈 밑에 깐 밤나무 잎은 단순히 장식적 효과뿐 아니라 수분을 조절하는 역할을 한다.

MURAZZANO 무라차노 (이탈리아, 피에몬테)

AOP since 1996

원유 | 비멸균 양젖 또는 비멸균 양젖과 소젖(최대 40%) 혼합.
크기 | 지름 10~15cm, 두께 3~4cm.
무게 | 300~400g.
지방 | 24%.

지도 참조 : p. 210-211

외피가 얇으며 치즈 안쪽은 아이보리에서 밝은 볏짚 색을 띤 흰색이다. 이 치즈는 상큼하고 새콤한 맛과 향을 갖고 있으며 양젖 치즈의 전형적인 특징인 은은한 건초 풍미가 섬세하게 느껴진다. 전통적으로 채소와 포도즙으로 만든 피에몬테식 처트니인 쿠냐(cugnà)를 곁들여 먹는다.

PÉLARDON 펠라르동 (프랑스, 옥시타니, 프로방스 알프 코트 다쥐르)

AOC since 2000
AOP since 2001

원유 | 비멸균 염소젖.
크기 | 지름 6~7cm, 두께 2.2~2.7cm.
무게 | 60g.
지방 | 22%.

지도 참조 : p. 200-201

이 치즈의 기원은 아주 오래전으로 거슬러 올라간다. 대 플리니우스(1세기 고대 로마의 박물학자)는 자신의 저서에 후추를 뜻하는 페브르(pèbre)에서 파생한 단어인 '페랄두(péraldou)'에 대해 언급했다. 펠라르동 치즈가 현재의 이름을 갖게 된 것은 19세기 말에 이르러서이다. 작고 동글납작한 모양의 이 치즈는 반 건조 또는 건조 상태에서 즐겨 먹는다. 반 건조 타입은 거의 흘러내린다 싶을 정도로 크리미한 편이며 염소젖과 신선 허브의 섬세한 풍미를 갖고 있다. 더 건조해지면 부드러운 동물성 풍미와 고소한 너트 향을 느낄 수 있다.

PÉRAIL 페라이 (프랑스, 옥시타니)

원유 | 비멸균, 저온 살균, 파스퇴라이즈드 저온 살균 양젖.
크기 | 지름 8 또는 10cm, 두께 2 또는 2.5cm.
무게 | 100~150g.
지방 | 25%.

지도 참조 : p. 202-203

두 가지 사이즈의 이 동글납작한 치즈는 아주 훌륭한 맛으로 사랑받고 있다. 아이보리에서 밝은 베이지색을 띠며 표면에 줄무늬 자국이 살짝 남아 있는 이 치즈는 양젖 특유의 풍미와 볏짚, 건초, 신선한 풀의 향, 은은한 짠맛을 내고 있다. 거의 흐를 정도로 크리미한 질감을 갖고 있어 빵 등에 발라먹기 용이하다. 페라이는 12개의 목장 생산자와 3곳의 유제품 전문 생산자가 만들고 있다.

PICODON 피코동 (프랑스, 오베르뉴 론 알프)

AOC since 1983
AOP since 1990

원유 | 비멸균 염소젖.
크기 | 지름 5~7cm, 두께 1.8~2.5cm.
무게 | 60g.
지방 | 22%.

지도 참조 : p. 200-201

드롬(Drôme)과 아르데슈(Ardèche)의 산악지대에서 오래전부터 방목해온 염소의 젖을 이용해 만드는 이 치즈(picodon은 오크어로 '날카로운 자극의 맛'을

의미한다)는 양들이 젖을 아주 조금 생산하는 겨울철에 만들어졌다. 소량의 젖이지만 이 작은 치즈를 만들기에는 충분했으므로 이 계절을 큰 어려움 없이 지나갈 수 있었다. 이 치즈의 외피는 청록 색 빛이 도는 연한 미색을 띤다. 덩어리 상태에서는 볏짚과 축축한 저장고 냄새가 나며 자르면 염소젖의 풍미를 발산한다. 녹는 듯이 부드러운 질감은 숙성 기간이 더해질수록 점점 단단해지며 오래 숙성한 경우에는 부스러지는 듯한 텍스처를 보인다. 입안에 넣으면 숲 내음과 너트 향이 올라온다.

POULIGNY-SAINT-PIERRE 풀리니 생 피에르 (프랑스, 상트르 발 드 루아르)

AOC since 1972
AOP since 2009

원유 | 비멸균 염소젖.
크기 | 아랫면 지름 9cm, 윗면 지름 2cm, 두께 12.5cm.
무게 | 250g.
지방 | 22%.

지도 참조 : p. 204-205

AOP(원산지명칭보호) 인증을 획득한 최초의 염소 치즈이며 각기 뚜렷이 구분되는 두 가지의 숙성 방식으로 만들어진다. 흰색 곰팡이 숙성(Penicillium geotricum으로 덮여 있다)은 새콤하고 약간 짭짤하며 염소젖 풍미가 난다. 푸른곰팡이 숙성(Penicillium album) 치즈의 경우는 질감이 더 단단하고 맛이 더 강하며 고소한 너트 향이 도드라진다. 목장 생산 치즈에는 녹색 라벨, 유제품 생산자 및 소규모 치즈 공방과 대량 공장 생산품에는 붉은색 라벨이 붙어 있어 쉽게 구분이 가능하다.

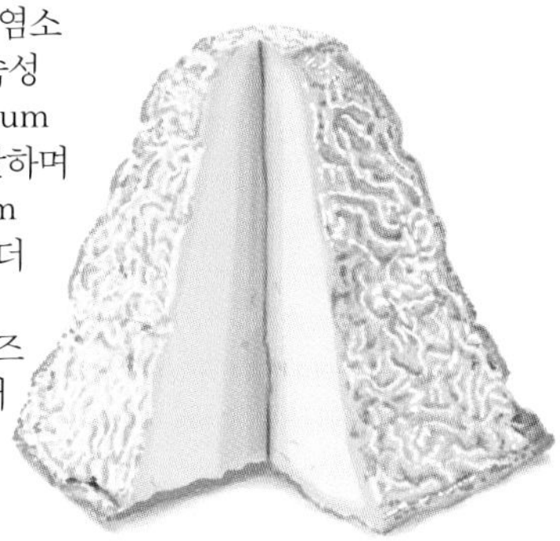

RIGOTTE DE CONDRIEU 리고트 드 콩드리유
(프랑스, 오베르뉴 론 알프)

AOC since 2009
AOP since 2013

원유 | 비멸균 염소젖.
크기 | 지름 4.2~5cm, 두께 1.9~2.4cm.
무게 | 최소 30g.
지방 | 21%.

지도 참조: p. 198-199

'리고트(rigotte)'라는 이름은 이 치즈가 생산되는 필라(Pilat) 산맥의 경사진 계곡에 흘러내리는 수많은 개울물을 지칭하는 단어인 '리골(rigol)' 또는 '리고(rigot)'에서 왔다. 한편, 19세기에 이 리고트 치즈가 생산, 판매되던 주 무대는 콩드리유(Condrieu)였다. 작은 치즈이지만 훌륭한 맛과 풍미를 자랑한다. 아이보리색 외피에는 군데군데 푸른색, 녹색 점들이 보인다. 꽃과 염소젖 특유의 향이 나며 치즈 안쪽의 섬세한 질감은 단단하면서도 입안에서 녹는 부드러움을 갖고 있다. 고소한 너트의 향도 나는 매우 섬세한 맛의 치즈다.

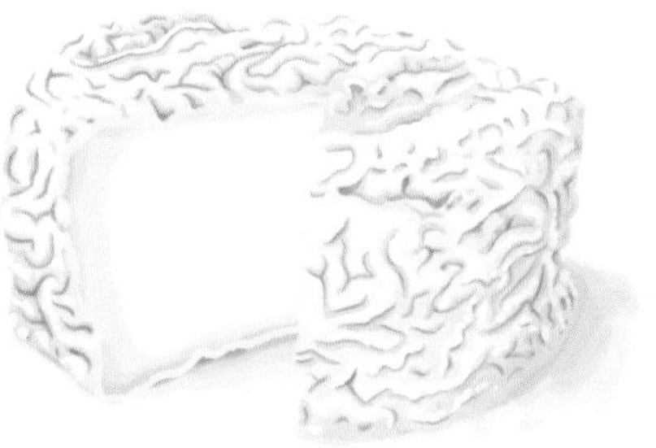

ROBIOLA DI ROCCAVERANO 로비올라 디 로카베라노 (이탈리아, 피에몬테)

AOP since 1996

원유 | 비멸균 염소젖(최소 50%), 소젖, 양젖.
크기 | 지름 10~14cm, 두께 2.5~4cm.
무게 | 250~400g.
지방 | 23%.

지도 참조: p. 210-211

외피가 거의 없다고 할 수 있는 이 치즈는 갈라짐 없이 매끈한 흰색을 띠고 있으며 녹는 듯한 부드러운 질감을 갖고 있다. 입안에 넣으면 꽃, 염소젖, 너트 향을 띤 부드러운 맛을 느낄 수 있다. 포장 라벨에는 로카베라노 마을을 상징하는 타워 모양이 함께 디자인된 알파벳 대문자 R이 갈색으로 표시되어 있어야 한다. R자의 둥근 부분 안에는 이 치즈의 틀 모양이 그려져 있으며 아랫부분에는 로비올라 디 로카베라노 치즈가 생산되는 랑가(Langa) 지역의 언덕과 초원을 상징하는 녹색과 노란색 디자인이 표시되어 있다.

ROCAILLOU DES CABASSES 로카유 데 카바스 (프랑스, 옥시타니)

원유 | 비멸균 양젖.
크기 | 지름 5.5cm, 두께 2.5~2.8cm.
무게 | 80g.
지방 | 19%.

지도 참조: p. 202-203

페라이(p.63)도 생산하는 목장에서 만들어지는 이 치즈는 좀 더 사이즈가 작고 볏짚과 건초의 향이 더 강하다. 입안에 넣으면 마지막에 은은한 후추 맛이 살짝 스쳐간다. 외피는 꾸덕하고 부드러우며 안쪽은 크리미한 질감을 갖고 있다.

ROCAMADOUR 로카마두르 (프랑스, 누벨 아키텐, 옥시타니)

AOC since 1996

AOP since 1999

원유 | 비멸균 염소젖.
크기 | 지름 6cm, 두께 1.6cm.
무게 | 35g.
지방 | 22.5%.

지도 참조: p. 202-203

'카베쿠 드 로카마두르(cabécou de Rocamadour)'라고도 불리는 이 치즈는 중세 시대에 물물교환의 화폐로도 사용된 바 있다. 이것은 케르시(Quercy) 고원 지대에서 만들어지는 가장 오래된 식품 중 하나이다. '카베쿠(cabécou 오크어로 '작은 염소 치즈'라는 뜻)'라는 단어는 이 지역에서 제조되는 염소 치즈 계열을 통칭하는 용어지만 유일하게 로카마두르만 AOP(원산지명칭보호) 인증을 받았다. 살짝 줄무늬 자국이 있는 아이보리색 외피를 가진 이 동글납작한 치즈는 숙성이 덜 된 시기에는 말랑말랑하고 좀 더 건조해지면 꾸덕해진다. 크림과 볏짚의 향이 주를 이루며 입안에 넣으면 순한 맛과 녹진한 식감, 산미와 염소젖, 헤이즐넛 풍미를 느낄 수 있다. 건조되면 더욱 풍미가 강해져 꼬릿한 맛이 난다.

ROCKET'S ROBIOLA 로켓츠 로비올라 (미국, 노스캐롤라이나)

원유 | 파스퇴라이즈드 저온 살균 소젖.
크기 | 사방 10cm 정사각형, 두께 3.8cm.
무게 | 340g.
지방 | 22%.

지도 참조: p. 228-229

목장 운영자이자 치즈 제조업자 1세대인 젠커(Genke) 패밀리는 2015년부터 로켓츠 로비올라 치즈를 만들고 있다. 표면에 숯가루를 입힌 이 치즈는 말랑하고 크리미한 질감을 갖고 있다.
입에 넣으면 아몬드와 신선한 버섯 노트를 느낄 수 있으며 이어서 산미와 우유 풍미가 따라온다.

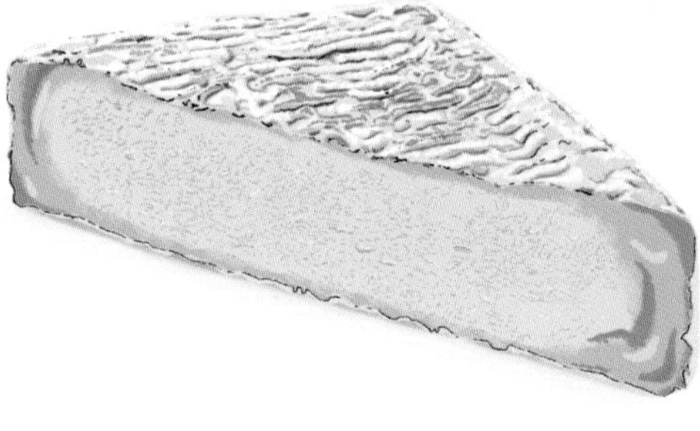

ROUELLE DU TARN 루엘 뒤 타른 (프랑스, 옥시타니)

원유 | 비멸균 염소젖.
크기 | 지름 10cm, 두께 3.5cm.
무게 | 250g.
지방 | 21%.

지도 참조: p. 202-203

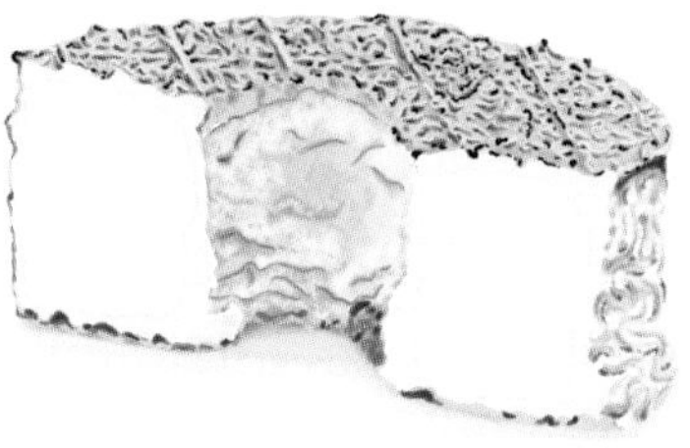

펜(Penne, Tarn) 지역 르 픽(Le Pic) 치즈 제조소에서 만드는 이 바퀴 모양의 치즈는 외피에 숯가루를 입혀 잿빛을 띠고 있으며 손으로 눌렀을 때 탄력이 느껴진다. 비교적 상큼한 치즈로 염소 특유의 향, 꽃, 식물 노트를 느낄 수 있으며 마지막에는 산미와 살짝 짭짤한 맛이 난다.

ROVETHYM 로브탱 (프랑스, 프로방스 알프 코트다쥐르)

원유 | 비멸균 염소젖.
크기 | 길이 7cm, 폭 3cm, 두께 2.5cm.
무게 | 100g.
지방 | 22%.

지도 참조 : p. 200-201

연한 미색 외피 안에는 버터와 같은 꾸덕하고 부드러운 질감의 치즈가 들어 있다. 입안에 넣으면 사르르 녹는 식감의 로브탱 치즈(탱타마르 thymtamarre 라고도 불린다)는 풀, 꽃향기와 산미를 지니고 있다. 산뜻한 봄날의 치즈라고 할 수 있다.

'로브탱(rovethym)'이라는 이름에서 이 치즈의 성격을 모두 파악할 수 있다. '로브(rove)'는 이 치즈를 만드는 데 필요한 원유를 생산하는 염소 품종의 이름이며 '탱(thym)'은 이 치즈에 곁들여져 맛을 내는 허브 '타임'을 뜻하는 프랑스어다.

SABOT DE BLANCHETTE 사보 드 블랑셰트 (캐나다, 퀘벡)

원유 | 파스퇴라이즈드 저온 살균 염소젖.
크기 | 아랫면 지름 7.5cm, 윗면 지름 5cm, 두께 3.8cm.
무게 | 150g.
지방 | 19%.

Carte : p. 230-231

이 치즈의 생산자인 파비엔 마티유(Fabienne Mathieu)와 프레데릭 기텔(Frédéric Guitels)은 각각 스위스와 노르망디 출신으로 자신들의 목장 이름을 '라 스위스 노르망드(La suisse normande)'라고 지었다. 사보 드 블랑셰트 치즈는 쪼글쪼글한 외피 바로 안에 말랑하고 크리미한 질감, 그리고 가장 안쪽에는 새하얀 백악질의 치즈를 품고 있다. 염소젖 특유의 상큼한 맛이 주를 이루며 마지막에는 원유의 진한 맛, 꽃향기와 산미가 여운을 남긴다.

SAINTE-MAURE DE TOURAINE 생트 모르 드 투렌 (프랑스, 상트르 발 드 루아르)

AOC since 1990 | AOP since 1996

원유 | 비멸균 염소젖.
크기 | 굵은 쪽 지름 6.5cm, 가는 쪽 지름 4.8cm, 길이 28cm.
무게 | 250g.
지방 | 22%.

지도 참조 : p. 204-205

치즈를 길게 관통하는 호밀짚은 버팀목 역할을 해준다. 각 호밀짚 막대에는 레이저로 번호가 새겨져 있어 치즈의 산지 이력을 조회할 수 있다.

역사에 따르면 8세기 중 전쟁포로가 되었던 사라센인들이 생트 모르(Sainte-Maure) 마을 사람들에게 이 치즈 만드는 방법을 전수한 것으로 알려져 있다. 숯가루를 입힌 회색빛 외피와 순백색 안쪽 부분의 대비가 강렬하다. 뿐만 아니라 숲 내음과 버섯 향, 여름철의 건초 향과 가을의 고소한 너트 향은 이 치즈를 아주 특별하게 만든다. 외피 바로 아래 버터와 같은 층이 형성될 때 먹는 것이 가장 좋다.

SAINT-MARCELLIN 생 마르슬랭 (프랑스, 오베르뉴 론 알프)

원유 I 비멸균 또는 저온 살균 소젖.
크기 I 지름 6.5~8cm, 두께 2~2.5cm.
무게 I 최소 80g.
지방 I 24%.

지도 참조: p. 200-201

전통적으로 이 치즈는 염소젖으로 혹은 염소젖과 소젖을 혼합하여 만들었다. 생 마르슬랭 치즈를 언급한 최초의 문헌 흔적은 15세기 루이 16세 왕실의 회계장부에서 찾아볼 수 있다. 생 마르슬랭 치즈가 이미 투렌과 파리로 운송되어 왔던 것이다. 하지만 이 치즈의 인기가 대중화된 것은 19세기에 이르러서이다. 이는 특히 루이 필리프 1세의 내무대신이었던 오귀스트 카지미르 페리에(Auguste Casimir-Perrier)가 1863년 이 치즈를 맛보면서 "너무 맛있습니다. 매주 샤토에 와서 먹고 싶네요."라고 감탄했던 것이 계기가 되었다. 소젖으로 만드는 이 작은 치즈는 크림색에서 베이지 청회색이 도는 흰 곰팡이 외피를 갖고 있다. 치즈 안쪽은 매끈하고 균일하며 곳곳에 작은 구멍들이 있다. 녹듯이 부드러운 식감을 갖고 있으며 우유, 너트, 꿀의 풍미가 균형을 이루는 직관적인 맛과 약간의 짭조름함을 느낄 수 있다.

SAINT-NICOLAS DE LA DALMERIE 생 니콜라 드 라 달므리 (프랑스, 옥시타니)

원유 I 비멸균 양젖.
크기 I 길이 9cm, 폭 3cm, 두께 2.5cm.
무게 I 140g.
지방 I 24%.

지도 참조: p. 200-201

이 치즈는 원래 염소젖으로 만들었으나 이를 만들던 동방정교회 수사들이 목축 동물을 바꾸면서 양젖을 사용하게 되었다.

작은 금괴 모양에 꼬불꼬불한 줄무늬가 있는 외피를 가진 이 흰색 치즈는 남 프랑스의 풍미가 물씬 풍기며 특히 타임과 로즈마리, 축사의 향이 배어난다. 입안에 넣으면 단단하면서도 부드럽게 녹는 식감(경우에 따라 크리미한 질감)을 느낄 수 있으며 신선한 양젖, 건초, 볏짚, 신선한 풀 등의 풍미가 살아난다. 10년이 넘는 세월 동안 생 니콜라 드 라 달므리(당시에는 염소젖으로 만들었다) 치즈는 프랑스 항공사 UTA에만 독점적으로 판매되었고 이는 1990년 이 항공사가 에어프랑스에 합병되면서 사라질 때까지 계속되었다.

SELLES-SUR-CHER 셀 쉬르 셰르 (프랑스, 상트르 발 드 루아르)

AOC since 1975

AOP since 1996

원유 | 비멸균 염소젖.
크기 | 아랫면 지름 9cm, 윗면 지름 8.5cm, 두께 3cm.
무게 | 150g.
지방 | 22%.

지도 참조 : p. 204-205

이 치즈는 본래 여성들에 의해 만들어졌고 농장에서 소비되었다. 하지만 19세기 말 '닭 장수'들이 가금사육장의 다른 생산품들과 함께 이 치즈를 받아 셀 쉬르 셰르에 있던 지역의 중앙 시장에 내다 팔았다. 셀 쉬르 셰르 치즈는 식용 숯을 입혀 외피에 청회색이 고르게 퍼져 있으며 쪼글쪼글하다. 매트한 아이보리색 속살은 꾸덕하고 부드러운 페이스트 질감을 갖고 있다. 축사, 신선한 풀, 버섯의 향이 주를 이루며 입안에 넣으면 고소한 너트 풍미와 짭짤한 맛, 산미와 씁쌀한 맛이 밸런스를 이룬다. 끝맛은 상큼하며 예리한 쓴맛이 살짝 스친다.

SIMPLY SHEEP 심플리 쉽 (미국, 뉴욕)

원유 | 파스퇴라이즈드 저온 살균 양젖.
크기 | 지름 7.6cm, 두께 3.2~3.5cm.
무게 | 225g.
지방 | 21%.

지도 참조 : p. 230-231

이 치즈를 만드는 농장은 목축의 성지와도 같은 곳으로 운영자인 로레인 램비아즈(Lorraine Lambiase)와 실라 플래나간(Sheila Flanagan)은 동물 복지와 유기농 농법을 지향한다. 오직 양젖으로만 만드는 몇 안 되는 미국 치즈 중 하나인 심플리 쉽 치즈는 축축한 숙성실과 생 효모의 냄새가 난다. 입안에 넣으면 버터와 우유의 풍미가 나며 마지막에는 섬세한 산미가 살짝 스친다.

TAUPINIÈRE CHARENTAISE® 토피니에르 샤랑테즈 (프랑스, 누벨 아키텐)

원유 | 비멸균 염소젖.
크기 | 지름 9cm, 두께 5cm.
무게 | 270g.
지방 | 23%.

지도 참조 : p. 204-205

두더지가 만들어놓은 흙덩어리처럼 생긴 돔 모양의 이 치즈는 외피에 숯을 입혀 청회색을 띠고 있으며 바로 안에는 섬세한 입자의 층을 갖고 있다. 입안에 넣으면 산미와 염소 특유의 풍미, 고소한 너트와 숲의 향기를 느낄 수 있다. 토피니에르 샤랑테즈(Taupiniere Charentaise ®)는 주솜(Jousseaume) 치즈 제조사가 유사품을 줄이고 정품임을 보증하기 위해 획득한 등록상표이다.

TRUFFE DE VENTADOUR 트뤼프 드 방타두르 (프랑스, 누벨 아키텐)

원유 | 비멸균 염소젖.
크기 | 지름 10cm, 두께 7~8cm.
무게 | 350g.
지방 | 24%.

지도 참조 : p. 202-203

숯가루를 입힌 코레즈(Corrèze)의 둥근 덩어리 치즈로 검은 회색에서 청회색을 띠고 있는 트뤼프 드 방타두르는 눈에 확 띄는 모습의 염소젖 치즈다. 원유의 풍미와 신선한 풀, 축축한 숲의 향기가 나는 이 치즈는 자르면 은은한 볏짚 톤의 하얀 속살이 나타난다. 입에 넣으면 부드럽게 녹는 식감을 느낄 수 있으며 염소젖 특유의 노트와 풀의 향이 어우러져 상큼한 맛이 난다.

VALENÇAY 발랑세 (프랑스, 상트르 발 드 루아르)

AOC since 1998
AOP since 2004

원유 | 비멸균 염소젖.
크기 | 아랫면 지름 7~8cm, 윗면 지름 4~5cm, 두께 6~7cm.
무게 | 200~300g.
지방 | 22%.

지도 참조 : p. 204-205

전해오는 이야기에 따르면 이 치즈는 원래 이집트 기자(Giza)의 피라미드처럼 끝이 뾰족하고 길쭉한 모양과 비슷했나고 한다. 또한 발랑세 성에 거주하던 탈레랑(Talleyrand)은 나폴레옹이 방문했을 때 이 치즈가 이집트에서의 패배를 떠올리지 않도록 하기 위해 꼭대기 부분을 잘라내도록 했다는 설도 같은 전설을 통해 알려져 있다. 이러한 배경으로 발랑세 치즈는 현재의 형태로 굳어지게 된 것으로 추정된다. 좀 더 수긍이 갈 만한 다른 설에 의하면 이 치즈는 르브루(Levroux) 마을 성당의 종 모양을 본뜬 것이라고 한다. 왜냐하면 이 치즈가 처음 만들어진 곳이 바로 그 마을이기 때문이다. 순 비멸균 염소젖으로 만든 발랑세 치즈는 겉에 숯가루를 입혀 만든다. 염소젖 특유의 향과 꽃 내음이 도드라지며 입안에 넣으면 부드럽고 녹진한 식감에 원유의 풍미와 새콤한 맛, 자른 건초와 견과류의 향기를 느낄 수 있다.

04 흰곰팡이 연성 치즈

외피를 덮은 고운 솜털, 보들보들하며 부드러운 탄력이 있는 질감과 버섯, 숲속의 풀, 우유, 크림 등의 노트는 이 계열 치즈들이 갖고 있는 대표적인 특징이다. 이 치즈들은 연중 내내 먹을 수 있으며 가벼운 레드와인, 화이트와인 또는 스파클링 와인, 심지어 시드르(cidre)나 푸아레(poiré)와 같은 과일주와도 잘 어울린다.

ALTENBURGER ZIEGENKÄSE 알텐부르거 지겐케제 (독일, 작센, 튀링겐)

원유 | 비멸균 소젖과 염소젖(최대 15%).
크기 | 지름 10~11cm, 두께 3~4cm.
무게 | 250g.
지방 | 23%.

지도 참조 : p. 218-219

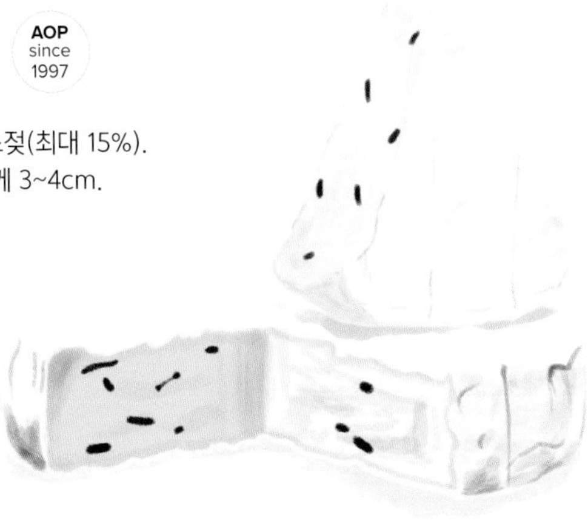

말랑말랑하고 부드러운 크림 같은 질감의 이 치즈는 순하고 상큼한 맛을 갖고 있다. 염소젖이 혼합되어 있어 마지막에 특유의 상큼함과 가벼운 산미가 느껴진다. 생산자에 따라 치즈를 만들 때 쿠민 씨를 첨가하는 경우도 있다.

BENT RIVER 벤트 리버 (미국, 미네소타)

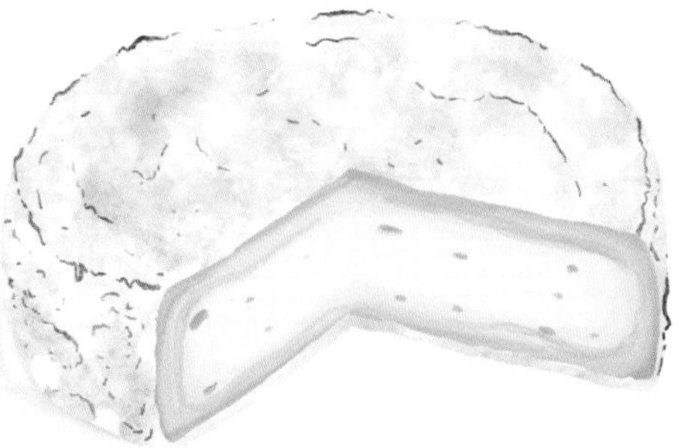

원유 | 파스퇴라이즈드 저온 살균 소젖.
크기 | 지름 11cm, 두께 5cm.
무게 | 370g.
지방 | 25%.

지도 참조 : p. 228-229

캘리포니아에서 처음 치즈 생산을 시작했던 키스 애덤스(Keith Adams)는 실패를 겪고 난 뒤 2008년 미네소타에 앨르마르(Alemar) 목장을 만들고 이곳에서 성공적으로 이 치즈를 만들어냈다. 벤트 리버 치즈는 쫀득한 질감에 축축한 지하실 냄새와 숲의 향을 지니고 있다. 입안에 넣으면 버터와 우유의 풍미를 느낄 수 있으며 버섯 향이 도드라진다.

BONCHESTER CHEESE 본체스터 치즈 (영국, 스코틀랜드, 스코티시 보더)

원유 | 비멸균 소젖.
크기 | 지름 35cm, 두께 3cm.
무게 | 2.8~3kg.
지방 | 24%.

지도 참조 : p. 216-217

이 치즈는 1980년 잉글랜드와의 경계선 가까운 곳에 위치한 스코틀랜드의 '이스터 윈즈 팜(Easter Weens Farm)'이라는 목장에서 탄생했다. 본체스터 치즈는 맛이 순하고 녹는 듯한 부드러운 질감을 지녔으며 안쪽은 밝은 황색 빛을 띤다. 입안에 넣으면 우유와 크림의 풍미가 가득하며 마지막에는 흰곰팡이 외피가 주는 가벼운 산미를 느낄 수 있다.

BRESLOIS 브레슬루아 (프랑스, 노르망디)

원유 | 비멸균 소젖.
크기 | 지름 7cm, 두께 7.5cm.
무게 | 240g.
지방 | 20%.

지도 참조 : p. 194-195

이 치즈는 1990년 자신의 이름을 딴 목장을 운영하고 있는 빌리에(Villiers) 여사가 처음 만들었다. 브레슬루아 치즈는 그 모양이나 맛에 있어서 샤우르스(Chaource) 치즈를 떠오르게 하지만 맨 안쪽 부분은 샤우르스만큼 하얗지 않으며 덜 건조하다. 뿐만 아니라 외피 바로 아래층의 질감 또한 샹파뉴 지방의 사촌 격인 샤우르스보다 더 크리미하다. 하지만 입안에 넣으면 동일한 산미와 상큼함을 느낄 수 있다.

BRIE DE MEAUX 브리 드 모
(프랑스, 일 드 프랑스, 그랑 테스트, 부르고뉴 프랑슈 콩테, 상트르 발 드 루아르)

AOC since 1980 · AOP since 1992

원유 | 비멸균 소젖.
크기 | 지름 37cm, 두께 3.5cm.
무게 | 2.5~3kg.
지방 | 23%.

지도 참조 : p. 196-197

이 치즈는 1815년 개최된 빈 회의의 연회 중 당시 탈레랑 장관이 제안한 치즈 경선에서 당당히 '치즈의 왕'으로 선정되어 유럽에서 위용을 떨친 바 있다. 또한 브리 드 모는 왕들의 치즈로도 알려져 있다. 왜냐하면 샤를마뉴 대제, 필리프 2세(그는 샹파뉴 백작부인인 블랑슈 드 라 나바르로부터 이 치즈를 받았다), 앙리 4세, 루이 16세 등이 즐겨 먹었기 때문이다. 특히 루이 14세는 이 치즈를 너무나 좋아해 매일 먹기를 원했다고 한다. 이에 따라 왕의 식탁과 수많은 하객들 대접을 위해 매주 50개의 수레가 베르사유 궁과 모(Meaux) 사이를 왕복하며 이 치즈를 공수했다고 한다. 이 치즈는 흰곰팡이 외피를 가진 연성 치즈 중 가장 크다. 생 원유 크림과 양송이버섯의 풍미를 지니고 있으며 쫀득하고 부드러운 질감을 가진 이 치즈는 슬라이스한 캉파뉴 빵에 곁들여 먹기에 이상적이다.

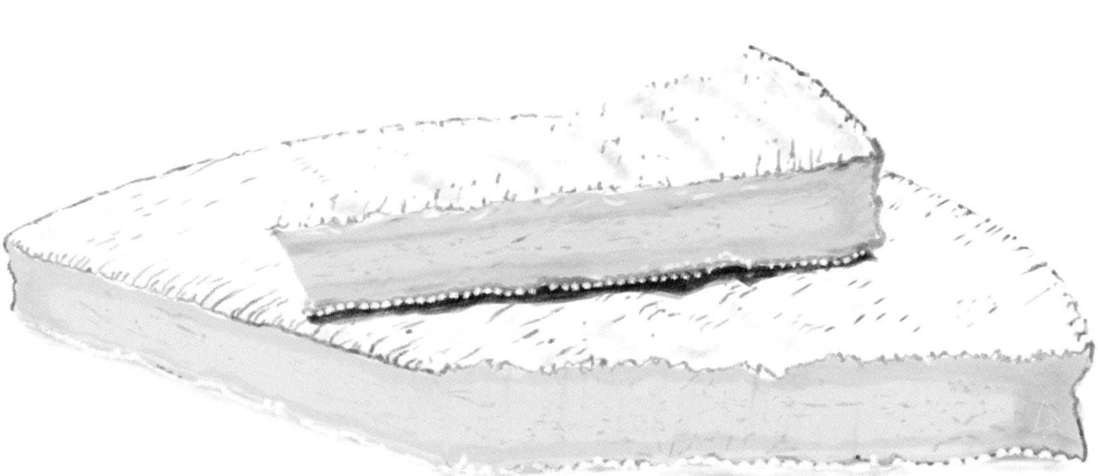

BRIE DE MELUN 브리 드 믈룅
(프랑스, 일 드 프랑스, 그랑 테스트, 부르고뉴 프랑슈 콩테)

AOC since 1980

AOP since 2013

원유 I 비멸균 소젖.
크기 I 지름 28cm, 두께 4cm.
무게 I 1.5~1.8kg.
지방 I 23%.

지도 참조 : p. 196-197

라퐁텐의 우화 「까마귀와 여우」에서 까마귀가 입에 물고 있던 치즈가 바로 브리 드 믈룅이다.

갈로로망 시대에도 이미 존재했던 이 치즈는 브리 중 가장 오래된 것으로 추정된다. 브리 드 모(brie de Meaux)에 비해 훨씬 작고(브리 드 모의 40~60분보다 훨씬 긴 18시간이라는 응고 시간 때문) 전형적인 특징이 더욱 뚜렷한 브리 드 믈룅은 볏짚 소쿠리에서 숙성하여 갈색과 흰색의 꼬불꼬불한 주름이 남아 있다. 흙 내음 노트가 강하며 입안에 넣으면 버섯 향이 주를 이루는 과실 풍미를 느낄 수 있다. 식감은 살살 녹을 정도로 부드럽고 크리미하다.

BRIE DE MONTEREAU 브리 드 몽트로 (프랑스, 일 드 프랑스)

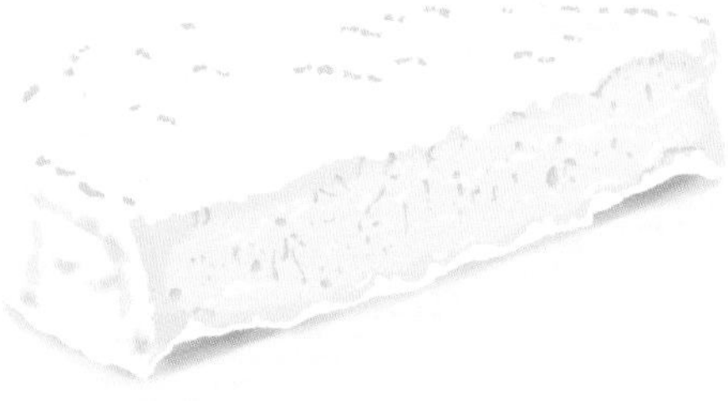

원유 I 비멸균 소젖.
크기 I 지름 18~20cm, 두께 3cm.
무게 I 800g.
지방 I 23%.

지도 참조 : p. 196-197

'빌 생 자크(ville-saint-jacques)'라는 이름으로도 불리는 이 치즈는 브리 드 믈룅과 아주 비슷하다(옆 둘레면만 약간 차이가 있다). 단, 풍미가 좀 더 진한 편인데 이는 숙성 저장고에 최소 1개월 이상 보관한 뒤 꺼내기 때문이다. 진한 숲의 향을 발산하며 버섯, 뜨거운 우유의 풍미와 쌉쌀한 맛을 느낄 수 있다.

BRIE DE PROVINS 브리 드 프로뱅 (프랑스, 일 드 프랑스)

원유 I 비멸균 소젖.
크기 I 지름 27cm, 두께 4cm.
무게 I 1.8kg.
지방 I 20%.

지도 참조 : p. 196-197

역사가 오래된 이 브리 치즈는 한때 사라졌으나 1979년 프로뱅(Provins)의 치즈 메이커인 장 바이스제르베르(Jean Weissgerber)와 장 브로르(Jean Braure)의 끈질긴 노력 덕에 다시 부활했다. 또한 이들은 이 치즈의 제품 사양서에 제조법을 문서화하고 상표 등록을 마쳤다. 현재 이 브리 치즈는 목장생산 치즈로 벵자맹 & 에드몽 드 로칠드(Benjamin et Edmond de Rochschild) 농업회사가 운영하는 도멘 데 트랑트 아르팡(domaine des Trente Arpents)에 의해 독점적으로 생산되고 있다. 이 브리 치즈의 흰색 외피는 황금색에서 적갈색을 띠는 반점 또는 줄무늬가 나 있다. 속살은 쫀득하고 녹진하며 버섯, 축축한 지하 저장고와 숲의 향기가 난다. 냄새나 풍미가 강한 정도를 따지자면 브리 드 모(brie de Meaux)와 브리 드 믈룅(brie de Melun)의 중간 정도에 해당한다.

BRIE NOIR 브리 누아르 (프랑스, 일 드 프랑스)

원유 | 비멸균 소젖.
크기 | 지름 30cm, 두께 2cm.
무게 | 1.45kg.
지방 | 23%.

지도 참조 : *p. 196-197*

주로 센 에 마른(Seine-et-Marne) 지역에서 판매되는 은둔의 치즈 브리 누아르가 독특한 치즈를 좋아하는 애호가들에게 전격적으로 돌아왔다. 이 치즈는 원래 제대로 만들어지지 못해 하자가 있는 브리 드 모(brie de Meaux) 치즈를 버리지 않고 활용한다는 의도 하에 탄생하였다. 농부들이 이 같은 브리 드 모 치즈를 몇 달간 보관했고 포도 수확기에 농촌 노동자들은 이 치즈를 먹었다. 당시 이 치즈는 당연히 정식 브리 드 모 치즈보다 값이 쌌다. 그 이후 가격은 점점 오름세를 띠게 되었다. 결국 이것은 브리 드 모를 18개월, 혹은 최대 2년까지 숙성시킨 치즈인 것이다. 이름은 검정(noir)이지만 실제로는 갈색을 띠는 외피가 두툼한 편이라 실제 속살은 그리 두껍지 않으며 수분기가 매우 적다. 독특한 개성의 이 치즈는 동물성 풍미와 지하 저장고, 버섯 노트의 밸런스가 아주 좋다.

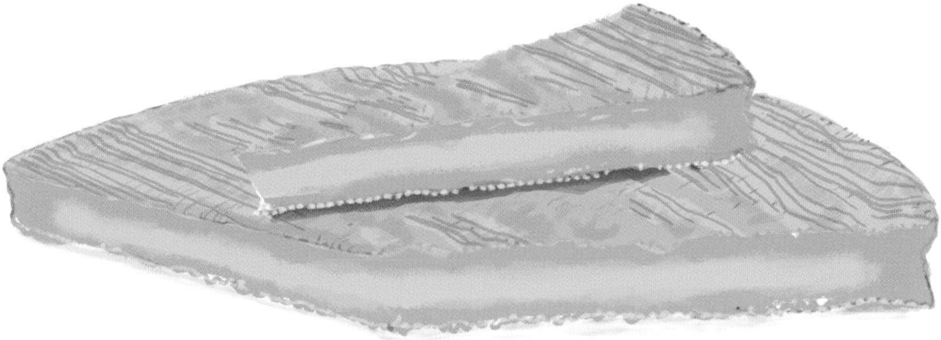

BRILLAT-SAVARIN 브리야 사바랭 (프랑스, 일 드 프랑스, 부르고뉴 프랑슈 콩테)

IGP since 2017

원유 | 비멸균 또는 파스퇴라이즈드 저온 살균 소젖과 파스퇴라이즈드 저온 살균 소젖 유크림.
크기 | 소형 : 지름 6~10cm, 두께 3~6cm
대형 : 지름 11~14cm, 두께 4~7cm.
무게 | 소형 : 100~250g,
대형 : 500g 이상.
지방 | 60%.

지도 참조 : *p. 196-197*

1890년 탄생한 이 치즈는 노르망디 포르주 레 조(Forges-les-Eaux) 근방에 정착한 뒤뷕(Dubuc) 패밀리가 처음 만들어냈다. 브리야 사바랭 치즈는 당시 '엑셀시어(excelsior)' 또는 '미식가들의 진미(délice des gourmets)'라고 불렸다. 이후 1930년대에 파리의 치즈 메이커이자 숙성 전문가인 앙리 앙드루에(Henri Androuet)는 변호사이자 사법관이면서 특히 유명한 미식가였던 브리야 사바랭의 이름을 이 치즈에 붙였다. 브리야 사바랭은 1825년에 출간된『맛의 생리학(*Physiologie du goût*)』의 저자이기도 하다. 이 치즈는 우유 커드에 소젖 유크림을 더해 만들어 순하고 부드러우며 녹진하고 풍부한 맛을 낸다. 버터와 생크림의 향이 주를 이루며 입안에 넣으면 녹진한 질감과 약간의 짭조름함, 은은한 산미를 느낄 수 있다. 이어서 크림과 신선한 우유의 풍미가 존재감을 나타낸다.

BUFFALO BRIE 버팔로 브리 (캐나다, 브리티시컬럼비아)

원유 | 파스퇴라이즈드 저온 살균 물소젖.
크기 | 지름 10cm, 두께 2.5cm.
무게 | 200g.
지방 | 24%.

지도 참조 : p. 228-229

캐나다 서부 맬러니(Maleny)에서 만들어지는 이 치즈는 북미 지역에서 생산되는 아주 드문 물소젖 치즈 중 하나이다. 이름에서 알 수 있듯이 브리 치즈에 가깝지만 물소젖을 원료로 하여 좀 더 순한 맛을 선사한다. 브리 치즈가 지닌 특징인 버섯이나 숲의 향보다는 우유와 버터 풍미가 더 도드라진다.

CAMEMBERT DE NORMANDIE 카망베르 드 노르망디 (프랑스, 노르망디)

원유 | 비멸균 소젖.
크기 | 지름 10~11cm, 두께 3~4cm.
무게 | 250g.
지방 | 22%.

지도 참조 : p. 194-195

카망베르 드 노르망디가 유명세를 타기 시작한 것은 1867년 노르망디 플레르(Flers)와 파리를 잇는 철도가 개통되면서부터다. 이후 1899년 외젠 리델(Eugène Ridel)과 조르주 르루아(Georges Leroy)가 이 치즈의 포장 케이스를 만들면서 더욱 명성을 얻게 되었다. 이후 이 치즈는 1918년 제1차 세계대전 중에 대중적인 인기를 얻게 되었다. 당시 군부대 병사들은 한 달에 백만 개 이상의 카망베르 치즈를 공급받았다고 한다. 전선에서 고향으로 돌아온 이들은 동네 식품점에 이 치즈를 주문했다. 그렇게 이 식품의 명성은 노르망디 울타리를 넘어 급기야 전 세계로 퍼져나가게 된다. 오늘날 이 치즈는 지구상에서 가장 유명한 치즈 중 하나가 되었다. 비멸균 생우유로 만드는 이 치즈는 보송보송한 솜털로 덮인 듯한 흰색의 얇은 외피에 갈색, 붉은색 기가 있는 주름이 조글조글하게 나 있다. 숙성을 거치면 연한 황색의 속살은 숲, 버섯, 흙의 풍미를 한껏 뿜어낸다. 쫀득하고 부드러운 질감의 카망베르 치즈는 밀키한 향과 새콤한 맛 외에도 부식토와 버섯의 맛을 낸다. 숙성 기간이 좀 더 길어지면 동물성 뉘앙스가 느껴지기도 한다.

2021년부터는 '카망베르 드 노르망디(camembert de Normandie)'라는 이름만이 공식 사용된다. 치즈 생산업체가 제품 라벨에 표기하던 '노르망디에서 제조된 카망베르(camambert fabriqué en Normandie)'라는 명칭은 혼돈을 가져올 수 있는 이유로 이제 더 이상 사용할 수 없다. 하지만 이 새로운 규정에서는 노르망디 종 소젖의 함유 분량이 줄어들고(50%에서 30%로) 파스퇴라이즈드 저온 살균 우유로 만드는 것 또한 허용된다. '진짜' 카망베르 드 노르망디에는 생산자들이 '정통(authentique)', '진품(véritable)' 혹은 '역사적(historique)'이라는 수식어를 추가로 표시할 수 있다. 이것이 새로운 혼돈을 불러일으키는 것은 아닐지?

CHAOURCE 샤우르스 (프랑스, 부르고뉴 프랑슈 콩테, 그랑 테스트)

AOC since 1970 AOP since 1996

원유 | 비멸균 소젖.
크기 | 지름 9~11cm, 두께 5~7cm.
무게 | 250~450g.
지방 | 23%.

지도 참조 : p. 196-197

마을 이름과 같은 샤우루스 치즈의 라벨에는 고양이 두 마리와 곰 한 마리가 그려져 있다.

이 치즈를 언급한 최초의 문헌은 12세기 샤우르스(Chaource) 마을의 농장주들이 랑그르(Langres)의 가톨릭 주교에게 자신들의 생산품을 보냈던 시절로 그 역사가 거슬러 올라간다.

이어서 14세기, 이 지역을 방문했던 샤를 4세 왕이 이 치즈를 맛보게 된다. 루이 10세의 왕비인 마르그리트(Marguerite de Bourgogne)는 이 치즈를 너무도 좋아해서 왕실의 식탁에도 올릴 것을 요구했다. 카망베르 드 노르망디(camembert de Normandie)보다 높이가 더 높고 지름은 더 작은 샤우르스 치즈는 섬세한 솜털로 덮인 흰색 외피를 갖고 있다. 유크림과 버섯 향이 주를 이루며 입안에 넣으면 버터, 너트, 과실의 풍미가 맛 돌기를 간지럽힌다. 마지막에 느껴지는 상큼함과 은은한 짭조름함은 백악질 안쪽 부분의 전형적인 특징이다.

COOLEENEY 쿨리니 (아일랜드, 먼스터)

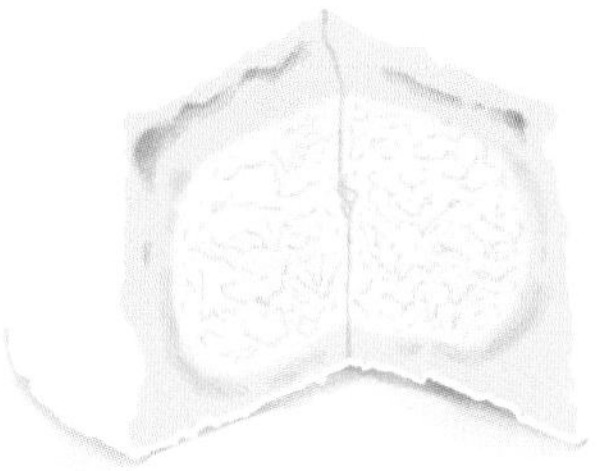

원유 | 파스퇴라이즈드 저온 살균 소젖.
크기 | 지름 10~30cm, 두께 3~4cm.
무게 | 200g~2.5kg.
지방 | 25%.

지도 참조 : p. 216-217

이 치즈는 티퍼래리(Tipperary) 주 설즈(Thurles) 마을에서 멀지 않은 곳에 위치한 목장에서 브레다 마어(Breda Maher)가 처음 만들었다. 쿨리니 치즈의 외피는 흰색을 띠며 비교적 매끈하다. 크리미한 질감을 갖고 있으며 우디 향과 버섯 풍미를 낸다. 프리지안 종(홀스타인 종의 원조) 소젖이 갖고 있는 산미 덕에 끝맛이 상큼하다.

COULOMMIERS 쿨로미에 (프랑스, 일 드 프랑스)

원유 | 비멸균 또는 파스퇴라이즈드 저온 살균 소젖.
크기 | 지름 12.5~15cm, 두께 3~4cm.
무게 | 400~500g.
지방 | 24%.

지도 참조 : p. 196-197

사촌 격인 브리 계열 치즈들만큼이나 오랜 역사를 가진 치즈임이 분명한 쿨로미에는 1878년 파리 만국 박람회가 열린 이후 큰 인기를 끌었다. 세월을 거치는 동안 여러 가지 사이즈로 생산되다가 현재의 크기로 정착되었다. 흰색의 외피에는 약간의 주름이 있고 불그스름한 작은 반점들이 군데군데 보인다. 우유의 향이 주를 이루며 입안에 넣으면 크리미하면서도 백악질의 입자가 있는 식감을 동시에 느낄 수 있다. 새콤한 맛과 우유 맛이 나며 비멸균 유크림의 풍미도 느껴진다.

ÉCUME DE WIMEREUX 에큄 드 비므뢰 (프랑스, 오 드 프랑스)

원유 | 비멸균 소젖과 파스퇴라이즈드 저온 살균 소젖 유크림.
크기 | 지름 9cm, 두께 5cm.
무게 | 200~250g.
지방 | 30%.

지도 참조 : p. 196-197

코트 도팔(Côte d'Opale)의 치즈 메이커인 베르나르 형제가 20세기 말에 처음 만들어낸 치즈로 브리야 사바랭(brillat-savarin)처럼 유크림을 더해 만든다. 외피는 흰색의 보송보송한 솜털이 덮여 있으며 속살은 말랑하고 아주 부드러운 순한 맛을 갖고 있다. 입안에서 녹는 부드러운 질감의 이 치즈는 우유, 버터, 크림의 풍미가 두드러진다. 마지막에 바다의 짭조름한 맛이 은은히 느껴져 입안에 개운한 생기를 불어넣는다.

ENCALAT 앙칼라 (프랑스, 옥시타니)

원유 | 저온 살균 양젖.
크기 | 지름 10cm, 두께 3~4cm.
무게 | 250g.
지방 | 22%.

지도 참조 : p. 202-203

역사적으로 '앙칼라(encalat)'라는 단어는 아베롱과 캉탈 지방에서 여름 끝 무렵에 만들어지는 작은 소젖 치즈들을 지칭했다. 이후 이 용어는 더 남쪽에 위치한 라르작(larzac)으로 옮겨갔고 오늘날에는 개성이 뚜렷하며 섬세한 맛을 지닌 양젖 치즈를 지칭한다. 앙칼라 치즈는 1996년 앙드레 파랑티(André Parenti)가 결성한 라르작 양 목축업자 협동조합(Les Bergers du Larzac)에 의해 생산된다. 이 치즈는 카망베르 드 노르망디로 착각하리만큼 비슷하지만 볏짚과 건초 노트가 더 도드라진다. 치즈 안쪽의 질감은 카망베르와 동일하지만 더 밝은 흰색 톤을 띤다. 입안에 넣자마자 양젖의 풍미와 산미를 느낄 수 있으며 점점 외양간 축사 냄새와 볏짚 향이 올라온다. 이어서 양젖 특유의 상큼한 맛으로 마무리할 수 있다.

GORTNAMONA 고트나모나 (아일랜드, 먼스터)

원유 | 파스퇴라이즈드 저온 살균 염소젖.
크기 | 지름 10~30cm, 두께 3~4cm.
무게 | 200g~2.5kg.
지방 | 22%.

지도 참조 : p. 216-217

이 치즈 역시 쿨리니(p.75)와 같은 목장에서 브레다 마어에 의해 생산된다. 고트나모나의 외피는 흰색을 띠며 약간 쪼글쪼글한 주름이 있다. 치즈를 자른 단면을 보면 외피가 꽤 두껍다는 것을 알 수 있다. 맨 안쪽 부분은 크리미하며 윤기나는 흰색을 띠고 있어 염소젖을 원료로 사용했음을 잘 보여준다. 입안에 넣으면 염소 특유의 풍미와 짭조름하고 새콤한 노트가 주를 이룬다. 숙성 기간이 길어질수록 치즈는 점점 섬세한 맛을 잃으면서 풍미가 더 강해진다.

GRATTE-PAILLE® 그라트 파유 (프랑스, 일 드 프랑스)

원유 | 비멸균 소젖과 파스퇴라이즈드 저온 살균 소젖 유크림.
크기 | 길이 8~10cm, 폭 6~7cm, 두께 6cm.
무게 | 300~350g.
지방 | 60%.

지도 참조 : p. 196-197

1980년대에 치즈 제조업체 루제르(Rouzaire)에서 처음 만든 이 치즈는 지나가는 수레들의 볏짚을 '잡아뜯던' 덤불로 가득한 길의 이름을 따서 만들었다. 이 길은 '르 뷔송 그라트 파유(Le Buisson Gratte-Paille)'라고 불리는 곳에 위치하고 있었다. 유크림을 첨가해 만든 이 치즈의 외피는 회색빛이 도는 흰색을 띠고 있으며 주름이 져 있다. 그 아래는 크림과 버터 풍미의 층이 있다. 맨 안쪽의 질감은 조금 더 꾸덕하지만 여전히 부드러움을 유지하고 있으며 새콤한 맛과 버터 풍미가 가득하다.

HORIZON 호라이즌 (호주, 빅토리아)

원유 | 파스퇴라이즈드 저온 살균 염소젖.
크기 | 지름 7cm, 두께 4cm.
무게 | 200g.
지방 | 24%.

지도 참조 : p. 232-233

비건 치즈도 생산하고 있는 치즈 제조소에서 만들어지는 이 원통형의 염소젖 치즈는 흰색에서 연회색을 띠는 흰곰팡이 외피를 갖고 있다. 안쪽 가운데에는 식용 식물성 숯가루가 가로로 한 줄로 들어 있어 산미와 짭조름함이 예리하게 느껴진다. 입에 넣으면 숲의 향과 크림, 버터 풍미가 주를 이룬다. 마지막에는 염소젖 특유의 상큼함이 이어진다.

LUCULLUS 뤼퀼뤼스 (프랑스, 노르망디)

원유 | 비멸균 소젖과 파스퇴라이즈드 저온 살균 소젖 유크림.
크기 | 지름 8~12cm, 두께 4~5cm.
무게 | 225~450g.
지방 | 23%.

지도 참조 : p. 194-195

주로 에브뢰(Évreux) 주변 지역에서 생산되는 뤼퀼뤼스 치즈는 유크림을 더해 만든다. 외피는 흰곰팡이 층으로 덮여 있고, 부드럽고 크리미한 질감을 띠고 있으며 발효와 지하 저장고 냄새를 발산한다. 입에 넣으면 고소한 너트와 우유의 풍미, 산미가 느껴진다.

NEUFCHÂTEL 뇌샤텔 (프랑스, 노르망디)

AOC since 1969 · AOP since 1996

원유 | 비멸균 소젖.
크기 | 원반형(bonde) : 지름 4.3~4.7cm, 두께 6.5cm / 정사각형(carré) : 사방 6.3~6.7cm, 두께 2.4cm / 작은 벽돌형(briquette) : 길이 6.8~7.2cm, 폭 4.8~5.2cm, 두께 3cm / 원통형(double bonde) : 지름 5.6~6cm, 두께 8cm / 하트형(cœur) : 중앙 골에서 뾰족한 끝 부분까지 길이 8~9cm, 둥근 부분 양끝 길이 9.5~10.5cm, 두께 3.2cm / 큰 하트형(grand cœur) : 중앙 골에서 뾰족한 끝 부분까지 길이 10~11cm, 둥근 부분 양끝 길이 13.5~14.5cm, 두께 5cm.
무게 | 100~600g.
지방 | 22%.

지도 참조 : p. 194-195

아마도 이것은 노르망디의 AOP 치즈 중 가장 덜 유명한 것일지 모르지만 가장 오래된 것임엔 틀림없다. 노르망디 공국의 귀족인 구르네 가문의 위그 1세(Hugues Ier de Gournay)가 시지 앙 브레(Sigy-en-Bray) 수도원에 '치즈 화폐'로 세금을 거두어들일 수 있는 권리를 부여했던 1035년의 문헌에서 이 치즈가 언급된 흔적을 찾아볼 수 있다.

매끈한 흰곰팡이 외피에는 군데군데 각진 모서리가 있다. 최적의 상태로 숙성된 뇌샤텔 치즈는 외피 바로 안에 아이보리색 버터 층이 형성되며 맨 안쪽은 부드러운 백악질을 띤다. 마지막에 짭짤한 바다의 향이 예리하게 스쳐 상큼하며 우유의 부드러운 느낌이 난다.

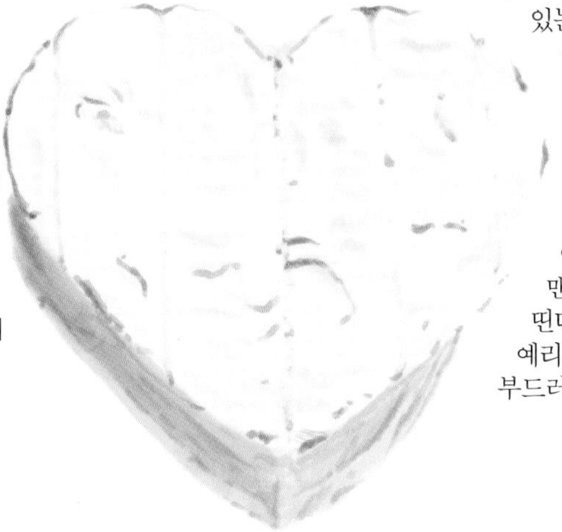

PITHIVIERS 피티비에 (프랑스, 상트르 발 드 루아르)

원유 | 파스퇴라이즈드 저온 살균 소젖.
크기 | 지름 12cm, 두께 2.5cm.
무게 | 300g.
지방 | 23%.

지도 참조 : p. 196-197

봉다루아(bondaroy)라고도 불리는 이 치즈는 전통적으로 여름에 생산하여 가을까지 건초 안에 저장했다가 수확기에 농부들에게 제공했다고 한다. 피티비에 치즈는 보송보송한 솜털로 덮인 흰곰팡이 외피를 갖고 있으며 손으로 눌러보면 탄력이 있는 쫀득함을 느낄 수 있다. 최적의 상태로 숙성된 피티비에는 크리미한 질감을 갖게 된다. 버섯과 건초 향이 나며 입안에 넣으면 새콤한 맛과 크림, 버터의 풍미가 도드라진다.

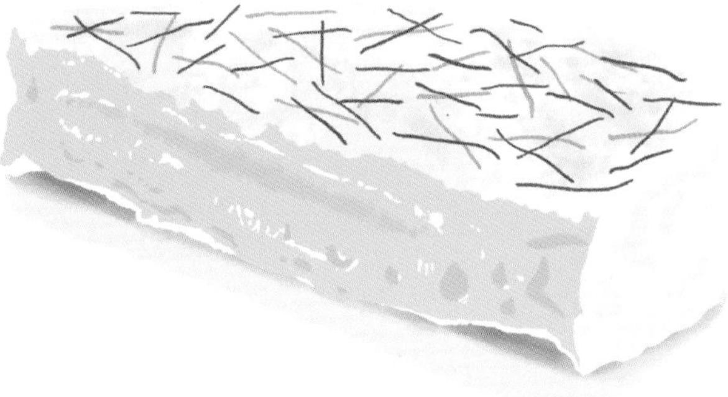

SAINT-FÉLICIEN 생 펠리시앵 (프랑스, 오베르뉴 론 알프)

원유 | 비멸균 또는 파스퇴라이즈드 저온 살균 소젖.
크기 | 지름 8~10cm, 두께 1~1.5cm.
무게 | 90~120g.
지방 | 28%.

지도 참조 : p. 200-201

원래 이 치즈는 염소젖을 사용해 만들었지만 현재는 소젖으로만 만들고 있다. 생 마르슬랭(saint-marcellin)의 사촌 격인 생 펠리시앵 치즈는 사이즈가 더 크고 경우에 따라 유크림을 첨가해 만들기도 한다. 외피는 약간 울퉁불퉁하다. 크림 향이 주를 이루며 입안에 넣으면 녹듯이 부드러운 질감(심지어 흘러내리는 농도인 경우도 있어 스푼으로 떠먹기도 한다)과 동물성 풍미가 살짝 도는 상큼한 풍미를 느낄 수 있다.

VOLCANO 볼케이노 (뉴질랜드, 와이카토)

원유 | 파스퇴라이즈드 저온 살균 물소젖.
크기 | 지름 7~8cm, 두께 5cm.
무게 | 90~120g.
지방 | 23%.

지도 참조 : p. 232-233

작은 원통형의 이 치즈는 물소젖을 사용해 한 달에 단 한 번만 만들기 때문에 매우 귀하다. 볼케이노 치즈는 뉴질랜드의 치즈 품평 대회에서 여러 차례 수상한 바 있다. 아이보리 톤의 흰색 외피는 비교적 꾸덕한 편이나 부드러운 질감을 갖고 있으며 크리미한 안쪽 부분은 산미가 있는 상큼한 맛이 난다. 마지막에는 크림의 풍미와 짭조름한 터치가 느껴져 이 섬세한 치즈의 맛이 한층 더 업그레이드된다.

WOOLAMAI MIST 울라마이 미스트 (호주, 일 드 프랑스)

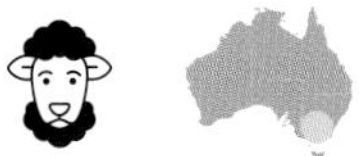

원유 | 저온 살균 양젖.
크기 | 사방 10cm 정사각형, 두께 3cm.
무게 | 250g.
지방 | 24%.

지도 참조 : p. 232-233

아삭하면서도 부드러운 외피는 숲의 향기와 버섯 풍미를 낸다. 안쪽의 질감은 매우 녹진해 치즈를 상온에 두면 거의 흐르는 듯한 농도가 된다. 입안에 넣으면 버섯 풍미가 주를 이루며 비교적 가벼운 생유크림 노트를 함께 즐길 수 있다.

05 세척 외피 연성 치즈

외피를 계속 씻어가며 숙성시키는 이 치즈들은 냄새가 (아주) 지독하다. 하지만 예상과는 달리 입안에 넣으면 그 맛은 냄새만큼 강하지 않다. 말랑하고 부드러우며 경우에 따라 흘러내리는 질감을 가진 것들도 있다.

A CASINCA 아 카징카 (프랑스, 코르시카)

원유 | 파스퇴라이즈드 저온 살균 염소젖.
크기 | 지름 10cm, 두께 3cm.
무게 | 350g.
지방 | 27%.

지도 참조 : p. 200-201

브나코(venaco p.97)의 사촌 격인 이 치즈는 30여 명의 목축업자들이 기르는 염소의 젖으로 만들어진다. 이 치즈의 오렌지색은 대다수의 코르시카 산 세척 외피 치즈를 연상시킨다. 숙성 초기 단계의 어린 치즈는 비교적 맛이 순하고 상큼함과 산미가 있으며 입안에 넣으면 베이컨 향을 느낄 수 있다. 숙성이 될수록 풍미가 더욱 강해진다.

ALLGÄUER WEISSLACKER 알고이어 바이스라커 (독일, 바덴뷔르템베르크, 바이에른)

AOP since 2015

원유 | 비멸균 또는 파스퇴라이즈드 저온 살균 소젖.
크기 | 사방 11~13cm 큐브형.
무게 | 1~2kg.
지방 | 23%.

지도 참조 :p. 218-219

알고이어 바이스라커는 1876년 전 세계에서 최초로 (왕실) 특허를 받은 치즈이다.

이 치즈는 지속적으로 닦아주며 만들기 때문에 외피는 따로 없고 액체 농도의 층(biofilm)으로 덮여 있다. 겉면의 색깔은 흰색에서 황색을 띤다. 안쪽은 흰색을 띠며 성형이나 발효 중에 생긴 작은 구멍들을 볼 수 있다. 냄새가 강하고 후추 향이 느껴진다. 입안에 넣으면 아주 꼬릿하고 자극적인 맛이 난다.

BADENNOIS 바드누아 (프랑스, 브르타뉴)

원유 | 비멸균 소젖.
크기 | 지름 28cm, 두께 5cm.
무게 | 2.3kg.
지방 | 26%.

지도 참조 : p. 194-195

모르비앙(Morbihan) 지방 반(Vannes)의 서쪽에 위치한 바덴(Baden) 마을에서 만들어지는 이 치즈는 까끌까끌한 주황색의 외피를 갖고 있다. 3일에 한 번씩 뒤집어주고 소금물로 닦아주며 3주에서 5주 동안 숙성을 시킨다. 황금색을 띤 속살은 입안에 넣으면 진이 나는 것 같은 찐득함과 동물적 노트를 담은 버터 풍미가 가득하다. 마지막에는 산미를 동반한 상큼함을 느낄 수 있다.

BEL FIURITU 벨 피우리투 (프랑스, 코르시카)

원유 | 파스퇴라이즈드 저온 살균 양젖.
크기 | 지름 10cm, 두께 4cm.
무게 | 400g.
지방 | 27%.

지도 참조 : p. 200-201

아카징카(a casinca 옆 페이지)처럼 오트 코르스(Haute-Corse) 지역에서 생산되는 벨 피우리투는 외피의 주황색이 좀 연하다. 입안에 넣으면 은은한 풀의 향기와 짭조름한 맛, 고소한 너트 풍미와 함께 상큼함을 느낄 수 있다. 숙성이 오래 진행된 경우 녹는 듯 부드러운 질감에 풍미가 강해지지만 너무 심할 정도로 꼬릿한 냄새가 나진 않는다. 이 치즈를 만들기 위해 키우는 양들은 모두 코르시카 토종이다.

BOSSA 보사 (미국, 미주리)

원유 | 파스퇴라이즈드 저온 살균 양젖.
크기 | 지름 10cm, 두께 2.5cm.
무게 | 150g.
지방 | 24%.

지도 참조 : p. 228-229

보사는 미국에서는 흔하지 않은 양젖으로 만든 세척 외피 연성 치즈 중 하나다. 이 치즈는 축축한 지하 저장고 냄새와 버섯 향이 나는 게 특징이다. 입안에 넣으면 식감이 크리미(흐르는 농도인 경우도 있다)해서 양젖 특유의 상큼함은 느껴지지 않는다. 이 치즈의 특징이 제일 잘 살아나는 계절은 가을이므로 이때 맛보는 것이 가장 좋다.

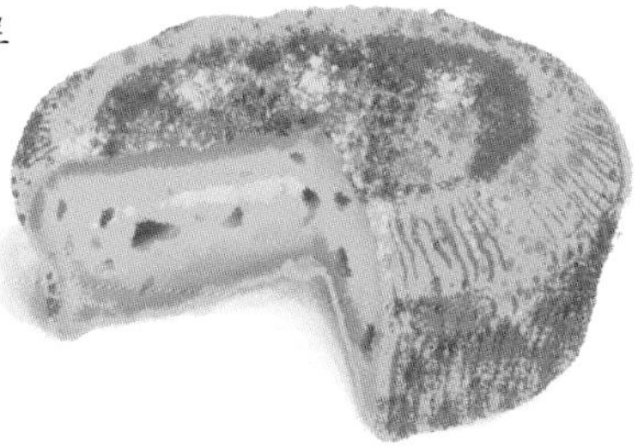

CLANDESTIN 클랑데스탱 (캐나다, 퀘벡)

원유 | 파스퇴라이즈드 저온 살균 소젖과 양젖.
크기 | 지름 15cm, 두께 5cm.
무게 | 1.2kg.
지방 | 27%.

지도 참조 : p. 230-231

'클랑데스탱(clandestin '은밀하다'는 뜻)'이라는 치즈 이름을 통해 이 치즈를 생산하던 목장이 위치한 지방(Gaspésie)에서 밀주가 통용화폐로 사용되었던 시대의 단상을 엿볼 수 있다. 테미스쿠아타(Témiscouata) 지방 중심지에서 만들어지는 클랑데스탱 치즈는 주황색 외피와 말랑말랑한 베이지색 속살을 갖고 있다. 입안에 넣으면 볏짚과 건초 노트가 느껴지며 약간 짭짤한 맛이 이어진다. 맛이 진한 치즈이긴 하지만 양젖의 풍미가 살아 있어 심하게 강한 냄새가 나진 않는다.

COMPASS GOLD 컴퍼스 골드 (호주, 빅토리아)

원유 | 파스퇴라이즈드 저온 살균 소젖.
크기 | 길이 9cm, 폭 6cm, 두께 2.5cm.
무게 | 180g.
지방 | 26%.

지도 참조 : p. 232-233

이 치즈는 호주의 치즈 경연대회에서 여러 차례 수상한 바 있다. 저지 종 소젖을 원료로 하며 현지 생산 라이트 맥주로 일주일에 두 번씩 닦아준다. 끈적끈적한 질감으로 효모와 축축한 지하 저장고 냄새를 뿜어낸다. 첫맛은 순하고 우유 풍미가 점점 진하게 올라온다.

CRAYEUX DE RONCQ 크레유 드 롱크 (프랑스, 오 드 프랑스)

원유 | 비멸균 소젖.
크기 | 사방 10cm 정사각형, 두께 4.5cm.
무게 | 480g.
지방 | 27%.

지도 참조 : p. 196-197

숙성이 덜 된 상태일 때는 '카레 뒤 비나주(carré du Vinage)'라고도 불리는 이 치즈는 릴(Lille) 지역 롱크(Roncq) 근처 비나주 농장의 치즈 제조인인 필립 올리비에(Philippe Olivier)와 테레즈 마리 쿠브뢰르(Thérèse-Marie Couvreur)가 만든 것이다. 이 치즈의 특징은 습기가 가득하지만 서늘하고 환기가 되는 지하 저장고에서 이루어지는 숙성 단계에 있다. 소금물과 맥주를 섞어 30일 동안 주기적으로 닦아주며 숙성하는 크레유 드 롱크는 냄새가 은은한 편이다. 외피 바로 안의 질감은 아주 말랑말랑하고 가장 속 부분은 백악질로 신선한 우유와

효모 풍미가 도드라지며 약간의 산미를 느낄 수 있다.

CRÉMEUX DE CARAYAC 크레뫼 드 카라야크 (프랑스, 옥시타니)

원유 | 비멸균 양젖.
크기 | 지름 15cm, 두께 3cm.
무게 | 300g.
지방 | 26%.

지도 참조 : p. 202-203

베이지와 회색빛을 띤 작은 원반형의 크레뫼 드 카라야크 치즈는 쪼글쪼글한 외피를 갖고 있으며 손으로

만졌을 때 비교적 건조한 편이다. 치즈를 자르면 녹듯이 부드러운 질감에 회색빛이 도는 흰색 속살이 나온다. 입안에 넣으면 상큼한 맛과 식물성, 동물성 노트가 혼합되어 있지만 그리 강한 맛은 아니다. 피작(Figeac) 근처 르 로트(le Lot)에서 생산되는 이 치즈를 정의할 수 있는 단어는 '섬세한 맛'이다. 유기농법을 옹호하는 생산자인 제르베즈 & 드니 프라딘(Gervaise et Denis Pradines)은 사프란도 생산하고 있으며 이것을 자신들의 양젖 치즈 톰 드 브르비(tommes de brebis)에 향과 색을 입히는 데 사용하고 있다.

CUPIDON 퀴피동 (프랑스, 옥시타니)

원유 I 비멸균 양젖.
크기 I 지름 9cm, 두께 3cm.
무게 I 210g.
지방 I 27%.

지도 참조 : p. 202-203

몽도르(mont d'or, p.88)나 바슈랭 데 보주(vacherin des Bauges, p.96)와 같은 방식으로 만들어지는 이 치즈는 아리에주(Ariège) 지방 루비에르(Loubières)에 위치한 목장에서 가로스(Garros) 부부가 만들어냈다. 깨끗한 물로 씻어가며 숙성한 이 작고 크리미한 치즈는 치즈를 감싸고 있는 독일가문비나무 띠로 인해 타닌의 맛을 발산한다. 이어서 양젖의 산미에서 오는 꽃과 너트의 향이 이어진다. 퀴피동 치즈는 힘과 섬세함이 좋은 밸런스를 이루고 있다. 너무 많이 숙성되어 외피가 거칠어지기 전, 비교적 어린 시기에 먹는 것이 가장 좋다.

LE CURÉ NANTAIS® 르 퀴레 낭테 (프랑스, 페이 드 라 루아르)

원유 I 파스퇴라이즈드 저온 살균 소젖.
크기 I 사방 9cm 정사각형, 두께 3cm.
무게 I 200g.
지방 I 27%.

지도 참조 : p. 204-205

이 치즈는 프랑스 대혁명 시기 자신의 고향을 떠나 피신한 방데(Vendée) 출신의 한 수도사에 의해 만들어진 것으로 전해진다. 르 퀴레 낭테(Le Curé Nantais®)는 상표등록 출원을 마쳤으며 현재 식품업체인 트리발라 누아얄(Triballat Noyal) 그룹에 속해 있다. 벌집 모양처럼 올록볼록한 외피는 소금물(경우에 따라 무스카데 와인)로 일주일에 두 번씩 1~2개월 동안 씻어준다. 황금색의 크리미한 속살에는 약간의 구멍이 생겨나기도 한다. 입안에 넣으면 우유의 상큼함이 주를 이루며 베이컨과 스파이스 노트가 이어진다.

모서리가 둥근 정사각형의 이 치즈는 800g짜리 원반형(잘라서 서빙) 또는 낱개로 판매하는 200g짜리 작은 원반형도 있다.

DEAUVILLE 도빌 (프랑스, 노르망디)

원유 I 저온 살균 소젖.
크기 I 지름 15cm, 두께 3.5cm.
무게 I 300g.
지방 I 27%.

지도 참조 : p. 194-195

세르주 르샤블리에(Serge Lechavlier)가 만든 이 치즈는 퐁 레베크(pont-l'évêque, p.91)와 비슷하지만 둥근 모양이라는 점이 다르다. 역사적으로 이 치즈는 도빌(Deauville) 남서쪽 투르제빌(Tourgéville)의 한 목장에서 생산되었다. 냄새가 매우 강하지만 쫀득하고 매끈하며 크리미한 질감의 이 치즈는 따뜻한 우유와 크림의 풍미가 주를 이룬다.

ÉPOISSES 에푸아스 (프랑스, 부르고뉴 프랑슈 콩테)

AOC since 1991 | AOP since 1996

원유 | 비멸균 또는 파스퇴라이즈드 저온 살균 소젖.

크기 | 소형 : 지름 9.5~11.5cm, 두께 3~4.5cm / 대형 : 지름 16.5~19cm, 두께 3~4.5cm.

무게 | 소형 : 250~350g 대형 : 700g~1kg.

지방 | 27%.

지도 참조 : p. 198-199

시토 수도회의 수도사들이 16세기에 이 치즈를 처음 만들어낸 후 그 비법을 에푸아스 지역 농부들에게 전수했고 이들은 그 이후 더 개선된 치즈를 만들었다고 전해진다. 이 전설의 치즈는 20세기 중반에 사라질 뻔했으나 시몬 & 로베르 베르토(Simone et Robert Berthaut)의 노력으로 다시 태어났다. 현재 이것은 젖산균 커드로 만드는 마지막 세척 외피 치즈들 중 하나이다. 이 치즈 제조의 비법은 오드비와 향신료로 커드에 향을 더하고 부르고뉴 마르로 표면을 씻어주는 과정에 있다. 이로 인해 외피가 끈적끈적하고 냄새가 매우 강해진다(익숙하지 않은 사람들에게는 혐오감을 주기도 한다). 벽돌색 또는 짙은 오렌지색의 이 치즈는 동물성 노트가 도드라지는 냄새와 숲의 향이 난다. 입안에 넣으면 녹진한 식감과 우유와 과실의 강한 향을 느낄 수 있다. 이 치즈의 특징이 잘 발현되면서도 너무 꼬릿한 맛이 심해지기 전에 소비하는 것이 가장 좋다.

목장 생산 에푸아스를 만드는 치즈 제조소는 단 한 곳 존재한다. 바로 에푸아스 마을에서 65km 떨어진 곳에 위치한 마로니에 목장(la ferme des Marronniers)이다.

GALACTIC GOLD 갤럭틱 골드 (뉴질랜드, 와이카토)

원유 | 파스퇴라이즈드 저온 살균 소젖.

크기 | 사방 19cm 정사각형, 두께 3cm.

무게 | 1kg.

지방 | 27%.

지도 참조 : p. 232-233

오렌지 빛을 띤 황색 외피는 깨끗한 물로 주기적(2~3일마다 한 번씩)으로 닦아주었기 때문에 손으로 눌러보았을 때 끈적끈적하다. 이 치즈는 축축한 지하 저장고 냄새가 나며 입안에 넣으면 처음에 약간 꼬릿한 풍미가 느껴진 뒤 더 크리미하고 부드러운 풍미가 이어진다. 갤럭틱 골드는 뉴질랜드에서 '올해의 베스트 세척 외피 치즈' 상을 여러 차례 수상한 바 있다.

GROS LORRAIN 그로 로랭 (프랑스, 그랑 테스트)

원유 | 비멸균 소젖.
크기 | 지름 33cm, 두께 10cm.
무게 | 5kg.
지방 | 27%.

지도 참조 : p. 196-197

제라르메(Gérardmer) 지방의 오래된 이 치즈는 낭시(Nancy)의 치즈 제조인 필립 마르샹(Philippe Marchand)과 그의 아들에 의해 부활했다. 제조방법은 그의 할머니가 적어둔 수첩에서 발견되었는데 이것이 다락방 구석의 전나무로 만든 둥근 틀 안에 숨겨져 있었다고 한다. 이 치즈를 다시 살리는 데는 2년의 시간이 걸렸다. 이 대형 사이즈의 세척 외피 연성 치즈(치즈 5kg를 만드는 데 우유 40리터가 필요하다)는 크레유 드 롱크(crayeux de Roncq)와 뮝스테르(munster)의 중간 정도라고 볼 수 있다. 입안에 넣으면 풍미와 냄새가 매우 강하지만 우유와 과일의 노트도 섬세하게 느껴진다.

HARBISON 하비슨 (미국, 버몬트)

원유 | 파스퇴라이즈드 저온 살균 소젖.
크기 | 지름 10~12cm, 두께 4cm.
무게 | 250g.
지방 | 24%.

지도 참조 : p. 230-231

이 치즈를 둘러싸고 있는 띠는 생산지 농장 주위에서 자라는 흰색 독일 가문비나무로 만든 것이다. 이 치즈는 흘러내리는 질감을 갖고 있기 때문에 스푼으로 떠먹는 것이 좋다. 우디 향, 레몬 향 등 식물성 풍미가 주를 이룬다.

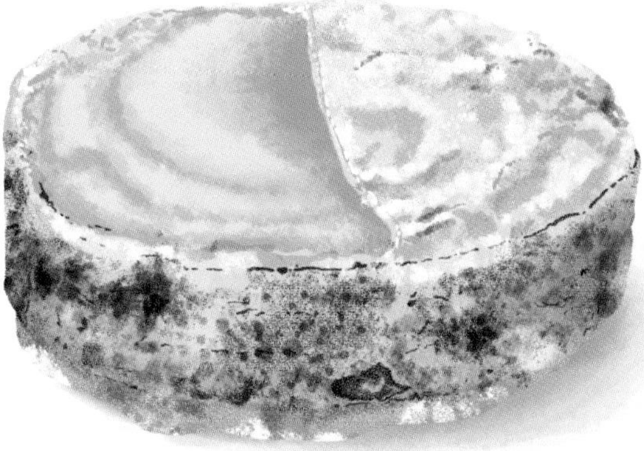

HERVE 에르브 (벨기에, 리에주)

AOP since 1996

원유 | 비멸균 소젖.
크기 | 사방 6cm 큐브형.
무게 | 200g.
지방 | 24%.

지도 참조 : p. 218-219

에르브 치즈에 대한 최초의 문헌 기록이 1228년에 작성된 것으로 보아 벽돌색과 주황색의 이 큐브형(때로는 직육면체) 치즈의 역사는 매우 오래된 것으로 추정된다. 이 치즈는 외피가 끈적거리며 속살은 크리미한 질감을 갖고 있다. 깨끗한 물 또는 우유로 씻어가며 숙성한 이 치즈는 그 기간에 따라 순한 맛, 중간 맛, 꼬릿한 맛을 낸다. 하지만 모두 베이컨과 크림의 은은한 향과 함께 섬세하고 고급스러운 풍미를 낸다. 현재 단 세 곳의 생산자들만이 이 오랜 역사의 치즈 생산을 계속 이어나가고 있다.

KAU PIRO 카우 피로 (뉴질랜드, 노스랜드)

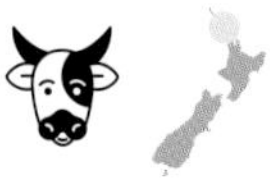

원유 | 파스퇴라이즈드 저온 살균 소젖.
크기 | 지름 8~20cm, 두께 3cm.
무게 | 150g~1kg.
지방 | 26%.

지도 참조 : p. 232-233

이 치즈는 유기농법과 동물복지를 존중하는 가축 사육에 중점을 두고 있는 '그리닝 게코(Grinning Gecko)'라는 이름의 목장에서 생산된다. 흰색에서 베이지 혹은 갈색 외피를 가진 이 치즈는 2016년 뉴질랜드 치즈 경연대회에서 '올해의 베스트 세척 외피 치즈' 최우수상을 받은 바 있다. 녹는 듯 부드러운 질감에 드문드문 구멍이 있으며 약간의 산미를 동반한 숲의 향, 자른 풀의 풍미를 느낄 수 있다.

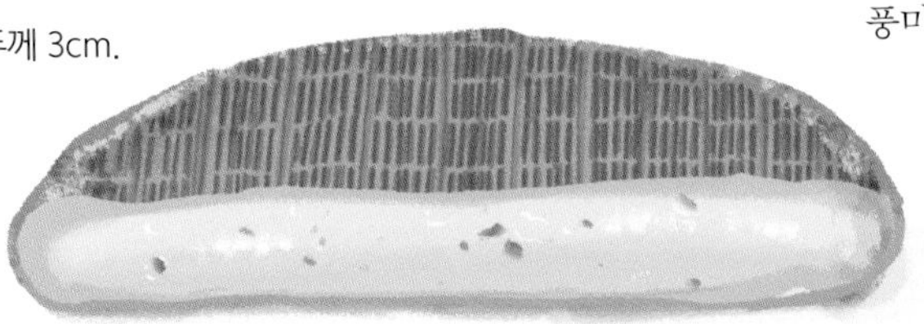

KING RIVER GOLD 킹 리버 골드 (호주, 빅토리아)

원유 | 파스퇴라이즈드 저온 살균 소젖.
크기 | 지름 10cm, 두께 3cm.
무게 | 250g.
지방 | 25%.

지도 참조 : p. 232-233

빅토리아 주의 데이비드 & 앤 브라운(David & Anne Brown)이 자신들의 목장에서 만든 초창기 치즈들 중 하나이다. 식물성 응유제를 사용해 만들어 채식주의자들에게 좋은 선택이 될 수 있다. 냄새와 맛이 순한 편인 킹 리버 골드의 외피는 건조하며 속살은 말랑하다. 입안에 넣으면 신선한 우유의 향과 섬세한 훈연 노트를 느낄 수 있다.

LANGRES 랑그르 (프랑스, 부르고뉴 프랑슈 콩테, 그랑 테스트)

AOC since 1991 **AOP** since 2009

원유 | 비멸균 소젖.
크기 | 사이즈(소, 중, 대)에 따라 지름 7~20cm, 두께 4~7cm.
무게 | 사이즈(소, 중, 대)에 따라 150g~1.3kg.
지방 | 25%.

지도 참조 : p. 196-197

랑그르 치즈는 숙성 기간 동안 절대로 뒤집지 않는다. 따라서 표면 중앙에 '샘물(fontaine)'이라고 불리는 우묵한 부분이 생기게 된다. 어떤 미식가들은 여기에 샴페인이나 마르(marc 포도 찌꺼기를 증류해 만든 화주)를 조금 부어 먹기도 한다.

이 치즈를 언급한 최초의 문헌은 그 역사가 18세기로 거슬러 올라간다. 당시 이 치즈는 대부분 각 가정에서 개인적으로 소비할 목적으로 농장에서 만들어졌으며 시간이 지난 이후에야 지역 내에서, 이어서 전국적으로 판매되었다. 오렌지 빛 황색에서 적갈색을 띠며 군데군데 흰색 솜털이 얇게 덮여 있다. 냄새가 비교적 강한 편이지만 어느 정도 상큼한 맛도 포함하고 있다. 쫀득하고 부드러운 식감에 견과류, 신선 허브와 크림의 풍미를 내며 경우에 따라 베이컨의 맛이 슬쩍 스치기도 한다.

LIVAROT 리바로 (프랑스, 노르망디)

원유 I 비멸균 소젖.
크기 I 지름 7~12cm, 두께 4~5cm.
무게 I 350~500g.
지방 I 23%.

지도 참조 : *p. 194-195*

리바로 치즈가 처음 언급되었던 것은 1690년의 공무 행정 서류에서였다. 오랫동안(카망베르가 출현하기 전까지) 노르망디 제일의 치즈였던 리바로는 19세기에 '가난한 자들의 고기'라는 별명이 붙여졌다. 주름이 있는 외피는 오렌지색과 붉은색의 중간 톤을 띠고 있는데, 이는 천연염료인 아나토(로쿠)로 외피를 닦아주기 때문이다. 이 치즈를 입안에 넣어 깨물면 외피는 까칠까칠한 반면 속살은 쫀득하고 부드럽다. 리바로 치즈는 흙, 외양간 축사의 냄새, 훈연 향 등을 직관적으로 뿜어낸다. 또한 갈대(옛날에는 버드나무) 5줄기로 띠를 두른 모습 때문에 '대령님(le Colonel)'이라는 별명을 갖고 있다.

LOU CLAOUSOU 루 클라우수 (프랑스, 옥시타니)

원유 I 비멸균 양젖.
크기 I 길이 13.5cm, 폭 7cm, 두께 3.5cm.
무게 I 300g.
지방 I 25%.

지도 참조 : *p. 202-203*

외피에 줄무늬로 골이 패인 로제르(Lozère) 지방의 이 타원형 연성 치즈는 베이지, 밤색, 갈색 톤을 띠고 있다. 군데군데 흰색 층으로 얇게 덮여 있기도 하지만 이것이 이 치즈의 특성이나 맛에 지장을 주지는 않는다. 루 클라우수는 미요(Millau) 근방에 위치한 페두(Fédou) 목장에서 생산되는 치즈이다. 가문비나무 띠(나무 박스는 없다)로 둘레를 감싸고 있는 독특한 외양은 언뜻 보면 몽 도르(mont-d'or, p.88) 치즈를 떠올리게 한다. 실제로 르 클라우수는 우디 향을 갖고 있는 한편 양젖이 주는 상큼함과 섬세하고 세련된 맛도 겸비하고 있다.
입에 넣으면 크리미한 식감과 버터, 버섯, 부식토와 건초의 풍미를 느낄 수 있다.

MAROILLES 마루알 (프랑스, 오 드 프랑스)

AOC since 1955 AOP since 1996

원유 | 비멸균 또는 파스퇴라이즈드 저온 살균 소젖.
크기 | 사방 6~13cm 정사각형, 두께 2.5~6cm.
무게 | 200~800g.
지방 | 23%.

지도 참조 : p. 196-197

아마도 이것은 프랑스에서 역사가 가장 오래된 AOP(원산지명칭 보호) 치즈일 것이다. 이 치즈의 역사는 실제로 7세기까지 거슬러 올라간다. '마루알'이라는 이름으로 불리지는 않았지만 만드는 법이 매우 비슷했던 이 치즈는 당시 마루알 마을의 베네딕틴 수도원 수도사들에 의해 만들어졌다. 920년 이 마을은 캉브레(Cambrai) 마을과 합병되면서 '크라클롱(craquelon)'이라는 이름의 치즈를 개발했고 이는 300년 후 캉브레의 기 1세(Gui 1er de Laon) 주교의 판결 덕에 '마루알'이 되었다. 이 치즈의 원산지 아펠라시옹 범위는 오로지 프랑스와 벨기에 국경 지역인 티에라슈(Thiérache)로 한정된다. 3~5주에 걸쳐 씻고 솔로 닦아주는 과정을 통해 붉은색 발효균(브레비박테리움 리넨스)이 생성되어 특유의 주홍색 외피가 만들어진다. 냄새는 매우 강하지만 입안에 넣으면 우유의 노트가 도드라지는 섬세하고 상큼한 맛을 내며 속살의 질감은 부드러운 백악질을 갖고 있다. 이 치즈는 각각 그로(Gros, 4/4), 소르베(sorbais, 3/4), 미뇽(mignon, 1/2), 카르(quart, 1/4) 등으로 불리는 다양한 크기로 제조된다.

MONT-D'OR 몽 도르 (프랑스, 부르고뉴 프랑슈 콩테)

AOC since 1981 AOP since 1996

원유 | 비멸균 소젖.
크기 | 케이스 바닥 지름 11~33cm, 케이스 높이 6~7cm.
무게 | 480g~3.2kg(케이스 포함).
지방 | 24%.

지도 참조 : p. 198-199

'바슈랭 뒤 오 두(vacherin du Haut-Doubs)'라고도 불리는 이 치즈는 최고 해발 1,463m의 몽 도르 산맥에서 그 이름을 따왔다. 역사적으로 이 치즈의 원조를 두고 스위스와 프랑스 간의 논쟁이 끊이지 않았다. 결국 스위스인들이 포기를 하면서 프랑스인들은 몽 도르가 프랑스 것임을 확정했다. 한편, 스위스에도 '바슈랭 몽 도르(vacherin mont-d'or, p.96)'라고 불리는 그들만의 바슈랭 치즈가 있다. 하지만 이 치즈는 저온 살균 우유로 만든다. 시멘탈(simmental) 또는 몽벨리아르드(montbéliarde) 종 소젖으로 만드는 몽 도르 치즈는 독일 가문비나무로 만든 띠로 둘러준 다음 주기적으로 소금물 세척을 해준다. 결과물은 울퉁불퉁하고(지역의 산세를 떠올리게 한다) 벨벳처럼 보송보송하며 연한 핑크빛의 외피를 갖게 되며 경우에 따라 흰색의 고운 솜털 층이 형성되기도 한다. 속살은 거의 흐를 정도로 크리미한 질감이며 윤기가 돈다. 입에 넣으면 우디 향, 동물성 노트, 우유의 풍미가 혼재되어 있다.

몽도르는 9월 10일부터 5월 10일까지만 판매(의무조항으로 규정되어 있다)가 가능한 계절 한정 치즈이다.

MUNSTER 묑스테르 (프랑스, 그랑테스트)

AOC since 1969 AOP since 1996

원유 | 비멸균 소젖.
크기 | 지름 7~19cm, 두께 2~8cm.
무게 | 120~450g.
지방 | 24%.

지도 참조: p. 196-197

오늘날 우리가 알고 있는 묑스테르의 전신인 묑스테르 케스(munster kaes)가 처음 탄생한 것은 7세기로 거슬러 올라간다. 페슈(Fecht) 밸리에 위치한 생 그레구아르(Saint-Grégoire) 수도원의 수도사들이 이 치즈를 처음 만들었다. '묑스테르(munster)'라는 용어는 수도원을 뜻하는 모나스테르(monastère)가 변형된 것이다. 이 치즈를 만든 목적은 우유를 버리지 않고 활용하여 이웃 주민들에게 공급하기 위함이었다. 이 치즈의 매끈한 외피는 연한 오렌지 빛을 띤 흰색, 또는 주홍색을 띤다. 북부 지방의 사촌 격 치즈인 마루알(maroilles)처럼 묑스테르는 냄새가 아주 지독하다. 하지만 입안에 넣으면 강한 냄새와는 달리 섬세한 식감을 자랑한다. 치즈 속살은 비교적 말랑말랑하고 부드럽다. 꽃향기와 짭짤하고 새콤한 풍미(우디 향이 나기도 한다)가 살아나며 입안에 맛이 오래 남는다.

'묑스테르'는 '묑스테르 제로메(munster géromé)'라는 이름으로도 알려져 있다. 전자는 주로 알자스 지방 보주(Vosges) 동부 지역에서 사용되고 후자는 로렌 지방 산악지대 서부에서 더 많이 사용된다.

ODENWÄLDER FRÜHSTÜCKSKÄSE 오덴발더 프뤼슈튁스케제 (독일, 바덴뷔르템베르크)

AOP since 1997

원유 | 파스퇴라이즈드 저온 살균 소젖.
무게 | 200~500g.
지방 | 24%.

지도 참조: p. 218-219

18세기 당시만 해도 이 치즈는 소작지의 영주에게 상납되었다. 치즈를 만들 때 사용되는 응유제는 반드시 송아지 위 막에서 추출한 응유효소만을 사용해야만 했다. 오덴발더 프뤼슈튁스케제의 외피는 끈적끈적하며 황갈색 톤을 띠고 있다.
속살은 쫀득한 탄력이 있으며 아이보리에서 황색을 띤다. 이 치즈의 이름을 직역하면 '아침 식사용 치즈'라는 뜻이지만 자극적인 맛과 꼬릿한 풍미가 강한 편이다.

PETIT FIANCÉ DES PYRÉNÉES 프티 피앙세 데 피레네 (프랑스, 옥시타니)

원유 | 비멸균 염소젖.
크기 | 지름 12cm, 두께 3cm.
무게 | 300g.
지방 | 26%.

지도 참조 : p. 202-203

이 치즈는 내로라할 염소 목축인인 남편과 그에 반한 퀘벡 출신 여가수 아내 커플인 가로스(Garros) 부부가 처음 만들어냈다. 이들은 큐피동(cupidon, p.83) 치즈도 생산하고 있다. 프티 피앙세 데 피레네는 비슷한 유형을 찾기 어려운 특별한 치즈다. 르블로숑을 떠올리지만 원료는 염소젖이다. 이 치즈의 질감을 만들어내는 비법은 공개되지 않고 있다.
외피는 오렌지색, 황갈색, 흰색을 띠며 외관상 치즈 속살은 쫀득하고 조직이 균일하다. 염소젖과 흙의 향이 나며 입안에 넣으면 축축한 지하저장고 풍미와 동시에 염소젖 특유의 향과 산미, 시트러스 노트를 느낄 수 있다.

PETIT GRÈS 프티 그레 (프랑스, 그랑 테스트)

원유 | 비멸균 소젖.
크기 | 길이 10cm, 폭 6cm, 두께 2.5cm.
무게 | 125.
지방 | 26%.

지도 참조 : p. 196-197

이 파리를 얹어 장식한 로렌(Lorraine) 지방의 이 작은 타원형 치즈는 가늘게 줄무늬가 패인 밝은 주황색 외피를 갖고 있다. 손으로 만지면 약간 끈적끈적하며 질감은 쫀득하고 찰진 편이다. 냄새는 그리 강하지 않으며 우유 향이 나고 축축한 지하 저장고의 향이 아주 은은하게 스친다. 입안에 넣으면 식감이 녹듯이 부드러우며 외피 부분은 까칠까칠하다. 전체적으로 향이 매우 섬세하고 신선한 우유와 훈제 베이컨의 노트가 있으며 산미도 살짝 느껴진다.

PIED-DE-VENT 피에 드 방 (캐나다, 퀘벡)

원유 | 저온 살균 소젖.
크기 | 지름 18cm, 두께 3cm.
무게 | 1kg.
지방 | 27%.

지도 참조 : p. 230-231

1998년 제레미 아르스노(Jérémie Arseneau)는 퀘벡 동쪽 마들렌 군도의 유제품 생산 전통을 다시 이어나가기 위해 소를 들여오기로 결정한다. 그는 특히 이 섬의 특별한 기상조건에 잘 적응할 수 있는 캐나다 퀘벡 토종 소를 선택했다.
피에 드 방 치즈는 주름이 있는 핑크 오렌지 빛 외피를 갖고 있으며 질감은 약간 까칠까칠하다. 속살은 쫀득하며 군데군데 기공이 보인다. 입안에 넣으면 부드럽게 녹으며 고소한 너트와 크림의 풍미가 느껴지고 짭조름한 맛이 살짝 스친다.

PONT-L'ÉVÊQUE 퐁 레베크 (프랑스, 노르망디)

AOC since 1972 AOP since 1996

원유 | 비멸균 소젖.
크기 | 사방 10cm 정사각형, 두께 3~3.5cm.
무게 | 300~350g.
지방 | 23%.

지도 참조 : *p. 194-195*

퐁 레베크 치즈를 언급한 가장 오래된 문서는 그 역사가 13세기로 거슬러 올라간다. 그것은 기욤 드 로리스(Guillaume de Lorris)와 장 드 묑(Jean de Meung)이 쓴 중세의 시 형식 소설 『장미 이야기(*Le Roman de la Rose*)』였다. 초기에 이 치즈는 '앙즐롱(angelon), 앙즐로(angelot) 혹은 오즐로(augelot, 노르망디 오주(Auge) 지방의 치즈)'라고 불렸다. '퐁 레베크'라는 이름이 붙은 것은 1600년경에 이르러서이다. 이 치즈는 납작한 정사각형 모양으로 17세기 노르망디의 비슷한 류의 다른 치즈들과 차별화 되었다. 표면에 고운 솜털 층이 생기기도 하며 색은 주황색, 분홍, 흰색을 띤다. 질감은 쫀득하며 건초, 축사 또는 경우에 따라 축축한 지하 저장고의 냄새를 발산한다. 입안에 넣으면 우유와 너트의 향이 나며 동물성 노트가 주를 이룬다. 이 치즈는 9월에서 6월 사이에 먹는 것이 가장 좋다.

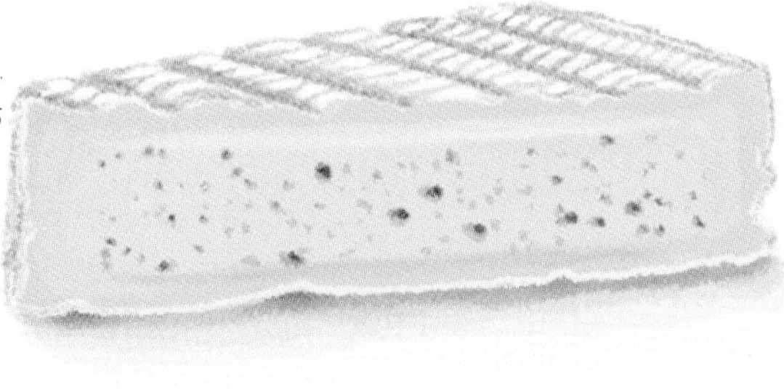

QUEIJO DE AZEITÃO 케이조 드 아제이탕 (포르투갈, 리스본)

AOP since 1996

원유 | 비멸균 양젖.
크기 | 지름 8cm, 두께 5cm.
무게 | 300g.
지방 | 23%.

지도 참조 : *p. 208-209*

아제이탕 치즈는 일반적으로 기공이 없는 얇은 종이로 싸여 있다. 흰색 또는 연한 황색을 띤 속살이 흐를 정도로 크리미한 상태일 때 먹는 것이 좋다. 그렇기 때문에 이 치즈를 좋아하는 사람들은 속살을 작은 스푼으로 떠먹기 위해 맨 윗면을 잘라내기도 한다. 입안에 넣으면 풍미가 강하고 약간 꼬릿함을 느낄 수 있으며 볏짚, 건초, 축사의 냄새가 풍겨난다.

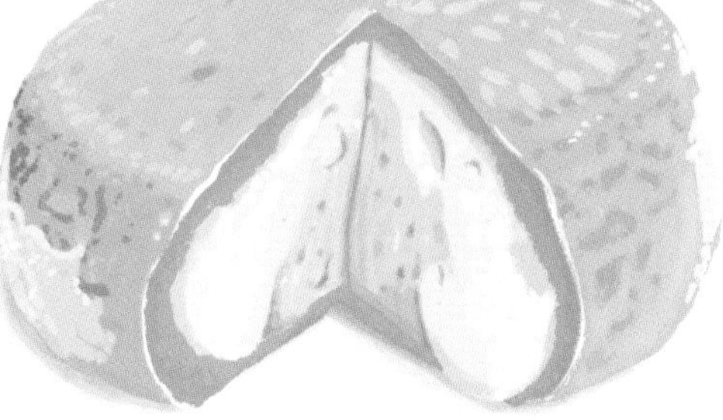

QUEIJO SERPA 케이조 세르파 (포르투갈, 알렌테주)

AOC since 1987 AOP since 1996

원유 | 비멸균 양젖.
크기 | 지름 10~30cm, 두께 3~8cm.
무게 | 200g~2.5kg.
지방 | 23%.

지도 참조 : *p. 208-209*

유연성이 있는 질감의 이 치즈는 네 가지 크기가 존재하며 각각 특별한 이름(가장 작은 것부터 큰 것 순서로 mereindeiras, cunca, normais, gigantes)을 갖고 있다. 세르파 치즈는 밝은 볏짚 색을 띠는데 이는 파프리카 색이 밴 올리브오일을 사용해 주기적으로 닦아주며 숙성했기 때문이다. 연한 미색에서 볏짚 색을 띠는 속살은 공기와 접촉하면 색이 어두워진다. 식감은 아주 부드럽고 심지어는 흐르는 듯한 농도를 띠기도 한다. 입안에 넣으면 대체로 풍미가 강하며 꼬릿한 맛이 도드라지는 편이다.

QUEIJO SERRA DA ESTRELA 케이조 세라 다 에스트렐라 (포르투갈, 센트루)

AOP
since
1996

원유 I 비멸균 양젖.
크기 I 지름 9~20cm, 두께 3~6cm.
무게 I 700g~1.7kg.
지방 I 23%.

지도 참조 : p. 208-209

이 치즈는 16세기 범선에 탑승한 선원들이 휴대하던 식량의 일부였다. 케이조 세라 다 에스트렐라는 숙성 기간에 따라 스탠다드 타입과 사이즈가 더 작고 맛이 강한 에이지드(velho) 타입 두 종류로 출시된다. 두 종류 모두 지역 토종인 보르달레이라 세라 다 에스트렐라(bordaleira serra da Estrela) 또는 추라 몬데구에이라(churra mondegueira) 종 양의 비멸균 생유를 사용해 만든다. 이 치즈는 흰색 또는 연한 황색을 띠며 숙성 기간이 길어지면서 주황색 또는 밝은 갈색 톤으로 색이 짙어진다. 숙성이 덜 된 '어린' 치즈는 맛이 비교적 순하고 산미가 있다. 숙성이 오래된 경우는 동물성 풍미와 짭조름한 맛을 더 강하게 느낄 수 있으며 마지막에는 꼬릿한 풍미가 난다.

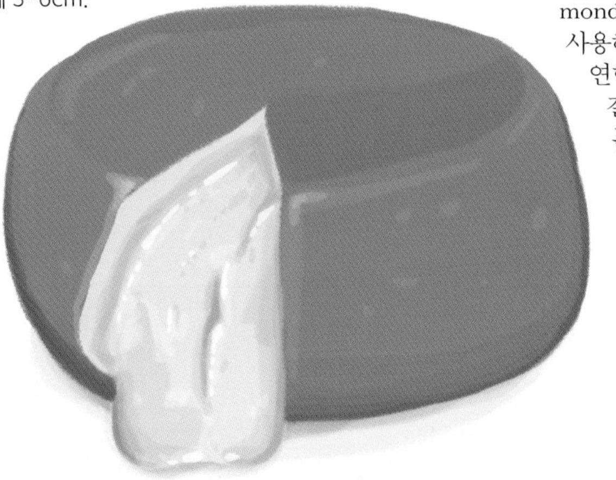

ROLLOT 롤로 (프랑스, 오드 프랑스)

원유 I 비멸균 소젖.
크기 I 지름 7~8cm, 두께 3~4cm.
무게 I 250~300g.
지방 I 26%.

지도 참조 : p. 196-197

냄새가 강한 이 피카르디산 치즈는 1678년 플랑드르를 향하던 중 오르빌레르(Orvillers)에 잠시 머무르며 이 치즈를 맛본 루이 14세 왕 덕분에 큰 성공을 거두게 되었다. 이 치즈에 완전히 매료된 왕은 드부르주(Debourges)라는 생산자에게 '왕실 치즈 제조자'라는 호칭을 붙여주었고 이와 더불어 당시로서는 꽤 큰 금액이었던 600파운드의 상금을 하사했다.
납작한 원형의 이 치즈는 회색, 흰색, 분홍색 빛을 띠고 있으며 까끌까끌하면서도 부드럽게 녹는 외피를 갖고 있다.
입안에 넣으면 짭조름하고 새콤한 맛을 동시에 느낄 수 있다. 새콤한 맛 덕에 상큼한 느낌으로 마무리할 수 있다.
롤로 치즈는 하트 모양도 존재하는데 이것은 주로 대량생산 공장 제품이다.

SAWTOOTH 소투스 (미국, 워싱턴주)

원유 | 비멸균 소젖.
크기 | 지름 13cm, 두께 4cm.
무게 | 500g.
지방 | 26%.

지도 참조 : p. 228-229

소투스 치즈는 입자가 까끌까끌하면서도 부드러운 외피를 갖고 있다. 속살의 질감은 비교적 촉촉하고 말랑한 편이며 신선한 버섯과 견과류 노트에 끝맛은 꿀의 풍미가 느껴진다. 이 치즈는 저장고에서 최소 2개월의 숙성을 거친 뒤 출고된다.

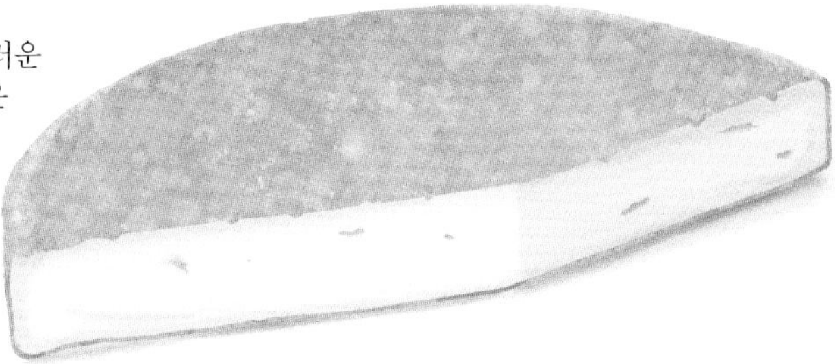

SHEARER'S CHOICE 시어러즈 초이스 (호주, 빅토리아)

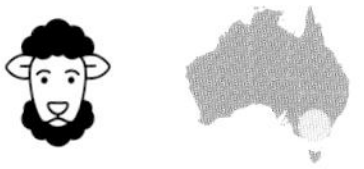

원유 | 파스퇴라이즈드 저온 살균 양젖.
크기 | 지름 17cm, 두께 4cm.
무게 | 1kg.
지방 | 27%.

지도 참조 : p. 232-233

빅토리아 주 베리스 크릭(Berry's Creek) 목장에서 생산되는 시어러스 초이스는 치즈메이커 배리 찰튼(Barry Charlton)이 만드는 여러 치즈들 중 하나다. 양젖을 원료로 한 이 치즈는 오렌지 빛 분홍색의 외피를 갖고 있으며 약간 입자감이 있는 조직으로 식감은 부드럽다. 입에 넣으면 흙, 숲 내음과 버섯의 풍미를 느낄 수 있으며 마지막에 올라오는 산미로 인해 상큼하게 마무리할 수 있다.

SIRE DE CRÉQUY À LA BIÈRE 시르 드 크레키 아 라 비에르 (프랑스, 오 드 프랑스)

원유 | 비멸균 또는 저온 살균 소젖.
크기 | 지름 10cm, 두께 3cm.
무게 | 280g.
지방 | 25%.

지도 참조 : p. 196-197

이 치즈는 커드를 틀에 넣어 수분을 뺀 다음 숙성 저장고로 보내져 일주일에 두 번씩 총 10회에 걸쳐 소금물로 닦아주는 과정을 거친다. 5주간의 숙성을 거친 뒤 48시간 동안 이중 발효된 블론드 맥주에 담가 치즈 속까지 맥주가 최대한 스며들도록 한다. 치즈를 꺼낸 다음 마른 빵가루를 고루 뿌린다. 이 치즈에서 나는 기분 좋은 발효 냄새는 맥주에 담가 숙성한 것임을 상기시켜준다.
표면을 덮고 있는 부슬부슬한 빵가루는 풍부한 식감의 즐거움을 더해준다. 입안에 넣으면 섬세한 홉의 향기가 도는 소젖 유크림 풍미가 느껴지며 맛이 입안에서 오래 지속된다.

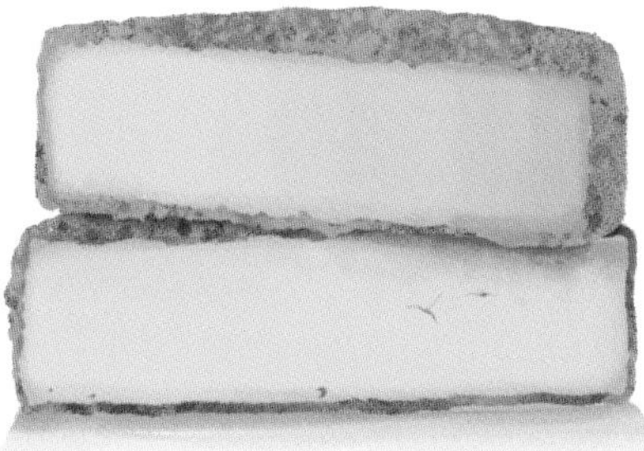

SOUMAINTRAIN 수맹트랭 (프랑스, 부르고뉴 프랑슈 콩테)

IGP
since
2016

원유 | 비멸균 또는 파스퇴라이즈드 저온 살균 소젖.
크기 | 지름 9~13cm, 두께 2.2~3.3cm.
무게 | 180~600g.
지방 | 27%.

지도 참조 : p. 198-199

통신망의 발달과 특히 철도 노선의 확대에 힘입어 19세기 수맹트랭 치즈의 유통 및 판매는 크게 성장했다. 2차 대전 후 30년간의 번영기 동안 우유 가격의 하락으로 인해 이 치즈는 사라질 위기에 처했었다. 이 치즈가 살아남은 것은 1970년대에 잊혀가던 이 치즈를 다시 소환하고 급기야 2016년에는 IGP(지리적표시보호) 인증까지 획득한 몇몇 열정적인 사람들 덕분이다. 에푸아스(époisses)와 비슷한 수맹트랭은 아이보리 빛 황색에서 황갈색 톤을 띠는 외피를 갖고 있다. 약간 축축하며 때로 주름이 져있고 격자무늬 자국이 남아 있다. 동물성과 식물성의 냄새를 모두 지니고 있는 치즈다. 아이보리 빛 흰색의 치즈 속살은 말랑말랑하고 매끈한 질감으로 부드러운 입자가 군데군데 포함되어 있기도 하다. 입안에 넣으면 우유 노트와 새콤한 맛이 나며 비교적 동물성 풍미가 강한 편이다.

SUNRISE PLAINS 선라이즈 플레인즈 (호주, 빅토리아)

원유 | 파스퇴라이즈드 저온 살균 물소젖.
크기 | 지름 20cm, 두께 3cm.
무게 | 1.2kg.
지방 | 26%.

지도 참조 : p. 232-233

선라이즈 플레인즈는 전 세계에서 몇 안 되는 물소젖 세척 외피 치즈들 중 하나다. 끈적끈적한 주황색 표면에는 격자무늬가 있으며 질감은 부드럽고 크리미하다. 입안에 넣으면 우유의 풍미가 진하고 상큼한 맛과 풀의 식물성 노트가 느껴진다. 오래 숙성한 경우 은은한 베이컨의 향이 나타나기도 한다.

TIMANOIX 티마누아 (프랑스, 브르타뉴)

원유 | 파스퇴라이즈드 저온 살균 소젖.
크기 | 지름 9cm, 두께 3.5cm.
무게 | 300g.
지방 | 26%.

지도 참조 : p. 194-195

노트르담 드 티마되(Notre-Dame de Timadeuc, Morbian) 수도원의 수도사들은 페리고르 수녀들이 만들어놓은 제조법에 따라 이 치즈를 만들어왔다. 1923년부터 에슈르냑(Échourgnac)에 정착한 노트르담 드 본 에스페랑스(Notre-Dame de Bonne-Espérance) 수도원의 이 수녀들은 1910년 문을 닫았던 치즈 제조소를 재가동시켰다. 1999년 이들은 자신들이 만드는 치즈에 페리고르산 호두를 결합하는 방법을 고안해냈다. 그 방법은 바로 호두로 만든 리큐어로 치즈를 씻어주며 숙성하는 것이다. 그녀들은 이 치즈를 '트라프 데슈르냑(trappe d'Échourgnac)'이라고 명명했다. 결론적으로 티마누아는 쫀득하고 탄력 있는 질감을 가진 '수도원' 치즈다. 호두의 향과 맛이 주를 이루지만 치즈의 우유 풍미를 완전히 가리지는 않는다.

TRICORNE DE PICARDIE 트리코른 드 피카르디 (프랑스, 오 드 프랑스)

원유 | 비멸균 소젖.
크기 | 각 면이 9cm인 삼각형, 두께 3cm.
무게 | 250g.
지방 | 26%.

지도 참조 : p. 196-197

피카르디의 이 삼각형 치즈는 2011년 처음 만들어진 것으로 목축업자이자 치즈 제조인(Anselme Beaudouin), 맥주 양조업자(Benoît Van Belle), 유제품, 숙성 전문가(Julien Planchon) 3인의 협업으로 탄생했다. 이 치즈의 모양은 앙시앙 레짐(절대 왕정체제) 시대에 피카르디 사람들이 쓰던 모자를 떠올린다.
트리코른 드 피카르디 치즈는 브라운 맥주(El Belle Brune)로 일주일에 여러 차례씩 씻어주며, 바로 여기에서 특유의 쌉싸름함과 맛이 생겨난다. 입안에 넣으면 약간 까끌까끌한 외피 안에 녹듯이 부드럽고 개성 있는 치즈 속살을 맛볼 수 있다.

VACHERIN DES BAUGES 바슈랭 데 보주 (프랑스, 오베르뉴 론 알프)

원유 | 비멸균 소젖.
크기 | 지름 21cm, 두께 4~4.5cm
무게 | 1.4kg.
지방 | 26%.

지도 참조 : p. 198-199

'바슈랭 데 잘리옹(vacherin des Allions)'이라고도 불리는 이 치즈는 흔히 구하기 쉽지 않다. 톰 데 보주(tome des Bauges. p.145)가 생산되기도 하는 보주(Bauges) 산맥 지대에서만 아주 소량 생산되기 때문이다. 에비앙 레 뱅(Évian-les-Bains) 시의 기록 자료실에 보관된 1314년의 한 문서에 따르면 이 치즈가 14세기부터 존재해왔음을 알 수 있다. 갈색과 분홍빛이 도는 흰색의 외피는 송진과 발효우유의 향을 내며 속살에서는 크리미하고 순한 우유맛과 나무향이 난다. 맛이 아주 좋은 치즈이다.

VACHERIN MONT-D'OR 바슈랭 몽 도르 (스위스, 보)

AOP since 2003

원유 | 저온 살균 소젖.
크기 | 지름 10~32cm, 두께 3~5cm, 가문비나무 케이스 : 높이 6cm, 뚜껑 두께 0.5cm 바닥 두께 0.6cm, 접지부 0.15cm.
무게 | 400g~3kg.
지방 | 23%.

지도 참조 : p. 222-223

이 치즈를 언급한 가장 오래된 기록의 흔적은 1812년 6월 6일의 세금 관련 법조문에서 찾아볼 수 있다. 원래 바슈랭 몽 도르는 염소젖으로 만들어졌으며 '슈브로탱(chevrotin)'이라고 불렸다. 하지만 염소젖이 점점 귀해지면서 생산자들은 소젖을 사용하게 되었고 이름도 바뀌게 되었다. 이 치즈는 9월부터 이듬해 3월까지만 생산된다. 프랑스의 몽 도르(mont d'or)와는 달리 이 스위스 바슈랭 치즈의 둘레를 두르고 있는 나무 띠는 반드시 치즈 생산 지역, 즉 스위스 보(Vaud) 주 에서 공급된 것이어야 한다. 바슈랭 몽 도르는 균일한 밝은 베이지색에 굽이굽이 굴곡이 있는 외피를 갖고 있다. 속살은 말랑말랑하며 상온에 두면 흐르는 듯한 농도가 된다. 입안에 넣으면 우유 맛과 나무 향이 주를 이룬다. 마지막에 상큼한 맛을 느낄 수 있어 전체적으로 개운하게 마무리할 수 있다.

VENACO 브나코 (프랑스, 코르시카)

원유 | 비멸균 양젖 또는 염소젖(혹은 혼합).

크기 | 정사각형 : 사방 12cm, 두께 3~5cm / 원형 : 지름 9cm, 두께 3~4cm.

무게 | 350g.

지방 | 28%.

지도 참조 : p. 200-201

코르시카 섬을 대표하는 이 치즈(이 섬에서 비멸균 원유를 사용해 만드는 마지막 치즈들 중 하나다)는 산속의 한 마을에서 그 이름을 따왔다. 이 세척 외피 치즈의 특징은 깨끗한 물과 아주 오래된 치즈에서 나온 염수액을 섞어 일일이 손으로 닦아준다는 것이다. 3개월이 지나면 브나코 치즈는 딱 알맞은 상태로 숙성된다. 정사각형 또는 원형으로 만들어지는 이 치즈는 벽돌색에서 갈색을 띤 외피를 갖고 있다. 아주 강렬한 동물성 노트와 발효의 냄새를 발산하며 입에 넣으면 그 특징적인 풍미가 그대로 존재하긴 하지만 맛은 냄새만큼 강하지 않다.

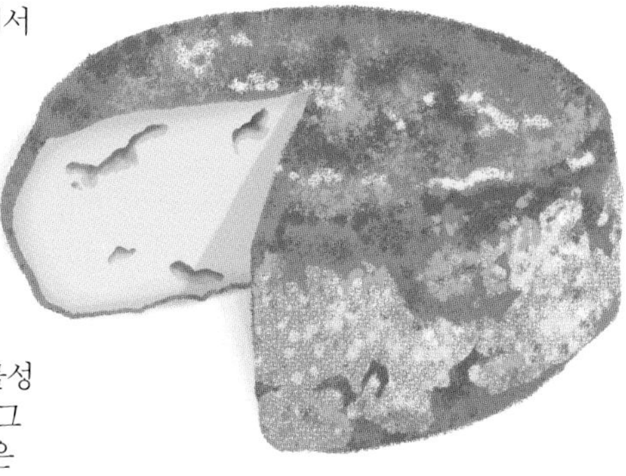

VIEUX-LILLE 비유 릴 (프랑스, 오 드 프랑스)

원유 | 비멸균 또는 파스퇴라이즈드 저온 살균 소젖.

크기 | 사방 6~13cm 정사각형, 두께 2.5~6cm.

무게 | 200~800g.

지방 | 23%.

지도 참조 : p. 196-197

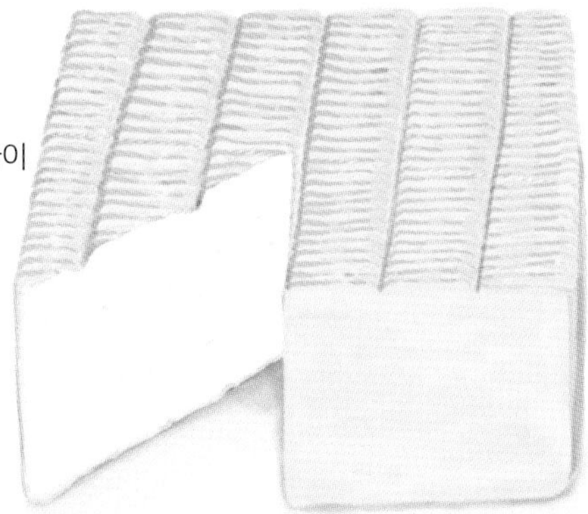

'그리 드 릴(gris de Lille)', '퓌앙 마세레(puant macéré)' 혹은 '퓌앙 드 릴(puant de Lille)'이라고도 불리는 비유 릴 치즈는 마루알 치즈를 베이스로 하여 릴(Lille)이 아닌 아브누아(Avenois)에서 만들어진다. 소금물로 외피를 세척하는 특징이 더욱 강하게 두드러지며 이에 따라 냄새가 더욱 강한 치즈가 완성된다. 외피는 얇고 회색빛을 띠며 거의 암모니아 냄새가 코를 찌른다. 입안에 넣으면 짠맛과 우유 풍미가 주를 이루며 마지막에는 꼬릿한 맛이 강하게 난다.

WARATAH 와라타 (호주, 빅토리아)

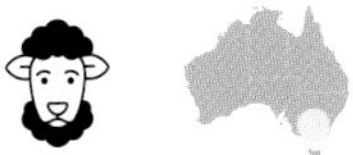

원유 | 저온 살균 양젖.

크기 | 길이 15cm, 폭 6cm, 두께 2~3cm.

무게 | 230g.

지방 | 26%.

지도 참조 : p. 232-233

쫀득하고 냄새가 강한 이 치즈는 입안에서 양젖의 섬세한 풍미를 한껏 발산한다. 처음에는 동물성 노트가 도드라지며 이어서 은은한 산미가 느껴진다. 숙성 기간이 길어질수록 질감은 더욱 크리미해지며 맛과 냄새가 더 강해진다.

06 비가열 압착 치즈

가장 종류가 많은 치즈 계열이다. 비교적 단단한 질감을 가진 작은 사이즈의 치즈들이 대부분이지만 실제로 이 치즈들은 단단한 것, 부드러운 것, 크리미한 것 등 질감이 다양하고 크기도 소, 중, 대, 심지어 특대에 이르기까지 선택의 폭이 매우 넓다.

APPENZELLER 아펜첼러 (스위스, 아펜첼, 장크트갈렌, 트루가우)

원유 | 비멸균 소젖.
크기 | 지름 30~33cm, 두께 7~9cm.
무게 | 6~7kg.
지방 | 26%.

지도 참조: p. 222-223

이 치즈는 스위스 동부 보덴 호와 스위스 알프스 산티스 산맥 사이에 위치한 언덕지대에서 700여 년 전부터 만들어지고 있다. 이 치즈 제조의 특별한 비법은 발효된 식물과 화이트와인, 향신료를 넣은 소금물(sulz)를 사용해 세척한다는 점이다. 아펜첼러는 숙성이 매우 중요한 역할을 하는 치즈이며 이는 특히 유통 판매에 결정적인 요소이다. 이 치즈의 속살은 아이보리 빛 흰색에서 연한 황색 또는 황금색까지 다양하다. 맛은 우유와 버터 풍미의 부드러운 맛에서 꼬릿하고 매우 강한 맛까지 그 폭이 넓으며 스파이스, 풀, 꽃의 노트를 지니고 있다. 미각, 후각을 매우 광범위하게 만족시켜주는 치즈라고 할 수 있다.

이 치즈 숙성 시 세척하는 소금물 '술츠(sulz)'의 공식적인 레시피는 은행 금고에 비밀리에 보관되어 있다. 당대 생산 관계자 중 두 명에게만 이것에 접근할 수 있는 권한이 부여된다.

AROHA RICH PLAIN 아로하 리치 플레인 (뉴질랜드, 와이카토)

원유 | 비멸균 염소젖.
크기 | 지름 12cm, 두께 6cm.
무게 | 800g.
지방 | 27%.

지도 참조: p. 232-233

이 치즈를 만드는 목장에서는 무공해 유기농법과 동물복지 원칙(비멸균 원유 사용)을 따르고 있다. 오렌지 빛을 띤 베이지색 외피 안에는 균일한 질감에 군데군데 함몰된 부분이 있으며 흰색과 푸른빛을 띠는 속살이 들어 있다. 입안에 넣으면 섬세하게 녹는 부드러운 질감과 산미, 염소젖 특유의 맛을 느낄 수 있다. 숙성 기간이 길어지면 입안에서 느끼는 풍미가 더 강해지지만 그래도 염소젖이 주는 상큼함은 계속 유지된다.

ARZÚA-ULLOA 아르주아 우요아 (스페인, 갈리시아)

원유 | 비멸균 또는 파스퇴라이즈드 저온 살균 소젖.
크기 | 지름 10~26cm, 두께 5~12cm.
무게 | 500g~3.5kg.
지방 | 24%.

지도 참조 : p. 206-207

이 치즈는 갈리시아의 황금색 소, 알프스의 갈색 소 품종의 우유를 원료로 사용해 만든다. 밝은 황색에서 짙은 황색을 띠는 아르주아 우요아의 외피는 얇고 탄력이 있으며 윤이 나고 매끈하다. 바닐라, 크림, 견과류의 뉘앙스를 풍기는 이 치즈의 냄새는 마치 버터와 요거트를 연상시킨다. 맛은 비교적 순한 편이며 입안에 넣으면 우유의 풍미와 약간의 짠맛이 느껴진다. 숙성이 오래된 경우는 맛과 냄새가 모두 강해져 꼬릿한 풍미가 나기도 하며 마지막에는 쌉싸름한 맛이 난다.

ASIAGO 아지아고 (이탈리아, 베네토)

원유 | 비멸균 소젖.
크기 | Asiago pressato : 지름 30~40cm, 두께 11~15cm / Asiago d'allevo : 지름 30~36cm, 두께 9~12cm.
무게 | Asiago pressato : 11~15kg / Asiago d'allevo : 8~12kg.
지방 | 28%.

지도 참조 : p. 210-211

아지아고는 프레시(asiago pressato) 타입과 숙성(asiago d'allevo) 치즈 두 종류로 구분된다. 전자는 냄새가 비교적 신선하고 우유 풍미와 산미를 갖고 있다. 후자는 입안에 넣으면 버터의 풍미와 더욱 강한 동물성 노트(경우에 따라 꼬릿한 맛)가 느껴진다. 그러나 전반적으로 산미가 좋으며 끝맛이 상큼하다.

BARELY BUZZED 베얼리 버즈드 (미국, 유타)

원유 | 파스퇴라이즈드 저온 살균 소젖.
크기 | 지름 40cm, 두께 8cm.
무게 | 7kg.
지방 | 27%.

지도 참조 : p. 228-229

이 치즈는 커피원두와 라벤더, 식물성 오일의 혼합물을 발라가며 숙성을 한다. 그만큼 풍부한 향이 치즈에 배어 있으며 마치 살레르(salers) 치즈처럼 녹듯이 부드러우면서도 꾸덕한 질감을 동시에 갖고 있다.

BARGKASS 바르카스 (프랑스, 그랑 테스트)

원유 | 비멸균 소젖.
크기 | 지름 30cm, 두께 8cm.
무게 | 7~8kg.
지방 | 26%.

지도 참조 : p. 196-197

베르카스(bergkäs), 바르카스(barkas, barkass) 또는 바리카스(barikass)라고도 불리는 이 산악지대의 치즈는 주기적으로 솔로 닦고 뒤집어주면서 숙성시킨다. 치즈 외피에는 틀에 성형할 때 깔아두었던 천의 자국이 남아 있다. 치즈 속살은 꾸덕하며 크리미하고 부드럽다. 입안에 넣으면 우유 풍미를 느낄 수 있으며 맛이 순하다.

BASLER 바슬러 (캐나다, 브리티시컬럼비아)

원유 | 파스퇴라이즈드 저온 살균 소젖.
크기 | 지름 30cm, 두께 10~13cm.
무게 | 5~6kg.
지방 | 27%.

지도 참조 : p. 228-229

이 치즈는 제나(Jenna)와 에마(Emma) 두 자매가 운영하는 골든 이어즈(Golden Ears) 목장에서 전통 아티장 방식으로 만들어진다. 바슬러 치즈의 황금색 외피는 외양간 축사와 풀의 냄새가 나며 속살은 연한 황색, 맨 가운데 부분은 아이보리 빛 흰색을 띤다. 입안에 넣으면 버터, 풀의 노트와 산미가 주를 이룬다. 숙성이 오래된 경우 이 치즈는 풍미가 더욱 강해지지만 꼬릿한 맛이 심한 정도는 아니다.

BEACON FELL TRADITIONAL LANCASHIRE CHEESE 비컨 펠 트래디셔널 랭커셔 치즈 (영국, 노스웨스트잉글랜드)

AOP since 1996

원유 | 파스퇴라이즈드 저온 살균 소젖.
무게 | 5kg 또는 18~22kg.
지방 | 27%.

지도 참조 : p. 216-217

5곳의 목장과 6곳의 유제품 제조소에서 아직 이 치즈를 만들고 숙성하고 있다. 20세기 초만 해도 생산지가 200곳이 넘었다.

이 치즈의 기원은 1170년대 플랜태저넷 왕가의 헨리 2세 통치 시절로 거슬러 올라간다. 비컨 펠 트래디셔널 랭커셔 치즈는 천연 외피 또는 왁스나 천으로 덮인 외피를 지니고 있다. 질감은 단단하며 식감은 부드럽고 섬세하다. 입안에 넣으면 우유와 신선한 풀의 노트가 도드라지는 녹진한 버터와 같은 풍미를 느낄 수 있다. 숙성이 진행된 경우 속살은 더 쫀득하고 부드러워져서 발라 먹기에 더욱 용이해진다.

BELLAVITANO GOLD 벨라비타노 골드 (미국, 위스콘신)

원유 | 파스퇴라이즈드 저온 살균 소젖.
크기 | 지름 40cm, 두께 12cm.
무게 | 10kg.
지방 | 26%.

지도 참조 : p. 228-229

이탈리아 출신인 사르토리(Sartori) 패밀리가 만들고 있는 이 미국 치즈는 2013년 월드 유제품 엑스포(World Dairy Expo)에서 대상을 수상한 바 있다. 질감은 파르메산 치즈와 비슷하지만 입자가 더 고운 편이며 입안에 넣으면 버터와 크림 풍미가 도드라진다. 이 치즈는 흑후추, 메를로 포도씨 또는 분쇄한 커피원두 등을 사용해 숙성하기도 한다.

BETHMALE 베트말 (프랑스, 옥시타니)

원유 | 비멸균 소젖.
크기 | 지름 25~40cm, 두께 8~10cm.
무게 | 3.5~6kg.
지방 | 26%.

지도 참조 : p. 202-203

매우 오래된 치즈로 이 치즈를 언급한 초창기 문헌들은 그 역사가 12세기까지 거슬러 올라간다. 이 치즈는 일명 '뚱보왕'이라 불리던 루이 6세가 당시 이 치즈를 생산하던 마을들 중 하나였던 생 지롱(Saint-Girons)을 방문했을 때 서빙되었던 것으로 알려져 있다. 베트말 치즈는 2~6개월간의 숙성을 거친다. 외피를 솔로 문지르고 깨끗한 물로 가볍게 씻어주며 숙성시킨 이 치즈는 오렌지색에서 분홍색을 띤다. 축축한 지하 저장고 냄새가 나고 속살은 군데군데 기공이 뚫려 있으며 쫀득하고 탄력이 있다. 입안에 넣으면 맛이 비교적 순하며 우유 풍미와 달콤, 짭짤한 맛이 난다. 숙성 기간이 길어질수록 점점 더 꼬릿한 풍미가 강해진다.

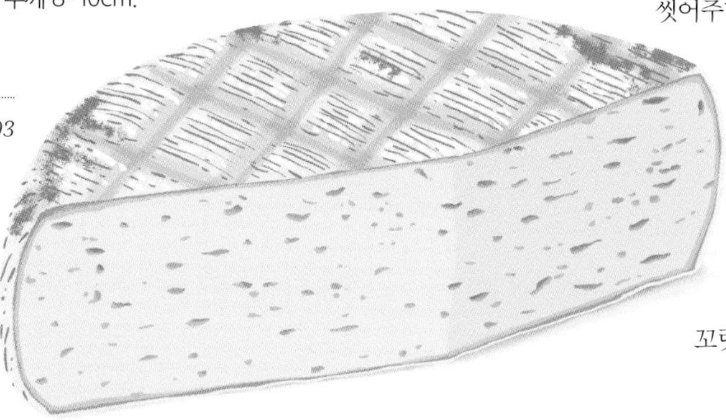

BILLY THE KID 빌리 더 키드 (뉴질랜드, 와이카토)

원유 | 파스퇴라이즈드 저온 살균 염소젖.
크기 | 지름 12.5cm, 두께 7cm.
무게 | 1kg.
지방 | 30%.

지도 참조 : p. 232-233

이 치즈는 치즈 메이커로 전업한 두 명의 전직 과학자 모니카 세나 살레르노(Mônica Senna Salerno, 이탈리아 출신의 브라질인)과 제니 올드햄(Jenny Oldham)이 만들고 있다. 염소젖으로 만들긴 하지만 빌리 더 키드 치즈는 이탈리아의 몇몇 페코리노 치즈를 연상시킨다. 입자가 거친 외피와 잘 부서지는 질감을 갖고 있지만 입안에 넣으면 부드럽게 녹는다. 염소젖 특유의 냄새가 진한 편이다. 마지막에는 염소젖의 산미가 느껴져 상큼하게 마무리할 수 있다.

BLACK SHEEP 블랙 쉽 (뉴질랜드, 와이카토)

원유 | 파스퇴라이즈드 저온 살균 양젖.
크기 | 지름 25cm, 두께 8cm.
무게 | 4kg.
지방 | 27%.

지도 참조 : p. 232-233

이 치즈는 훈제 파프리카를 사용해 숙성하기 때문에 그 향과 맛이 고스란히 전해진다. 입안에 넣으면 꾸덕하면서도 부드러운 식감을 느낄 수 있다. 버터, 견과류의 노트와 함께 크림의 풍미가 느껴진다.

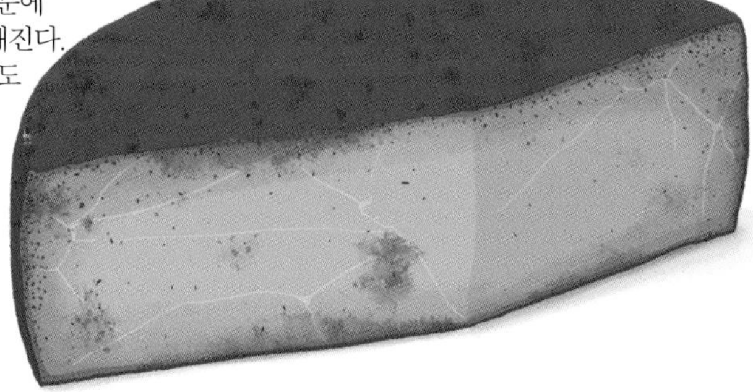

BOEREN-LEIDSE MET SLEUTELS 부렌 라이츠 메트 슬뢰털스 (네덜란드, 자위트홀란트)

AOP since 1997

원유 | 비멸균 소젖.
무게 | 3kg(최소).
지방 | 28%.

지도 참조 : p. 218-219

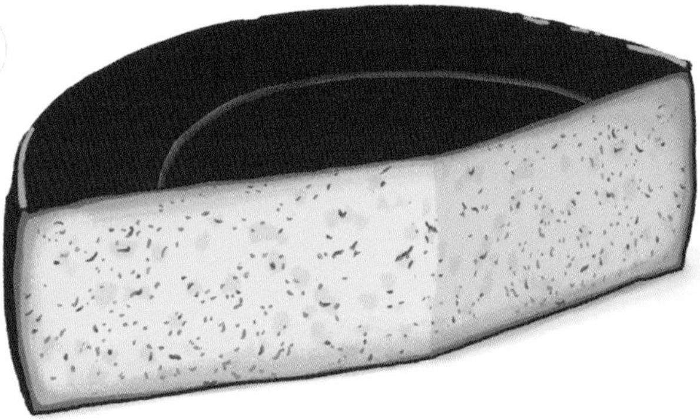

벽돌색 외피에 이름이 새겨져 있는 특징적인 외형의 이 치즈는 질감이 단단하고 거친 편이며 군데군데 쿠민 씨가 박혀 있다.
치즈 제조법에서는 우유 100리터당 쿠민 씨 75g이 들어간다고 정확하게 명시되어 있다.

BOVŠKI SIR 보브스키 시르 (슬로베니아, 이스트라 반도, 고리슈카)

AOP since 2012

원유 | 비멸균 양젖. 경우에 따라 비멸균 소젖이나 염소젖(혹은 혼합 염소젖 최대 20%)을 첨가하기도 한다.
크기 | 지름 20~26cm, 두께 8~12cm.
무게 | 2.5~4.5kg.
지방 | 27%.

지도 참조 : p. 222-223

보베츠(Bovec) 토종 양의 젖으로 만드는 이 치즈는 회갈색에서 밝은 베이지색을 띠는 비교적 매끈한 외피를 갖고 있다. 속살은 밀도가 촘촘하고 쫀득하며 숙성 기간에 따라 렌틸콩 크기의 작은 기공들이 생겨나기도 한다. 입안에 넣으면 강한 풍미가 느껴진다. 특히 외양간 축사 냄새와 산미가 느껴지며 마지막에는 약간 꼬릿한 풍미를 풍긴다. 소젖이나 염소젖을 더해 만든 경우는 냄새와 맛이 약간 더 순하다.

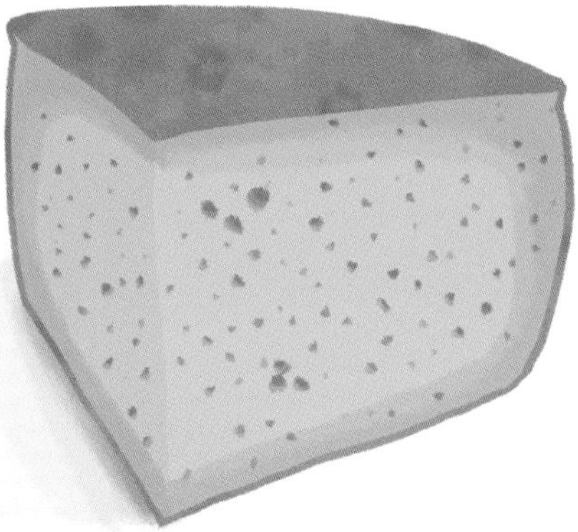

BRA 브라 (이탈리아, 피에몬테)

AOP since 1996

원유 I 비멸균 소젖. 경우에 따라 비멸균 양젖이나 염소젖(혹은 혼합, 염소젖 최대 20%)을 첨가하기도 한다.
크기 I 지름 30~40cm, 두께 6~10cm.
무게 I 6~9kg.
지방 I 28%.

지도 참조 : p. 210-211

이 치즈의 제품 사양서에 따르면 숙성 정도에 따라 부드러운 테네로(tenero)와 단단한 두로(duro) 두 가지로 분류되어 있다. 브라 테네로는 입안에 넣으면 약간의 감칠맛을 동반한 꽃, 우유의 풍미를 느낄 수 있다. 브라 두로는 곰팡이가 생기는 것을 방지하기 위해 오일로 씻어가며 숙성하기도 한다. 입안에 넣으면 브라 테네로보다 현격히 향과 풍미가 진하다.

BUFFALINA 버팔리아 (캐나다, 온타리오)

원유 I 파스퇴라이즈드 저온 살균 물소젖.
지방 I 24%.

지도 참조 : p. 230-231

이 치즈를 생산하고 있는 피프스 타운(Fifth Town) 목장은 무공해 유기농 농법 원칙을 존중한다. 물소젖을 사용한 이 치즈는 네덜란드 하우다 치즈 제조법에 따라 만들어진다. 따라서 밝은 황색의 천연 외피와 밀도가 촘촘하면서도 부드럽고 버터와 같은 속살을 갖고 있으며 사용된 물소젖이 주는 섬세하고 고급스러운 풍미가 느껴진다. 입안에 넣으면 크리미한 버터의 맛과 새콤함을 느낄 수 있으며 이어서 짭조름한 맛으로 마무리된다.

CANESTRATO PUGLIESE 카네스트라토 풀리에제 (이탈리아, 풀리아)

AOC since 1985

AOP since 1996

원유 I 비멸균 양젖.
크기 I 지름 30~50cm, 두께 10~18cm.
무게 I 7~14kg.
지방 I 28%.

지도 참조 : p. 212-215

'카네스트라토(canestrato)'는 지역 장인들이 식물 섬유로 만든 소쿠리 안에 치즈 커드를 넣는 작업을 뜻한다. 이 풀리아의 치즈를 만드는 데 아직도 이 기술이 사용되고 있다. 카네스트라토 풀리에제는 아브루초에서 풀리아까지 양떼를 이동시켜 풀을 먹이는 목축 기간인 12월에서 5월까지 생산된다. 질감이 단단하고 건조한 이 치즈는 새콤한 풍미가 도드라지는 편이다.

CANTAL 캉탈 (프랑스, 오베르뉴 론 알프)

AOC since 1956
AOP since 1996

원유 | 비멸균 또는 파스퇴라이즈드 저온 살균 소젖.

크기 | 대형(grand cantal) : 지름 36~42cm, 두께 40cm / 소형(petit cantal) : 지름 26~28cm / 캉탈레(cantalet) : 지름 20~22cm.

무게 | 대형(grand cantal) : 35~45kg / 소형(petit cantal) : 15~20kg / 캉탈레(cantalet) : 8~10kg.

지방 | 22%.

지도 참조 : p. 202-203

이 치즈의 이름은 마시프 상트랄 캉탈 산맥의 최고봉인 플롱 뒤 캉탈(Plomb du Cantal)에서 따온 것으로 그 역사는 1298년까지 거슬러 올라간다. 하지만 이미 고대부터 캉탈에 대한 언급은 존재했다. 대 플리니우스는 고대 로마에서 "가장 훌륭한 치즈로 인정받는 것은 가발리(Gabalès)와 제보당(Gévaudan)의 것이다"라고 언급했다. 오늘날 이것은 '푸름 드 캉탈(fourme de cantal)'이라고도 불린다. 숙성 정도(jeune, entre-deux, vieux)는 치즈 포장 라벨에 표시되어 있다. 밝은 회색을 띤 캉탈 치즈의 외피는 우유와 지하 저장실의 냄새를 뿜어낸다. 연한 미색에서 황금색을 띤 속살은 단단하면서도 입안에 넣으면 녹는 부드러움을 갖고 있으며 버터, 너트, 우유의 풍미와 산미를 동시에 느낄 수 있다.

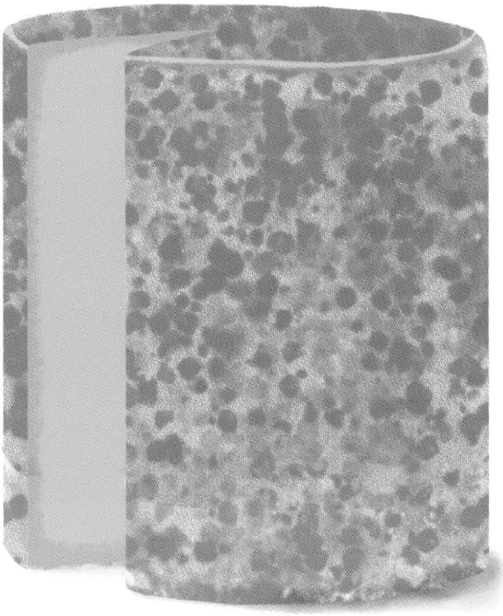

각 캉탈 치즈에는 원산지를 인증하는 알루미늄 봉인 인장이 부착되어 있다. 예 : CA15ES (CA : 캉탈, 15 : 생산지 지역 코드, ES : 생산자명 표시)

CASCIOTTA D'URBINO 카쇼타 두르비노 (이탈리아, 마르케)

AOP since 1996

원유 | 비멸균 양젖(70%), 비멸균 소젖(30%).

크기 | 지름 12~16cm, 두께 5~7cm.

무게 | 800g~1.2kg.

지방 | 27%.

지도 참조 : p. 212-213

이탈리아 르네상스 시대에는 숙성이 거의 되지 않은 카쇼타 두르비노 치즈가 종종 예술가들의 식탁에 오르곤 했다. 오늘날까지도 이 치즈는 오랜 시간 숙성하지 않는다. 그렇기 때문에 외피는 얇으며 속살은 흰색에서 연한 미색을 띠고 있다. 입안에 넣으면 우유 풍미와 약간의 산미가 있는 순하고 상큼한 맛이 주를 이룬다.

마르케 지방에서는 이 치즈가 미켈란젤로 부오나로티와 그의 친구 프란체스코 아마토리가 선호했던 치즈들 중 하나로 알려져 있다.

CAUSSENARD 코스나르 (프랑스, 옥시타니)

원유 | 파스퇴라이즈드 저온 살균 양젖.

크기 | 사각형 파베(pavé) : 길이 26.5cm, 폭 11cm, 두께 9.5cm / 원형 톰 롱드(tomme ronde) : 지름 23cm, 두께 8cm.

무게 | 파베(pavé) : 2.9kg / 톰 롱드(tomme ronde) : 3.2kg.

지방 | 26%.

지도 참조 : p. 202-203

이 치즈는 숙성 기간에 따라 어린 것(jeune)과 숙성이 오래된 것(affiné)으로 나뉜다. 숙성이 덜 된 어린 것은 직육면체 형태로 갈색과 베이지색 외피에 줄무늬 자국이 있고 희끗희끗한 솜털 층이 군데군데 보인다. 속살은 아이보리 톤의 흰색을 띠며 곳곳에 미색 빛이 난다. 꾸덕하고 부드러운 질감으로 입안에 넣으면 버터, 풀의 노트와 은은한 산미, 너트의 고소함을 느낄 수 있다. 숙성이 된 코스나르 치즈는 둥근 맷돌형으로 외피가 얼룩덜룩하다.
입에 넣으면 볏짚과 건초 풍미가 주를 이룬다. 산미가 있긴 하지만 아주 은은하고 섬세한 정도로만 입안을 스친다.

CEBREIRO 세브레이로 (스페인, 갈리시아)

AOP
since
2008

원유 | 파스퇴라이즈드 저온 살균 소젖.

크기 | 지름 : 바닥 사이즈는 다양하다. 윗부분 13~14cm, 두께 : 원통 높이 12cm. 모자처럼 생긴 뚜껑 부분 3cm.

무게 | 300g~2kg.

지방 | 25%.

지도 참조 : p. 206-207

18세기에는 매년 2다스(2x12개)의 세브레이로 치즈가 포르투갈 여왕에게 선물로 진상되었다.

주방장 모자 혹은 버섯을 닮은 모양의 이 치즈는 균일한 상태의 외피를 갖고 있다. 흰색에서 미색, 짙은 황색을 띠고 있는 속살은 약간의 입자감이 느껴지며 경도는 무른 상태와 단단한 상태의 중간 정도이다. 이 모든 것은 숙성에 따라 달라진다. 입안에 넣으면 어린 세브레이로는 우유를 연상시키는 맛을 낸다. 좀 더 숙성된 것은 더욱 강한 우유의 풍미가 나며 약간 꼬릿한 맛을 풍긴다.

CHAUMINE 쇼민 (미국, 오리건)

원유 | 비멸균 염소젖.

크기 | 사방 20cm 정사각형, 두께 6cm.

무게 | 2.3kg.

지방 | 24%.

지도 참조 : p. 228-229

이 치즈는 초원과 산악지대에서 자란 사부아 출신의 여성 치즈 메이커가 만든다. 그녀가 어린 시절을 보냈던 지붕에 짚 이엉(chaume)을 얹은 집을 추억하며 만든 치즈로, 외피를 보면 그 질감이 연상된다. 쇼민 치즈의 흰색 속살은 약간의 입자가 느껴지는 꾸덕한 질감으로 입안에 넣으면 부드럽게 녹는다.
새콤하면서도 상큼한 염소젖 특유의 섬세한 풍미를 낸다.

CHEVROTIN 슈브로탱 (프랑스, 오베르뉴 론 알프)

AOC since 2002 AOP since 2005

원유 | 비멸균 염소젖.
크기 | 지름 9~12cm, 두께 3~4.5cm.
무게 | 250~350g.
지방 | 25%.

지도 참조 : p. 198-199

슈브로탱 치즈는 18세기부터 알프스 지역에 존재해왔으며 르블로숑(reblochon) 치즈를 만드는 목축업자들과 생산 공간을 공유한다. 100% 목장 생산인 이 치즈는 전 제조과정이 수작업으로 이루어진다. 깨끗한 물로 씻어가며 숙성해 군데군데 분홍빛이 도는 쫀득한 질감의 산악지대 치즈로, 숙성을 거치면 외피가 얇은 흰 곰팡이(제오트리쿰) 층으로 덮인다. 질감은 녹진하다. 속살은 크림색에서 아이보리색을 띠며 군데군데 조금씩

갈라진 구멍이 보인다. 입안에 넣으면 염소젖, 꽃, 식물성 풍미가 주를 이루며 순간순간 고소한 너트 향이 느껴지기도 한다.

DANBO 단보 (덴마크)

IGP since 2017

원유 | 파스퇴라이즈드 저온 살균 소젖.
지방 | 28%.

지도 참조 : p. 220-221

이 치즈는 19세기에서 20세기로 넘어가는 시기에 덴마크 퓐(Fyn) 섬에서 키르크뷔(Kirkeby) 치즈 제조사 대표인 라스무스 닐슨(Rasmus Nielsen)이 처음 만들었으며, 큰 성공을 거두어 덴마크를 대표하는 치즈 중 하나가 되었다. 단보 치즈는 흰색에서 밝은 황색을 띠고 속에는 완두콩만 한 작은 구멍들이 고르게 분포되어 있다. 우유 풍미가 주를 이루며 약간의 산미도 발산하고 있다. 맛 또한 냄새와 거의 비슷하다. 때때로 제조 시 쿠민을 첨가하기도 한다.

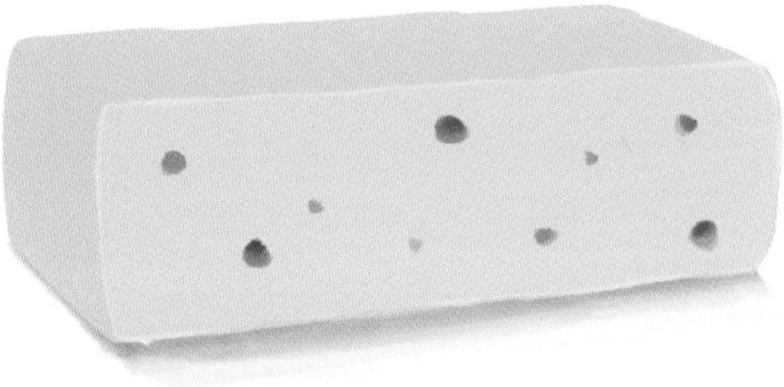

DANCING FERN 댄싱 펀 (미국, 테네시)

원유 | 비멸균 소젖.
크기 | 지름 14cm, 두께 3cm.
무게 | 500g.
지방 | 24%.

지도 참조 : p. 228-229

이 치즈는 네이선 & 패지트 아놀드(Nathan & Padgett Arnold)가 운영하는 100% 태양광 목장인 스퀴치 코브 크리머리(Sequatchie Cove Creamery)에서 생산된다. 르블로숑 제조법에 따라 만들어지는 댄싱 펀 치즈는 크리미하고 부드러운 질감을 지니고 있다. 입안에 넣으면 신선한 우유와 흙, 숲, 표고버섯 노트가 돋보이는 풍미를 느낄 수 있다.

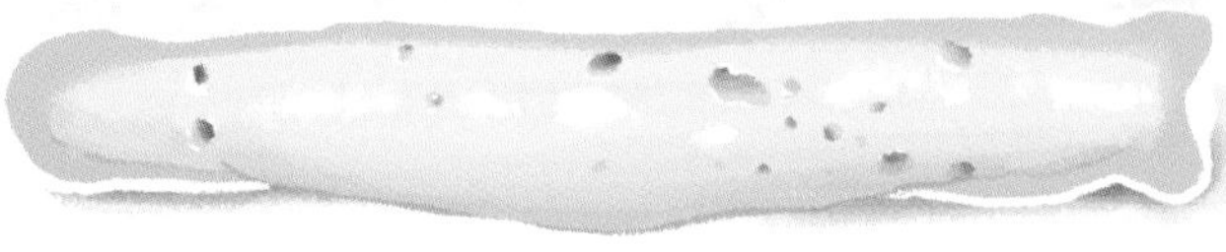

이 치즈를 생산하는 목장은 아마도 전 세계에서 가장 친환경적인 곳일 것이다...

EDAM HOLLAND 에담 홀란트 (네덜란드, 자위트홀란트, 노르트홀란트)

IGP since 2010

원유 | 파스퇴라이즈드 저온 살균 소젖.
무게 | 1.5~20kg.
지방 | 28%.

지도 참조 : p. 218-219

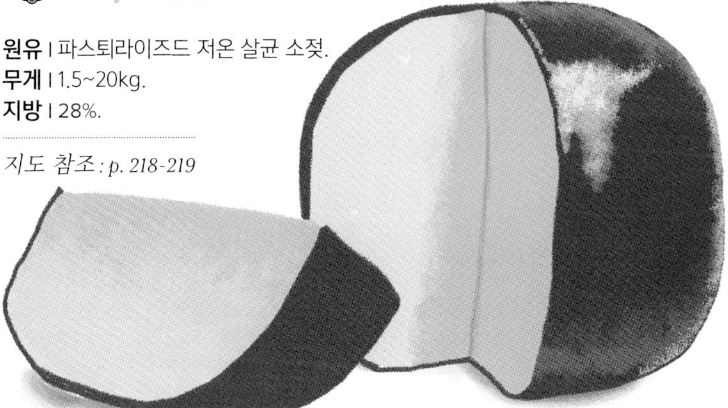

이 치즈의 사이즈는 작은 공 모양부터 최대 20kg에 달하는 덩어리까지 모두 7개의 형태로 분류할 수 있다. 동종 에담 치즈(네덜란드 이외 지역에서 생산되기도 한다)와 달리 에담 홀란트는 천연 외피가 형성되어 있다. 어린 치즈는 속살이 꾸덕하고 자르기 쉽다. 숙성이 진행될수록 수분을 잃게 되면서 더 단단해진다. 우유 풍미의 순한 맛을 내며 오래 숙성된 것은 꼬릿한 동물성 노트를 지니게 된다.

ESROM 에스롬 (덴마크)

IGP since 1996

원유 | 파스퇴라이즈드 저온 살균 소젖.
크기 | 길이가 폭의 두 배 사이즈다. 두께 3.5~7cm.
무게 | 1.3~2kg를 약간 초과.
지방 | 27%.

지도 참조 : p. 220-221

11세기에 에스롬(Esrom) 수도원의 수도사들이 처음 만든 이 치즈는 곧바로 덴마크 왕국 전역에 널리 퍼져나갔으며 치즈를 대표하는 기준으로 자리 잡게 되었다. 외피는 황색에서 주황색 톤을 띠고 있고 속살은 흰색 또는 연한 황색에 작은 기공이 불규칙하게 분포되어 있다. 에스롬 치즈는 비교적 상큼하고 새콤한 냄새가 나며 입안에 넣으면 우유, 신선한 버터의 노트를 느낄 수 있다.

FIORE SARDO 피오레 사르도 (이탈리아, 사르데냐)

AOP since 1996

원유 | 비멸균 양젖.
크기 | 지름 15~25cm, 두께 10~15cm.
무게 | 1.5~4kg.
지방 | 28%.

지도 참조 : p. 212-215

이 치즈는 오래전부터 만들어져 왔지만 피오레 사르도('사르데냐의 꽃'이라는 뜻)라는 이름으로 생산된 것은 19세기 말경부터이다. 거친 질감의 외피는 갈색, 검정, 황갈색의 비교적 짙은 톤을 띠고 있다. 냄새가 강하며 양젖 특유의 향과 지하저장고의 쿰쿰한 냄새가 도드라진다. 동물성 풍미가 주를 이루며 톡 쏘는 듯 꼬릿한 맛이 매우 강한 치즈다.

FONTINA 폰티나 (이탈리아, 발레다오스타)

원유 | 비멸균 소젖.
크기 | 지름 35~45cm, 두께 7~10cm.
무게 | 7.5~12kg.
지방 | 28%.

지도 참조 : p. 210-211

이의 외피는 숙성 정도에 따라 밝은 밤색에서 진한 밤색을 띤다. 속살은 탄력이 있고 쫀득하며 아이보리색에서 다소 진한 밀짚 색을 띤다. 입안에 넣으면 버터, 풀 노트의 섬세한 풍미와 새콤한 맛이 난다.

FORMAGGELLA DEL LUINESE 포르마젤라 델 루이네제 (이탈리아, 롬바르디아)

원유 | 비멸균 염소젖.
크기 | 지름 13~15cm, 두께 4~6cm.
무게 | 700~900g.
지방 | 26%.

지도 참조 : p. 210-211

다른 염소젖 치즈들과는 달리 포르마젤라 델 루이네제는 생산자 가족들의 생계를 영위하는 데 도움을 주는 수단이 되었다. 한편 17세기 문헌자료에 따르면 이 치즈의 생산이 단지 이들 생산자 가족의 수입원뿐만이 아니었다는 사실도 발견할 수 있다. 이 치즈는 천연 외피를 갖고 있으며 군데군데 곰팡이 흔적이 눈에 띈다. 흰색의 속살은 쫀득한 질감으로 입안에 넣으면 부드럽게 녹는다. 비교적 상큼한 염소젖 풍미와 새콤한 맛, 풀 향기 노트가 잘 어우러진다.

FORMAGGIO D'ALPE TICINESE 포르마지오 달페 티치네제 (스위스, 티치노)

원유 | 비멸균 소젖(최소 70%)과 염소젖 (최대 30%).
크기 | 지름 25~50cm, 두께 6~10cm.
무게 | 3~10kg.
지방 | 33%.

지도 참조 : p. 222-223

외피가 건조하고 회갈색을 띠고 있으며 윤기나는 황색 속살에는 작고 둥근 모양의 기공들이 분포되어 있다. 버터, 과실의 향이 나며 입안에 넣으면 기름지고 부드러운 식감과 버터, 약간의 우디 노트, 견과류 풍미를 느낄 수 있다. 이어지는 풀의 맛으로 상큼하게 마무리할 수 있다.

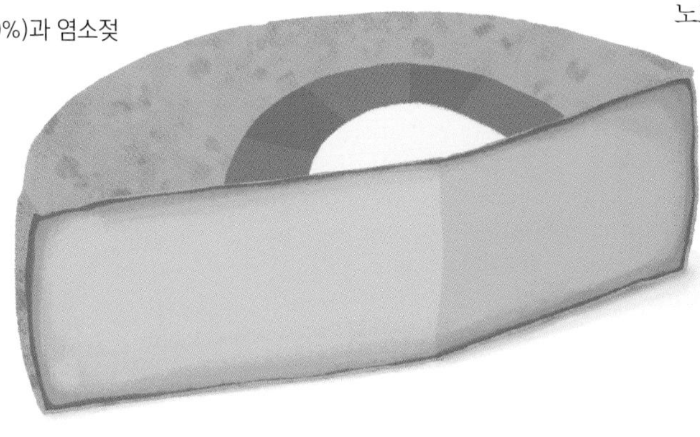

FORMAGGIO DI FOSSA DI SOGLIANO 포르마지오 디 포사 디 솔리아노 (이탈리아, 에밀리아로마냐, 마르케)

AOP since 2009

원유 | 비멸균 양젖, 또는 비멸균 소젖 (최대 80%)과 양젖(최소 20%) 혼합.

무게 | 500g~1.9kg.

지방 | 28%.

지도 참조 : p. 210-211

이 치즈는 중세시대부터 만들어져왔다. 당시에는 치즈를 '구덩이에 넣어(en fosse)' 숙성시키는 방식이 널리 통용되었다. 포르마지오 디 포사 디 솔리아노의 외피는 손으로 만지면 기름지고 표면 결이 고르지 않으며 황색 또는 황갈색의 작은 곰팡이가 나타나기도 한다. 이 곰팡이가 치즈를 변질시키지는 않으며 오히려 이 치즈가 가진 특징들의 일부가 된다. 황갈색 톤의 흰색을 띤 속살은 단단한 편이며 잘 부서지기 쉬운 질감이다. 숲과 버섯(송로버섯 등)의 향이 주를 이룬다. 입안에 넣으면 향이 매우 풍부하고 마지막에 약간 꼬릿한 맛이 난다.

FORMAI DE MUT DELL'ALTA VALLE BREMBANA 포르마이 데 무트 델랄타 발레 브렘바나 (이탈리아, 롬바르디아)

AOP since 1996

원유 | 비멸균 양젖.

크기 | 지름 30~40cm, 두께 8~10cm.

무게 | 8~12kg.

지방 | 28%.

지도 참조 : p. 210-211

큰 사이즈의 이 치즈는 볏짚 색(숙성이 진행될수록 회색톤을 띤다)의 외피와 아이보리색 혹은 황금색의 속살을 갖고 있다. 입안에 넣으면 버터, 크림, 초목의 섬세한 풍미를 느낄 수 있다.

FUMAISON 퓌 메종 (프랑스, 오베르뉴 론 알프)

원유 | 비멸균 소젖.

크기 | 길이 27cm, 폭 12cm, 두께 12cm.

무게 | 2kg.

지방 | 26%.

지도 참조 : p. 202-203

퓌 메종 치즈는 1980년대 오베르뉴 지방 퓌 기욤(Puy-Guillaume)에 정착한 전 유제품 기술자 파트릭 보몽(Patrick Beaumont)이 1991년에 처음 만들어냈다. 모양(직육면체), 외형(소시송처럼 끈으로 묶여 있다), 냄새(훈연 향), 맛(훈연, 나무 향, 새콤한 맛)이 모두 범상치 않은 이 치즈는 많은 주목을 끌고 있다. 부드러운 질감의 치즈로 모둠 플래터 구성에 아주 좋은 선택이 될 수 있다. 또한 훈연의 맛을 느낄 수 있어 개성 있는 라클레트용으로도 사용될 수 있다.

GLARNER ALPKÄSE 글라르너 알프케제 (스위스, 글라리스)

AOP since 2013

원유 | 비멸균 소젖.
크기 | 지름 28~32cm, 두께 10~12cm.
무게 | 5~9kg.
지방 | 29%.

지도 참조: p. 222-223

이 치즈는 부드럽고 쫀득한 질감을 갖고 있다. 식물, 우유, 과일 향이 주를 이루며 은은한 로스팅 노트도 살짝 스친다. 입안에 넣으면 버터, 우유, 초목의 풍미가 뚜렷하며 짭짤한 맛과 산미 또한 느낄 수 있다.

GOUDA HOLLAND 하우다 홀란트 (네덜란드, 자위트홀란트, 노르트홀란트)

IGP since 2010

원유 | 파스티라이즈드 저온 살균 소젖.
무게 | 2.5~20kg.
지방 | 30%.

지도 참조: p. 218-219

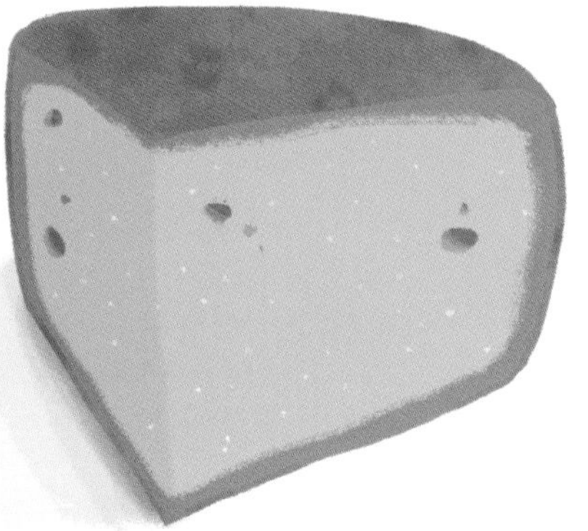

중세에 처음 만들어진 네덜란드 하우다(고다) 치즈는 17세기 상거래가 활발해지면서 널리 퍼져나갔다. 꾸덕하고 단단한 이 치즈는 냄새가 순하고 과실 향이 난다. 우유 커드에 쿠민을 첨가하기도 하며 이 경우 냄새가 더욱 강해진다. 입안에 넣으면 부드럽고 녹진한 식감을 느낄 수 있다. 특히 오래 숙성된 경우는 버터, 캐러멜 풍미를 낸다. 숙성 기간을 거치는 동안 희끗희끗하게 박힌 알갱이 같은 티로신(아미노산의 일종)이 형성되어 아삭한 결정의 식감을 느낄 수 있다.

HAVARTI 하바티 (덴마크)

IGP since 2014

원유 | 파스티라이즈드 저온 살균 소젖.
지방 | 28%.

지도 참조: p. 220-221

이 치즈는 1921년 스위스의 G. 모르겐테일러(G. Morgenthaler)가 주최한 '틀에 넣어 수분을 뺀 치즈'에 관한 강의를 듣고 온 두 명의 유제품 제조업체(Ruds Vedby, Hallebygård) 기술자들이 처음 만들었다. 하바티 치즈는 외피로 덮여 있으며 염수로 닦아가며 숙성을 하기도 한다. 흰색, 아이보리색 혹은 옅은 황색을 띠고 있는 속살은 질감이 말랑하고 부드러워 쉽게 자를 수 있다. 속살 중앙 쪽에는 수많은 기공이 불규칙하게 분포되어 있다. 새콤한 맛, 우유의 맛이 주를 이루고 있으며 숙성이 좀 더 오래 된 것은 크림의 풍미가 난다. 경우에 따라 커드에 딜, 차이브 등의 향신 허브를 섞어 만들기도 한다.

HOLLANDSE GEITENKAAS 홀란즈 하이튼카스 (네덜란드)

IGP
since
2015

원유 I 파스퇴라이즈드 저온 살균 염소젖.
무게 I 1.5~20kg.
지방 I 30%.

지도 참조 : p. 218-219

이 치즈는 19세기 말 하우다 치즈 생산에 관한 지식과 노하우가 더욱 전문화되면서 탄생하게 되었다.

홀란즈 하이튼카스는 자연적으로 숙성되기도 하여 천연 외피를 갖게 되며 경우에 따라 외피 없이 랩으로 싸여 있기도 하다. 질감이 말랑말랑한 이 치즈는 오래될수록 단단하게 굳는다. 상큼하고 짭짤한 맛과 염소젖 특유의 풍미를 지니고 있다.

HOLSTEINER TILSITER 홀슈타이너 틸지터 (독일, 슐레스비히홀슈타인)

IGP
since
2013

원유 I 비멸균 또는 파스퇴라이즈드 저온 살균 소젖.
무게 I 3.5~5kg.
지방 I 30%.

지도 참조 : p. 218-219

슐레스비히홀슈타인(Schleswig-Holstein) 주의 낙농업은 16세기 말 네덜란드에서 망명한 사람들에 의해 시작되었고 그들의 전문 기술과 지식 덕에 이 치즈가 탄생하게 되었다. 이 치즈는 맛이 순하지만 숙성 정도에 따라 꼬릿한 풍미가 강하게 나기도 한다. 경우에 따라 커드에 쿠민을 첨가하기도 한다.

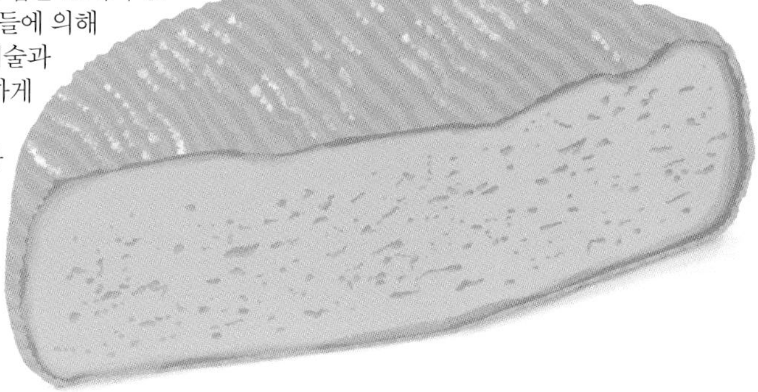

HUSHÅLLSOST 휘슈홀스오스트 (스웨덴)

STG
since
2004

원유 I 파스퇴라이즈드 저온 살균 소젖.
크기 I 지름 10~13.5cm, 두께 10~15cm.
무게 I 1~2.5kg.
지방 I 26%.

지도 참조 : p. 220-221

휘슈홀스오스트 치즈를 처음으로 언급한 문서의 흔적은 그 역사가 1898년으로 거슬러 올라간다. 스웨덴에서 가장 인기 있고 많이 소비되는 이 치즈의 이름은 '가정용 치즈'라는 뜻으로 마치 프랑스의 테이블와인처럼 친숙하다. 작은 사이즈의 이 원통형 치즈는 부드럽고 쫀득한 질감을 갖고 있으며 약간의 산미를 동반한 상큼한 맛을 낸다.

IDIAZABAL 이디아자발 (스페인, 바스크 지방, 나바라)

AOC since 1987

AOP since 1996

원유 I 비멸균 양젖.
크기 I 지름 10~30cm, 두께 8~12cm.
무게 I 1~3kg.
지방 I 24%.

지도 참조 : p. 206-207

단풍나무나 너도밤나무로 훈연한 아주 드문 AOP 치즈들 중 하나이다. 이 치즈는 연한 황색에서 짙은 갈색(훈연한 경우)의 매끈한 외피를 갖고 있다. 아이보리색에서 연한 황색을 띠고 있는 속살은 균일하고 단단하며 입에 넣으면 약간의 입자가 느껴지면서 부드럽게 녹는다. 이디아자발 치즈는 초목의 노트와 톡 쏘는 듯 꼬릿한 맛, 산미, 훈연의 풍미를 동반한 진한 맛을 갖고 있으며 입안에 남는 맛의 여운도 꽤 길다.

IMOKILLY REGATO 이모킬리 레가토 (아일랜드, 먼스터)

AOP since 1999

원유 I 파스퇴라이즈드 저온 살균 소젖.
지방 I 28%.

지도 참조 : p. 216-217

이모킬리 레가토 치즈를 만들고 있는 목장은 1980년대부터 그 생산량을 대폭 늘려 현재는 연간 4,000톤에 이르게 되었다. 이 치즈는 줄무늬가 있는 황금색 외피로 한눈에 쉽게 알아볼 수 있다. 비교적 단단한 편인 속살은 볏짚 색을 띠고 있다. 입안에 넣으면 순하고 부드러운 맛과 자극적인 꼬릿함을 동시에 느낄 수 있는데 이는 톰(tomme) 류 치즈들에 있어서 특이한 경우이다.

ISLE OF MULL 아일 오브 멀 (영국, 스코틀랜드, 스트래스클라이드)

원유 I 비멸균 소젖.
크기 I 지름 32cm, 두께 25cm.
무게 I 25kg.
지방 I 27%.

지도 참조 : p. 216-217

아일 오브 멀은 스코틀랜드에서 가장 오래된 치즈들 중 하나이다. 외형은 목장 생산 체다 치즈와 비슷하지만 짭짤한 맛과 곡물(특히 보리)의 풍미, 초목의 맛이 더 도드라진다. 질감은 단단하고 꾸덕하지만 입안에서 부드럽게 녹고 약간의 입자감이 느껴진다. 캉탈(cantal), 살레르(salers) 또는 라기올(laguiole) 치즈의 제조법에 따라 만들어지는 아일 오브 멀 치즈의 속살은 자연적으로 푸르스름한 색을 띠기도 하지만 맛에는 영향을 미치지 않는다.

KALTBACH 칼트바흐 (스위스, 글라라루스, 루체른, 니트발덴, 옵발덴, 슈비츠, 우리, 추크)

원유 | 비멸균 소젖.
크기 | 지름 24cm, 두께 7cm.
무게 | 4kg.
지방 | 29%.

지도 참조 : p. 222-223

이 치즈는 잔텐베르그(Santenberg) 산에 위치한 총길이 200km가 넘는 사암동굴 안에서 숙성된다. 스위스 그뤼예르나 에멘탈러와 마찬가지로 이곳에는 10만 개의 칼트바흐 치즈가 보관되어 있다. 풀, 건초, 버터, 크림의 향이 나는 이 치즈는 입안에 넣으면 놀라울 정도로 녹진하고 부드러우며 크리미한 풍미가 매우 오래 남는다.

KANTERKAAS 칸터카스 (네덜란드, 프리슬란트, 그로닝겐)

AOP since 2000

원유 | 파스퇴라이즈드 저온 살균 소젖.
무게 | 3~8.5kg.
지방 | 22%.

지도 참조 : p. 218-219

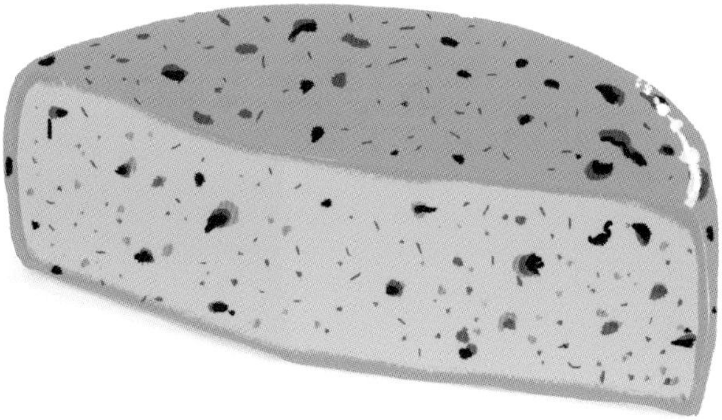

칸터카스 치즈는 천연 외피 혹은 노랑색이나 붉은색 파라핀으로 덮인 외피를 갖고 있다. 맛이 순하고 부드러우며 숙성이 된 경우에는 꼬릿한 냄새와 향신료의 풍미가 난다. 정향(Kanternagelkaas)이나 쿠민(Kanterkomijnekaas)을 넣어 향을 더한 종류도 있다.

KEFALOGRAVIERA 케팔로그라비에라 (그리스, 마케도니아, 이피로스, 서 그리스)

AOP since 1996

원유 | 파스퇴라이즈드 저온 살균 양젖 또는 파스퇴라이즈드 저온 살균 양젖과 염소젖 혼합.
지방 | 21%.

지도 참조 : p. 226-227

흰색 외피를 가진 이 맷돌형 치즈는 질감이 꾸덕하고 부드럽다. 작은 기공이 촘촘히 퍼져 있는 속살은 원유의 향과 새콤한 풍미를 발산하며 입안에 넣으면 짭짤하고 자극적인 맛을 낸다. 올리브오일에 튀기듯 지진 케팔로그라비에라 치즈는 그리스의 대표 요리인 사가나키(saganáki)의 재료로 사용된다.

KLENOVECKÝ SYREC 클레노베키 시렉 (슬로바키아, 반스카 비스트리차, 코시체)

IGP
since
2015

원유 | 비멸균 양젖 또는 소젖.
크기 | 지름 10~25cm,
두께 8~12cm.
무게 | 1~4kg.
지방 | 27%.

지도 참조 : p. 224-225

이 치즈 표면에는 십자가 혹은 네잎클로버 문양이 포함된 원 모양이 찍혀 있어 정품임을 증명해주고 있다. 클레노베키 시렉은 단단하면서도 부드럽게 녹는 질감의 치즈로(훈연하기도 한다) 축축한 지하 저장고, 발효, 훈연의 향이 난다.

LADOTYRI MYTILINIS 라도티리 미틸리니스 (그리스, 북 에게)

AOP
since
1996

원유 | 파스퇴라이즈드 저온 살균 양젖, 또는 파스퇴라이즈드 저온 살균 양젖과 염소젖 혼합.
크기 | 지름 4~5cm, 두께 7~8cm.
무게 | 800g~1.2kg.
지방 | 22%.

지도 참조 : p. 224-225

그리스 레스보스(Lesbos) 섬에서만 만들어지는 이 소형 치즈는 작은 소쿠리 틀에 넣어 형태를 잡기 때문에 숙성을 마친 후에도 틀 자국 줄무늬가 남는다. 단단하고 입자가 느껴지는 질감의 이 치즈는 입안에 넣으면 부드럽게 녹으며 새콤하면서도 짭짤한 양젖의 풍미를 낸다. 제조를 마친 라도티리 미틸리니스 치즈는 건조시킨 뒤 전통적으로 올리브오일을 채운 토기에 넣어 저장한다. 하지만 현재는 겉면을 파라핀으로 씌우기도 한다.

LAGUIOLE 라기올 (프랑스, 옥시타니)

AOC
since
1961

AOP
since
1996

원유 | 비멸균 소젖.
크기 | 지름 40cm, 두께 30~40cm.
무게 | 25~50kg.
지방 | 29%.

지도 참조 : p. 202-203

이 지역의 대표주자 격인 이 치즈는 고대부터 대 플리니우스의 저술에 등장했다. 옛날에는 젖소를 방목하는 하절기에 수도사들에 의해 만들어졌으나 오늘날에는 연중 내내 구입할 수 있다. 단, 해발 800~1400m의 고산지대에서 생산된다. 외형이나 냄새는 매우 투박하고 거칠지만 실제로는 섬세한 맛을 감추고 있는 독특한 고급 치즈다. 마치 버터처럼 입안에서 부드럽게 녹는 질감을 갖고 있으며 우유, 로스트, 크림, 버터, 목초의 풍미와 고소한 견과류의 향을 느낄 수 있다.

LAVORT 라보르 (프랑스, 오베르뉴 론 알프)

원유 | 비멸균 양젖.
크기 | 지름 20cm, 두께 12cm.
무게 | 2kg.
지방 | 27%.

지도 참조 : p. 202-203

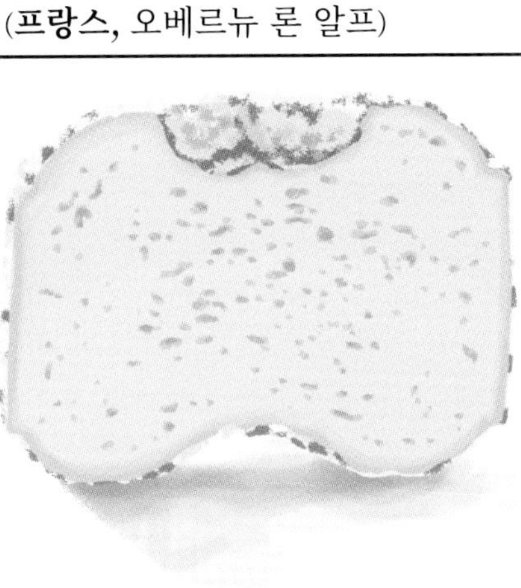

라보르 치즈는 오베르뉴 지방에 정착한 전직 낙농 기술자 파트릭 보몽(Patrick Beaumont)의 상상력으로 일구어낸 결과물이다. 그는 퓌메종(fumaison, p.109) 치즈도 생산하고 있다. 보몽은 1988년 대포알 틀을 구하러 스페인에 다녀온 이후 라보르 치즈를 만들었고, 이러한 배경으로 특별한 모양의 치즈가 탄생하게 되었다. 겉면은 거칠고 투박하며 축축한 지하 저장고 냄새와 버섯 향이 나지만 속살은 부드러우며 섬세함을 갖고 있다. 우유의 풍미, 새콤한 맛, 초목의 맛이 느껴지며 거의 달콤한 맛이 난다.

LILIPUTAS 릴리푸타스 (리투아니아)

원유 | 파스퇴라이즈드 저온 살균 소젖.
크기 | 지름 7~8.5cm, 두께 7.5~13cm.
무게 | 400~700g.
지방 | 30%.

지도 참조 : p. 220-221

이 치즈는 리투아니아 낙농제품의 역사적 요람인 벨베데리스(Belvederis) 마을에서만 생산된다. 1921년에 '낙농업'을 표방하는 한 농업학교가 이곳에 설립되었다. 이 치즈는 대개 황색의 파라핀으로 덮인 매끈한 외피를 갖고 있다. 탄력이 있어 쫀득하기 때문에 오래 꼭꼭 씹어 먹어야 제대로 맛을 느낄 수 있다. 속살에는 작은 구멍이 불규칙하게 나 있다. 입안에 넣으면 발효우유의 풍미를 진하게 느낄 수 있으며 때때로 자극적인 꼬릿한 맛과 짭조름한 맛이 나기도 한다.

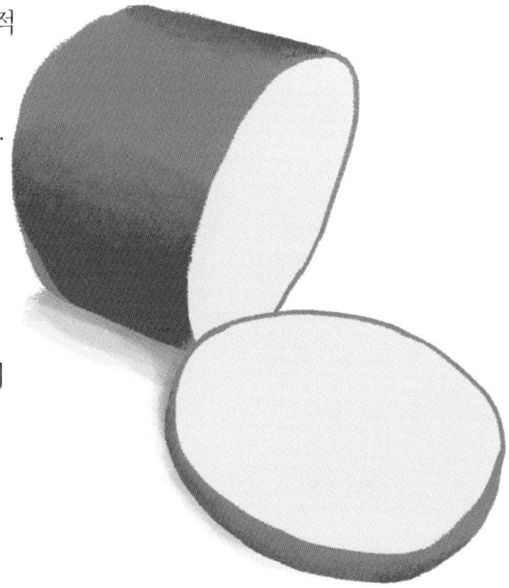

MAHÓN-MENORCA 마혼 메노르카 (스페인, 발레아레스)

원유 | 비멸균 또는 파스퇴라이즈드 저온 살균 소젖과 양젖(최대 5%) 혼합.
크기 | 사방 20cm 정사각형, 두께 4~9cm.
무게 | 1~4kg.
지방 | 24%.

지도 참조 : p. 206-207

갈색의 정사각형 파베(pavé) 모양을 한 이 치즈의 질감은 단단하고 건조하지만 손으로 만져보면 기름기를 느낄 수 있다. 입안에 넣으면 비교적 부드럽고 입자감이 있으며 버터와 옥수수 녹말의 향이 느껴진다.

MIMOLETTE 미몰레트 (프랑스, 오 드 프랑스)

원유 | 비멸균 또는 파스퇴라이즈드 저온 살균 소젖 .
크기 | 지름 20cm, 두께 15cm.
무게 | 2.5~4kg.
지방 | 27%.

지도 참조 : p. 196-197

이것은 프랑스 치즈일까 네덜란드 치즈일까? 미몰레트 치즈의 기원은 언제나 논쟁의 대상이 되었다. 확실한 사실은 17세기에 프랑스의 콜베르(Colbert) 총리대신이 전쟁을 이유로 네덜란드 미몰레트의 수입을 금지했었다는 점이다. 그는 프랑스 목장 농부들에게 자신들이 생산하는 치즈(boule de Lille라고 불렸다)에 색을 입혀 특화하라고 주문했다. 그 이후로 네덜란드인들은 자신들의 미몰레트에 주황색을 입혔다. 둘 사이의 가장 뚜렷한 차이는 외피이다. 프랑스의 것은 천연 외피인 반면 네덜란드 미몰레트는 파라핀으로 덮여 있다. 숙성 기간이 6개월 미만인 것은 영(jeune), 6개월에서 12개월은 하프 올드(mi-vieille), 12개월에서 18개월은 올드(vieille), 18개월 이상인 것은 엑스트라 올드(extra-vieille)로 분류한다. 어린 치즈와 하프 올드 치즈는 쫀득하고 부드러우며 순한 맛을 갖고 있다. 숙성 기간이 길어질수록 고소한 너트의 풍미가 강해지지만 심하게 꼬릿한 맛은 나지 않는다.

미몰레트는 릴(Lille) 출신인 드골 장군이 특별히 좋아하던 치즈로 유명하다.

MONTASIO 몬타지오 (이탈리아, 프리울리베네치아줄리아, 베네토)

AOC since 1955
AOP since 1996

원유 | 비멸균 소젖.
크기 | 지름 30~35cm, 두께 8cm.
무게 | 6~8kg.
지방 | 29%.

지도 참조 : p. 210-211

이 치즈를 처음으로 언급했던 기록은 그 역사가 모지오(Moggio) 수도원의 베네딕트파 수도사들이 염소젖으로 몬타지오 치즈를 만들던 13세기로 거슬러 올라간다. 이 치즈의 외피는 매끈하고 균일하다. 연한 볏짚 색의 속살은 밀도가 쫀쫀하며 중앙에 군데군데 기공이 나 있다. 숙성이 오래되지 않은 어린 몬타지오는 식감이 녹듯이 부드럽고 우유 풍미가 강하다. 숙성이 오래될수록 수분이 줄어들고 입자감이 뚜렷해지며 동물성 풍미와 꼬릿한 맛이 강해진다.

MONTE VERONESE 몬테 베로네제 (이탈리아, 베네토)

AOP since 1996

원유 | 비멸균 소젖.
크기 | 지름 25~35cm, 두께 6~11cm.
무게 | 6~10kg.
지방 | 29%.

지도 참조 : p. 210-211

몬테 베로네제 치즈는 라테 인테로(latte intero 전유)와 달레보(d'allevo 숙성) 두 종류로 출시된다. 두 종류 모두 둘레에 '몬테 베로네제'라는 표시가 되어 있어 정품임을 확인할 수 있다. 몬테 베로네제 라테 인테로는 숙성 기간이 짧아 더욱 순한 맛을 갖고 있다. 신선한 버터 향과 요거트 풍미를 느낄 수 있으며 질감은 탄력이 느껴지면서도 부드럽게 녹는다. 신선한 우유 노트가 강하며(이 치즈는 숙성 저장고에서 단 25일간의 숙성을 거친 뒤 출시된다) 풀의 향과 산미도 살짝 스친다. 몬테 베로네제 달레보의 경우는 숙성고에서 최소 90일 이상의 숙성을 거쳐 출시된다. 라테 인테로보다 외관이 좀 더 투박하고 표면이 거칠다. 냄새도 더 강한 편이고 입안에 넣으면 고소한 너트와 버터, 크림의 풍미가 더 뚜렷하다. 마지막에는 스파이스 노트가 여운을 남긴다.

몬테 베로네제 치즈는 1세기부터 존재해왔다. 당시 베네토 지역의 재무장부에 등장한 것으로 미루어보아 물물교환 화폐로 통용되었던 것으로 추정된다.

MORBIER 모르비에 (프랑스, 오베르뉴 론 알프, 부르고뉴 프랑슈 콩테)

AOC since 2000 AOP since 2009

원유 | 비멸균 소젖.
크기 | 지름 30~40cm, 두께 5~8cm.
무게 | 5~8kg.
지방 | 22%.

지도 참조 : p. 198-199

역사적 배경을 살펴보면 모르비에 치즈는 휠 타입의 콩테 치즈를 만들기에 우유의 양이 부족했던 것이 그 출발점이 되었다. 생산자들은 저녁에 착유한 원유를 응고시킨 뒤 가마솥에서 긁어낸 재를 그 위에 솔솔 뿌려 벌레들로부터 보호했다. 이어서 다음 날, 아침에 착유한 우유로 만든 커드를 그 위에 첨가했다. 이 치즈의 외피는 약간 끈적끈적하고 분홍에서 오렌지색 베이지 톤을 띠고 있으며 유황 냄새를 살짝 풍긴다. 입안에 넣으면 부드럽게 녹으며 새콤한 맛, 크리미한 식감, 고소한 너트 풍미를 느낄 수 있다. 모르비에는 순한 맛의 치즈로 신맛이 강하게 나지 않는다.

이 치즈의 특징인 안쪽에 보이는 푸른 줄은 곰팡이가 아니라 식용 숯가루로, 각각 두 번(전날 저녁과 다음 날 아침)에 걸쳐 착유한 우유로 만든 커드의 경계선을 표시하고 있다.

NANOŠKI SIR 나노슈키 시르 (슬로베니아, 이스트라 반도, 고리슈카)

AOP since 2011

원유 I 파스퇴라이즈드 저온 살균 소젖.
크기 I 지름 32~34cm, 두께 7~12cm.
무게 I 8~11kg.
지방 I 23%.

지도 참조 : p. 222-223

나노스(Nanos) 고원에서 이 치즈가 생산된다는 사실은 16세기부터 입증되고 있다. 나노슈키 시르는 황색 외피에 벽돌색에서 갈색을 띤 얼룩이 있다. 자르면 속살은 진한 노란색을 띠고 있으며 쫀득하고도 단단한 질감을 갖고 있다. 입에 넣으면 약간 꼬릿하며 은은한 짠맛을 느낄 수 있다.

NOORD-HOLLANDSE EDAMMER 노르트 홀란트 에다머 (네덜란드, 노르트 홀란트)

AOP since 1996

원유 I 파스퇴라이즈드 저온 살균 소젖.
무게 I 1.7~1.9kg.
지방 I 28%.

지도 참조 : p. 218-219

소젖으로 만든 이 치즈는 가장 유명한 네덜란드 치즈 중 하나이며 수 세기 전부터 에담(Edam)의 항구들과 옛 에이셀 호를 둘러싸고 있는 항구들을 통해 전 세계로 수출되고 있다. 붉은색 또는 주황색 파라핀으로 싸여 있어 쉽게 구분할 수 있으며 속살은 부드럽고 쫀득하다. 신선한 우유와 무염 버터의 노트가 두드러진다.

NOORD-HOLLANDSE GOUDA 노르트 홀란트 하우다 (네덜란드, 자위트홀란트)

AOP since 1996

원유 I 파스퇴라이즈드 저온 살균 소젖.
무게 I 2.5~30kg.
지방 I 28%.

지도 참조 : p. 218-219

매주 목요일 아침이면 항구도시 하우다(Gouda)에는 하우다 치즈를 덩어리로 판매하는 경매 장터가 열린다. 외피가 주황색 파라핀으로 덮여 있는 이 치즈는 유제품 판매점이나 대형 매장의 치즈 코너에 빠질 수 없는 제품이다. 숙성 기간이 짧은 어린 치즈의 경우 속살의 질감이 탄력 있고 쫀득하며 숙성 기간이 길수록 더 단단해진다. 티로신 아미노산 결정이 촘촘히 박히면 노르트 홀란트 하우다 치즈는 버터와 너트의 풍미뿐 아니라 은은한 단맛이 나는 단단한 치즈가 된다.

NOSTRANO VALTROMPIA 노스트라노 발트롬피아 (이탈리아, 롬바르디아)

AOP since 2012

원유 | 비멸균 소젖.
크기 | 지름 30~45cm, 두께 8~12cm.
무게 | 8~18kg.
지방 | 28%.

지도 참조 : p. 210-211

외피는 황갈색에서 불그스름한 색을 띠고 있으며 질감은 유분이 많고 손으로 만졌을 때 단단한 느낌이다. 속살은 제조과정에서 비멸균 생우유에 사프란을 첨가하여 황금색을 띤다. 입안에 넣으면 이 강한 맛의 치즈는 섬세한 사프란 뉘앙스를 동반하며 오랜 시간 숙성할 경우 약간 꼬릿한 풍미를 발산하기도 한다.

OLD GRIZZLY 올드 그리즐리 (캐나다, 앨버타)

원유 | 파스퇴라이즈드 저온 살균 소젖.
크기 | 지름 36cm, 두께 10cm.
무게 | 10kg.
지방 | 26%.

지도 참조 : p. 228-229

샤퀴크(Schalkwyk) 패밀리가 자신들의 하우다(고다) 치즈 생산을 시작하기 위해 캐나다에 정착한 것은 1995년의 일이다. 올드 그리질리는 버터의 맛이 나는 순한 치즈로 아삭한 식감과 견과류, 생크림의 풍미를 갖고 있다.

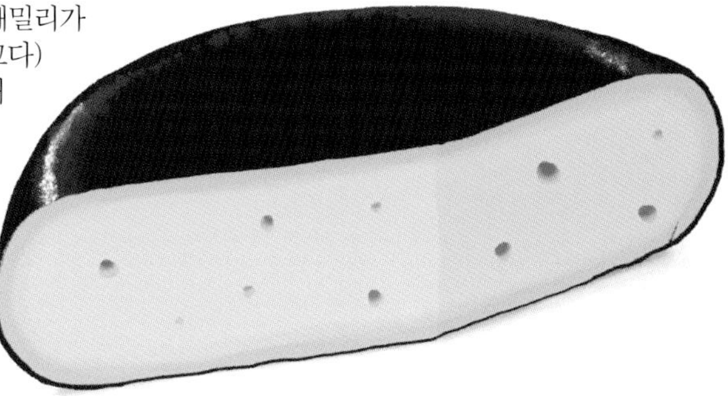

OLOMOUCKÉ TVARŮŽKY 올로모우츠케 트바루슈키 (체코, 올로모우츠)

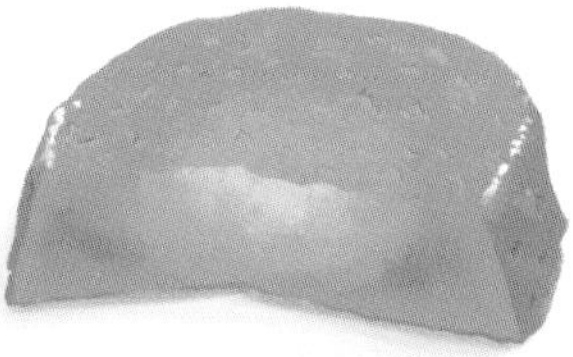

IGP since 2010

원유 | 파스퇴라이즈드 저온 살균 소젖.
무게 | 20~30g.
지방 | 24%.

지도 참조 : p. 224-225

이 작은 사이즈의 치즈는 황금색의 왁스와 같은 외피로 덮여 있으며 연성, 반경성, 또는 경성 질감을 띠고 있다. 이 치즈는 작은 원반형, 작은 링 모양 또는 작은 통나무 모양 등 다양한 형태의 틀에 넣어 만든다. 맛은 숙성 기간에 따라 순한 맛에서 꼬릿한 강한 풍미로 변한다.

ORKNEY SCOTTISH ISLAND CHEDDAR 오크니 스코티시 아일랜드 체다 (영국, 스코틀랜드, 스트래스클라이드)

IGP since 2013

원유 | 파스퇴라이즈드 저온 살균 소젖.
무게 | 20kg.
지방 | 33%.

지도 참조 : p. 216-217

이 치즈는 숙성 기간에 따라 중간 맛(6~12개월 숙성), 강한 맛(12~15개월 숙성), 매우 강한 맛(15~18개월 숙성) 세 가지 종류로 판매된다. 영국 체다 치즈의 전형적인 스타일인 이 치즈는 시큼한 맛, 고소한 너트 맛과 스파이스 풍미를 내며 그 강도는 숙성 기간에 따라 달라진다.

OSCYPEK 오스치펙 (폴란드, 실레지아)

AOP since 2008

원유 | 비멸균 양젖, 또는 비멸균 양젖과 소젖 혼합.
크기 | 지름 6~10cm, 길이 17~23cm.
무게 | 600~800g.
지방 | 31%.

지도 참조 : p. 224-225

제조 과정과 관련이 있는 이 치즈의 이름은 폴란드어 oszczypywac(잘게 분쇄하다)와 oszczypek(작은 창(槍)을 뜻하며 이 치즈의 모양과 닮아 있다)에서 유래했다. 오스치펙 치즈는 5월에서 9월 사이에만 만들어진다. 윤기나는 외피는 연한 볏짚 색이며 건조 후 훈연을 거치면 밝은 갈색을 띠게 된다. 노르스름한 색의 속살은 단단한 편으로 입안에서 부드럽게 녹는다. 훈연 향이 나고 동물성 풍미와 산미를 느낄 수 있다.

OSSAU-IRATY 오소 이라티 (프랑스, 누벨 아키텐)

AOC since 1980

AOP since 2003

원유 | 비멸균 또는 파스퇴라이즈드 저온 살균 양젖.
크기 | 지름 18~28cm, 두께 7~15cm.
무게 | 2~7kg.
지방 | 30%.

지도 참조 : p. 202-203

프랑스령 바스크 지방과 베아른(Béarn)을 대표하는 치즈인 오소 이라티는 중세부터 존재해왔다. 14세기의 공증 증서에는 이 치즈를 소작인과의 계약상의 거래 화폐로 언급하고 있다. 이 치즈의 이름은 베아른에 위치한 오소 계곡과 페이 바스크 지방의 이라티 산맥에서 따온 것이다. 오소 이라티는 유제품 회사의 생산품(le laitier 외피에 양의 머리 옆모습 낙관이 찍혀 있다), 목장에서 기른 양의 비멸균 젖으로 만든 생산품(le fermier 양의 머리 정면 모습 낙관이 찍혀 있다), 하계방목 기간 중 산악지대에서 만들어진 제품(l'estive 양 머리 정면 모습과 에델바이스 꽃 두 개의 낙관이 찍혀 있다)의 세 가지 타입이 존재한다. 각 유형에 따라 외피는 주황색을 띤 노랑에서 밝은 회색을 띠고 있다. 신선한 풀, 건초, 버터의 향이 주를 이루며 입안에 넣으면 단단하고 유분이 많은 질감의 치즈가 부드럽게 녹으면서 동물성 풍미, 우유, 로스팅 풍미를 발산한다.

미셸 투야루(Michel Touyarou)가 생산하는 프티 오소 이라티 에스키루(petit ossau-iraty esquirrou)는 2018년 미국의 한 경연대회에서 세계 최우수 치즈로 뽑힌 바 있다. 이 대회에는 총 3,400종의 치즈가 출품되었다.

OSSOLANO 오솔라노 (이탈리아, 피에몬테)

AOP since 2017

원유 | 비멸균 소젖.
크기 | 지름 29~32cm, 두께 6~9cm.
무게 | 5~7kg.
지방 | 28%.

지도 참조 : p. 210-211

산악지대에서 생산되는 이 치즈는 겨울철 밸리(valley) 타입과 여름철 알파주(alpage) 타입 두 종류가 있는데 이 중 여름철에 고산지대에서 만들어지는 알파주 타입은 흐릿한 갈색 라벨을 지니고 있어 쉽게 구분할 수 있다. 오솔라노 치즈 두 유형 모두 속살은 연한 황색에서 황갈색 속살을 띠고 있고 부드럽게 녹는 질감을 갖고 있다. 섬세한 꽃 향과 견과류 노트가 있으며 입안에 넣으면 감칠맛과 꽃, 풀, 바닐라, 레드커런트 등의 붉은 베리류 과일의 풍미가 피어난다.

OVČÍ SALAŠNÍCKY ÚDENÝ SYR 오브치 살라슈닉키 우데니 시르 (슬로바키아)

STG since 2010

원유 | 비멸균 양젖.
크기 | 100g~1kg.
지방 | 28%.

지도 참조 : p. 224-225

슬로베키아를 대표하는 이 치즈는 흔히 볼 수 없는 독특한 형태(반구형, 다양한 동물 모양 또는 하트형)와 훈연과정을 거쳤다는 점이 특징이다. 특히 이 치즈는 여름철에만 생산된다. 갈색을 띤 표면은 건조하고 단단하며 훈연과정에서 생긴 얼룩이 군데군데 남아 있기도 하다. 속살은 단단한 편으로 작은 기공들이 나 있다. 향과 맛에 있어 새콤한 맛보다 훈연의 풍미가 더 강하게 느껴진다.

PECORINO CROTONESE 페코리노 크로토네제 (이탈리아, 칼라브리아)

AOP since 2014

원유 | 비멸균, 저온 살균 또는 파스퇴라이즈드 저온 살균 양젖.
크기 | 지름 10~30cm, 두께 6~20cm.
무게 | 500g~10kg.
지방 | 28%.

지도 참조 : p. 214-215

이 치즈는 저장실에서의 숙성 기간에 따라 프레스코(fresco 프레시), 세미두로(semiduro 반경성), 스타지오나토(stagionato 6개월 이상 숙성) 등의 다양한 제품으로 출시된다. 숙성 정도에 따라 각 치즈의 외피도 흰색에서 연한 황갈색, 갈색으로 변해간다. 양젖, 건초, 풀, 견과류의 향이 강하며 입안에서 부드럽게 녹는 식감을 갖고 있다. 맛 또한 숙성 기간에 따라 순한 맛에서 점점 강한 맛, 꼬릿한 맛까지 다양하게 변한다. 스타지오나토의 경우 외피를 유연하게 만들고 속살의 맛을 더 끌어올리기 위해 겉면에 올리브오일을 발라주기도 한다.

PECORINO DELLE BALZE VOLTERRANE 페코리노 델레 발제 볼테라네 (이탈리아, 토스카나)

AOP since 2015

원유 | 비멸균 양젖.
크기 | 지름 10~20cm, 두께 5~15cm.
무게 | 600g~7kg.
지방 | 28%.

지도 참조 : p. 212-213

이 페코리노 치즈는 식물성 응유효소를 사용해 만들기 때문에 채식주의자도 부담 없이 먹을 수 있다. 프레시(6주 숙성), 반숙성(6주~6개월 숙성), 숙성(6개월~1년), 장기 숙성(12개월 이상) 4가지 유형으로 출시되고 있다. 숙성 기간에 따라 치즈 속살은 쫀쫀한 밀도가 달라지며 색깔도 흰색에서 점점 진한 황금색을 띠게 된다. 양젖, 풀, 노란색 꽃의 향이 나며 입안에 넣으면 처음엔 비교적 순한 맛과 꽃의 풍미가 난다. 이어서 버터와 우유 풍미가 더욱 진해진다. 오래 숙성된 치즈의 경우 마지막에 찌르는 듯 꼬릿한 맛을 느낄 수 있다.

PECORINO DI FILIANO 페코리노 디 필리아노 (이탈리아, 바실리카타)

AOP since 2007

원유 | 비멸균 양젖.
크기 | 지름 15~30cm, 두께 8~18cm.
무게 | 2.5~5kg.
지방 | 28%.

지도 참조 : p. 212-215

페코리노 치즈의 외피에는 커드의 수분을 빼고 형태를 잡기 위해 사용했던 소쿠리 틀의 자국이 그대로 남아 있다. 치즈 향을 더 진하게 만들기 위해 엑스트라버진 올리브오일과 와인 식초를 표면에 발라주었다. 치즈 질감은 단단하고 건조한 편이다. 입안에 넣으면 어린 치즈의 경우 순한 맛과 양젖의 풍미를 느낄 수 있으며 숙성 기간이 길어질수록 특유의 동물성 풍미와 쏘는 듯한 꼬릿한 맛을 낸다.

PECORINO DI PICINISCO 페코리노 디 피치니스코 (이탈리아, 아르부초)

AOP since 2013

원유 | 비멸균 양젖, 또는 비멸균 양젖과 염소젖(최대 25%) 혼합.
크기 | 지름 12~25cm, 두께 7~12cm.
무게 | 500g~2kg.
지방 | 29%.

지도 참조 : p. 212-213

이 치즈는 숙성 기간에 따라 스카모시아토(scamosciato 30~60일 숙성)와 스타지오나토(stagionato 90일 이상 숙성) 두 가지로 출시된다. 외피가 거칠고 속살에서도 약간의 우툴두툴한 질감을 느낄 수 있다. 스카모시아토는 목초지 냄새와 양젖, 풀의 신선한 풍미를 갖고 있으며 스타지오나토는 냄새와 맛이 더 강하고 특히 동물성 풍미가 진하다.

PECORINO ROMANO 페코리노 로마노
(이탈리아, 라치오, 사르데냐, 토스카나)

AOP since 1996

원유 | 비멸균 양젖.
크기 | 지름 25~35cm, 두께 25~40cm.
무게 | 25~35kg.
지방 | 28%.

지도 참조 : p. 212-215

고대 로마의 시인 베르길리우스는 자신의 장편서사시 아이네이스(Aeneis)에서 로마군대 병사들에게 매일 27g의 페코리노 치즈를 배급하여 이들이 영토를 정복하는 데 힘을 더해주었다는 사실을 언급했다. 이름이 지칭하는 것과는 달리 이 치즈는 로마가 속해 있는 라치오 지방에서만 생산되는 것이 아니며 사르데냐와 토스카나에서도 만들어진다. 흰색 외피는 검정색 막으로 덮여 있으며 그 안에는 입자감이 있는 단단한 속살이 들어 있다. 건초와 축사의 냄새, 스파이스 노트를 지니고 있다.

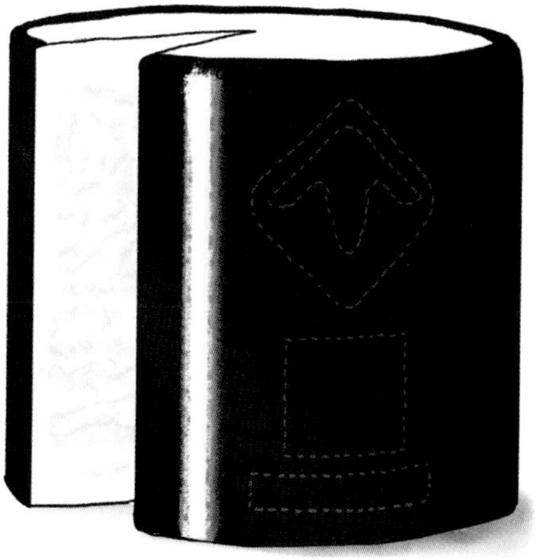

PECORINO SARDO 페코리노 사르도 (이탈리아, 사르데냐)

AOC since 1991 AOP since 1996

원유 | 비멸균 양젖.
크기 | 지름 15~22cm, 두께 8~13cm.
무게 | 1~4kg.
지방 | 28%.

지도 참조 : p. 212-215

페코리노 사르도 치즈는 돌체(dolce 20~60일 숙성)와 마투로(maturo 2개월 이상 숙성) 두 가지 유형이 공존한다. 돌체의 외피는 매끈하고 쫀득하며 흰색에서 노르스름한 색을 띠고 있다. 속살의 질감은 쫀쫀하고 밀도가 높지만 탄력성이 있으며 약간 우툴두툴하다. 상큼한 맛과 양젖의 노트, 산미를 느낄 수 있다. 마투로의 외피는 좀 더 어두운 색을 띠며 황색과 갈색이 더 뚜렷하다. 속살은 입자감이 있으며 부드럽게 녹는다. 페코리노 치즈 특유의 맛을 내며 꼬릿한 풍미를 은은히 풍긴다.

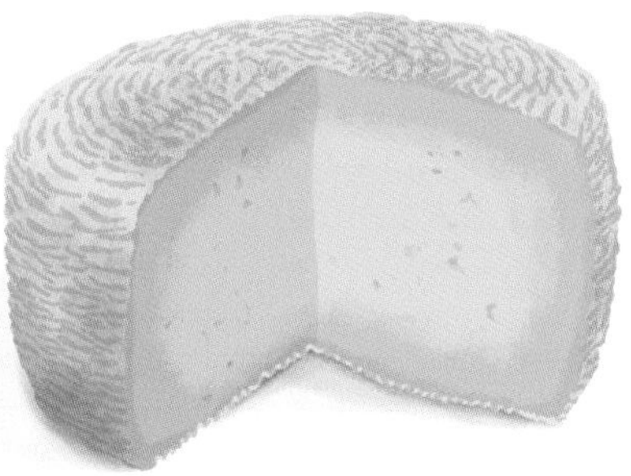

PECORINO SICILIANO 페코리노 시칠리아노 (이탈리아, 시칠리아)

AOC since 1955 AOP since 1996

원유 | 비멸균 양젖.
크기 | 지름 20~26cm, 두께 10~18cm.
무게 | 4~12kg.
지방 | 31%.

지도 참조 : p. 214-215

호메로스가 「오디세이아」에서 언급한 바 있는 이 치즈는 10월부터 6월 사이에 생산된다. 하지만 최소 4개월 이상의 숙성 기간을 거치기 때문에 실제로 연중 내내 구입이 가능하다. 다른 종류의 많은 페코리노 치즈들과 마찬가지로 페코리노 시칠리아노의 외피도 윤기가 나며 치즈를 숙성시킨 나무 소쿠리의 줄무늬 자국이 그대로 남아 있다. 속살은 밀도가 촘촘하고 입자감이 있다. 축사 냄새가 나며 입안에 넣으면 페코리노 특유의 맛과 꼬릿한 풍미를 느낄 수 있다.

PECORINO TOSCANO 페코리노 토스카노 (이탈리아, 라치오, 움브리아, 토스카나)

원유 | 비멸균 또는 파스퇴라이즈드 저온 살균 양젖.
크기 | 지름 15~22cm, 두께 7~11cm.
무게 | 750g~3.5kg.
지방 | 29%.

지도 참조 : p. 212-213

대플리니우스의 저서에도 언급되었으며 토스카나에서만 생산되던 토종 치즈인 페코리노 토스카노('카치오(cacio)'라고도 불린다)는 오늘날 움브리오와 라치오 지방에서도 만들어진다. 곰팡이를 제거하기 위해 올리브오일을 발라 문지른 외피는 연한 노란색에서 황금색을 띠고 있다. 미색의 속살은 숙성을 거치면 베이지색을 띤다. 질감은 쫀득하거나 단단하며 군데군데 우툴두툴한 입자감을 보인다. 입안에 넣으면 양젖, 건초, 견과류, 스파이스 풍미를 느낄 수 있다. 맛과 향은 숙성 기간에 따라 달라진다.

PHÉBUS 페뷔스 (프랑스, 옥시타니)

원유 | 비멸균 소젖.
크기 | 지름 22cm, 두께 7cm.
무게 | 2.7kg.
지방 | 26%.

지도 참조 : p. 202-203

소젖으로 만드는 이 치즈의 생산자는 이미 양젖 치즈 퀴피동(cupidon p.83)과 염소젖 치즈 프티 피앙세 데 피레네(petit fiancé des Pyrénées p.90)를 만들어낸 가로스(Garros) 부부이다. 이 치즈의 이름은 유명한 중세의 기사이자 영주, 작가였던 가스통 페뷔스(Gaston Phébus)에 헌정하는 의미에서 따온 것이다. 분홍색에서 주황색을 띠는 외피에는 희끗희끗한 자국이 남아 있다. 이 치즈의 질감은 쫀득하고 부드러우며 크리미하다. 신선한 우유의 냄새가 주를 이루며 풀과 건초의 향이 간간이 느껴진다. 입안에 넣으면 산미, 우유 및 과일의 풍미를 지닌 섬세한 맛을 발산한다. 열에 잘 견디는 편으로 오븐 요리나 라클레트(raclette) 용으로도 많이 사용된다.

PIACENTINU ENNESE 피아첸티누 에네제 (이탈리아, 시칠리아)

원유 | 비멸균 양젖.
크기 | 지름 20~21cm, 두께 14~15cm.
무게 | 3.5~4.5kg.
지방 | 29%.

지도 참조 : p. 214-215

이 치즈의 이름은 시칠리아어로 "즐거움을 주는"이라는 뜻의 피아첸티(piacenti)에서 유래했다. 이 치즈가 존재했던 흔적은 이미 12세기부터 문서 기록으로 남아있다. 외피는 시칠리아산 사프란의 영향으로 다소 진한 노란색을 띠고 있다. 커드에 검은 후추가 첨가되어 있어 매콤하고 얼얼한 맛과 향이 나며 질감은 단단하면서도 입안에서 부드럽게 녹는다.

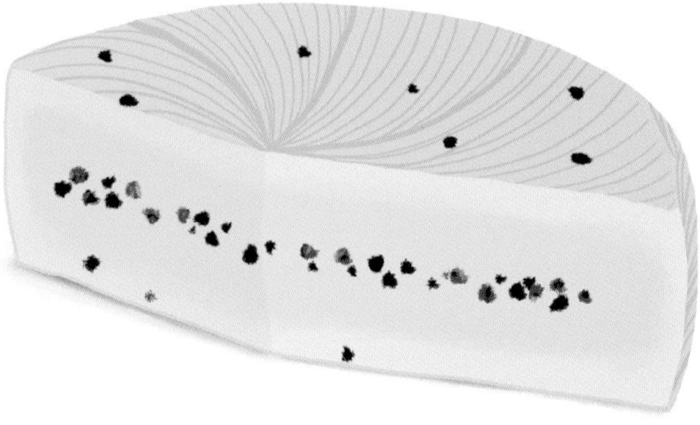

PIAVE 피아베 (이탈리아, 베네토)

AOP
since
2010

원유 | 비멸균 소젖.
크기 | 지름 27.5~34cm, 두께 6~10cm.
무게 | 6~10kg.
지방 | 20~35%.

지도 참조 : p. 210-211

이 치즈는 숙성 정도에 따라 프레스코(fresco 20~60일 숙성), 메차노(mezzano 60~180일 숙성), 베키오(vecchio 6개월 이상 숙성), 베키오 셀레치오네 오로(vecchio selezione oro 12개월 이상 숙성), 베키오 리제르바(vecchio riserva 18개월 이상 숙성)의 총 5가지 종류로 출시된다. 이에 따라 치즈의 크기나 무게, 지방 함유율도 각기 달라진다. 프레스코와 메차노는 풍미가 순한 편이며 상큼한 우유 맛이 강하다. 외피는 밝은색이고 치즈 질감은 균일하며 흰색을 띤다. 숙성 기간이 길어질수록 특유의 풍미가 더 진해져 버터, 크림의 맛이 나고 달콤함을 느낄 수 있으며 톡 쏘는 듯한 꼬릿한 냄새는 없다. 숙성이 길어질수록 질감이 더 건조해지고 입자감이 생기며 색깔 또한 연한 황갈색에서 밝은 갈색을 띠게 된다.

PITCHOUNET 피추네 (프랑스, 옥시타니)

원유 | 비멸균 양젖.
크기 | 지름 9~10cm, 두께 6~7cm.
무게 | 380g.
지방 | 28%.

지도 참조 : p. 202-203

르퀴트 드 라베롱(recuite de l'Aveyron)과 블루 드 세브락(bleu de Séverac)을 생산하는 세갱(Seguin) 패밀리가 처음 만들어낸 피추네(프로방스어로 '어린 아이'라는 뜻)는 섬세함과 고급스러운 맛을 지닌 보석 같은 치즈다. 신선한 원유의 맛과 자른 풀, 볏짚의 풍미가 나며 입안에 넣으면 약간 쌉쌀한 맛을 느낄 수 있고 마지막에는 버섯 노트를 풍긴다.

PRINZ VON DENMARK 프린츠 폰 덴마크 (덴마크, 이윌란 반도)

원유 | 파스퇴라이즈드 저온 살균 소젖.
크기 | 지름 31cm, 두께 9cm.
무게 | 6.6kg.
지방 | 29%.

지도 참조 : p. 220-221

검정색 파라핀 막으로 싸여 있는 이 치즈의 속살은 아이보리색의 쫀득한 질감을 갖고 있으며 군데군데 기공이 나 있다. 냄새는 약간 꼬릿한 우유의 향이 주를 이룬다. 속살의 색을 보면 순한 맛이라고 생각할 수 있지만 전혀 그렇지 않다. 입안에 넣으면 신선하면서도 새콤한 맛을 느낄 수 있으며 점점 동물성 풍미가 올라온다. 마지막에는 쏘는 듯한 강한 풍미를 느낄 수 있는 놀라운 맛의 치즈다.

PUZZONE DI MOENA/SPRETZ TZAORI 푸초네 디 모에나/스프레츠 차오리
(**이탈리아,** 트렌티노알토아디제)

AOP since 2013

원유 | 비멸균 소젖.
크기 | 지름 34~42cm, 두께 9~12cm.
무게 | 9~13kg.
지방 | 28%.

지도 참조 : p. 210-211

두 개의 이름이 있지만 하나의 치즈이다. 이 치즈의 외피는 매끈하고 녹진하며 황색에서부터 밤색 또는 베이지색을 거쳐 불그스름한 톤을 띠고 있다. 따뜻한 소금물로 닦아가며 숙성하여 냄새가 강하며 암모니아 향이 살짝 느껴지기도 한다. 쫀득하고 탄력이 있는 질감의 속살은 아이보리색 또는 밝은 황색을 띠고 있다. 맛이 강한 편으로 약간의 꼬릿함과 짭조름함을 느낄 수 있다.

PYENGANA 피엔가나 (호주, 태즈메이니아)

원유 | 파스퇴라이즈드 저온 살균 소젖.
지방 | 27%.

지도 참조 : p. 232-233

'피엔가나'라는 단어는 호주 원주민들의 토착어로 '두 강줄기가 만나는 곳'을 뜻한다. 힐리(Healey) 패밀리의 4대 손이 조상들의 소 목축업을 이어나가면서 1992년에 이 치즈를 처음 선보였다. 입자가 있는 질감으로 부드럽게 녹는 이 치즈는 숙성 정도에 따라 크림, 생 양파, 넛멕, 또는 쿠민의 노트를 느낄 수 있다. 숙성 기간에 상관없이 입안에서 맛의 여운이 오래 남으며 밸런스가 아주 좋다.

QUEIJO DA BEIRA BAIXA 케이조 다 베이라 바이샤 (포르투갈, 센트루)

AOP since 1996

원유 | 비멸균 양젖 또는 염소젖 (또는 둘의 혼합).
크기 | 지름 9~13cm, 두께 6cm.
무게 | 500g~1kg.
지방 | 29%.

지도 참조 : p. 208-209

이 AOP(원산지명칭보호) 치즈에는 케이조 아마렐로 다 베이라 바이샤(Queijo Amarelo da Beira Baixa)와 케이조 피칸테 다 베이라 바이샤(Queijo picante da Beira Baixa)도 포함된다. 베이라 바이샤(Beira Baixa), 아마렐로(Amarelo), 카스텔로 브랑코 치즈(Castelo Branco)는 새콤한 맛과 원유의 풍미가 주를 이루며, 피칸테(picante)의 경우는 더 강한 맛과 스파이스 향을 느낄 수 있다.

QUEIJO DE CABRA TRANSMONTANO 케이조 드 카브라 트란스몽타누 (포르투갈, 노르트, 센트루)

AOP
since
1996

원유 I 비멸균 염소젖.
크기 I 지름 6~19cm, 두께 3~6cm.
무게 I 250~900g.
지방 I 29%.

지도 참조 : p. 208-209

이 치즈는 오직 세라나(serrana) 품종 염소의 젖으로만 만들어진다. 흰색 외피는 단단하고 매끈하며 경우에 따라 올리브오일과 파프리카 가루 혼합물로 문질러 붉은색을 띠기도 한다. 속살의 질감은 녹진하며 군데군데 우툴두툴한 입자가 보인다. 신선한 풀과 크림 향이 주를 이루며 입안에 넣으면 진한 동물성 풍미와 함께 마지막에는 꼬릿한 맛이 난다.

QUEIJO DE ÉVORA 케이조 드 에보라 (포르투갈, 알렌테주)

AOP
since
1996

원유 I 비멸균 양젖.
크기 I 지름 6cm, 두께 2~3cm.
무게 I 100~150g.
지방 I 28%.

지도 참조 : p. 208-209

카르둔에서 추출한 식물성 응유효소를 사용해 만든 이 치즈는 채식주의자들도 부담 없이 즐길 수 있다. 외피는 연한 황색 또는 황금색을 띠고 있으며 속살은 경성 또는 반경성 질감이다. 이 치즈는 지하 저장고 또는 외양간 축사의 냄새가 나며 입안에 넣으면 쿰쿰한 축사 냄새를 동반한 짭짤하고 꼬릿한 풍미의 강한 맛을 느낄 수 있다.

QUEIJO DE NISA 케이조 드 니사 (포르투갈, 알렌테주)

AOP
since
1996

원유 I 비멸균 양젖.
무게 I 200g~1.3kg.
지방 I 28%.

지도 참조 : p. 208-209

카르둔에서 추출한 식물성 응유효소를 사용해 만드는 이 치즈는 무광의 흰색에서 황금색을 띠는 외피를 갖고 있다. 치즈의 밀도가 높고 군데군데 기공이 나 있으며 입안에 넣으면 풀 향기와 새콤한 맛, 동물성 풍미가 난다. 숙성 기간이 길어지면 마지막에 찌르는 듯한 꼬릿한 맛이 느껴진다.

QUEIJO DO PICO 케이조 도 피코 (포르투갈, 아소르스)

AOP since 1998

원유 I 비멸균 소젖

크기 I 지름 16~17cm, 두께 2~3cm.

무게 I 650~800g.

지방 I 25%.

지도 참조 : p. 208-209

대서양에 위치한 아소로스 제도가 포르투갈 영해로 편입되면서 치즈 제조는 이 섬의 주민들의 경제 수익에 한몫을 하게 되었다. 이 치즈의 외피는 황색을 띠고 있으며 끈적끈적하고 쫀득한 탄력성이 있다. 속살의 질감은 녹진하면서도 단단하다. 우유의 풍미가 주를 이루며 약간의 산미도 있다. 입안에 넣으면 강한 동물성 풍미와 짭조름한 맛을 느낄 수 있다.

QUEIJO MESTIÇO DE TOLOSA 케이조 메스티수 드 톨로사 (포르투갈, 알렌테주)

IGP since 2000

원유 I 비멸균 양젖과 염소젖.

크기 I 지름 7~10cm, 두께 3~4cm.

무게 I 150~400g.

지방 I 29%.

지도 참조 : p. 208-209

케이조 메스티수 드 톨로사는 단단하면서도 쫀득하고 부드러운 치즈로 외피는 황갈색 또는 주황색을 띠고 있다. 이 치즈는 카르둔에서 추출한 식물성 응유효소를 사용해 만든다. 숙성 기간이 짧은 어린 치즈의 경우 속의 중앙 부분이 부드럽고 쫀득하며 숙성 기간이 길어질수록 단단해진다. 입안에 넣으면 숙성 기간과 상관없이 강렬한 맛을 내며 염소젖과 양젖으로 만든 치즈인 만큼 산미가 있어 상큼한 느낌으로 마무리할 수 있다.

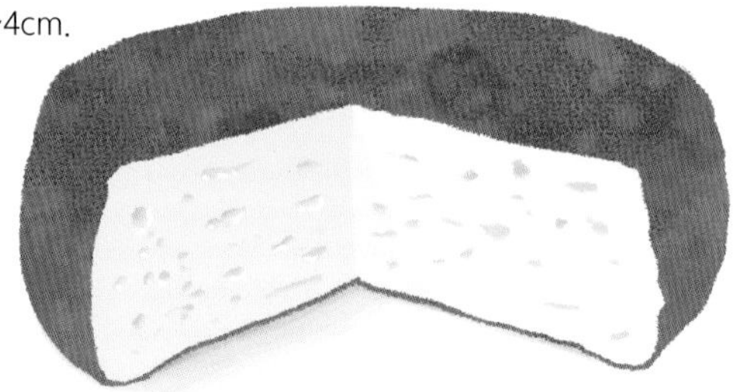

QUEIJO RABAÇAL 케이조 라바살 (포르투갈, 센트루)

AOP since 1996

원유 I 비멸균 양젖 또는 염소젖 (또는 둘의 혼합).

크기 I 지름 10~20cm, 두께 4cm.

무게 I 300~500g.

지방 I 28%.

지도 참조 : p. 208-209

주로 짧게 숙성하여 어린 상태로 판매되는 이 작은 크기의 톰(tomme) 치즈는 말랑말랑한 질감을 갖고 있으며 아이보리 또는 흰색을 띤다. 이스트 향과 축사의 냄새가 나며 입안에 넣으면 새콤한 맛, 약간의 짭조름한 맛을 통해 염소와 양 특유의 섬세한 풍미를 느낄 수 있다. 하지만 숙성 기간이 길어지면 색이 갈색으로 변하고 질감은 더 단단해지며 거의 꼬릿하다 싶을 정도의 강한 맛이 난다.

QUEIJO SÃO JORGE 케이조 상 조르주 (포르투갈, 아소르스)

AOC since 1986

AOP since 1996

원유 I 비멸균소젖.
크기 I 지름 20~30cm, 두께 10cm.
무게 I 4~7kg.
지방 I 27%.

지도 참조 : p. 208-209

이 치즈는 15세기 아소르스 제도에 거주하던 플랑드르 개척자들의 흔적을 잘 보여주고 있다. 외관이나 맛 면에서 이 치즈는 네덜란드 치즈와 매우 비슷하다. 연한 노란색의 매끈한 외피 안에는 부드러운 질감의 아이보리색 속살이 들어 있다. 맛은 순한 편이고 약간 쌉쌀한 맛이 있으며 숙성 기간이 길어지면 찌르는 듯 꼬릿한 풍미를 풍긴다.

QUEIJO TERRINCHO 케이조 테린슈 (포르투갈, 노르트, 포르투)

AOP since 1996

원유 I 비멸균 양젖.
크기 I 지름 13~20cm, 두께 3~6cm.
무게 I 700g~1.2kg.
지방 I 29%.

지도 참조 : p. 208-209

케이조 테린슈 치즈는 포르투갈 북부의 전통 품종 양인 쿠라 드 테라 쿠엔테(Curra de terra Quente)의 젖으로만 만든다. 저장고에서 30일간 숙성한 뒤 출시되는 이 치즈는 연한 미색 외피를 갖고 있으며 단단하면서도 부드럽게 녹는 질감을 갖고 있다.
입안에 넣으면 양젖 향이 은은히 나며 맛은 순하다. 오래 숙성한 것(60일)은 외피가 황색 또는 불그스름한 색을 띠며 질감이 더 단단하다. 입안에 넣으면 풍미가 더 강하며 마지막에는 쏘는 듯한 꼬릿한 맛을 느낄 수 있다.

QUESO CAMERANO 케소 카메라노 (스페인, 라 리오하)

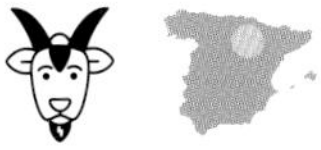

AOP since 2012

원유 I 비멸균 또는 파스퇴라이즈드 저온 살균 염소젖.
무게 I 200g~1.2kg.
지방 I 24%.

지도 참조 : p. 206-207

이 치즈의 표면에는 틀로 사용되었던 버들가지 소쿠리 자국이 그대로 남아 있다. 숙성 정도에 따라 질감은 말랑한 것에서 단단한 것까지 다양하며 숙성 기간이 긴 것들은 표면에 곰팡이가 군데군데 피어 있다. 입안에 넣으면 상큼함과 신맛을 느낄 수 있으며 꽃의 향이 난다. 오래 숙성된 치즈에서는 염소젖 특유의 풍미가 더욱 강하게 느껴진다.

QUESO CASÍN 케소 카신 (스페인, 아스투리아스)

AOP since 2011

원유 | 비멸균 소젖.
크기 | 지름 10~20cm, 두께 4~7cm.
무게 | 250g~1kg.
지방 | 25%.

지도 참조 : p. 206-207

케소 카신은 옛날에 손으로 휘저어 치대며 만들던 치즈로 오늘날에는 롤러를 사용해 만드는 흔치 않은 치즈들 중 하나이다. 이 원반형 치즈는 표면에 새겨진 꽃 또는 조가비 껍데기를 연상시키는 기하학적 문양이 특징이다. 커드를 계속 휘저어 섞어 만든 이 치즈는 외피가 거의 없다고 할 수 있다. 밀도가 촘촘하며 수분이 적지만 녹진한 질감을 갖고 있으며 색은 밝은 크림색에서 진한 크림색을 띤다. 입안에 넣으면 식감이 크리미하고 부드러우며 비멸균 생유로 만든 버터와 축사의 노트를 가진 직관적인 맛을 느낄 수 있다. 숙성 기간이 길어지면 꼬릿한 냄새가 나며 끝맛이 쌉쌀하다.

QUESO DE FLOR DE GUÍA 케소 데 플로르 데 기아 (스페인, 카나리아제도)

AOP since 2010

원유 | 비멸균 양젖, 소젖 또는 염소젖. 또는 양젖(최소 60%), 소젖(최대 40%), 염소젖(최대 10%) 혼합.
크기 | 지름 15~30cm, 두께 4~6cm.
무게 | 500g~5kg.
지방 | 23%.

지도 참조 : p. 208-209

숙성 정도에 따라 표면이 아이보리색, 흰색 또는 밤색을 띠는 이 치즈는 질감이 쫀득하고 탄력이 있다. 속살은 말랑말랑한 편이고 숙성 기간이 짧은 어린 치즈는 크리미한 질감을 갖고 있으며 숙성 기간이 길어질수록 점점 단단해진다. 새콤한 맛이 있으며 풍미가 진하다. 오래 숙성된 치즈는 쌉쌀한 맛이 나며 마지막에는 찌르는 듯한 꼬릿한 풍미를 느낄 수 있다.

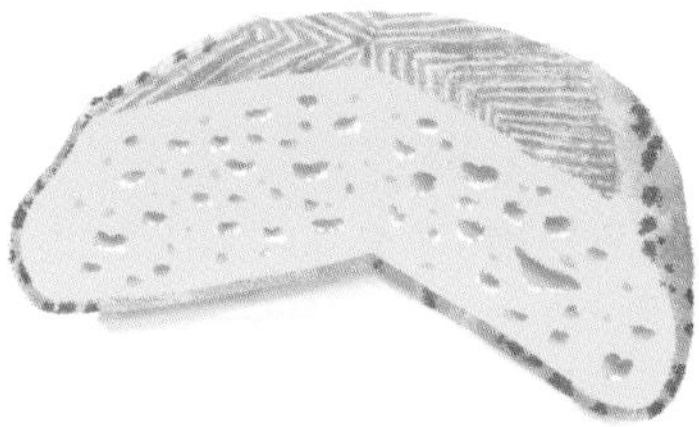

QUESO DE L'ALT URGELL Y LA CERDANYA 케소 데 랄 우르젤 이 라 세르다냐 (스페인, 카탈루냐)

AOP since 2000

원유 | 파스퇴라이즈드 저온 살균 소젖.
크기 | 지름 19.5~20cm, 두께 10cm.
무게 | 2.5kg.
지방 | 25%.

지도 참조 : p. 206-207

이 치즈가 처음 만들어진 것은 필록세라 병충해가 카탈루냐의 포도밭을 휩쓸고 간 이후다. 농부들은 포도나무와 아몬드나무 농사 외 소득을 창출하기 위해 목축업에도 힘을 쏟게 되었다. 이 치즈는 표면이 약간 축축하고 밝은 회색 빛을 띠고 있다. 크림색에서 아이보리색을 띤 속살은 부드럽고 크리미하다. 향이 순하고 섬세하며 신선한 풀의 노트를 느낄 수 있다. 입안에 넣으면 버터와 우유의 풍미가 주를 이루며 맛의 여운이 길다.

QUESO DE LA SERENA 케소 데 라 세레나 (스페인, 엑스트레마두라)

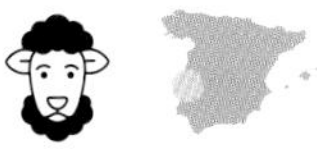

AOP
since
1996

원유 | 비멸균 양젖.
크기 | 지름 10~24cm, 두께 4~8cm.
무게 | 750g~2kg.
지방 | 28%.

지도 참조 : p. 208-209

16세기와 17세기의 성직자 칙서에 따르면 목축업자들은 매년 첫 번째 생산물을 세금(primicia) 명목으로 그 도시의 사제들에게 제공해야 한다고 언급되어 있다.
케소 데 라 세레나는 연성 또는 반경성 질감의 치즈다.
이 치즈는 속살이 부드럽고 크리미할 때 윗면을 잘라낸 다음 스푼으로 떠먹거나 빵 등을 찍어 먹는 토르타(torta) 스타일이 가장 좋다. 이 경우 건초, 볏짚 향과 새콤한 맛의 양젖 풍미가 나며 축사와 풀의 노트도 느껴진다.

QUESO DE MURCIA 케소 데 무르시아 (스페인, 무르시아)

AOP
since
2002

원유 | 비멸균 염소젖.
크기 | 지름 12~20cm, 두께 7~20cm.
무게 | 250g~3kg.
지방 | 24%.

지도 참조 : p. 208-209

케소 데 무르시아는 숙성 정도에 따라 프레시 타입인 프레스코(fresco)와 숙성을 거친 쿠라도(curado) 두 종류로 출시된다. 프레스코는 따로 외피가 없지만 표면에 볏짚을 연상시키는 줄무늬 자국이 나 있고 질감이 부드러우며 수분이 많아 촉촉하다. 속살에는 군데군데 작은 기공이 나 있다. 이 윤기나는 흰색의 치즈는 염소젖 풍미가 풍부하고 약간의 짭조름한 맛이 나며 산미와 풀의 노트를 느낄 수 있다. 쿠라도의 경우는 매끈한 외피를 갖고 있으며 밀랍을 연상시키는 황색과 황갈색을 띤다. 속살은 단단하며 입안에 넣으며 부슬부슬한 식감을 느낄 수 있다. 버터, 동물성, 식물성 노트를 모두 갖고 있는 이 치즈는 입안에 넣느면 우유, 과일, 로스트 풍미가 어우러진 맛을 내며 숙성 기간이 길어질수록 쏘는 듯 꼬릿한 맛이 난다.

QUESO DE MURCIA AL VINO 케소 데 무르시아 알 비노 (스페인, 무르시아)

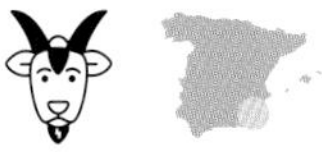

AOP
since
2002

원유 | 비멸균 염소젖.
크기 | 지름 12~19cm, 두께 7~10cm.
무게 | 300g~2.6kg.
지방 | 24%.

지도 참조 : p. 208-209

이 치즈는 케소 데 무르시아에 무르시아 지방 토종 포도품종인 무르베드르로 만든 와인으로 표면을 문질러주며 숙성한 것이다. 어두운 붉은색을 띠는 외피는 매끈하며 속살은 탄력이 있어 쫀득하다. 레드와인의 향이 주를 이루며 염소젖 풍미와 지하 저장고의 냄새를 느낄 수 있다. 입안에 넣으면 새콤한 맛과 짭조름한 맛 또한 느껴진다.

QUESO IBORES 케소 이보레스 (스페인, 엑스트레마두라)

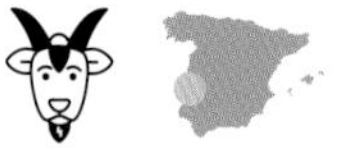

AOP since 2005

원유 | 비멸균 염소젖.
크기 | 지름 11~15cm, 두께 5~9cm.
무게 | 650g~1.2kg.
지방 | 24%.

지도 참조 : p. 208-209

이 치즈는 1465년 7월 14일 이래로 매주 목요일에 트루히요(Trujillo) 시장에서 판매된다. 이날은 카스티야 왕국의 왕 엔리케 4세가 당시 이 마을에 식품 판매에 대한 세금 징수가 면제되는 시장을 열 수 있도록 특권을 허용했던 날이다. 이후 세금 징수는 복귀했지만 이 치즈는 이곳에서 아직도 판매되고 있다. 케소 이보레스는 황색 또는 황갈색의 매끈하고 단단한 외피를 갖고 있다. 표면은 고추와 기름으로 주기적으로 문질러주며 숙성한다. 숙성 정도에 따라 아이보리색 속살은 녹진하거나 또는 잘 부스러지는 질감을 갖게 된다.

비교적 순한 맛의 치즈로 은은한 염소젖 냄새가 나며 입안에 넣으면 새콤한 맛과 염소젖 풍미를 느낄 수 있고 약간 짭조름하다.

QUESO LOS BEYOS 케소 로스 베요스 (스페인, 아스투리아스)

IGP since 2013

원유 | 비멸균 또는 파스퇴라이즈드 저온 살균 소젖, 양젖 또는 염소젖.
크기 | 지름 9~10cm, 두께 6~9cm.
무게 | 250~900g.
지방 | 30%.

지도 참조 : p. 206-207

사용된 원유 종류에 따라 케소 로스 베요스 치즈의 외피는 크림색에서 연한 노랑 또는 갈색을 띤다. 속살은 경성 또는 반경성이며 자르면 잘 부서지는 질감을 보여준다. 원유의 향이 주를 이루며 이는 특히 염소젖이나 양젖으로 만든 경우에 더욱 도드라진다. 풍미가 진한 치즈이지만 짠맛이나 신맛 노트는 그리 강하지 않다.

QUESO MAJORERO 케소 마호레로 (스페인, 카나리아 제도)

AOP since 1999

원유 | 비멸균 염소젖 또는 비멸균 염소젖과 양젖(최대 15%) 혼합.
크기 | 지름 15~35cm, 두께 6~9cm.
무게 | 1~6kg.
지방 | 24%.

지도 참조 : p. 208-209

'마호레로(majorero)'라는 용어는 이 치즈가 생산되는 푸에르테벤투라(Fuerteventura) 섬의 주민을 가리키며, 무두질한 염소가죽으로 만든 양치기의 신발인 마호스(majos, mahos)에서 유래했다. 숙성 정도에 따라 이 치즈의 외피는 흰색에서 갈색까지 변하며 노르스름한 빛을 띤다. 경우에 따라 고추, 기름 또는 구운 옥수수가루로 문질러주기도 하며 이에 따라 외피의 색이나 질감은 달라지기도 한다. 입안에 넣으면 부드럽고 크리미하며 살짝 꼬릿하고 시큼한 맛을 낸다. 아주 심하진 않지만 염소젖 특유의 향을 느낄 수 있다.

QUESO MANCHEGO 케소 만체고 (스페인, 카스티야라만차)

AOC since 1984 | AOP since 1996

원유 | 비멸균 또는 파스퇴라이즈드 저온 살균 양젖.
크기 | 지름 22cm(최대), 두께 12cm(최대).
무게 | 1~4kg.
지방 | 25%.

지도 참조 : p. 208-209

만체고는 스페인 치즈 중 전 세계에서 가장 유명하고 많이 판매되는 품종이다. 이 치즈는 만체가(manchega) 품종의 양젖으로만 만든다. 외피는 거무스름한 회색을 띠고 있으며 줄무늬 자국이 있다. 경우에 따라 외피에 파라핀을 씌우거나 올리브오일로 닦아 세척하기도 한다. 만체고 치즈는 단단하며 원유의 풍미와 시큼한 향이 난다. 산미와 풀, 동물성 풍미의 강한 맛을 내며 숙성 기간이 길어질수록 수분이 적어지고 꼬릿한 맛이 강해진다.

QUESO NATA DE CANTABRIA 케소 나타 데 칸타브리아 (스페인, 칸타브리아)

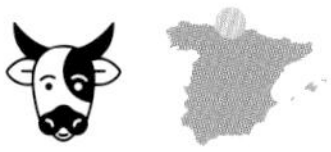

AOC since 1984 | AOP since 2007

원유 | 파스퇴라이즈드 저온 살균 소젖.
무게 | 400g~2.8kg.
지방 | 24%.

지도 참조 : p. 206-207

1647년 문헌에 이미 기록되어 있는 이 치즈는 당시 지방의 각 마을 간 거래 수단으로 사용되었던 것으로 전해진다. 원반형 또는 직육면체형의 케소 나타 데 칸타브리아는 아주 얇고 말랑말랑한 외피를 갖고 있다. 속살은 부드럽게 녹으며 버터와 같은 식감을 선사한다. 입안에 넣으면 순한 맛을 내며 새콤한 맛과 풀의 풍미 또한 느낄 수 있다.

QUESO PALMERO 케소 팔메로 (스페인, 카나리아 제도)

AOP since 2002

원유 | 비멸균 염소젖.
크기 | 지름 12~60cm, 두께 6~15cm.
무게 | 15kg(최대).
지방 | 26%.

지도 참조 : p. 208-209

팔메로 치즈의 외피는 흰색이며, 훈연한 경우는 회색빛을 띤다. 이 치즈는 숙성과정에서 올리브오일과 밀가루 또는 옥수수 세몰리나 가루로 문질러 씻어준다. 만졌을 때 단단한 편이며 입안에 넣으면 부드럽게 녹는 이 치즈는 훈연 여부에 따라 각기 다른 풍미를 갖고 있다. 훈연하지 않은 내추럴 타입은 특유의 자극적인 풍미를 갖고 있지만 과도할 정도의 강한 맛은 아니며 입안에 넣으면 새콤한 염소젖 향과 버섯, 견과류의 맛을 느낄 수 있다. 훈연 치즈의 경우 이 맛들이 훈연 향과 산미에 가려져 거의 느낄 수 없어진다.

QUESO ZAMORANO 케소 자모라노 (스페인, 카스티야 이 레온)

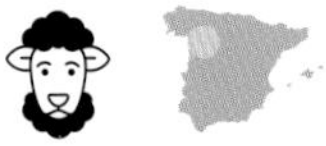

AOC
since
1996

원유 I 비멸균 양젖.
크기 I 지름 18~24cm,
두께 8~14cm.
무게 I 1~4kg.
지방 I 24%.

지도 참조 : p. 206-207

이 치즈는 숙성 기간이 길어질수록 점점 견과류와 호두의 풍미가 강해진다. 어린 치즈는 질감이 말랑말랑하며 입안에 넣으면 녹진한 식감을 느낄 수 있다. 숙성이 될수록 질감이 단단해지고 입자감이 생겨 부서지기 쉬운 상태가 되며 원유 커드와 견과류의 향이 더욱 진해진다.

QUESUCOS DE LIÉBANA 케수코스 데 리에바나 (스페인, 칸타브리아)

AOP
since
1996

원유 I 비멸균 소젖, 양젖, 염소젖.
크기 I 지름 8~10cm, 두께 3~10cm.
무게 I 400~600g.
지방 I 25%.

지도 참조 : p. 206-207

이 AOP(원산지명칭보호) 치즈는 세 가지의 원유를 모두 사용해 만드는 흔치 않은 치즈 중 하나다. 이 치즈를 만드는 원유로는 브라운 알파인(brune alpine), 프리존(frisonne), 투당카(tudanca) 품종 소의 젖, 라카(laca) 품종의 양젖, 피레네 품종의 염소젖이 사용된다. 칸타브리아의 이 작은 치즈는 프레시, 숙성 치즈 또는 훈연 치즈로 즐길 수 있다. 또한 이 치즈는 맛보는 시기에 따라 그 차이가 현격하다. 프레시 또는 숙성 치즈는 맛이 비교적 순하며 약간의 버터 풍미를 느낄 수 있다. 훈연 치즈의 경우는 동물성 풍미와 베이컨의 맛이 더 강해지며 입안에 남는 맛의 여운 또한 진하고 길어진다. 하지만 상큼한 맛은 잃게 된다.

RACLETTE DE SAVOIE 라클레트 드 사부아 (프랑스, 오베르뉴 론 알프)

IGP
since
2017

원유 I 비멸균 또는 저온 살균 소젖.
크기 I 지름 28~34cm, 두께 6~7.5cm.
무게 I 6kg.
지방 I 28%.

지도 참조 : p. 198-199

중세에 처음 만들어진 이 치즈는 원래 여름철에 목동들이 커다란 원반형을 반으로 잘라 장작불에 녹여 먹었다. 이 라클레트 치즈가 점차 겨울철에 소비되기 시작한 것은 불과 20세기부터이다. '라클레트'라는 이름은 녹인 치즈를 긁어 접시에 덜어내는 행위(racler)에서 비롯되었다. 축축한 외피는 분홍빛에서 갈색을 띠고 있으며 속살은 단단하며 부드럽게 녹는다. 또한 열을 가하면 길게 쭉 늘어나는 성질을 갖고 있다. 이 치즈는 조리할 때 기름이 너무 많이 흘러나오면 안 된다. 만일 그러한 경우라면 진짜 사부아 라클레트 치즈가 아니다.

RACLETTE DU VALAIS 라클레트 뒤 발레 (스위스, 발레)

AOP
since
2007

원유 | 비멸균 소젖.
크기 | 지름 29~32cm, 두께 6~7cm.
무게 | 4.6~5.4kg.
지방 | 27%.

지도 참조 : p. 222-223

이 치즈의 외피는 갈색에서 주황색을 띠고 있으며 만지면 약간 끈적끈적하다. 속살은 매끈하며 발효로 인해 기공이 몇 개 나 있다. 입안에서 녹으면 우유의 풍미와 상큼한 과일, 식물성 노트가 느껴진다.

RAGUSANO 라구자노 (이탈리아, 시칠리아)

AOP
since
1996

원유 | 비멸균 소젖.
무게 | 6~12kg.
지방 | 27%.

Carte : p. 214-215

시칠리아에 보관된 옛 문헌에 따르면 라구자노 치즈의 기원은 14세기로 거슬러 올라간다. 모서리가 둥근 커다란 직육면체 모양의 이 치즈는 노란색에서 베이지색을 띠는 얇은 외피를 갖고 있다. 아이보리색에서 연한 황색을 띠는 속살은 탄력이 있으며 쫀득하다. 숙성 기간이 길어지면 단단해지면서 잘 부서지는 질감이 되어 요리할 때 강판에 갈아 사용하기에도 적당하다. 입안에 넣으면 순한 맛과 산미, 풀의 향을 느낄 수 있다. 숙성이 오래된 것은 스파이스 노트가 있으며 마지막에 꼬릿한 맛이 난다. 이 치즈는 훈연하거나 올리브오일로 외피를 닦아 숙성시키기도 하는데 이 경우 냄새와 풍미는 달라질 수 있다.

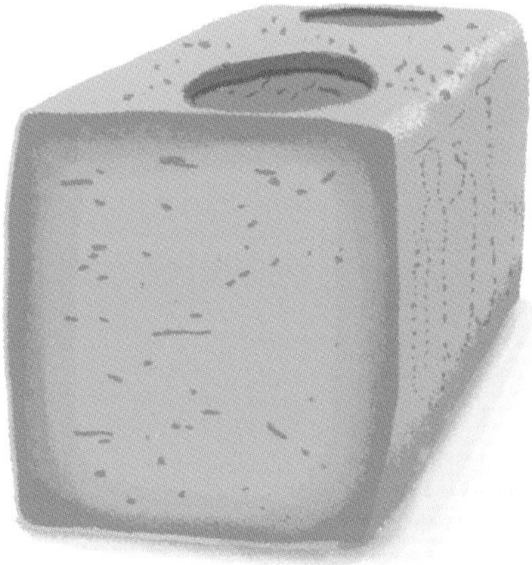

RASCHERA 라스케라 (이탈리아, 피에몬테)

AOP
since
1996

원유 | 비멸균 소젖 또는 비멸균 소젖과 양젖 또는 염소젖(혹은 두 가지 모두) 혼합.
크기 | 사방 28~40cm 정사각형, 두께 7~15cm / 지름 30~40cm 원형, 두께 6~9cm.
무게 | 5~10kg.
지방 | 28%.

지도 참조 : p. 210-211

이 피에몬테산 치즈의 외피는 회색과 불그스름한 색을 띠고 있으며 군데군데 황색 빛이 돈다. 손으로 만져보면 표면 질감이 거친 편이다. 아이보리색 속살은 단단하고 군데군데 거친 입자 층이 보이며 부드럽게 녹는다. 냄새나 맛에서 모두 원유의 풍미를 느낄 수 있으며 경우에 따라 마지막에 고추의 알싸한 노트가 살짝 느껴지기도 한다.

REBLOCHON 르블로숑 (프랑스, 오베르뉴 론 알프)

AOC since 1958
AOP since 1996

원유 I 비멸균 소젖.
크기 I 지름 9~14cm, 두께 3~3.5cm.
무게 I 280~550g.
지방 I 25%.

지도 참조 : p. 198-199

이 치즈의 역사는 목축농가 농부의 부정행위와 연관이 있다. 14세기, 사부아의 한 목축농가 농부는 자신의 가축을 방목하기 위해 토지를 임차했다. 토지 사용료는 생산된 우유의 양에 비례해 지불하도록 했다. 토지 주인이 우유 생산량을 측정하기 위해 방문했을 때 이 임차인은 기르는 소의 젖을 전부 짜지 않았다. 임대인이 떠난 후 그는 소젖을 다시 짜(reblocher) 나머지 착유를 마쳤다. 두 번째로 착유한 원유는 바로 이 르블로숑(reblochon) 치즈를 만드는 데 사용되었다. 이 치즈의 존재가 만천하에 드러난 것은 18세기에 이르러서이다. 당시 화폐나 치즈를 사용해 고정요금으로 임대료를 부과하도록 한 새 제도가 시행되면서부터다. 르블로숑은 조리용으로 사용될 뿐 아니라 플래터용으로도 훌륭한 치즈로, 핑크빛 주황색의 얇은 외피를 갖고 있으며 표면이 흰색의 무슬린과 같은 얇은 층으로 덮여 있다. 아이보리 톤의 연한 황색을 띤 속살은 녹진한 질감으로 작은 기공들이 생겨나기도 한다. 축사와 나무 냄새가 나며 속살은 버터와 크림 풍미가 느껴진다. 비교적 순한 맛의 치즈이며 고소한 너트와 크림 풍미를 느낄 수 있다. 목장 생산 르블로숑의 경우 동물성 풍미가 더욱 진하며 입안에서 맛의 여운이 오래 지속된다. 작은 사이즈와 큰 사이즈 두 종류가 있다.

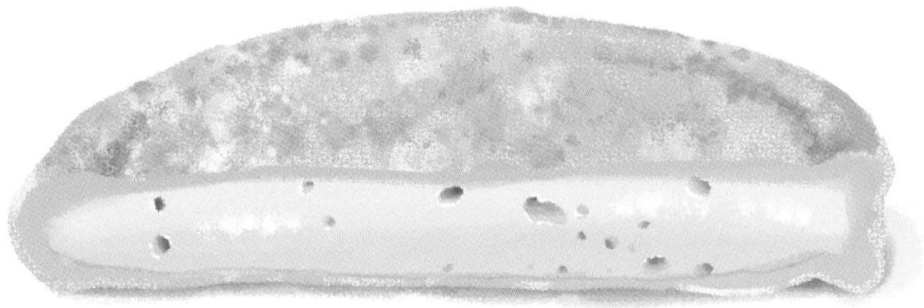

RED LEICESTER 레드 레스터 (영국, 잉글랜드, 미들랜즈)

원유 I 파스퇴라이즈드 저온 살균 소젖.
크기 I 지름 25cm, 두께 8cm.
무게 I 3.6kg.
지방 I 29%.

지도 참조 : p. 216-217

이 치즈는 17세기, 잉글랜드 왕국의 다른 지방에서 생산되는 것들과는 차별화되는 치즈를 만들기로 결심한 농부들에 의해 처음으로 탄생했다. 그들은 주홍색 색소를 사용해 자신들이 생산하는 치즈에 색을 입혔다. 레드 레스터의 아마포로 덮인 외피는 처음 보면 마치 오래 숙성된 미몰레트가 아닌가 하는 생각을 불러일으킨다. 하지만 잎맥 같은 주름이 있으면서 부드럽게 녹는 질감은 체다 치즈에 더 가깝다는 것을 보여준다. 입안에 넣으면 소프트 캐러멜 또는 둘세 데 레체 맛이 나며, 버터와 고소한 너트의 풍미가 이어진다.

RIDGE LINE 릿지 라인 (미국, 위스콘신)

원유 | 비멸균 소젖.
크기 | 지름 30cm, 두께 8cm.
무게 | 6kg.
지방 | 28%.

지도 참조 : p. 228-229

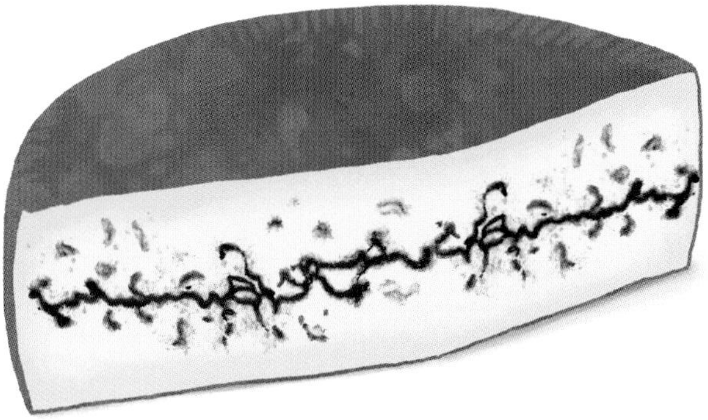

이 치즈는 외피에 파프리카 가루를 입혀 오렌지 빛이 도는 붉은색을 띠고 있다. 신선한 우유와 고소한 너트의 향이 주를 이루며 입안에 넣으면 버터, 꽃의 풍미를 느낄 수 있고 마지막에는 짭짤하면서도 달콤한 맛으로 마무리된다. 중앙에 가로로 나 있는 숯가루 선은 프랑스의 모르비에(morbier) 치즈를 연상시킨다.

RONCAL 론칼 (스페인, 나바라)

AOC since 1981 · AOP since 2003

원유 | 비멸균 양젖.
크기 | 지름 20cm, 두께 8~12cm.
무게 | 2~3kg.
지방 | 24%.

지도 참조 : p. 206-207

소규모 공방에서 전통 수공 방식으로 만들어지는 이 치즈는 줄무늬 골이 패인 청회색 외피를 갖고 있다. 새콤한 맛과 풀의 향이 느껴지며 숙성 기간이 짧은 어린 치즈의 경우 상큼한 맛이 도드라진다. 숙성 기간이 길어질수록 특유의 풍미가 더욱 진해지며 마지막에 약간 꼬릿한 맛이 느껴진다.

SAINT-NECTAIRE 생 넥테르 (프랑스, 오베르뉴 론 알프)

AOC since 1955 · AOP since 1996

원유 | 비멸균, 저온 살균 또는 파스퇴라이즈드 저온 살균 소젖.
크기 | 대형 : 지름 20~24cm, 두께 3.5~5.5cm / 소형 : 지름 12~14cm, 두께 3.5~4.5cm.
무게 | 대형 : 1.85kg 미만 / 소형 : 650g 미만.
지방 | 28%.

지도 참조 : p. 202-203

생 넥테르는 농부들이 자신들의 세금을 이른바 '호밀 치즈(이 치즈는 과거뿐 아니라 오늘날에도 호밀 밀짚 위에 놓고 숙성시킨다)'로 납부하던 중세시대부터 존재해왔다. 이 치즈는 목장에서 착유한 비멸균 우유로 만들기도 하며 저온 살균한 원유로 치즈 공장에서 제조하기도 한다. 이 두 종류의 치즈는 치즈 표면 한쪽에 부착된 카제인 라벨로 구분이 가능하다. 치즈 공장에서 생산한 제품의 경우 이 태그가 정사각형이며 목장 생산 치즈의 경우는 타원형이다. 생 넥테르 치즈는 산지 특유의 테루아를 잘 느낄 수 있는 치즈로 축축한 지하 저장고, 부식토, 버섯의 냄새가 나며, 입안에 넣으면 크림, 버터, 너트의 풍미가 느껴진다. 다소 두꺼운 외피는 회색 또는 주황색을 띠고 있고 군데군데 곰팡이가 피어 있으며 입안에 넣으면 견과류의 맛이 난다. 2017년 현재 연간 생산량은 14,000톤으로 유럽의 목장 생산 AOP 치즈 중 최고치를 자랑한다.

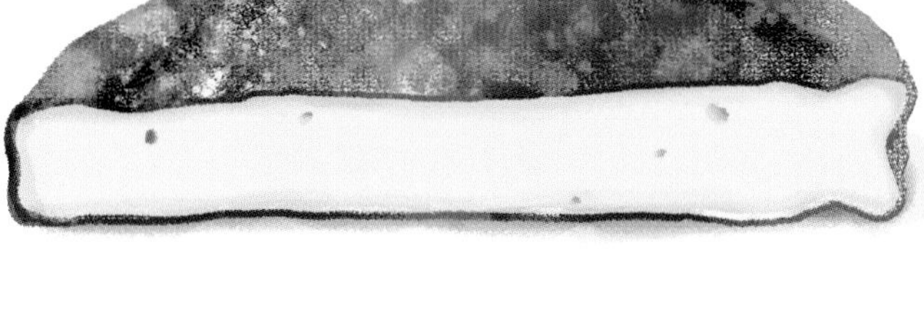

SALERS 살레르 (프랑스, 오베르뉴 론 알프)

AOC since 1961

AOP since 2003

원유 I 비멸균 소젖.
크기 I 지름 38~48cm, 두께 30~40cm.
무게 I 30~50kg.
지방 I 26%.

지도 참조 : p. 202-203

오래전부터 존재해왔고 오직 목장 농가에서만 만들어지는 이 치즈는 뜨거운 우유를 넣고 응유효소로 응고시키며 커다란 주걱으로 저어 섞는 데 사용했던 나무통의 맛이 배어 있다. 치즈마다 제품 인증용 붉은색 알루미늄 라벨이 붙어 있으며 여기에는 살레르를 뜻하는 이니셜 SA, 생산연도, 지역 고유번호, 생산자, 치즈를 틀에 넣은 날짜를 명시한 고유번호가 표기되어 있다. 매년 30,000개 이상의 라벨이 이 치즈의 추적을 위해 배부되고 있다. 살레르 치즈는 일반 살레르(salers)와 오직 살레르산 소젖으로만 만드는 전통 살레르(salers tradition) 두 종류가 있다. 큰 사이즈의 원통형인 이 치즈의 외피는 두껍고 거칠며 얼룩얼룩한 반점이 있고 곰팡이가 피어 있다. 또한 군데군데 붉은색, 주황색의 얼룩으로 덮여 있다. 축축한 지하 저장고의 냄새가 나며 버터, 크림, 스파이스 풍미가 주를 이룬다. 단단하지만 부드럽게 녹는 질감의 속살은 황금색을 띠고 있으며 입안에 넣으면 풀, 버터, 과일, 동물성 풍미를 낸다.

100% 목장 농가에서 만들어지는 이 AOP 치즈는 4월 15일부터 11월 15일까지만 생산된다.

SALVA CREMASCO 살바 크레마스코 (이탈리아, 롬바르디아)

AOP since 2011

원유 I 비멸균 소젖.
크기 I 길이 17~19cm, 폭 11~13cm, 두께 9~15cm.
무게 I 1.3~5kg.
지방 I 29%.

지도 참조 : p. 210-211

이 치즈의 이름에는 치즈를 만들어 여분의 우유를 '살려내고자(salvare)' 하는 생산자들의 의도가 담겨 있다. 거의 정육면체에 가까운 이 치즈 외피에는 SC 이니셜이 새겨져 있다. 줄무늬가 있는 표면은 베이지에서 밝은 회색 또는 쥐색을 띠며 군데군데 흰색 얼룩이 있다. 치즈를 자르면 입자감이 있으며 부드럽게 녹는 흰색의 속살이 외피와는 뚜렷한 대조를 이루는 것을 볼 수 있다. 어느 정도 숙성이 이루어지면 버터와 같은 질감의 속살이 형성된다. 신선한 버섯과 축축한 지하 저장고, 숲의 향을 느낄 수 있으며 입안에 넣으면 신선한 우유의 맛과 새콤한 맛, 짭조름한 맛, 풀의 풍미가 느껴진다. 잘 부서지는 듯한 식감은 입안에서 약간 건조하게 느껴질 수 있다.

SAN MICHALI 산 미샬리 (그리스, 남 에게)

AOP since 1996

원유 | 파스퇴라이즈드 저온 살균 소젖.
지방 | 26%.

지도 참조 : p. 226-227

산미샬리 치즈는 키클라데스 제도의 시로스(Syros) 섬에서 만들어진다. 이 치즈는 그다지 높지 않은 평평한 원통형을 하고 있으며 외피는 아이보리에서 미색을 띤다. 단단하고 수분이 적은 속살은 연한 황갈색을 띠고 있으며 불규칙한 작은 구멍들이 나 있다. 입안에 넣으면 톡 쏘는 느낌이 있으며 후추의 풍미와 짭조름한 맛이 난다. 숙성 기간이 길어지면 꼬릿한 맛이 느껴지기도 한다.

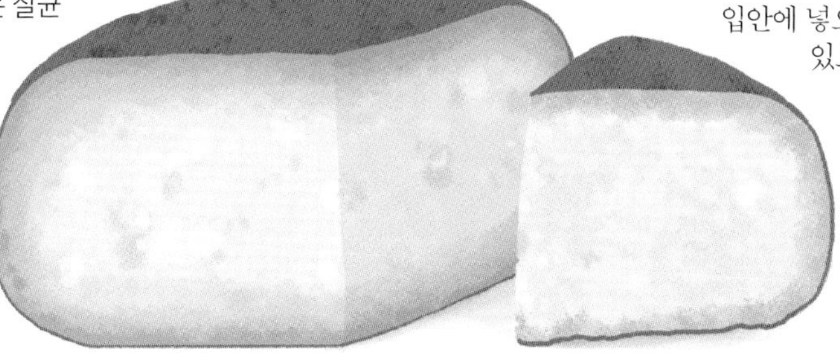

SAN SIMÓN DA COSTA 산 시몬 다 코스타 (스페인, 갈리시아)

AOP since 2008

원유 | 비멸균 또는 파스퇴라이즈드 저온 살균 소젖.
크기 | 물방울 모양(goutte) : 높이 10~18cm.
무게 | 400g~1.5kg.
지방 | 25%.

지도 참조 : p. 206-207

특별한 모양의 이 훈연 치즈는 갈로로망 시대에 갈리시아에 정착하러 온 켈트족의 후예들이 처음 만든 것으로 전해진다. 당시 산 시몬 다 코스타 치즈는 정기적으로 로마에 보내졌고 그 맛과 보관의 편리성으로 사랑을 받았다. 이 물방울 모양의 치즈는 숙성 정도에 따라 30일 숙성한 작은 사이즈와 45일 숙성한 큰 사이즈 두 가지가 있다. 껍질을 제거한 자작나무로 훈연하여 외피가 황금색을 띠는 이 치즈는 훈연 향과 베이컨 향, 살짝 새콤한 노트와 우유 냄새를 갖고 있다. 입안에 넣었을 때 느껴지는 맛에서도 같은 풍미를 느낄 수 있으며 식감은 말랑말랑하면서도 탄력이 있다.

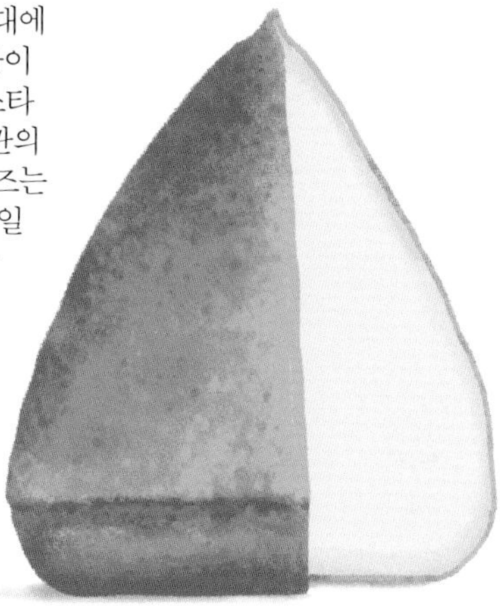

SER KORYCIŃSKI SWOJSKI 세르 코리킨스키 스포이스키 (폴란드, 포들라스키에)

IGP since 2012

원유 | 비멸균 소젖.
크기 | 지름 최대 30cm.
무게 | 2.5~5kg.
지방 | 25%.

지도 참조 : p. 224-225

이 납작한 공 모양 치즈는 수분을 빼는 틀로 사용한 소쿠리 자국이 표면에 그물 모양으로 남아 있다. 외피의 색은 숙성 정도에 따라 크림색에서 볏짚 색을 띤다. 이 치즈의 특징은 씹을 때 살캉거리는 식감이다. 프레시 타입은 크리미하며 버터 풍미가 주를 이룬다. 좀 더 숙성되면 호두 맛과 짭조름한 풍미가 느껴진다. 커드에 후추나 고춧가루 등의 향신료를 넣거나 건조 또는 신선 허브(바질, 딜, 파슬리, 민트, 명이, 오레가노 등)를 첨가해 향을 내기도 한다.

SFELA 스펠라 (그리스, 펠로폰네소스 반도)

AOP
since
1996

원유 | 비멸균 양젖 또는 염소젖(또는 둘의 혼합).

지도 참조 : p. 226-227

이 치즈는 소금물에 담가 최소 3개월 이상 숙성시킨다는 특징을 갖고 있으며 이로 인해 아이보리색 표면은 까칠까칠한 입자감이 있다. 부드럽게 녹으면서도 모래처럼 부슬부슬한 질감을 갖고 있으며 입안에 넣으면 짭조름하고 새콤한 맛이 지속된다.
이 치즈는 주로 곁들임이나 요리에 더하는 양념, 부재료 등으로 사용된다.

SILTER 실테르 (이탈리아, 롬바르디아)

AOP
since
2015

원유 | 비멸균 소젖.
크기 | 지름 34~40cm, 두께 8~10cm.
무게 | 10~16kg.
지방 | 27%.

지도 참조 : p. 210-211

이 산악지대의 치즈는 쉽게 구별할 수 있는 특징이 한 가지 있다. 인간의 형체를 그린 일련의 동굴벽화 그림들과 두 송이의 에델바이스가 치즈 옆면 둘레에 새겨져 있기 때문이다. 이 거대한 치즈의 기름을 먹인 표면은 볏짚 색에서 갈색을 띤다. 치즈의 질감은 단단하며 작은 기공들이 군데군데 분포한다. 신맛이 나며 건초, 발효 우유의 냄새가 난다. 입안에 넣으면 쌉싸름한 맛과 견과류, 버터의 풍미가 주를 이룬다.

SINGLE GLOUCESTER 싱글 글로스터 (영국, 사우스 웨스트 잉글랜드)

AOP
since
1996

원유 | 비멸균 또는 파스퇴라이즈드 저온 살균 소젖.
무게 | 6~7kg.
지방 | 28%.

지도 참조 : p. 216-217

이 치즈는 제2차 세계대전 직후 사라질 뻔했다. 왜냐하면 이 치즈를 만들기 위해 사용되었던 우유가 군인들과 국민들에게 제공할 목적으로 징발되었기 때문이다. 1994년 당시 아직 이 치즈 생산을 유지하던 두 명의 생산자들은 이 치즈를 해외에 널리 알리기로 결심한다. 이들의 인내와 끈질긴 노력으로 싱글 글로스터는 1996년 AOP(원산지명칭보호) 인증을 획득했다. 이 치즈는 오직 글로스터 품종 소의 젖으로만 만든다. 커드는 두 차례에 걸쳐 짠 우유로 만든다. 전날 밤 착유한 원유(탈지)와 당일 아침 짠 원유(전유)를 혼합해 만드는 것이다. 이 치즈는 우유와 버터의 풍미가 풍부하며 크리미하고 부드럽게 녹는 식감을 갖고 있다.

SLOVENSKÝ OŠTIEPOK 슬로벤스키 오스티에포크 (슬로바키아)

IGP since 2008

원유 | 비멸균 또는 파스퇴라이즈드 저온 살균 양젖 또는 소젖(또는 둘의 혼합).
지방 | 27%.

지도 참조 : p. 224-225

옛 문헌 기록에 따르면 이 치즈의 존재는 그 역사가 18세기 초까지 거슬러 올라가지만 공장에서 대량으로 생산되기 시작한 것은 1921년부터이다. 이 치즈는 슬로바키아 중부에 위치한 도시인 데트바(Detva)의 갈바바(Galbavá) 가족에 의해 처음 만들어졌다. 이 작은 치즈는 사용하는 틀에 따라 달걀, 솔방울, 상현달 등 다양한 모양을 하고 있다. 이 치즈는 건조시키거나 훈연하기도 하며 따라서 제조 유형에 따라 모양, 외피의 색, 냄새, 풍미 등이 달라진다. 표면의 색깔은 황금색에서 황갈색을, 속살은 흰색에서 아이보리색을 띠고 있으며 질감은 거의 잘 부서질 정도로 단단한 편이다. 은은한 훈연의 냄새를 느낄 수 있으며 입에 넣으면 원유의 냄새와 훈연 향이 더욱 강하게 느껴진다.

SPRESSA DELLE GIUDICARIE 스프레사 델레 주디카리에 (이탈리아, 트렌티노알토아디제)

AOP since 2003

원유 | 비멸균 소젖.
크기 | 지름 30~35cm, 두께 8~11cm.
무게 | 7~10kg.
지방 | 32%.

지도 참조 : p. 210-211

스프레사 델레 주디카리에 치즈는 1249년 스피날레 에 마네즈 지역 규정집(Regole di Spinale e Manez)에서 최초로 언급된 바 있다. 이것은 회갈색 또는 황갈색 외피의 반경성 치즈로 속살은 숙성 정도에 따라 쫀득하거나 단단하며 밝은 볏짚 색에서 황금빛 볏짚 색을 띤다(오래 숙성된 경우는 아이보리색을 띤다). 입안에 넣으면 어린 치즈의 경우 냄새가 순하고 우유의 맛이 나며 숙성이 진행될수록 쌉쌀한 맛과 강한 풍미가 느껴진다. 입자감이 있으며 부드럽게 녹는 질감을 갖고 있다.

STAFFORDSHIRE CHEESE 스태퍼드셔 치즈 (영국, 잉글랜드, 미들랜즈)

AOP since 2007

원유 | 비멸균 소젖과 파스퇴라이즈드 저온 살균 소젖 유크림.
무게 | 8~10kg.
지방 | 31%.

지도 참조 : p. 216-217

이 치즈는 13세기 리크(Leek) 수도원의 시토회 수도사들에 의해 처음 만들어졌다. 스태퍼드셔 치즈는 유크림을 첨가해 만든 목장 생산 체다 치즈의 일종으로, 톰 계열 치즈 중에서도 특별한 종류로 따로 분류할 수 있다. 이 치즈의 속살은 입자감이 있으며 숙성 정도와 상관없이 부드럽게 녹는 성질을 갖고 있다. 입안에 넣었을 때도 마찬가지로 부드럽게 녹는 식감과 상큼한 맛, 우유와 크림의 풍미를 느낄 수 있다.

STELVIO 스텔비오 (이탈리아, 트렌티노알토아디제)

AOP since 2007

원유 | 비멸균 소젖.
크기 | 지름 34~38cm, 두께 8~11cm.
무게 | 8~10kg.
지방 | 33%.

지도 참조 : p. 210-211

'스텔프서(Stilfser 이 치즈의 제조법은 1914년 볼차노 자치구의 작은 마을인 스텔프의 치즈 제조소에 의해 작성되었다)'라고도 불리는 스텔비오 치즈는 테루아의 풍미를 느낄 수 있는 강한 맛의 치즈다. 경우에 따라 마지막에 꼬릿한 맛이 올라오기도 한다.

SVECIA 스베시아 (스웨덴, 예탈란드)

IGP since 1997

원유 | 파스퇴라이즈드 저온 살균 소젖.
크기 | 지름 35cm, 두께 10~12cm.
무게 | 12~15kg.
지방 | 28%.

지도 참조 : p. 220-221

연한 황색의 이 치즈는 쫀득하고 탄력이 있으며 군데군데 작은 구멍들이 나 있다. IGP(지리적표시보호) 인증을 받은 스웨덴 최초의 식품인 이 치즈는 크리미하고 새콤한 맛을 갖고 있다. 커드에 정향이나 쿠민을 넣는 것이 허용되며 그 경우 치즈의 질감, 맛, 심지어 이름까지 달라진다. 이 경우 스베시아 치즈는 그 이름이 크리도스트(Kryddost)로 바뀐다.

SWALEDALE CHEESE 스웨일데일 치즈 (영국, 잉글랜드, 요크셔)

AOP since 1996

원유 | 비멸균 소젖.
무게 | 1~2.5kg.
지방 | 29%.

지도 참조 : p. 216-217

이 치즈가 존재할 수 있었던 것은 1980년대에 조상대대로 내려오는 오래된 치즈의 제조를 이어나간 마지막 인물인 롱스태프(Longstaff) 부부 덕분이다. 남편이 세상을 떠난 후 롱스태프 부인은 이 치즈의 오리지널 레시피를 리드(Reed) 부부에게 전수했고 이들은 1987년 스웨일데일 치즈 컴퍼니를 설립한다. 이로써 기억 속에서 잊혔던 이 영국 치즈는 부활하게 된다. 이 치즈의 외피는 청회색을 띤 것 또는 무광의 황색 밀랍을 씌운 것 두 가지로 분류된다. 중간중간 기공이 있는 이 치즈의 질감은 입자감이 있으며 부드럽게 녹는다. 입안에 넣으면 상큼하고 순한 맛이 나며 뒷맛에서 약간의 산미를 느낄 수 있다.

SWALEDALE EWES CHEESE 스웨일데일 유즈 치즈 (영국, 잉글랜드, 요크셔)

AOP
since
1996

원유 I 비멸균 양젖.
무게 I 1~2.5kg.
지방 I 31%.

지도 참조 : p. 216-217

스웨일데일 치즈 컴퍼니의 또 다른 AOP(원산지명칭보호) 인증 치즈로 1980년대에 처음 선보였다. 이 치즈의 제조법은 스웨일데일 치즈에서 영감을 받았으며 단 한 가지, 즉 원유만 양젖으로 달라졌다. 두 치즈의 외피, 질감, 색은 거의 비슷하지만 이 양젖 치즈가 속살이 더 하얗고 더 밝은색을 띤다. 맛도 더 섬세하고 고급스러우며 새콤한 맛과 상큼한 맛이 더 강하다.

TALEGGIO 탈레지오 (이탈리아, 롬바르디아, 피에몬테, 베네토)

AOP
since
1996

원유 I 파스퇴라이즈드 저온 살균 소젖.
크기 I 사방 18~20cm 정사각형, 두께 4~7cm.
무게 I 1.7~2.2kg.
지방 I 29%.

지도 참조 : p. 210-211

이 치즈에 관한 문헌 기록은 그 역사가 10세기로 거슬러 올라간다. 당시 이 치즈는

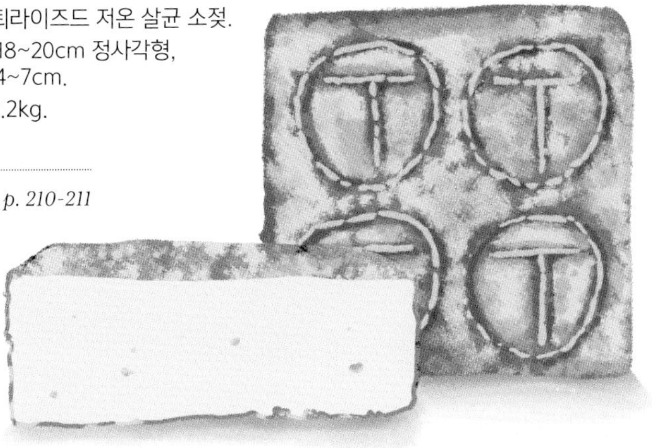

베르가모에서 멀지 않은 발 탈레지오(Val Taleggio)에서 상거래 수단으로 사용되었다. 핑크색 또는 회색빛의 이 아름다운 정사각형 치즈는 희끗희끗한 솜털로 얇게 덮여 있다. 이 치즈의 표면에는 4개의 알파벳 대문자 T가 원에 둘러싸여 찍혀 있다. 모래처럼 거칠거칠한 외피 안의 속살은 균일하고 매끈하며 쫀득한 질감을 갖고 있다. 지하 저장고, 신선한 우유, 버섯의 냄새가 은은히 난다. 조직이 곱고 섬세하며 매끈한 질감을 갖고 있는 이 치즈는 우유의 풍미와 새콤한 맛, 살짝 짭조름한 맛이 느껴진다.

TEKOVSKÝ SALÁMOVÝ SYR 테코브스키 살라모비 시르 (슬로바키아, 니트라, 반스카비스트리차)

IGP
since
2011

원유 I 파스퇴라이즈드 저온 살균 소젖.
크기 I 지름 9~9.5cm, 길이 30~32cm.
지방 I 30%.

지도 참조 : p. 224-225

1921년에 최종 확정된 이 치즈의 모양은 마치 소시지를 연상시킨다. 베이컨의 향과 맛이 나며 입안에 넣으면 새콤한 맛, 짠맛과 약간의 동물성 풍미 또한 느껴진다. 질감은 말랑말랑하고 쫀득하다. 황금색의 외피 색을 내는 데는 톱밥이 사용된다. 다수의 AOP, IGP, STG 치즈들과 톰(tommes) 계열 치즈들과는 달리 이 치즈는 랩으로 싸여 있으며 이 포장 위에 훈연된 것인지의 여부가 표시되어 있다.

TEVIOTDALE CHEESE 테비어트데일 치즈 (영국, 노스이스트잉글랜드, 스코티시보더)

IGP since 1998

원유 I 비멸균 소젖.
크기 I 지름 14cm, 두께 10cm.
무게 I 1.1kg.
지방 I 30%.

지도 참조 : p. 216-217

테비어트데일 치즈는 1983년 이스터 윈스 팜(Easter Weens Farm)에서 처음 만들어졌다. 이곳은 본체스터(Bonchester) 치즈를 처음 만든 곳이기도 하다.
저지 종 소젖으로 만드는 이 치즈는 흰색의 외피를 갖고 있으며 속의 중심부는 연한 미색으로 단단한 질감을 갖고 있다. 입안에 넣으면 아주 부드럽게 녹으며 짭조름한 맛과 꼬릿한 풍미를 느낄 수 있다.

TOLMINC 톨민크 (슬로베니아, 고렌스카, 고리슈카)

AOP since 2012

원유 I 비멸균 또는 저온 살균 소젖.
크기 I 지름 23~27cm, 두께 8~9cm.
무게 I 3.5~5kg.
지방 I 33%.

지도 참조 : p. 222-223

톨민크가 언급된 가장 오래된 문헌 기록은 13세기 이 치즈가 지불 수단으로 등장했던 시기의 회계장부였다.
톨민크는 1756년 이탈리아 우디네(Udine)의 시장에서 '포르마지오 디 톨미노(Formaggio di Tolmino)'라는 이름을 달고 판매된 바 있다.
이 치즈의 외피는 매끈하며 볏짚 색을 띠고 있다. 속살은 비교적 쫀득한 질감이며 군데군데 완두콩만 한 기공들이 나 있다. 입안에 넣으면 맛은 순한 편이며 뒤로 갈수록 꼬릿한 풍미가 올라온다.

TOMA PIEMONTESE 토마 피에몬테제 (이탈리아, 피에몬테)

AOP since 1996

원유 I 비멸균 소젖.
크기 I 지름 15~35cm, 두께 6~12cm.
무게 I 1.8~9kg.
지방 I 29%.

지도 참조 : p. 210-211

이 치즈의 외피는 연한 볏짚 색에서 불그스름한 갈색을 띠고 있다.
속살은 쫀득하고 탄력이 느껴지며 군데군데 기공이 나 있다.
숙성 기간이 짧은 경우 냄새가 순하며 우유의 풍미와 새콤한 맛을 느낄 수 있다. 숙성이 오래될수록 맛이 더 진해지며 크림과 버터의 풍미가 뚜렷해진다. 끝맛에서는 짭조름한 노트를 더욱 잘 느낄 수 있다.

TOME DES BAUGES 톰 데 보주 (프랑스, 오베르뉴 론 알프)

AOC since 2002 AOP since 2007

원유 | 비멸균 소젖.
크기 | 지름 18~20cm, 두께 3~5cm.
무게 | 1.1~1.4kg.
지방 | 24%.

지도 참조 : p. 198-199

이 치즈의 명칭 톰(tome)의 철자에는 알파벳 엠(m)이 한 개뿐이다(일반적으로는 tomme). 이 치즈의 제품 사양서에서는 “톰(tome 또는 tomme)이라는 단어는 원래 사부아 지방의 방언으로 고산지대 목장에서 만들어지는 치즈라는 의미를 가진 용어 토마(toma)에서 유래했다” 라고 설명하고 있다. 이 치즈의 생산자들은 AOP(원산지명칭보호) 인증을 신청하는 과정에서 다른 톰(tomme) 치즈들과 차별화하기 위해 톰(tome)이라는 철자법을 선택했다. 이와 같은 예는 톰 다를(tome d’Arles 프로방스 지역의 가장 오래된 치즈들 중 하나이다), 톰 드 라 브리그(tome de la Brigue 프랑스와 이탈리아 국경지대의 발레 드 라 로야(vallée de la Roya)에서 만들어진다), 톰 데 네주 라 메메(tome des neiges La Mémée 오베르뉴의 토종 치즈), 톰 드 라 베쥐비(tome de la Vésubie 프랑스와 이탈리아에 걸쳐 있는 메르캉투르(Mercantour)에서 생산된다) 등 다른 몇몇 치즈들에서도 볼 수 있다. 원래 톰 데 보주 치즈는 오로지 시골에서만 소비되었고 버터를 만들기 위해 사용하는 “크림화한” 우유로 만들었다. 이 치즈가 시장에 유통되는 제품이 되기까지는 적잖은 시간이 걸렸다. 오늘날 각각 붉은색(유제품 회사에서 대량생산된 것)과 초록색(목장 농가에서 생산된 것)의 제품 라벨이 붙은 두 종류의 제품이 출시되고 있다. 울퉁불퉁한 회갈색의 외피에는 군데군데 황색 또는 희끗희끗한 색의 얼룩이 생겨나기도 한다. 속살은 단단하고 쫀득한 질감으로 황금색을 띠고 있으며 작은 구멍들이 나 있다. 버섯, 지하 저장고, 축축한 숲의 냄새가 나며 입안에 넣으면 우유와 과일의 풍미와 로스팅 노트를 느낄 수 있다. 마지막에는 처음에 느꼈던 버섯의 맛이 다시 올라온다.

TOMME AUX ARTISONS 톰 오 자르티종 (프랑스, 오베르뉴 론 알프)

원유 | 비멸균 소젖.
크기 | 지름 10cm,
두께 5cm.
무게 | 300g.
지방 | 25%.

지도 참조 : p. 202-203

‘톰 오 자르티주(tomme aux artisous)’ 라고도 불리는 이 치즈는 진드기 좀으로 인해 패인 구멍들이 나 있어 마치 달 표면과 같은 외피를 갖고 있다. 이 제품은 치즈 제조사의 인내와 세심한 작업이 일구어낸 결과물이라고 할 수 있다. 진드기로 하여금 균일하게 좀을 먹도록 해 외피뿐 아니라 속살까지 고르게 균형을 이룬 치즈를 만들어낸 것이다.
이 치즈는 축축한 지하 저장고의 냄새가 나지만 입안에 넣으면 깜짝 놀랄 만큼 상큼하고 새콤한 맛이 나며 훈연의 풍미도 살짝 느낄 수 있다.

TOMME CRAYEUSE 톰 크레이외즈 (프랑스, 오베르뉴 론 알프)

원유 I 비멸균 또는 파스퇴라이즈드 저온 살균 소젖.
크기 I 지름 18~20cm, 두께 4~6cm.
무게 I 1.5~2kg.
지방 I 24%.

지도 참조 : p. 198-199

회색과 갈색의 외피를 가진 이 사부아의 치즈(이들 중에는 방데 지방에서 만들어져 단지 숙성과정만 사부아 지방에서 이루어지는 것들도 있긴 하다)는 겉으로 보기에 거칠고 투박한 시골풍의 느낌이 난다. 치즈를 자르면 외피 아래의 크림색 버터 층과 순백색의 중심부를 발견할 수 있다. 이러한 질감은 두 곳의 다른 지하 저장고에서 숙성된 결과이다. 우선 온도가 높고 축축한 곳에서 1차 숙성을 거친 뒤 시원한 온도의 저장고에서 숙성이 이어진다. 이 치즈는 지하 저장고와 버섯의 냄새가 주를 이루며 입안에 넣으면 분필과 같은 순백색의 속살에서 새콤한 맛, 우유, 크림, 풀의 풍미를 동시에 느낄 수 있다.

TOMME DE RILHAC 톰 드 리야크 (프랑스, 누벨 아키텐)

원유 I 파스퇴라이즈드 저온 살균 소젖.
크기 I 지름 20cm, 두께 8.5cm.
무게 I 2.7kg.
지방 I 28%.

지도 참조 : p. 202-203

투박한 시골풍의 이 치즈는 거칠고 먼지가 덮인 듯한 갈색, 베이지, 잿빛의 외피를 갖고 있으며 그 안에 매력적인 질감의 속살을 감추고 있다. 냄새와 맛에서 모두 버터, 생 유크림, 양파, 육두구, 견과류의 풍미를 느낄 수 있다. 톰 드 리야크의 부드럽게 녹는 식감은 캉탈(cantal)이나 살레르(salers) 치즈를 연상시키지만 이 두 치즈들처럼 동물성 풍미나 새콤한 맛은 갖고 있지 않다.

TOMME DE SAVOIE 톰 드 사부아 (프랑스, 오베르뉴 론 알프)

IGP
since
1996

원유 I 비멸균 소젖.
크기 I 지름 18~21cm, 두께 5~8cm.
무게 I 1.2~2kg.
지방 I 10~30%.

지도 참조 : p. 198-199

이 톰(tomme) 치즈는 알프스 북부 산간 지방에서 처음 만들어졌다. 목장을 꾸려나가던 농부들은 버터를 만들기 위해 유크림을 분리해내고 남은 탈지우유를 이용해 치즈를 만들어 가족들과 함께 먹었다. 톰 드 사부아 치즈는 회색빛 외피를 갖고 있으며 곳곳에 희끗희끗한 얼룩이 있다. 숙성을 거치면 이 외피는 불규칙한 모습을 띤다. 속살은 무광의 흰색에서 볏짚과 같은 황색을 띠며 군데군데 기공이 갈라져 있는 모습을 볼 수 있다. 쫀득하며 부드럽게 녹는 질감을 가진 이 치즈는 우유의 풍미와 산미, 풀의 향이 난다. 숙성이 오래된 경우엔 쌉싸름한 뒷맛을 느낄 수 있다. 치즈 표면에 카제인 라벨을 붙여 정품임을 인증해야 한다(하지만 외피에 가려 육안으로 보이지는 않는다). 라벨 색이 붉은 것은 치즈 제조업체에서 생산된 것, 초록색은 목장에서 직접 생산한 것임을 의미한다.

톰 드 사부아는 완성 제품이 다양한 지방 함유율(10%, 15%, 20%, 25% 30%)을 지니고 있는 아주 흔치 않은 치즈들 중 하나다.

TOMME DES PYRÉNÉES 톰 데 피레네 (프랑스, 옥시타니)

IGP
since
1996

원유 I 파스퇴라이즈드 저온 살균 소젖.
크기 I 지름 21~24cm, 두께 5~8cm.
무게 I 3.5~4.5kg.
지방 I 28%.

지도 참조 : p. 202-203

이 치즈의 기원은 12세기로 거슬러 올라간다. 아리에주(Ariège) 지방의 생 지롱(Saint-Girons)을 중심으로 한 여러 마을에서 이 시기에 이 치즈가 존재했다는 사실이 문헌 기록에 남아 있다. 이 치즈의 외피는 황금색에서 검정색을 띠고 있다. 속살에는 각기 다른 크기(쌀알 크기에서 완두콩만 한 크기)의 작은 기공이 나 있다. 크림색, 아이보리 또는 볏짚 색의 속살은 쫀득하고 부드럽게 녹는다. 순한 맛의 이 치즈는 우유의 풍미와 새콤한 맛이 느껴지며 마지막에는 쌉쌀한 맛이 난다.

TOMME MAROTTE 톰 마로트 (프랑스, 옥시타니)

원유 I 저온 살균 양젖.
크기 I 지름 12cm, 두께 9.5cm.
무게 I 1.2kg.
지방 I 28%.

지도 참조 : p. 202-203

이 아름다운 치즈는 희끗희끗한 바탕에 황색의 얼룩이 있는 외피를 갖고 있으며 균일하게 연한 미색을 띠고 있는 속살은 버터처럼 부드럽게 녹는 질감을 갖고 있다. 볏짚과 크림의 향이 은은하게 올라오며 입안에 넣으면 건초, 신선한 풀, 버터 풍미가 주를 이룬다. 외피 덕에 고소한 너트 향이 끝맛을 장식한다. 톰 마로트 치즈는 20개의 생산자로 구성된 라르작 목축업자(Bergers du Larzac) 협동조합에 의해서만 생산된다.

TORTA DEL CASAR 토르타 델 카사르 (스페인, 엑스트레마두라)

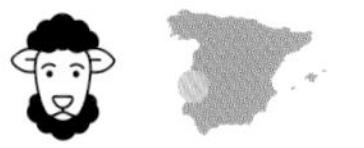

AOP since 2003

원유 I 비멸균 양젖.
크기 I 소형 : 지름 8~10cm, 두께 4~6cm
중형 : 지름 11~13cm, 두께 5~7cm
대형 : 지름 14~17cm, 두께 5~7cm.
무게 I 소형 200~500g / 중형 501~800g
대형 801g~1.1kg.
지방 I 26%.

지도 참조 : p. 208-209

1291년 마드리드에서 북쪽으로 50km 떨어진 곳에 위치한 엘 카사르(El Casar) 마을은 산초 4세 왕으로부터 마을 근처의 토지를 부여받아 자신들이 키우는 양들을 자유롭게 방목할 수 있게 되었다. 이것이 이 치즈가 처음 탄생하게 된 공식적인 배경이다. 토르타 델 카사르 치즈는 식물성 응유효소(카르둔)를 사용해 만들기 때문에 채식주의를 지향하는 이들도 부담 없이 먹을 수 있다. 반경성의 외피는 황색에서 황갈색을 띠고 있다. 이 치즈를 먹을 때는 윗부분을 조심스럽게 가로로 잘라 여는 게 좋다. 그러면 흰색에서 노르스름한 색의 작은 기공들이 있는 속살이 나온다. 외양간 축사 냄새가 강하게 나며 입안에 넣으면 녹진한 식감과 섬세하고 동물적인 풍미가 느껴진다. 마지막에는 약간 쌉싸름한 맛이 난다.

TRADITIONAL AYRSHIRE DUNLOP 트래디셔널 에어셔 던롭
(영국, 스코틀랜드, 스트래스클라이드)

IGP since 2015

원유 | 비멸균 또는 파스퇴라이즈드 저온 살균 소젖.
크기 | 지름 9~38cm, 두께 7.5~23cm.
무게 | 350g~20kg.
지방 | 29%.

지도 참조: p. 216-217

이 치즈의 역사적인 레시피를 처음 만들어낸 사람은 바바라 길모어(Barbara Gilmour)이다. 1660년경 종교적 이유 때문에 아일랜드로 망명해야 했던 그녀는 몇 년 후 스코틀랜드로 돌아오면서 자신의 망명 기간 동안 익힌 치즈 제조 기법을 실행에 옮겼다. 이렇게 탄생한 것이 그녀의 남편 이름을 딴 던롭(Dunlop) 치즈이다. 이 치즈의 외피는 연한 미색과 황금색이 혼합되어 대리석 무늬처럼 보이며 질감은 손으로 만졌을 때 쫀득하고 말랑말랑하다. 숙성이 덜 된 어린 치즈는 냄새와 맛이 순하며 입안에 넣으면 고소한 너트의 풍미가 난다. 좀 더 숙성된 것은 크리미한 풍미와 새콤한 맛, 견과류의 풍미 등의 특유의 맛이 더 뚜렷하게 느껴진다.

TRADITIONAL WELSH CAERPHILLY 트래디셔널 웰시 카필리 (영국, 웨일즈)

IGP since 2018

원유 | 비멸균 또는 파스퇴라이즈드 저온 살균 소젖.
크기 | 지름 20~25cm, 두께 6~12cm.
무게 | 2~4kg.
지방 | 26%.

지도 참조: p. 216-217

웨일즈에서 생산되는 유일한 치즈로 흰색의 속살은 단단하며 오톨도톨한 덩어리로 부서지는 질감을 갖고 있다. 숙성이 덜 된 어린 치즈는 레몬향의 상큼한 맛이 나며 숙성이 된 경우는 특유의 풍미가 진해지지만 꼬릿할 정도의 강한 맛은 아니다.

VACHERIN FRIBOURGEOIS 바슈랭 프리부르주아 (스위스, 프리부르)

AOP since 2005

원유 | 비멸균 소젖.
크기 | 지름 30~40cm, 두께 6~9cm.
무게 | 6~10kg.
지방 | 29%.

지도 참조: p. 222-223

이 치즈의 '바슈랭'이라는 이름은 '어린 소치는 사람'을 뜻하는 라틴어 바카리누스(vaccarinus)에서 파생되었다. 매끈하거나 쭈글쭈글한 외피는 얇은 천이나 가문비나무로 만든 띠로 둘러싸여 있다. 속살은 반경성에 가까우며 끈적끈적한 질감을 갖고 있다. 버터와 과실 향이 주를 이루며 입안에 넣으면 크리미하고 부드럽게 녹는 질감에 약간의 입자감이 느껴진다.

VALLE D'AOSTA FROMADZO 발레 다오스타 프로마초 (이탈리아, 발레다오스타)

AOP since 1996

원유 I 비멸균 소젖(비멸균 염소젖을 첨가하기도 한다).
크기 I 지름 30cm(최대), 두께 6~8cm.
무게 I 1~7kg.
지방 I 27%.

지도 참조 : p. 210-211

이 치즈는는 발레다오스타 레드 얼룩소(valdostana pezzata rossa)와 블랙 얼룩소(valdostana pezzata nera) 두 가지 품종의 소젖으로 만들며 종종 염소젖을 첨가하기도 한다. 커드를 응고시키는 과정에서 허브, 주니퍼베리, 쿠민, 펜넬 등을 넣어 향을 더하기도 한다. 입안에 넣으면 부드럽게 녹으며 발효 우유, 버터, 건초의 노트를 지닌 풍미가 느껴진다. 오래 숙성된 경우 마지막에 꼬릿한 맛이 나기도 한다.

VALTELLINA CASERA 발텔리나 카제라 (이탈리아, 피에몬테)

AOP since 1996

원유 I 비멸균 소젖.
크기 I 지름 30~45cm, 두께 8~10cm.
무게 I 7~12kg.
지방 I 28%.

지도 참조 : p. 210-211

16세기 초에 처음 선보인 발텔리나 카제라 치즈는 숙성 정도에 따라 연한 황색에서 짙은 황금색을 띤 두꺼운 외피를 갖고 있다. 아이보리색의 속살은 탄력이 느껴지는 쫀득한 질감으로 작은 구멍들이 군데군데 나 있다. 이 치즈는 우유 풍미의 순한 맛을 갖고 있으며 마지막에는 새콤한 맛과 꽃의 향기가 느껴진다. 오래 숙성된 치즈의 경우, 더 건조해져 잘 부서지는 질감이 되며 맛 또한 거의 꼬릿하다고 할 정도로 강해진다.

WANGAPEKA 왕가페카 (뉴질랜드, 태즈먼)

원유 I 파스퇴르 저온 살균 소젖.
크기 I 지름 15~20cm, 두께 6~10cm.
무게 I 2~3kg.
지방 I 29%.

지도 참조 : p. 232-233

2000년에 오픈한 왕가페카 목장은 유기농법을 실행하고 있다. 투박한 시골풍의 이 치즈는 거칠고 울퉁불퉁한 외피를 갖고 있다. 크리미하며 상큼한 이 치즈의 속살은 쫀득하며 우유의 풍미와 산미를 갖고 있다.

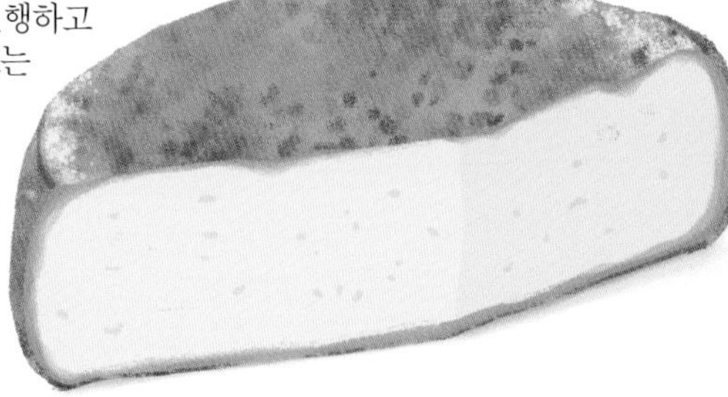

WEST COUNTRY FARMHOUSE CHEDDAR CHEESE
웨스트 컨트리 팜하우스 체다 치즈 (영국, 사우스웨스트 잉글랜드)

AOP
since
1996

원유 I 비멸균 또는 파스퇴라이즈드 저온 살균 소젖.
무게 I 500g~20kg.
지방 I 27%.

지도 참조 : p. 216-217

영국을 대표하는 이 제품은 '진짜' 체다 치즈의 맛을 원하는 애호가들 사이에서 지대한 관심을 다시 불러일으켰다. 실제로 통칭 '체다'라고 불리는 치즈는 어디서나 제조될 수 있다(또한 이는 전 세계적으로 가장 많이 팔리는 치즈이기도 하다). 웨스트 컨트리 팜하우스 체다 치즈(이 AOP 치즈는 반드시 이 5개의 단어를 모두 포함해야 한다)는 최소 9개월간 숙성된다. 납작한 정사각형 또는 원통형의 이 치즈는 천으로 덮여 있어 수분을 보존할 수 있으며, 따라서 속살은 부드럽게 녹는 질감을 지니고 있다. 지하 저장고와 곰팡이 냄새가 나며 연한 볏짚 색에서 황금색을 띠는 속살은 마치 캉탈(Cantal)이나 살레르(Salers) 치즈처럼 밀도가 촘촘하고 불규칙하다. 입안에 넣으면 동물성 풍미와 크림, 풀의 노트를 발산하는 투박한 맛을 느낄 수 있다.

1170년 체다는 헨리 2세에 의해 잉글랜드 왕국 최고의 치즈로 선정되었다.

YORKSHIRE WENSLEYDALE 요크셔 웬즐리데일 (영국, 잉글랜드, 요크셔)

IGP
since
2013

원유 I 비멸균 또는 파스퇴라이즈드 저온 살균 소젖.
무게 I 500g~21kg.
지방 I 28%.

지도 참조 : p. 216-217

이 치즈를 처음 만들어낸 것은 11~12세기에 영국 요크셔 지방에 정착하기 위해 프랑스에서 온 시토 수도회의 수도사들이다. 치즈 제조 전문기술을 갖고 있었던 이들은 처음엔 양젖을 이용해 치즈를 만들었다. 이것이 소젖으로 바뀐 것은 16세기 중반, 헨리 8세가 수도원들을 해체한 이후의 일이다. 2주에서 12개월까지 지속되는 숙성 기간에 따라 이 치즈는 모양뿐 아니라 맛에 있어서도 매우 다채로운 개성의 제품들로 탄생하게 되었다. 숙성 기간이 짧은 어린 치즈의 외피는 흰색이나 아이보리색을 띠지만 숙성이 진행될수록 점점 황색에 가까워진다. 질감은 단단하며 입자감이 있고 쉽게 부서진다. 요크셔 웬즐리데일 치즈는 상큼하고 새콤한 냄새가 나며 숙성이 이루어지면서 냄새와 산미가 강해진다. 입안에 넣으면 2주 숙성 치즈의 경우 상큼한 맛과 우유의 풍미가 주를 이룬다. 숙성 기간이 길어질수록 꿀, 버터, 자른 허브 노트를 지닌 복합적인 향을 느낄 수 있다.

07 가열 압착 치즈

무게가 수십 킬로그램에 달하는 맷돌 모양의 대형 치즈들이 대거 포진해 있는 치즈군이다. 흔히 톰(tommes)이라고 부르는 치즈들과 이들의 차이는 제조 시 가열(약 50℃ 내외) 과정을 거친다는 점이다. 따라서 이 치즈들의 속살에는 우툴두툴한 질감이 전혀 없다. 이들은 소젖으로 만드는 산악지대의 치즈들이 대부분으로 겨울철 주민들의 중요한 식량이 되었다. .

ABONDANCE 아봉당스 (프랑스, 오베르뉴 론 알프)

AOC since 1990 AOP since 1996

원유 | 비멸균 소젖.
크기 | 지름 38~43cm, 두께 7~8cm.
무게 | 6~12kg.
지방 | 33%.

지도 참조 : p. 198-199

아봉당스의 기원은 11세기 이 치즈와 같은 이름의 수도원으로 거슬러 올라간다. 이곳을 운영하던 수도사들은 치즈가 상거래 화폐처럼 사용될 수 있을 것이라는 것을 알고 있었다. 이 지역 목축업의 전통이 시작된 것은 바로 그들 덕분이었다. 하지만 이 치즈를 정말 유명하게 만든 계기는 1381년 아비뇽에서 있었던 교황 클레멘스 7세 추대의 식탁 위에 이 치즈가 올라갔다는 사실에 있다.
이 치즈는 주기적으로 소금물로 문질러 닦으며 숙성해 핑크빛, 황금색 또는 황갈색의 얼룩이 외피에 남아 있다. 오목하게 들어간 둘레 옆면에는 커드를 틀에 넣을 때 받쳐 두었던 천의 직조 자국이 남아 있는 것이 특징이다.
쫀득하면서도 부드럽게 녹는 질감의 속살에는 완두콩만 한 작은 구멍들이 나 있기도 하다. 지하 저장고와 버섯의 향이 나며 은은한 용담뿌리 향이 스치기도 한다. 입안에 넣으면 과일(파인애플, 살구), 우유, 너트 풍미를 느낄 수 있으며 마지막에는 쌉싸름한 맛이 살짝 남는다.

아봉당스 치즈는 아봉당스 계곡 지대의 아봉당스 마을에 위치한 아봉당스 수도원에서 탄생했으며 특별히 아봉당스 종의 소젖으로 만들어진다.

ALLGÄUER BERGKÄSE 알고이어 베르크케제 (독일, 바덴뷔르템베르크, 바이에른)

AOP since 1997

원유 | 비멸균 소젖.
크기 | 지름 40~90cm, 두께 8~10cm.
무게 | 15~50kg.
지방 | 34%.

지도 참조 : p. 218-219

이 치즈의 외피는 핑크와 회색 톤을 띠고 있으며 흰색의 솜털 층으로 얇게 덮여 있다. 윤기가 없는 황색의 속살은 쫀득하고 부드러운 편이며 자고새 눈만 한 크기의 작은 구멍들이 몇 개 나 있다. 입안에 넣으면 우유와 신선한 풀의 풍미가 주를 이루며 마지막에는 쌉싸름한 맛이 살짝 스친다.

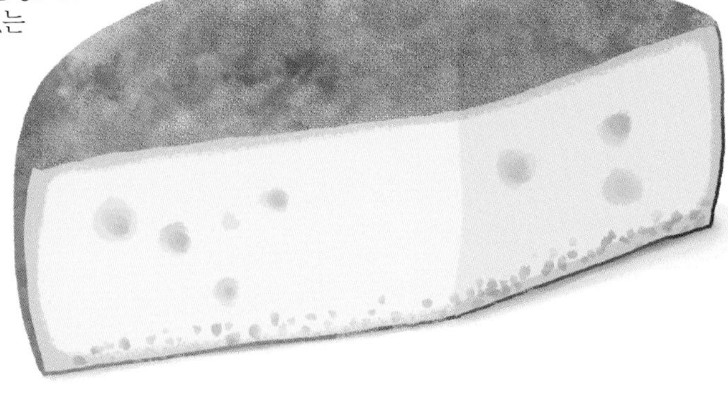

ALLGÄUER EMMENTALER 알고이어 에멘탈러 (독일, 바덴뷔르템베르크, 바이에른)

AOP since 1997

원유 | 비멸균 소젖.
크기 | 지름 90cm, 두께 11cm.
무게 | 80kg.
지방 | 33%.

지도 참조 : p. 218-219

스위스 에멘탈과 거의 흡사한 치즈로 프로피오니 박테리아 발효를 촉진하는 고온의 저장고에서 숙성 기간을 거쳐 표면이 통통한 모습을 하고 있으며 속살에 구멍이 나 있다. 단단하면서도 쫀득하고 부드러운 질감의 이 치즈는 입안에 넣으면 우유와 버터의 풍미가 주를 이룬다.

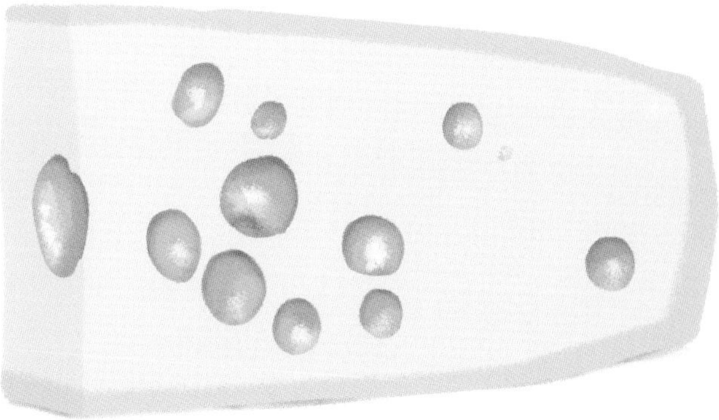

ALLGÄUER SENNALPKÄSE 알고이어 젠알프케제 (독일, 바덴뷔르템베르크, 바이에른)

AOP since 2016

원유 | 비멸균 소젖.
크기 | 지름 30~70cm, 두께 15cm(최대).
무게 | 5~35kg.
지방 | 34%.

지도 참조 : p. 218-219

알프스 고지 하계 목장에서 전통 아티장 방식으로 만들어지는 이 치즈는 여름철(5월~10월)에만 독일 남부의 알고이 산악지대의 치즈 제조 조합에서 생산된다. 외피는 건조하고 주황색에서 갈색을 띠고 있다. 아이보리색 또는 황색의 속살은 단단하고 쫀득한 편이며 작은 구멍이 몇 개 나 있다. 축축한 지하 저장고와 건초 냄새가 나는 이 치즈는 입안에 넣으면 버터와 크림 노트 외에 호두의 풍미가 느껴지는 것이 특징이다. 숙성된 치즈의 경우 훈연의 맛이 올라오는 경우도 있다.

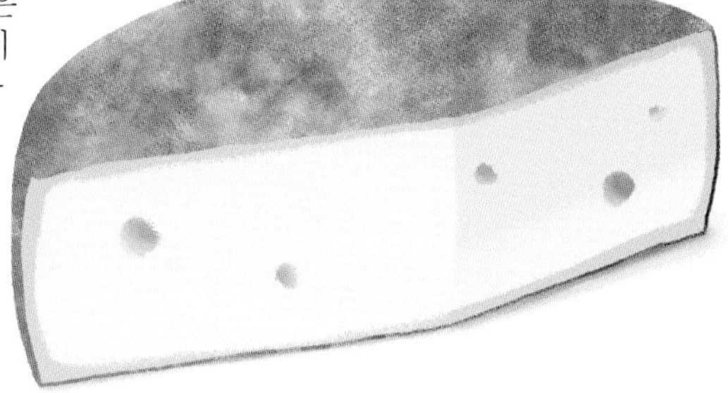

ANNEN 아넨 (스위스, 베른, 프리부르)

원유 | 비멸균 소젖.
크기 | 지름 55~60cm, 두께 10~12cm.
무게 | 30~40kg.
지방 | 34%.

지도 참조 : p. 222-223

맷돌 모양의 이 스위스 치즈는 생산량이 그뤼예르, 에멘탈러 또는 레티바(L'Étivaz)에 미치지 못하기 때문에 거의 알려지지 않았지만 맛에 있어서는 이들 치즈에 전혀 뒤지지 않는다. 아이보리색의 단단하면서도 버터처럼 부드럽게 녹는 속살은 과일 향과 섬세한 크림, 우유의 풍미를 지니고 있다. 무관심하게 지나칠 수 없는 치즈다.

BEAUFORT 보포르 (프랑스, 오베르뉴 론 알프)

AOC since 1968 AOP since 2003

원유 | 비멸균 소젖.
크기 | 지름 35~75cm, 두께 11~16cm.
무게 | 20~70kg.
지방 | 33%.

지도 참조: p. 198-199

이 치즈는 중세 수도사들과 시골 주민들이 목축을 위해 산악 방목지를 개간했던 시기에 처음 탄생했다. 당시 우유는 보포르의 조상 격에 해당하는 약 10kg짜리 바슐랭(vachelins)이라는 치즈를 만드는 데 사용되었다. 하지만 작은 사이즈로 인해 지역 주민들에게 겨울 내내 먹을 수 있는 양을 공급하는 데는 한계가 있었다. 이러한 이유로 17세기에 이 치즈는 더 큰 사이즈(40kg)로 만들어졌고 그로비르(grovire)라는 새로운 이름을 갖게 되었다. 엄청나게 커진 이 치즈는 수개월 동안 넉넉히 두고 먹을 수 있었고 다른 도시와 국경 지역으로도 퍼져나갔다. 그로비르가 보포르(beaufort)라고 새롭게 명명된 것은 1865년이 되어서다. 이 치즈는 11월에서 5월 사이에 만들어진 보포르, 6월에서 10월 사이에 다양한 여러 소떼들의 젖으로 만든 여름 보포르, 해발 1500미터 이상 되는 고산지대에서 단일 소떼의 젖으로 6월에서 10월 사이에 생산하는 하계 목장 보포르 치즈(제일 귀하다) 등 세 가지로 분류할 수 있다. 이 치즈는 두께가 엄청나고 둘레 부분이 약간 오목하게 들어가 있으며 틀에 넣을 때 사용되었던 천의 줄무늬 자국이 남아 있다. 외피는 밝은 갈색과 주황색을 띠고 있으며 표면이 약간 거칠다. 황금색 빛 또는 볏짚 색을 띤 아이보리색 속살은 아주 매끈하며 군데군데 작은 구멍이 나 있기도 하다. 숲, 나무, 버터, 꽃 등의 복합적인 향을 지니고 있으며 입안에 넣으면 단단하면서도 부드럽게 녹는 식감을 느낄 수 있고 우유의 풍미가 두드러진다. 또한 과일과 고소한 너트의 맛이 나며 짭조름한 맛도 살짝 느껴진다.

보포르 치즈의 옆면 둘레 부분이 안으로 오목하게 휜 데에는 이유가 있다. 이는 당나귀 등에 싣기 좋을 뿐 아니라 숙성시키는 동안 주저앉지 않게 하는 효과가 있다.

BÉMONTOIS 베몽투아 (스위스, 베른, 쥐라)

원유 | 비멸균 소젖.
크기 | 지름 35~45cm, 두께 12~15cm.
무게 | 15~25kg.
지방 | 34%.

지도 참조: p. 222-223

베몽투아와 비슷한 유명 치즈로는 그뤼에르(gruyère)와 테트 드 무안(tête de moine)을 꼽을 수 있다. 그뤼에르와는 크기와 모양이 닮아 있지만 버터 풍미가 덜하고 짠맛도 더 완화된 섬세하고 고급스러운 향을 선사한다. 이 치즈는 라클레트용으로 또는 퐁뒤 레시피에도 사용된다.

BERNER ALPKÄSE 베르너 알프케제 (스위스, 베른)

AOP
since
2004

원유 | 비멸균 소젖.
크기 | 지름 28~48cm.
무게 | 5~14kg.
지방 | 32%.

지도 참조 : p. 222-223

이 치즈(그리고 동종 치즈인 베르너 호벨케제 Berner Hobelkäse)를 언급한 최초의 문헌 기록들은 그 기원이 1548년으로 거슬러 올라간다. 이 치즈는 5월 10일부터 10월10일까지 만들어지는 여름 치즈이다. 숙성 기간 동안 물로 닦아주고 주기적으로 뒤집어주며 6개월의 시간을 보낸 뒤 제품으로 출시한다. 베르너 알프케제 치즈는 시큼한 냄새가 나며 식물성, 동물성 향을 모두 지니고 있다. 입안에 넣으면 부드럽게 녹는 식감과 스파이스 풍미, 꼬릿한 맛을 느낄 수 있다.

BERNER HOBELKÄSE 베르너 호벨케제 (스위스, 베른)

AOP
since
2004

원유 | 비멸균 소젖.
크기 | 지름 28~48cm.
무게 | 5~14kg.
지방 | 34%.

지도 참조 : p. 222-223

베르너 호벨케제는 베르너 알프케제를 숙성시킨 치즈로 시큼한 냄새와 스파이스 향이 난다. 이 치즈를 서빙할 때는 대개의 경우 얇게 슬라이스할 수 있는 치즈용 대패가 필요하다. 티로신 아미노산 성분인 하얀 결정 알갱이가 풍부한 이 치즈는 짭조름하고 자극적인 풍미와 동물성 맛을 지니고 있으며 은은한 훈연향도 느낄 수 있다.

BITTO 비토 (이탈리아, 롬바르디아)

AOP
since
1996

원유 | 비멸균 소젖과 염소젖
(최대 10%).
크기 | 지름 30~50cm, 두께 8~12cm.
무게 | 8~25kg.
지방 | 34%.

지도 참조 : p. 210-211

비토는 6월 1일부터 9월 30일까지 고산지대 하계 목장에서 생산되는 치즈이다. 단단하고 조직 밀도가 촘촘하며 부드럽게 녹는 질감을 가진 이 치즈는 숙성을 거치면 잘 부서지는 식감으로 변하면서 짭짤한 맛과 버터 맛의 강한 풍미를 지니게 되지만 심하게 꼬릿하지는 않다. 비토는 약 10년 가까이 숙성할 수 있으며 바로 이런 이유로 특별히 귀한 치즈로 인식되고 있다.

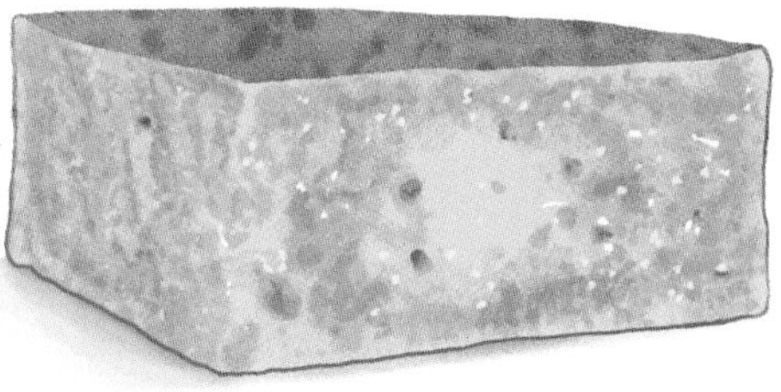

COMTÉ 콩테 (프랑스, 부르고뉴 프랑슈 콩테, 오베르뉴 론 알프)

AOC since 1958

AOP since 1998

원유 | 비멸균 소젖.
크기 | 지름 55~75cm, 두께 8~13cm.
무게 | 32~45kg.
지방 | 34%.

지도 참조 : p. 198-199

이 치즈와 연관된 최초의 문헌 기록에서는 대형 사이즈의 치즈들을 만들던 프뤽트리(fruicteries, 오늘날의 fruitières)들을 언급하고 있다. 1264년과 1280년의 이 자료들은 데제르빌레르(Deservillers)와 르비에(Levier) 마을의 치즈 생산을 인증하는 6개의 텍스트로 이루어졌다. 프뤼티에르(fruitières)는 각기 다른 여러 목장의 원유를 모아 농부 가족들이 혹독한 겨울을 나는 동안 먹을 수 있도록 대규모로 치즈를 만드는 장소를 의미한다. 이것들이 바로 개인보다 공동체를 일선에 내세운 최초의 낙농제품 협동조합이 된 셈이다.
이 치즈의 외피는 약간의 입자감이 있으며 밝은 베이지에서 밤색을 띠고 있다. 매끈한 질감의 치즈 속살은 아이보리에서 크림색, 볏짚 황색을 띤다. 입안에 넣으면 녹진한 식감을 느낄 수 있으며 숙성 정도에 따라 버터, 크림, 풀, 견과류, 꽃 또는 가죽의 풍미가 난다.
숙성 저장고에서 제품이 출고되기 전 각 치즈 덩어리의 옆 둘레에 치즈 이름이 찍힌 띠가 부착되어 있어야 한다. 이 제품 인증 띠가 녹색이면 AOP 인증 치즈가 요하는 기준 조건을 모두 충족했다는 의미이다. 반대로 이 띠의 색이 벽돌 빛 갈색인 경우, 최고급 등급이 아니므로 녹색 인증 띠의 콩테 치즈보다 낮은 가격으로 판매되어야 한다.

DENT DU CHAT 당 뒤 샤 (프랑스, 오베르뉴 론 알프)

원유 | 비멸균 소젖.
크기 | 지름 50cm, 두께 15cm.
무게 | 40kg.
지방 | 30%.

지도 참조 : p. 198-199

당 뒤 샤는 사부아 산악지대의 엔(Yenne) 낙농유업 협동조합에서 생산되는 큰 맷돌형 치즈이다. 이 치즈의 외피는 밝은 분홍색에서 베이지색을 띠고 있다. 밝은 황색에서 볏짚 색을 띤 속살은 버터와 같이 부드럽게 녹는 질감을 갖고 있다. 입안에 넣으면 당 뒤 샤('meule de Savoie'라고도 불린다) 치즈는 과일 향의 순한 맛을 내며 섬세한 우유의 풍미를 발산한다. 마지막에 짭조름한 맛이 올라오면서 치즈의 강한 풍미를 완성해준다.

EMMENTAL DE SAVOIE 에망탈 드 사부아 (프랑스, 오베르뉴 론 알프)

IGP since 1996

원유 I 비멸균 소젖.
크기 I 지름 72~80cm, 두께 14cm(둘레 부분), 32cm(가장 높은 중앙 부분) .
무게 I 60kg(최대).
지방 I 34%.

지도 참조 : p. 198-199

가운데가 불룩 올라온 이 거대한 크기의 치즈는 꽤 두꺼운 황갈색 외피를 갖고 있으며 질감이 균일하고 단단하며 쫀득하다. 속살 안에는 체리 사이즈부터 호두 사이즈의 수많은 구멍이 나 있다. 입안에 넣으면 짙은 우유 풍미를 지닌 순한 맛, 과일 향과 은은한 산미를 느낄 수 있다. 에멘탈 치즈(스위스, 독일, 프랑스의 것 모두 해당)의 유명한 구멍은 비교적 높은 온도의 저장고에서 숙성시킨 결과로 생긴 것이다.

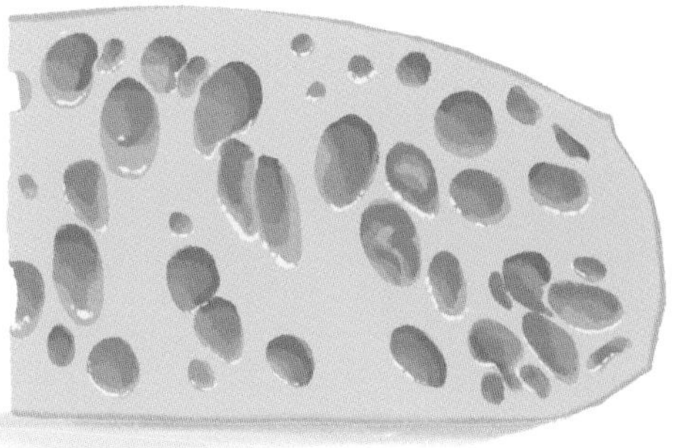

EMMENTALER 에멘탈러 (스위스, 베른, 아르가우, 글라루스, 루체른, 슈비츠, 졸로투른, 장크트갈렌, 투르가우, 주크, 취리히)

AOP since 2006

원유 I 비멸균 소젖.
크기 I 지름 80~100cm, 두께 16cm(둘레 부분), 27cm(가장 높은 중앙 부분) .
무게 I 75~120kg.
지방 I 34%.

지도 참조 : p. 222-223

이 치즈는 숙성 정도에 따라 클라시크(classique 최대 4개월 숙성), 레제르브(réserve 4~8개월 숙성), 엑스트라(extra 최소 12개월 숙성), 드 그로트(de grotte 최소 12개월 숙성 이후 천연 동굴(grotte) 안에서 최소 6개월 추가 숙성)의 4종류로 분류된다. 치즈의 질감은 단단하고 쫀득한 탄력이 있으며 부드럽게 녹는다. 우유, 버터, 크림, 신선한 풀의 향을 느낄 수 있다.

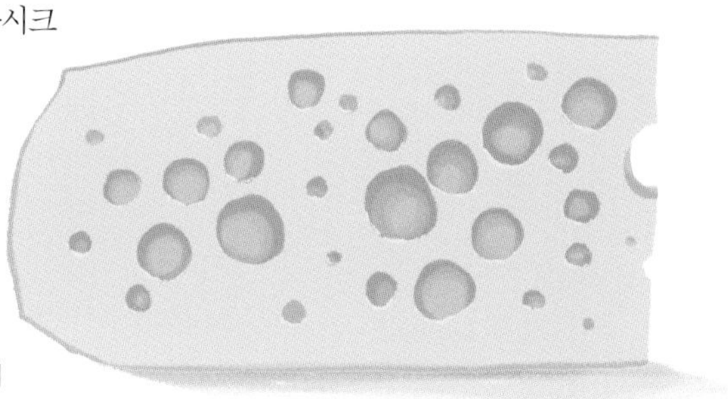

EMMENTAL FRANÇAIS EST-CENTRAL 에망탈 프랑세 에스트 상트랄 (프랑스, 오베르뉴 론 알프, 부르고뉴 프랑슈 콩테, 그랑 테스트)

IGP since 1996

원유 I 비멸균 소젖.
크기 I 지름 70~100cm, 두께 14cm(둘레 부분).
무게 I 60~130kg.
지방 I 33%.

지도 참조 : p. 196-201

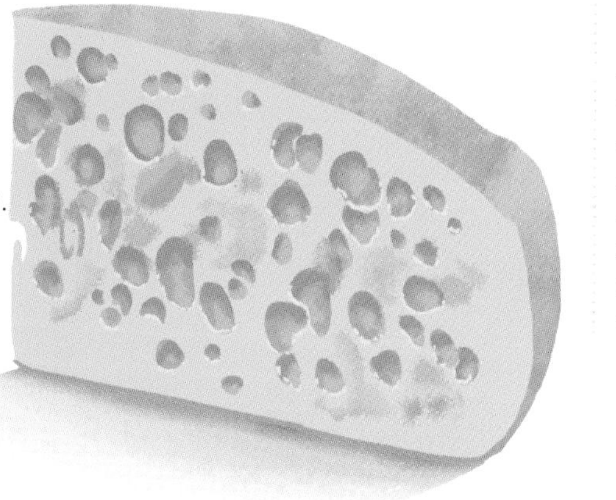

밝은 황갈색의 외피를 가진 이 거대한 맷돌형 치즈는 가운데 부분이 볼록하게 솟아 있다. 윤기가 나는 황색 속살은 쫀득하면서도 부드럽게 녹는 질감을 갖고 있으며 체리 사이즈 또는 굵은 호두 사이즈의 구멍이 많이 나 있다. 입안에 넣으면 과일 향이 나며 맛은 순한 편이다. 에망탈 드 사부아보다 약간 더 강한 맛을 느낄 수 있다.

EVERTON 에버턴 (미국, 인디애나)

원유 | 비멸균 소젖.
크기 | 지름 40cm, 두께 7.5cm.
무게 | 10kg.
지방 | 28%.

지도 참조 : p. 228-229

8개월에서 12개월(에버턴 프리미엄 리저브는 18개월)의 숙성 기간을 거친 이 치즈의 외피는 밝은 황색에서 밝은 베이지색을 띠고 있다. 질감은 단단하며 입안에서 부드럽게 녹는다. 입안에 넣으면 버터와 고소한 너트의 향이 퍼지며 오래 지속된다. 에버턴 프리미엄 리저브의 경우 더욱 풍부한 맛과 향을 느낄 수 있다.
군데군데 분포되어 있는 티로신 아미노산 결정 알갱이 덕에 아삭하게 씹는 맛을 즐길 수 있다.

FORMAELLA ARACHOVAS PARNASSOU 포르마엘라 아라호바스 파루나수 (그리스, 중부 그리스)

AOP since 1996

원유 | 파스퇴라이즈드 저온 살균 염소젖 또는 양젖(또는 둘의 혼합).
크기 | 지름 5~10cm, 길이 25~30cm.
무게 | 500g~1kg.
지방 | 30%.

지도 참조 : p. 226-227

이 압착 치즈는 독특한 모양과 염소젖이나 양젖을 재료로 한다는 점에서 다른 치즈들과 차별화된다. 연한 볏짚 색에서 황금색을 띤 외피에는 코피나키아(kofinakia)라고 불리는 버들가지 소쿠리에 넣어 모양을 잡으면서 생긴 줄무늬 자국이 남아 있다.
속살은 흰색으로 단단하고 녹진하며 약간의 입자감이 있다. 입안에 넣으면 맛이 순하며 원유의 풍미와 산미를 느낄 수 있다. 그뿐 아니라 풀과 양(또는 염소) 특유의 풍미 또한 느낄 수 있다.

GAILTALER ALMKÄSE 가일탈러 알름케제 (오스트리아, 티롤, 케르텐)

AOP since 1997

원유 | 비멸균 소젖, 또는 비멸균 소젖과 염소젖(최대 10%) 혼합.
무게 | 500g~35kg.
지방 | 31%.

지도 참조 : p. 222-223

이 치즈에 관한 최초의 문헌 기록은 그 역사가 1375~1381년으로 거슬러 올라간다. 당시 고리치아(Gorizia) 지방 장부에 이 치즈가 언급되어 있었다. 가일탈러 알름케제는 가일(Gail) 계곡 지대에서만 생산되는 고산지대 하계목장 치즈이다.
이 치즈의 천연 외피는 건조하며 황금색을 띠고 있다. 노르스름한 치즈 속살은 쫀득하며 완두콩 또는 헤이즐넛 크기의 작은 구멍들이 군데군데 나 있다. 버터, 크림, 풀의 풍미를 지닌 순한 맛의 치즈이다.

GRANA PADANO 그라나 파다노
(**이탈리아**, 에밀리아로마냐, 롬바르디아, 피에몬테, 베네토, 트렌티노알토아디제)

AOP
since
1996

원유 | 비멸균 소젖.
크기 | 지름 35~45cm, 두께 18~25cm.
무게 | 24~40kg.
지방 | 32%.

지도 참조 : p. 210-211

종종 이탈리아의 사촌 격 치즈인 파르미지아노 레지아노(parmigiano reggiano)와 혼동되기도 하는 그라나 파다노는 식감이 더 건조하며 외피 둘레 전체에 빙 둘러 이름이 각인되어 있다. 두께가 약 4~8mm인 이 외피는 갈색, 황금색 또는 진한 황색을 띠고 있다. 그 안에 있는 볏짚 황색의 속살은 입자감('그라나(grana)'라는 이름이 여기에서 유래함)이 뚜렷한 것이 특징이고 입안에서 부드럽게 녹으며 짭짤한 맛과 버터, 꽃의 풍미를 느낄 수 있다. 20개월 이상 숙성된 그라나 파다노 치즈는 리제르바(riserva) 등급으로 인정된다. 이 경우 치즈 둘레 부분에 리제르바 표시를 인두로 새겨 표시해야 한다.

GRAVIERA AGRAFON 그라비에라 아그라폰 (그리스, 테살리아)

AOP
since
1996

원유 | 파스퇴라이즈드 저온 살균 양젖 또는 파스퇴라이즈드 저온 살균 양젖과 염소젖 혼합.
무게 | 8~10kg.
지방 | 30%.

지도 참조 : p. 226-227

이 치즈의 외피는 울퉁불퉁하며 베이지에서 회색을 띠고 있다. 지하 저장고의 냄새와 산미가 있으며 흰색의 속살은 군데군데 구멍이 나 있고 잘 부서지는 질감을 갖고 있으며 버터의 맛이 풍부하고 거의 달콤한 풍미를 낸다. 마지막에는 양젖에서 오는 상큼한 맛과 신선한 풀의 노트가 느껴진다.

GRAVIERA KRITIS 그라비에라 크리티스 (그리스, 크레타)

AOP
since
1996

원유 | 파스퇴라이즈드 저온 살균 양젖 또는 파스퇴라이즈드 저온 살균 양젖과 염소젖 혼합.
무게 | 14~16kg.
지방 | 29%.

지도 참조 : p. 226-227

크레타 섬 전역에서 생산되는 이 치즈는 그리스 본토의 사촌 격 치즈인 그라비에라 아크라폰과 거의 비슷하다. 만드는 방법은 동일하며 단지 젖을 공급하는 동물의 품종만이 다를 뿐이다. 이 두 치즈가 비슷하긴 하지만 그라비에라 크리티스는 질감이 더 부드럽고 쫀득하며, 맛에 있어서는 양 또는 염소 특유의 풍미가 더 강하게 느껴진다. 짭짤한 맛 또한 테살리아의 그라비에라 아그라폰 치즈보다 더 강한 편이다.

GRAVIERA NAXOU 그라비에라 낙수 (그리스, 크레타)

AOP since 1996

원유 | 파스퇴라이즈드 저온 살균 소젖 또는 파스퇴라이즈드 저온 살균 소젖과 염소젖(최대 20%) 혼합.
지방 | 25%.

지도 참조 : p. 226-227

그라비에라 낙수 치즈는 황금색 혹은 연한 볏짚 색의 외피를 갖고 있다. 작은 기공이 고루 분포되어 있는 속살은 단단하며 입안에서 부드럽게 녹는다. 외양간, 건초의 냄새가 나고 맛은 순한 편이며 풀의 향, 마지막엔 쌉쌀한 맛을 느낄 수 있다. 숙성이 오래되면 꼬릿하게 쏘는 맛이 입안에 풍겨난다.

GRUYÈRE 그뤼예르 (스위스, 베른, 프리부르, 쥐라, 보, 뇌샤텔)

AOC since 2001

AOP since 2011

원유 | 비멸균 소젖.
크기 | 지름 55~65cm, 두께 9.5~12cm.
무게 | 25~40kg.
지방 | 34%.

지도 참조 : p. 222-223

이 치즈는 그뤼예르 마을 주변에서 1115년부터 만들어져왔다. 외피는 균일하고 베이지색과 갈색을 띠고 있으며 속살은 섬세하고 단단하며 부드럽게 녹는다. 속살의 아이보리색은 제조하는 계절에 따라 달라진다. 입안에 넣으면 버터, 풀, 꽃, 과일 풍미가 오래 지속된다. 그뤼에르 치즈는 클라시크(classique 6~9개월 숙성), 레제르브(réserve 최소 10개월 숙성), 알파주(alpage 5월부터 10월까지 고산지대 하계 목장에서 생산)의 3종류로 분류된다.

GRUYÈRE FRANÇAIS 그뤼에르 프랑세 (프랑스, 부르고뉴 프랑슈 콩테, 오베르뉴 론 알프, 그랑 테스트)

IGP since 2013

원유 | 비멸균 소젖.
크기 | 지름 53~63cm, 두께 13~16cm.
무게 | 42kg.
지방 | 35%.

지도 참조 : p. 198-199

스위스 그뤼예르와는 달리 프랑스 그뤼예르는 완두콩 또는 헤이즐넛 크기의 작은 구멍이 나 있(어야 한)다. 밝은 베이지색을 띤 외피에는 희끗희끗한 솜털이 분포되어 있으며 속살은 흰색에서 밝은 미색을 띤다. 질감은 단단하며 입안에서 부드럽게 녹는다. 우유의 풍미가 주를 이루는 순한 맛의 치즈다.

HANDECK 핸덱 (캐나다, 온타리오)

원유 | 파스퇴라이즈드 저온 살균 소젖.
크기 | 지름 50cm, 두께 10cm.
무게 | 25kg.
지방 | 31%.

지도 참조 : p. 230-231

이 치즈의 명칭은 동명인 스위스 마을의 이름을 딴 것으로, 20세기 초 온타리오에 정착했던 네덜란드 출신 치즈 제조인의 후손이자 이 치즈의 제조자인 셉 아이셀스타인(Shep Ysselstein)은 이 마을에서 치즈 제조 수련을 받은 바 있다. 핸덱 치즈의 질감은 단단하지만 버터와 비슷하며 입안에 넣으면 고소한 너트와 크림, 버터의 노트를 풍긴다. 이 치즈는 온타리오주 우드스탁에 위치한 건즈 힐(Gunn's Hill) 목장에서 12개월간의 숙성을 마친 후 제품으로 출시된다. 이 목장은 2~3년간 저장고에서 숙성을 거친 에이지드 핸덱 치즈를 출시하는 프로젝트도 준비하고 있다.

HEIDI 하이디 (호주, 태즈메이니아)

원유 | 비멸균 소젖.
크기 | 지름 55cm, 두께 10cm.
무게 | 30kg.
지방 | 35%.

지도 참조 : p. 232-233

이 치즈는 스위스 그뤼예르 제조 방식에 기초하여 만들어진다. 따라서 외피는 숙성 정도에 따라 밝은 베이지에서 밝은 갈색을 띤다. 볏짚 색에서 황금색을 띠는 속살은 단단하고 매끈하며 만졌을 때 실키한 촉감을 준다. 풀과 버터의 향이 주를 이루고 입안에 넣으면 부드럽게 녹으며 버터, 고소한 너트, 꽃의 풍미가 피어오른다. 장기간 숙성된 경우 속살 안에 티로신 아미노산 결정이 하얗게 박혀 있으며 입안에서 맛이 오래도록 지속된다.

HENRI IV 앙리 카트르 (프랑스, 누벨 아키텐)

원유 | 비멸균 염소젖.
크기 | 지름 30cm, 두께 15cm.
무게 | 10~30kg.
지방 | 32%.

지도 참조 : p. 202-203

30여 년 전에 피레네 지방의 랑세(Lanset) 목장에 정착해 염소를 방목해 키우며 치즈를 생산하는 방다엘(Vandaële) 패밀리는 2010년대 초반에 가열 압착 치즈로는 매우 드물게 염소젖으로 만든 앙리 카트르를 처음 선보였다. 염소젖 특유의 상큼함과 풀, 꽃 향이 주를 이루며, 질감이 단단하면서도 입안에 넣으면 버터처럼 부드럽게 녹는다. 염소젖 풍미와 새콤한 노트, 약간 짭조름한 맛이 잘 어우러진다.

KASSÉRI 카세리 (그리스, 마케도니아, 테살리아, 북 에게)

AOP since 1996

원유 | 파스퇴라이즈드 저온 살균 양젖, 또는 파스퇴라이즈드 저온 살균 양젖과 염소젖(최대 20%) 혼합.
크기 | 지름 25~30cm, 두께 7~10cm.
무게 | 1~7kg.
지방 | 22%.

지도 참조: p. 226-227

녹이면 길게 늘어나는 이 반경성 치즈는 흰색과 회색빛을 띠고 있으며 질감은 단단하고 탄력이 있다. 발효된 원유의 향이 나며 입안에 넣으면 양젖 또는 염소젖 특유의 풍미가 강한 쌉싸름하고 시큼한 맛이 나는 게 특징이다. 주로 치즈 그레이터에 갈아서 요리에 사용한다.

L'ÉTIVAZ 레티바 (스위스, 보)

AOC since 1999 | AOP since 2013

원유 | 비멸균 소젖.
크기 | 지름 30~65cm, 두께 8~11cm.
무게 | 10~38kg.
지방 | 33%.

지도 참조: p. 222-223

산악지대 하계 목장 치즈인 레티바는 5월 10일부터 10월 10일까지 해발 1000~2000미터 고산지대에서만 생산된다. 이 가열 압착 치즈의 특징은 나무 장작불로 가열한 구리 냄비 안에서 가공된다는 점이다. 예부터 내려오는 이 방식 덕분에 이 치즈는 훈연의 맛을 지니게 된다. 갈색을 띤 건조한 외피에는 자잘한 입자감이 약간 느껴진다. 치즈를 자르면 파인애플의 향이 풍겨져 나오며 이어서 과일, 풀, 훈연의 풍미가 이어진다. 입안에 넣으면 부드럽게 녹는 녹진한 식감을 맛볼 수 있으며 버터 노트가 직관적으로 느껴지고 고소한 너트, 훈연의 맛이 동반된다. 최상급 레티바 치즈는 수작업으로 소금물 세척을 한 뒤 기름을 칠하고 통풍이 되는 저장고에 세로로 세워 최소 30개월간 건조, 숙성시킨다. 이 치즈는 대패로 얇게 밀어 동그랗게 말려 있는 상태인 '레티바 아르비브(L'Étivaz à rebibes)'로 판매된다.

PARMIGIANO REGGIANO 파르미지아노 레지아노
(**이탈리아,** 에밀리아로마냐, 롬바르디아)

AOP since 1996

원유 I 비멸균 소젖.
크기 I 지름 35~45cm, 두께 20~26cm.
무게 I 30kg(최소).
지방 I 30%.

지도 참조 : p. 210-211

이 치즈는 황금색 외피 둘레 면 전체에 '파르미지아노 레지아노'라는 이름이 각인되어 있고 이는 곧 정품임을 상징한다. 약 6mm 두께의 이 외피 안에는 볏짚 황색을 띤 굵은 입자감의 치즈 속살이 들어 있으며 시트러스, 흰색 과일, 크림의 향이 난다. 입안에 넣으면 입자감이 느껴지면서도 부드럽게 녹아들며 버터의 풍미와 짭조름한 맛이 섬세하게 느껴지고 마지막에는 은은한 단맛이 돈다. 2년간의 숙성 기간을 거친 파르미지아노 레지아노 치즈는 원래 무게의 1/4을 소실하게 된다.

PIONNIER 파이오니어 (캐나다, 퀘벡)

원유 I 비멸균 양젖과 소젖.
크기 I 지름 55cm, 두께 12cm.
무게 I 40kg.
지방 I 34%.

지도 참조 : p. 230-231

이 치즈는 소젖에 양젖을 혼합하여 스위스의 맷돌형 치즈 전통 방식으로 만들지만 크기는 다르다. 아이보리색 속살은 녹진하며 부드럽게 녹는 식감으로 입안에 넣으면 버터, 견과류(특히 마카다미아)의 풍미와 함께 새콤한 맛과 상큼함이 더 살아난다. 마지막에는 황설탕을 연상시키는 단맛이 느껴진다. 파이오니어 치즈는 2017년 퀘벡주 최고의 치즈로 선정된 바 있다.

PLEASANT RIDGE 플레전트 릿지 (미국, 위스콘신)

원유 I 비멸균 소젖.
크기 I 지름 30cm, 두께 10cm.
무게 I 6kg.
지방 I 28%.

지도 참조 : p. 228-229

이 치즈는 5월부터 10월 사이 신선한 풀을 뜯어먹는 소의 젖으로 만든다. 신선한 우유와 고소한 너트의 향이 나는 이 치즈는 입안에 넣으면 녹진한 식감이 버터를 연상시키며 이어서 버터와 꽃의 풍미가 퍼진다. 이 치즈는 14개월 이상 숙성시킬 수 있으며 그 경우 플레전트 릿지 리저브(Pleasant Ridge Reserve) 등급이 되고 속살에는 티로신 아미노산 결정이 곳곳에 하얗게 생겨난다.

SBRINZ 스브린츠 (스위스, 루체른, 슈비츠, 주크, 옵발덴, 니트발덴, 아르가우, 베른)

AOP
since
2002

원유 | 비멸균 소젖.
크기 | 지름 45~65cm, 두께 14~17cm.
무게 | 25~45kg.
지방 | 34%.

지도 참조 : *p. 222-223*

베른주의 문헌기록에 따르면 이 치즈의 이름은 16세기에 이 치즈를 구입했던 이탈리아인들이 도시 이름 브리엔츠(Brienz)를 변형해 사용한 것으로 전해진다. 스브린츠 치즈의 표면은 헝겊을 이용해 주기적으로 닦아 건조시켜 주며, 이로 인해 기름막이 형성된다. 이 기름막이 어느 정도 두꺼워지면 치즈 덩어리를 차가운 온도의 저장고에서 16개월 동안 보관, 숙성한다. 매우 단단하나 쉽게 부서지는 질감을 가진 이 치즈는 크림, 옥수수의 향이 나며 입안에 넣으면 버터, 꽃, 동물성 풍미를 느낄 수 있고 스파이스의 향이 나기도 한다. 스브린츠 치즈는 그냥 한입 크기로 자르거나 얇게 슬라이스해서 먹으며 치즈 그레이터에 갈아 요리에 사용하기도 한다.

TÊTE DE MOINE 테트 드 무안 (스위스, 베른, 쥐라)

AOP
since
2001

원유 | 비멸균 소젖.
크기 | 지름 10~15cm, 두께 7~15cm.
무게 | 700g~2kg.
지방 | 32%.

지도 참조 : *p. 222-223*

벌집처럼 오톨도톨한 외피를 가진 이 치즈의 속살은 아이보리색에서 밝은 노란색을 띠며 밀도가 촘촘하면서도 부드러운 크림과 같은 균일한 질감을 갖고 있다. 입안에 넣으면 부드럽게 녹으면서 우유, 건초, 버섯의 향을 뿜어낸다. 마지막에 짭조름한 맛과 함께 약간 꼬릿한 풍미가 올라온다. 이 치즈를 서빙할 때는 1980년대에 발명된 '지롤(Girolle®)'이라는 도구를 떼어놓고 말할 수 없다. 치즈를 기구 중앙에 위치한 축에 박아 고정시킨 뒤 날을 돌려 주름진 얇은 꽃잎 모양으로 저며 내는데 이것이 마치 지롤 버섯을 닮았다고 해서 붙은 이름이다.

TIROLER ALMKÄSE 티롤러 알름케제 (오스트리아, 티롤)

AOP
since
1997

원유 | 비멸균 소젖.
무게 | 30~60kg.
지방 | 35%.

지도 참조 : *p. 222-223*

이 치즈는 이미 1544년부터 티롤(Tyrol) 지방 문헌 기록에 언급되어 있다. '티롤러 알프케제(Tiroler Alpkäse)'라고도 불리는 이 고산지대 하계 목장 치즈(5월부터 10월까지 생산)는 건조한 외피를 갖고 있으며 속살의 질감은 단단하고 녹진하다. 입안에 넣으면 부드럽게 녹으며 우유 향이 나는 순한 맛을 갖고 있다. 오래 숙성된 경우 꼬릿한 맛과 동물성 풍미가 도드라지는 특징을 갖고 있다.

TIROLER BERGKÄSE 티롤러 베르크케제 (오스트리아, 티롤)

AOP since 1997

원유 | 비멸균 소젖.
무게 | 12kg(최소).
지방 | 34%.

지도 참조 : p. 222-223

1840년대부터 생산되고 있는 티롤러 베르크케제는 황갈색에서 갈색을 띠는 유분기 있는 외피를 갖고 있다. 아이보리색에서 밝은 황색을 띠는 속살은 윤기가 나고, 꽃과 풀의 향기가 주를 이루며 크림과 우유의 노트가 느껴진다. 쫀득하면서 부드럽게 녹는 질감을 지니고 있으며 풍부한 버터 풍미와 새콤한 맛이 나고 마지막엔 살짝 꼬릿한 풍미가 느껴지기도 한다.

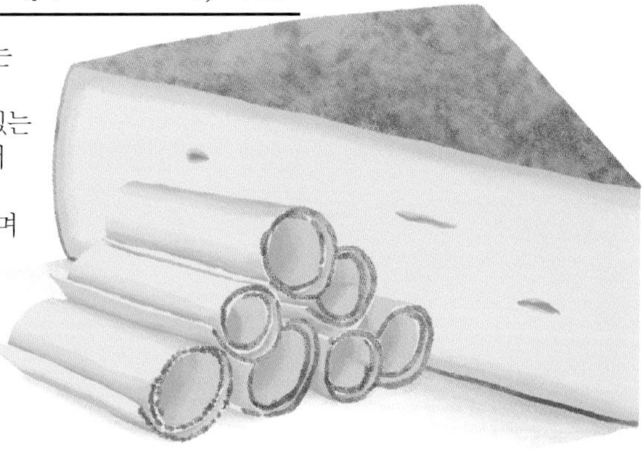

VORARLBERGER ALPKÄSE 포어아를베거 알프케제 (오스트리아, 포어아를베르크)

AOP since 1997

원유 | 비멸균 소젖.
크기 | 지름 35cm, 두께 10~12cm.
무게 | 35kg(최대).
지방 | 33%.

지도 참조 : p. 222-223

고산지대 하계 목장에서만 생산되는 포어아를베거 알프케제는 18세기에 이 이름으로 불리기 시작했다.
외피는 건조하고 입자감이 있어 거친 편이며 쫀득하고 속살은 부드럽게 녹는 질감에 작은 구멍이 몇 개 나 있다.
순한 맛의 치즈로 우유 풍미와 약간의 산미를 느낄 수 있다. 숙성이 오래된 경우 잘 부서지는 질감이 되며 꼬릿한 맛과 동물성 풍미가 더욱 강해진다.

VORARLBERGER BERGKÄSE 포어아를베거 베르크케제 (오스트리아, 포어아를베르크)

AOP since 1997

원유 | 비멸균 소젖.
크기 | 지름 50cm, 두께 10~12cm.
무게 | 50kg.
지방 | 34%.

지도 참조 : p. 222-223

이 치즈의 두꺼운 외피는 황갈색에서 갈색을 띠고 있으며 윤기가 나는 속살은 밝은 황색에서 아이보리색에 자고새 눈만 한 크기의 작은 구멍들이 군데군데 나 있다. 질감은 쫀득하고 말랑하며 부드럽게 녹는다. 비교적 순한 맛의 치즈로 입안에 넣으면 꿀, 신선한 풀, 크림의 풍미를 느낄 수 있다. 오래 숙성한 경우 동물성 풍미가 더 강해지며 더 짭짤해진다.

08 푸른곰팡이 치즈

독한 냄새 때문에 선뜻 시도하기 겁나는 치즈군이다. 그래도 치즈 속살 안에 의도적으로 곰팡이를 주입해 배양한 이 블루치즈를 무관심하게 방치해둘 수는 없다. 선입견과는 달리 모든 블루치즈가 심하게 강한 맛을 내는 것은 아니다. 전혀 그렇지 않은 경우도 있다.

BAY BLUE 베이 블루 (미국, 캘리포니아)

원유 | 파스퇴라이즈드 저온 살균 소젖.
크기 | 지름 25cm, 두께 15cm.
무게 | 5kg.
지방 | 27%.

지도 참조 : p. 228-229

포인트 레예스 팜스테드 치즈 컴퍼니(Point Reyes Farmstead Cheese Company) 목장은 1904년부터 운영되어 왔으나 21세기로 넘어오면서 유기농법 원칙하에 아티장 방식으로 치즈를 생산하기 시작했다. 그 이후 베이 블루는 미국 내 다수의 치즈 경연대회의 블루치즈 부문에서 여러 번 수상했다. 특히 2014년 새크라멘토 아메리칸 치즈 소사이어티 컨퍼런스에서 수상의 영광을 차지한 바 있다. 영국의 사촌격 치즈인 스틸턴(Stilton, p.181)과 비슷한 베이 블루는 부드럽게 녹는 질감을 갖고 있고 버터의 풍미를 느낄 수 있으며 마지막에는 솔티드 캐러멜 맛이 난다.

BLACK & BLUE 블랙 앤 블루 (미국, 메릴랜드)

원유 | 파스퇴라이즈드 저온 살균 염소젖.
크기 | 지름 20cm, 두께 10cm.
무게 | 3kg.
지방 | 31%.

지도 참조 : p. 228-229

블랙 앤 블루는 드물게 밀랍으로 외피를 씌운 푸른곰팡이 치즈 중 하나이다. 이 치즈는 이름처럼 검은색 밀랍으로 씌워져 있으며, 식물성 응유효소를 사용하기 때문에 채식주의자들의 식단에도 적합하다. 부드럽게 녹는 크리미한 질감을 갖고 있으며 상큼함과 섬세하면서도 개성 있는 맛을 느낄 수 있다. 염소젖으로 만들기 때문에 마지막에 산미와 약간의 짠맛이 올라온다. 블랙 앤 블루치즈는 숙성 저장고에서 출시된 후 1년간 두고 먹을 수 있다.

BLEU D'AUVERGNE 블루 도베르뉴 (프랑스, 오베르뉴 론 알프, 누벨 아키텐, 옥시타니)

AOC since 1975 AOP since 1996

원유 | 비멸균, 저온 살균, 또는 파스퇴라이즈드 저온 살균 소젖.
크기 | 지름 19~23cm, 두께 8~11cm.
무게 | 2~3kg.
지방 | 28%.

지도 참조 : p. 202-203

오래전부터 생산되어온 이 투박한 시골풍 치즈는 19세기 중반 그 형태와 맛을 완전히 개선하면서 새로운 전성기를 맞고 있다. 이는 호밀빵에서 채취한 곰팡이(penicillium glaucum)를 최초로 치즈 커드에 접종한 앙투안 루셀(Antoine Roussel)의 기술력 덕이었다. 수년간의 실험을 거친 끝에 그는 이 곰팡이를 배양하기 위해서는 공기가 필요하다는 사실을 깨닫게 되었다. 그래서 그는 뜨개질용 코바늘로 치즈 곳곳을 찔러두었다. 이어서 1860년에 그는 '클레르몽(Clermont)'이라는 사람과 함께 블루치즈용 피어싱 기계(piqueuse)를 개발하기에 이르렀다. 이를 통해 블루 도베르뉴 치즈 전체에 곰팡이가 더 균일하게 고루 퍼지도록 배양할 수 있게 되었다. 이 치즈의 외피에는 흰색, 회색, 녹색, 푸른색 또는 검정색의 곰팡이가 약간 드러나기도 한다. 속살은 부드럽게 녹으며 녹진한 질감을 갖고 있으며 흰색 또는 미색 바탕에 청록색 곰팡이가 균일하게 고루 퍼져 있다. 입안에 넣으면 블루치즈 특유의 강한 맛과 크림의 순하고 부드러운 맛의 밸런스를 느낄 수 있다. 약간 짭조름하고 쌉싸름한 맛이 느껴지며 숲과 버섯의 풍미가 두드러진다.

2018년 이 치즈의 새로운 제품 사양서가 비준되었다. 이에 따르면, '블루 도베르뉴'라는 명칭(아펠라시옹)을 붙일 수 있는 코뮌이 이전 1,158개에서 630곳으로 줄어들었다.

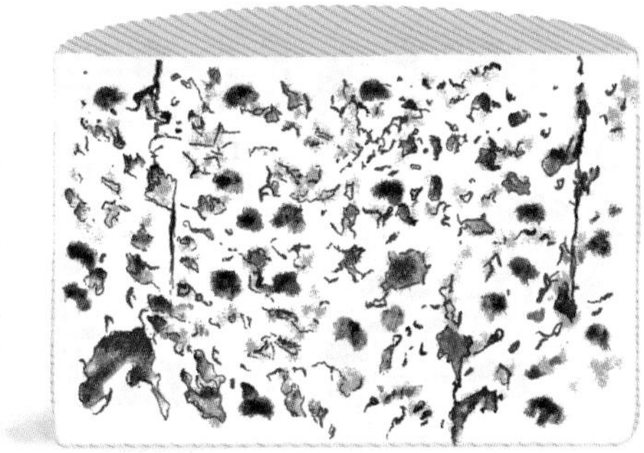

BLEU DE BONNEVAL 블루 드 본느발 (프랑스, 오베르뉴 론 알프)

원유 | 비멸균 소젖.
크기 | 지름 22cm, 두께 10cm.
무게 | 2.4~2.8kg.
지방 | 26%.

지도 참조 : p. 198-199

아봉당스(abondance)와 타랑테즈(tarine) 품종 소의 젖으로 만드는 이 블루치즈는 본느발 쉬르 아르크(Bonneval-sur-Arc) 마을 근처 모리엔(Maurienne) 계곡에 위치한 한 낙농조합에서 생산하고 있다. 회색빛의 이 치즈 외피에는 흰색 솜털이 있고 군데군데 검은색이 눈에 뜨인다. 지하 저장고와 숲, 버섯 향이 나며 아이보리색에 청록색의 곰팡이가 고루 퍼져 있는 속살은 단단하면서도 녹진하다. 오래 숙성된 치즈의 경우 수분이 손실되어 잘 부서지는 질감이 된다. 강한 맛의 이 블루치즈는 입안에 넣으면 크림과 버섯의 풍미가 주를 이룬다.

BLEU DE GEX 블루 드 젝스 (프랑스, 부르고뉴 프랑슈 콩테, 오베르뉴 론 알프)

AOC since 1977 · AOP since 1996

원유 | 비멸균 소젖.
크기 | 지름 31~35cm, 두께 8~10cm.
무게 | 6~9kg.
지방 | 28%.

지도 참조 : p. 198-199

블루 드 세몽셀(Septmoncel)이라고도 불리는 이 치즈는 13세기부터 쥐라산맥 고원지대에서 만들어졌으며 그 기원은 현재 유적지로만 남아 있는 생 클로드(Saint-Claude) 수도원의 수도사들로 거슬러 올라간다. 이 치즈는 몽벨리아르드(montbéliarde) 또는 시망탈(simmental) 품종 소의 젖으로 만들어진다. 건조하며 약간의 분이 있는 흰색 또는 황색의 외피에는 '젝스(Gex)'라는 이름이 음각으로 새겨져 있어야 한다. 이 블루치즈의 속살은 단단하면서도 잘 부서지는 질감을 갖고 있다. 우유 풍미가 나는 순한 맛의 치즈로 바닐라, 스파이스, 버섯 향이 은은하게 퍼진다. 마지막에는 쌉쌀한 맛이 예리하게 스친다.

이것은 샤를 5세가 가장 좋아했던 치즈라고 알려져 있다.

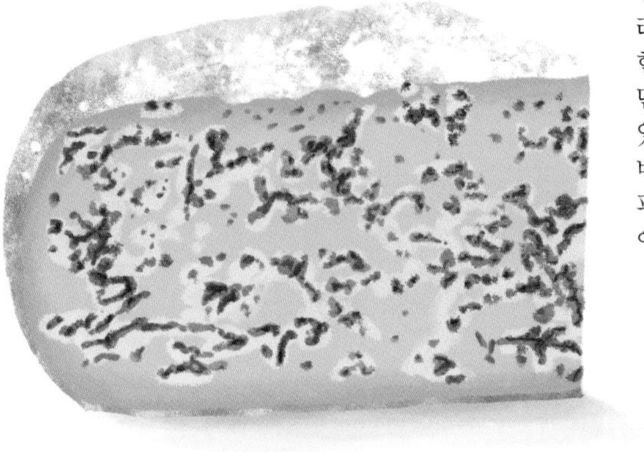

BLEU DE LA BOISSIÈRE 블루 드 라 부아시에르 (프랑스, 일 드 프랑스)

원유 | 파스퇴라이즈드 저온 살균 염소젖.
크기 | 지름 17~18cm, 두께 9~10cm.
무게 | 2~2.5kg.
지방 | 28%.

지도 참조 : p. 196-197

이블린(Yvelines)의 랑부이예(Rambouillet) 숲 근처 트랑블라예(Tremblaye) 목장에서 만들어지는 이 치즈는 일 드 프랑스(Île-de-France) 지역에서 생산되는 드문 블루치즈 중 하나이다. 1967년 처음 치즈 제조를 시작한 이 목장은 초창기부터 자연환경을 존중하는 농법과 동물복지를 지향해왔다. 블루 드 라 부아시에르 치즈는 주석 포일로 싸여 있기 때문에 따로 외피가 없다. 흰색의 속살은 푸른색, 회색, 검정, 녹색 톤의 곰팡이(penicillium roqueforti)와 선명하게 대비된다. 버섯의 풍미와 산미를 지닌 섬세한 맛의 블루치즈이며 염소젖으로 만들어 뒷맛이 상큼하다.

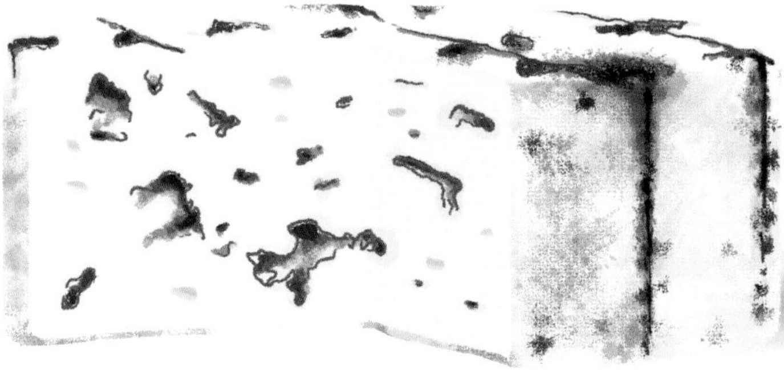

BLEU DE SÉVERAC 블루 드 세브락 (프랑스, 옥시타니)

원유 | 비멸균 양젖.
크기 | 지름 12~13cm, 두께 8~9cm.
무게 | 1~1.1kg.
지방 | 27%.

지도 참조 : p. 202-203

피추네(pitchounet, p.125)와 르퀴트 드 라베롱(recuite de l'Aveyron, p.54)도 생산하고 있는 세갱(Seguin) 패밀리의 첫 번째 치즈인 블루 드 세브락은 약 40년 전 어머니 시몬(Simone) 여사가 처음 선보였다. 이 치즈의 외피는 회색빛을 띠고 있으며 표면이 흰색의 얇은 층과 군데군데 거무스름한 자국으로 덮여 있다. 축축한 지하 저장고의 냄새와 버섯의 향기가 나고 질감은 버터처럼 녹진하며 부드럽게 녹는다. 입안에 넣으면 크림과 버섯의 풍미를 느낄 수 있고 안에는 푸른곰팡이가 가늘고 섬세하게 퍼져 있다.

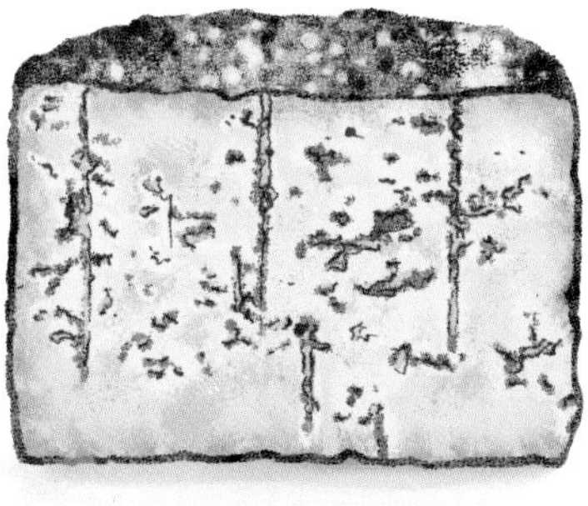

BLEU DES CAUSSES 블루 데 코스 (프랑스, 옥시타니)

AOC since 1953 · AOP since 1996

원유 | 비멸균 소젖.
크기 | 지름 20cm, 두께 8~10cm.
무게 | 2.3~3kg.
지방 | 27%.

지도 참조 : p. 202-203

로크포르(roquefort) 치즈만큼이나 오래된 이 치즈는 양젖으로 만든 대표적 사촌 격인 로크포르와 그 역사를 같이한다. 블루 데 코스는 신선하고 습한 공기가 자연적으로 공급되는 천연 석회동굴에 치즈를 보관해두었던 코스 베공(Causse-Bégon)의 농민들에 의해 탄생했다. 이는 마치 로크포르 치즈를 숙성하고 곰팡이를 배양하기 위해 보관해두는 동굴을 연상시키는 환경이다. 원래 처음에는 블루 드 라베롱(bleu de l'Aveyron)이라고 불렸던 이 치즈는 1941년에 '블루 데 코스'라는 이름으로 최종 확정되었다. 1953년에는 AOC(원산지명칭통제) 인증을 획득했다. 외피가 따로 없는 이 치즈는 아이보리색을 띠며 푸른곰팡이가 전체적으로 고르게 퍼져 있다. 동물성 풍미와 버섯 향이 강하게 나며 기름지고 부드럽게 녹는 질감을 갖고 있어 입안에 크리미하고 풍부한 맛을 선사해준다.

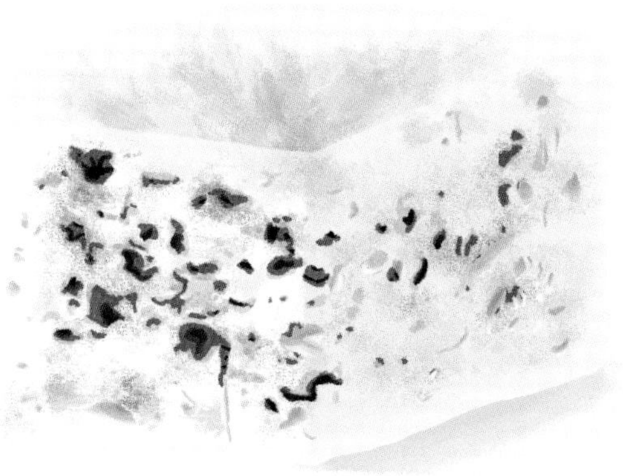

BLEU DE TERMIGNON 블루 드 테르미뇽 (프랑스, 오베르뉴 론 알프)

원유 | 비멸균 소젖.
크기 | 지름 27~28cm, 두께 15cm.
무게 | 7.3~7.7kg.
지방 | 28%.

지도 참조 : p. 198-199

블루 드 테르미뇽은 해발 2,300미터 고산지대에서 6월부터 9월까지만 생산되는 귀한 치즈이다. 현재 단 네 곳의 생산자들이 타랑테즈와 아봉당스 품종 소의 비멸균 원유로 만드는 이 치즈 제조의 전통을 이어나가고 있다. 고전적인 푸른곰팡이 치즈와 마찬가지로 소규모 공방 아티장 방식으로 만들지만 페니실리움 로크포르티(penicillium roqueforti) 곰팡이 균을 따로 주입하지는 않는다. 이 치즈는 자체적인 특성과 치즈 덩어리를 뾰족한 장치로 찔러주는 과정에 의해서만 푸른곰팡이가 자라난다. 치즈를 찔러주는 작업(piquage)을 통해 치즈 살 내부로 공기가 유입되어 산화가 일어나는 것이다. 치즈 외피는 모래처럼 거칠거칠하고 밤색에서 베이지색을 띠고 있으며 군데군데 황갈색 톤이 감돈다. 축축한 지하 저장고의 냄새가 강한 이 치즈는 자르면 외피 아래 버터와 같은 층이 있으며 그 안에는 입자감이 있고 부슬부슬하게 부서지는 흰색의 속살이 나타난다. 입안에 넣으면 외양간과 건초의 냄새를 동반한 동물성 풍미를 느낄 수 있다. 마지막에는 산미가 느껴져 산뜻함을 더해준다.

BLEU DU VERCORS-SASSENAGE 블루 뒤 베르코르 사스나주 (프랑스, 오베르뉴 론 알프)

AOC since 1998
AOP since 2001

원유 | 비멸균 소젖.
크기 | 지름 27~30cm, 두께 7~9cm.
무게 | 4~4.5kg.
지방 | 28%.

지도 참조 : p. 200-201

'블루 뒤 베르코르(bleu du Vercors)' 또는 '블루 드 사스나주(bleu de Sassenage)' 라는 이름으로도 알려진 이 치즈의 기원은 14세기로 거슬러 올라간다. 이 치즈는 당시 조세로 납부되었으나 1338년 6월 28일 사스나주의 알베르 남작은 치즈 제조인들이 자신들의 치즈를 자유롭게 판매할 수 있도록 허가했다. 이를 기점으로 치즈의 생산이 본격화되었고 블루 뒤 베르코르 사스나주 치즈가 인정받는 계기가 마련되었다. 납작한 원통형의 이 치즈는 솜털이 덮인 흰색의 외피를 갖고 있으며 군데군데 황색, 아이보리, 주황색의 줄이 있다. 이 블루치즈는 신선한 우유와 버섯 향이 나며 아이보리색 속살은 매끈하고 쫀득하면서도 말랑말랑하다. 청회색의 곰팡이는 속살에 혈관처럼 군데군데 퍼져 있다. 입안에 넣으면 맛이 비교적 순하며 우유의 맛과 식물성 풍미를 낸다. 섬세한 너트와 버섯의 맛을 느낄 수 있다.

BUXTON BLUE 벅스턴 블루 (영국, 미들랜즈)

AOP since 1996

원유 | 파스퇴라이즈드 저온 살균 소젖.
크기 | 지름 20cm, 두께 19~22cm.
무게 | 8kg.
지방 | 28%.

지도 참조 : p. 216-217

이 블루치즈는 커드에 천연색소인 아나토 또는 인공색소를 넣어 전체적으로 주황색을 띠고 있다. 하지만 푸른곰팡이가 혈관처럼 분포되어 있는 것으로 보아 페니실린 로크포르티(penicillium roqueforti) 곰팡이를 주입했다는 사실을 알 수 있다. 밀도가 촘촘하며 숙성이 진행될수록 점점 부드럽게 녹는 질감이 된다. 입안에 넣으면 버터와 같은 풍미와 쌉싸름한 맛, 과일의 맛을 내는 것이 특징이지만 그다지 강한 맛은 아니다. 식물성 응유효소를 사용했기 때문에 채식주의자들도 부담없이 먹을 수 있다.

CABRALES 카브랄레스 (스페인, 아스투리아스)

AOP since 1996

원유 | 비멸균 소젖, 염소젖, 양젖(또는 혼합).
크기 | 두께 7~15cm.
지방 | 27%.

지도 참조 : p. 206-207

카브랄레스 치즈의 제조법은 원유에 따라 달라지며, 따라서 겨울에 생산된 치즈들은 여름 치즈와는 다르다. 겨울에는 주로 소젖을 사용하며 여기에 염소젖이나 양젖을 조금 첨가한다. 여름에는 주로 염소젖과 양젖이 사용된다.
카브랄레스 치즈의 외피는 말랑말랑하고 녹진하며 회색빛과 주황색을 띤다. 말랑말랑하고 촉촉한 속살은 군데군데 잘 부서지기 쉬운 질감을 갖고 있고 흰색을 띠며 청록색의 곰팡이가 고루 퍼져 있다. 커드가 만들어지면 이 치즈는 동굴 속에서 최소 2개월 동안 숙성된다. 이 치즈는 양젖이나 염소젖 혼합 여부에 따라 맛의 강한 정도와 특유의 풍미가 달라진다. 하지만 어떠한 경우에도 이것은 매우 강한 맛의 블루치즈이며 먹는 중간에 찌르는 듯 꼬릿한 향이 느껴진다.

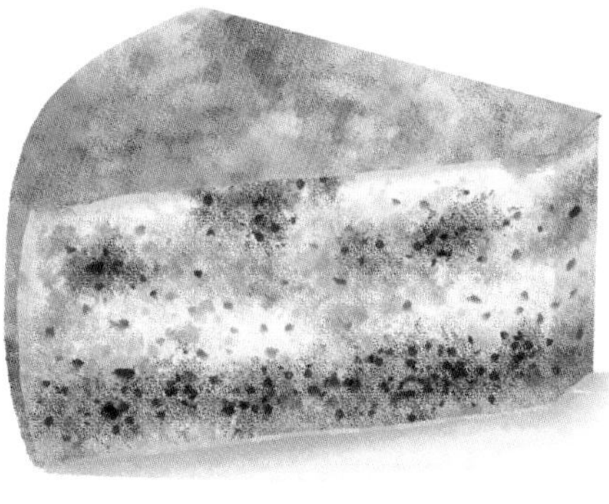

전통적으로 카브랄레스는 밤나무나 단풍나무 잎으로 싸여 있었다. 하지만 현재의 위생 기준법에 따라 이 방식은 사라졌다.

CASHEL BLUE® 캐셜 블루 (아일랜드, 먼스터)

원유 | 파스퇴라이즈드 저온 살균 소젖.
크기 | 지름 12~13cm, 두께 8~9cm.
무게 | 1.5kg.
지방 | 28%.

지도 참조 : p. 216-217

식물성 응유효소를 사용해 만드는 이 치즈는 1984년부터 티퍼래리(Tipperary)주에서 그럽(Grubb) 패밀리가 만들고 있다. 이곳에서는 크로져 블루(Crozier Blue® 본 페이지 하단)도 생산하고 있다. 캐셜 블루 치즈는 지하 저장고에서 6~10주간 숙성을 거친 뒤 제품으로 출시된다. 치즈의 질감은 녹진하면서 단단한 편이다. 맛있는 풍미의 이 치즈는 마지막에 기분 좋은 꼬릿함을 느낄 수 있다.

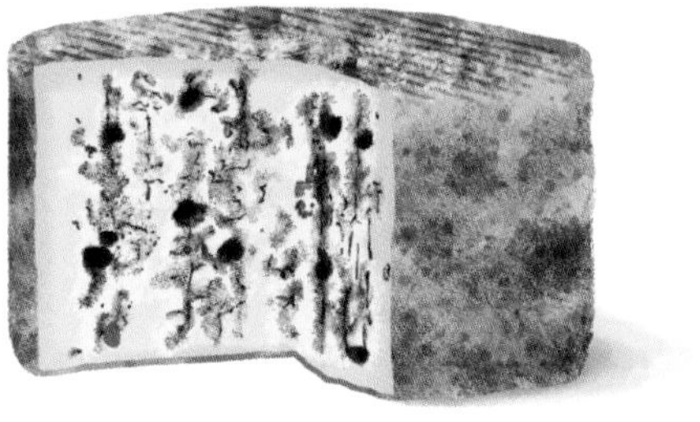

CASTELMAGNO 카스텔마뇨 (이탈리아, 피에몬테)

AOP since 1996

원유 | 비멸균 소젖. 경우에 따라 비멸균 양젖이나 염소젖(또는 이 둘의 혼합. 염소젖 최대 20%)을 첨가하기도 한다.
크기 | 지름 15~24cm, 두께 12~20cm.
무게 | 2~7kg.
지방 | 27%.

지도 참조 : p. 210-211

이 치즈가 존재했다는 문헌 기록은 그 역사가 1100년대로 거슬러 올라간다. 블루 드 테르미뇽(bleu de Termignon, p.169)과 마찬가지로 카스텔마뇨 치즈도 페니실리움 로크포르티 곰팡이균의 주입 없이 만들어지는 푸른곰팡이 치즈다. 결과적으로 이 치즈의 크림색 속살은 부스러지기 쉬운 질감이며 입자감이 있다. 외피는 거칠고 투박하고 브레비박테리움 리넨스(Brevibacterium linens)균이 군데군데 보이며 거무스름하고 희끗희끗한 곰팡이가 눈에 뜨인다. 축사와 지하 저장고 냄새가 나며 치즈를 자르면 우유와 신선한 풀의 향이 더 진하게 풍겨 나온다. 입안에 넣으면 새콤한 맛과 짭조름한 맛의 상큼한 풍미를 느낄 수 있다. 이 치즈의 특징적인 맛은 마지막에 나온다.

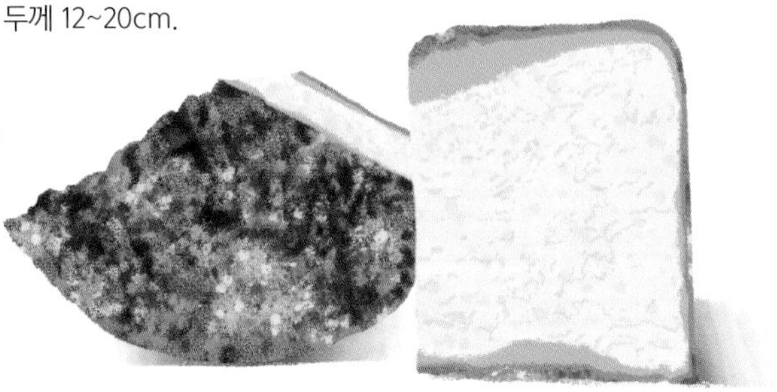

CROZIER BLUE® 크로져 블루 (아일랜드, 먼스터)

원유 | 파스퇴라이즈드 저온 살균 양젖.
크기 | 지름 12~13cm, 두께 8~9cm.
무게 | 1.5kg.
지방 | 29%.

지도 참조 : p. 216-217

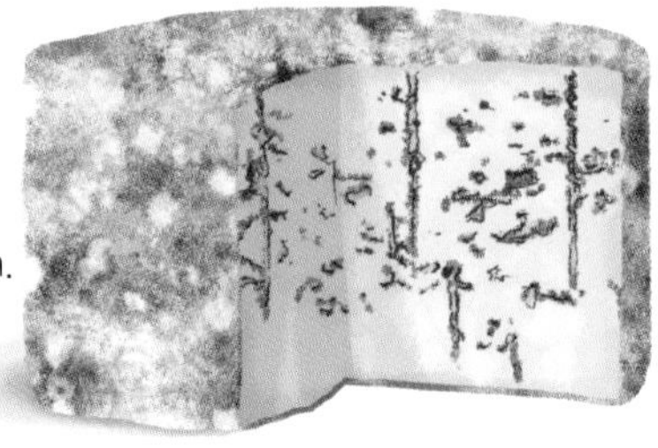

양젖으로 만드는 유일한 아일랜드 치즈인 크로져 블루는 소젖으로 만든 사촌 격인 캐셜 블루치즈(6~10주 숙성)보다 저장고에서 더 오랜 시간(12주) 숙성된다. 푸른빛을 띤 회색 외피 안의 하얀 속살에는 푸른곰팡이가 퍼져 있으며 다양한 크기의 구멍이 군데군데 나 있다. 입안에 넣으면 녹진한 식감이 느껴지고 부드럽게 녹는다. 새콤한 맛, 풀과 꽃 풍미의 순한 맛이 공존하는 치즈이다.

DANABLU 다나블루 (덴마크)

IGP
since
2003

원유 | 저온 살균 또는 파스퇴라이즈드 저온 살균 소젖.
크기 | 지름 20cm, 길이 30cm, 두께 12cm.
무게 | 3~4kg.
지방 | 27%.

지도 참조 : p. 220-221

원통형 또는 직육면체 형태의 다나블루 치즈는 따로 외피가 없으며 표면은 흰색에서 노르스름한 색,

갈색을 띠고 있다. 속살 또한 같은 톤의 색으로 청록색 곰팡이가 혈관처럼 고루 퍼져 있으며, 치즈에 공기가 통하도록 군데군데 찔러준 흔적 또한 눈에 보인다. 이 치즈는 말랑말랑하고 부드러운 버터의 질감을 갖고 있으며 입안에 넣으면 직관적인 맛과 푸른곰팡이로 인한 꼬릿하고 강한 맛이 난다. 마지막에는 쌉싸름한 맛이 예리하게 느껴지기도 한다.

DISTINCTION BLUE 디스팅션 블루 (뉴질랜드, 오클랜드)

원유 | 파스퇴라이즈드 저온 살균 소젖.
지방 | 27%.

지도 참조 : p. 232-233

디스팅션 블루치즈를 생산하는 푸호이 밸리(Puhoi Valley) 목장은 식물성 응유효소를 사용하기 때문에 채식주의자들도 이 치즈를 부담없이 먹을 수 있다. 이 치즈의 특징은 저장고에서 숙성을 마친 뒤 검정색 파라핀으로 감싸준다는 점이다. 이 테크닉은 치즈의 부드러운 질감을 유지하는 데 도움이 될 뿐 아니라 특별한 외형을 만들어준다. 순한 맛과 크리미한 식감을 가진 블루치즈로 마지막에는 약간의 스파이스 노트를 느낄 수 있다.

DORSET BLUE CHEESE 도세트 블루치즈 (영국, 사우스웨스트잉글랜드)

IGP
since
1998

원유 | 파스퇴라이즈드 저온 살균 소젖.
지방 | 28%.

지도 참조 : p. 216-217

이 치즈는 만드는 과정에서 커드를 살짝 압착해주기 때문에 다른 블루치즈들보다 질감이 조금 더 단단하다. 외피는 밤색, 황갈색 또는 진한 갈색을 띠고 있으며 지하 저장고와 버섯의 냄새가 강하게 난다. 속살은 아이보리에서 황색을 띠며 청록색의 곰팡이가 불규칙하게 퍼져 있다. 입안에 넣으면 처음에는 비교적 순한 맛을 보이며 이어서 꼬릿하고 강한 풍미와 후추의 맛이 나타난다.

DOVEDALE CHEESE 도버데일 치즈 (영국, 잉글랜드, 미들랜즈)

AOP since 1996

원유 I 파스퇴라이즈드 저온 살균 소젖.

크기 I 지름 20cm, 두께 7cm.

무게 I 2.5kg.

지방 I 27%.

지도 참조 : p. 216-217

이 치즈의 외피는 핑크, 아이보리, 청회색을 띠고 있고 부드럽게 녹는 말랑말랑한 질감을 갖고 있다. 우유, 축축한 지하 저장고, 버섯의 냄새가 나며 숙성 기간이 3~4주 정도로 짧은 편이기 때문에 비교적 맛이 순하다. 우유와 크림의 풍미가 진하며 새콤한 맛도 지니고 있다.

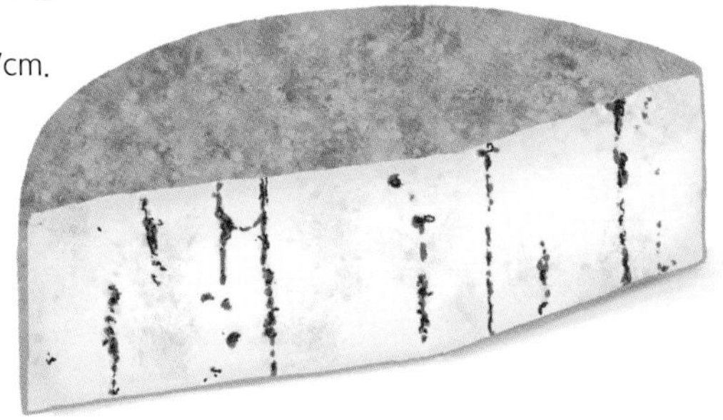

ÉTOILE BLEUE DE SAINT-RÉMI 에투알 블루 드 생 레미 (캐나다, 퀘벡)

원유 I 저온 살균 양젖.

무게 I 1.5kg.

지방 I 29%.

지도 참조 : p. 230-231

이 양젖 블루치즈는 캐나다 몬트리올주와 퀘벡주 사이에 위치한 생 레미 드 팅위크(Saint-Rémi-de-Tingwick)의 프로마주리 뒤샤름(Fromagerie Ducharme)에서 2013년부터 생산하고 있다. 올리비에 뒤샤름이 설립한 이 치즈 제조업체에서는 소젖 치즈 또한 생산하고 있는데 원유는 자체 목장에서 직접 공급받지 않고 있으며 퀘벡의 목축업자들로부터 구매하고 있다. 에투알 블루 드 생 레미 치즈는 아이보리 빛 흰색에 청회색 곰팡이 얼룩이 전체적으로 분포되어 있다. 입자감이 있으면서도 크리미한 질감을 갖고 있으며 입안에 넣으면 우유의 풍미와 새콤한 맛, 고소한 너트의 맛과 짭조름한 킥이 느껴진다.

EXMOOR BLUE CHEESE 엑스무어 블루치즈 (영국, 사우스웨스트잉글랜드)

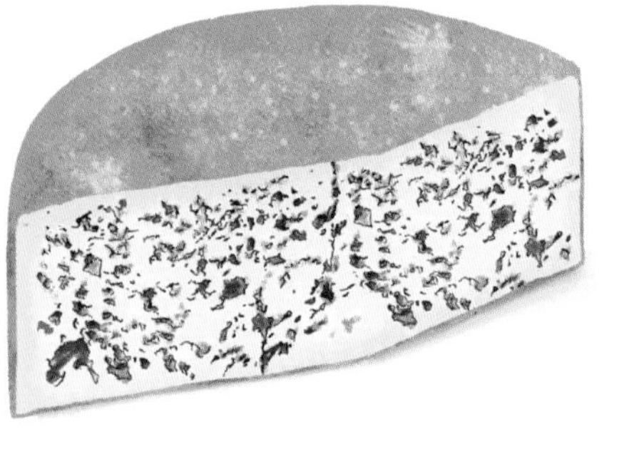

IGP since 1999

원유 I 비멸균 소젖.

크기 I 지름 12~13cm, 두께 8~9cm.

무게 I 1.25kg.

지방 I 34%.

지도 참조 : p. 216-217

선명한 노란색을 띠고 있는 이 치즈는 저지 종 소의 젖으로만 만들어진다. 희끗희끗한 황색의 얇은 외피 안에는 아주 크리미하고 부드럽게 녹는 질감의 치즈가 들어 있다. 순한 맛의 이 블루치즈는 버터, 우유의 풍미가 나며 푸른곰팡이(penicillium roqueforti)로 인한 시큼한 맛이 난다. 숙성 저장고에서 4~6주가 지난 뒤부터 제품으로 출시된다.

FOURME D'AMBERT 푸름 당베르 (프랑스, 오베르뉴 론 알프)

AOC since 1972 · AOP since 1996

원유 | 비멸균 또는 파스퇴라이즈드 저온 살균 소젖.
크기 | 지름 17~21cm, 두께 12.5~14cm.
무게 | 1.9~2.5kg.
지방 | 27%.

지도 참조 : p. 202-203

전해오는 이야기에 따르면 갈로로망 시대에 갈리아 드루이드 승들은 포레즈산맥 정상인 피에르 쉬르 오트(Pierre-sur-Haute)에서 예배 의식을 치를 때 푸름 당베르 치즈를 먹었다고 한다.

오랜 역사를 갖고 있는 이 치즈는 중세에 그 제조법이 완성되었다. 물론 그 이전에도 이와 비슷한 치즈의 존재를 언급한 몇몇 증거들이 남아 있긴 하다. 8세기에 지어진 라숌(La Chaulme) 성당의 돌 모형은 오늘날과 같은 모습의 푸름 당베르 치즈의 존재를 이미 보여 주고 있다. 심지어 이 치즈는 8세기 당시 산악지대에서 치즈를 만들던 임시 건물(jasserie 숙소와 축사 포함)을 임대할 때 화폐 대신 사용되기도 했다. 회색 외피에는 푸른빛이 나는 흰색, 황색, 붉은색 곰팡이가 피어 있기도 하다. 속살은 흰색에서 크림색을 띠고 있으며 청록색의 곰팡이가 치즈 전체에 균일하게 분포되어 있다. 치즈의 질감은 쫀득하며 부드럽게 녹는다. 숙성이 덜 된 어린 푸름 당베르 치즈는 지하 저장고와 신선한 버터의 향이 나며 숙성이 진행될수록 이 냄새는 꽃, 스파이스 향으로 변한다. 비교적 순한 맛의 이 블루치즈는 크림, 숲의 풍미를 느낄 수 있으며 놀라우리만큼 입안에서 맛이 오래 지속된다.

FOURME DE MONTBRISON 푸름 드 몽브리종 (프랑스, 오베르뉴 론 알프)

AOC since 1972 · AOP since 2010

원유 | 비멸균 또는 파스퇴라이즈드 저온 살균 소젖.
크기 | 지름 11.5~14.5cm, 두께 17~21cm.
무게 | 2.1~2.7kg.
지방 | 27%.

지도 참조 : p. 202-203

1972년 획득한 AOC(원산지명칭통제) 인증은 푸름 당베르와 푸름 드 몽브리종에 모두 적용된다. 하지만 여러 측면에서 이 둘은 다른 점이 많다. 푸름 당베르는 표면에 소금을 입히는 데 반해 푸름 드 몽브리종은 치즈 전체에 염지를 한다. 또한 포레즈의 푸름 드 몽브리종은 독일 가문비 나무로 만든 긴 대롱 모양 받침틀에 가로로 뉘어 놓고 숙성시킨다는 점이 오베르뉴의 푸름 당베르의 경우와는 다르다(이 치즈는 세로로 세워놓고 숙성시킨다). 2002년 이 두 치즈는 모두 인기가 높아졌으며 각각 고유의 제품 사양서를 공식 인증 받았다. 나무 위에 놓고 숙성하는 푸름 당베르 치즈는 주황색의 우툴두툴하고 거친 외피를 갖고 있다. 치즈 속살은 단단하고 부드럽게 녹으며 숙성이 지속되면 잘 부스러지는 질감이 되기도 한다. 입안에 넣으면 모래처럼 부슬부슬한 식감이 느껴지지만 혀 위에서 부드럽게 녹으며 우유, 과일의 좋은 풍미를 발산한다.

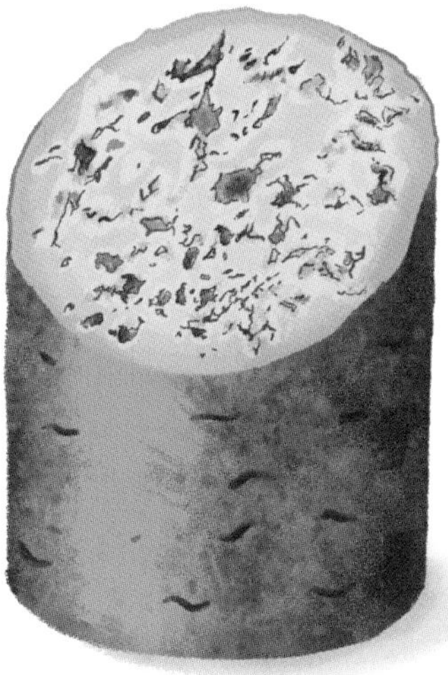

GAMONEDO 가모네도 (스페인, 아스투리아스)

AOP since 2008

원유 I 비멸균 소젖, 양젖, 염소젖 또는 혼합.
크기 I 지름 10~30cm, 두께 6~15cm.
무게 I 500g~7kg.
지방 I 24%.

지도 참조 : p. 206-207

물푸레나무, 헤더, 너도밤나무로 훈연한 치즈이다. 이 나무들 외에 아스투리아스 지방에서 자란 나무 중 진이 나는 수지류 수목이 아니라면 그 어떤 것도 이 치즈의 훈연용으로 사용가능하다. 훈연의 강한 향이 나고 이 풍미는 입안에 넣어도 지속되며 마지막에 고소한 너트 맛이 난다. 블루 드 테르미뇽(bleu de Termignon)과 마찬가지로 이 치즈도 페니실리움 로크포르티 푸른곰팡이가 주입되지 않았고 치즈가 공기와 접촉하면서 곰팡이 균이 자라게 된다.

GORGONZOLA 고르곤졸라 (이탈리아, 롬바르디아, 피에몬테)

AOP since 1996

원유 I 파스퇴라이즈드 저온 살균 소젖.
크기 I 지름 20~32cm, 두께 13cm(최소).
무게 I 5.5~13.5kg.
지방 I 29%.

지도 참조 : p. 210-211

고르곤졸라에는 핑크색을 띤 외피에 크리미하고 흐르는 질감, 달콤하고 순한 맛을 지닌 그 유명한 고르곤졸라 돌체(gorgonzola dolce)만 있는 것이 아니다. 단단한 질감에 꼬릿한 맛이 자극적인 고르곤졸라 피칸테(gorgonzola piccante)도 있으며 사이즈 또한 대형, 소형 두 가지로 판매되고 있다. 고르곤졸라 돌체에는 푸른곰팡이(penicillium roqueforti)가 녹아들어 흐릿하게 분포되어 있으며 피칸테에는 혈관 모양으로 퍼져 있다.

GREVENBROECKER 그레벤브뢰커 (벨기에, 림뷔르흐)

원유 I 비멸균 소젖.
크기 I 지름 25cm, 두께 20cm.
무게 I 4.5kg.
지방 I 30%.

지도 참조 : p. 218-219

그레벤브뢰커라는 오래된 수도원 내의 카타리나달(Catharinadal) 치즈 제조소에서 생산되는 치즈로 블루 다셸(bleu d'Achel)이라고도 불린다. 이 치즈는 2009년 세계 최고의 아티장 치즈로 선정된 바 있다. 보넌(Boonen) 형제는 이 수상 이후에 몰려드는 높은 주문량에도 불구, 생산량을 그대로 유지하기로 결정한다. 그렇기 때문에 이 치즈는 구하기 힘들고 가격도 비싸다. 다른 블루치즈들과는 달리 이 치즈는 커드와 푸른곰팡이(penicillium roqueforti)를 차곡차곡 쌓아올려 만든다. 질감은 마치 푸아그라처럼 단단하면서 부드럽게 녹는다. 입안에 넣으면 어린 그레벤브뢰커 치즈는 맛이 순하고 크리미하며 우유 풍미와 산미가 감돈다. 좀 더 숙성시키면 풍미가 강해지며 찌르는 듯한 꼬릿한 맛이 난다.

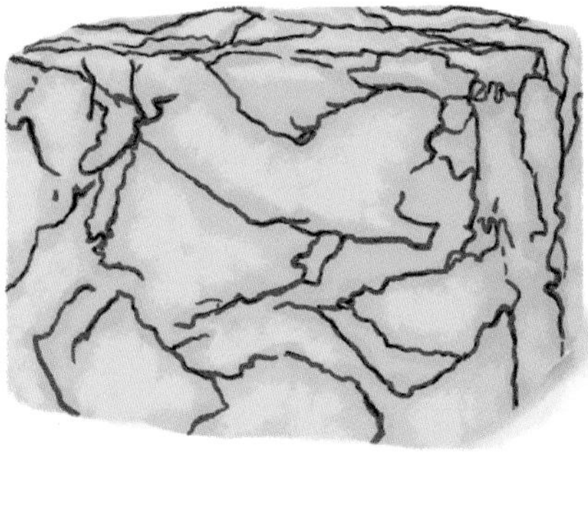

ITXASSOU 잇차수 (프랑스, 누벨 아키텐)

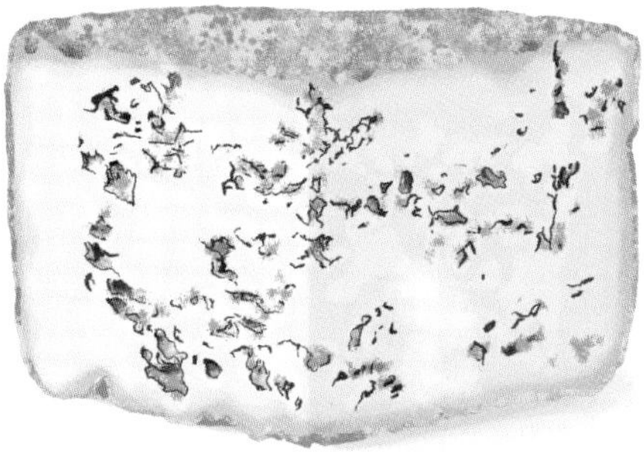

원유 | 파스퇴라이즈드 저온 살균 양젖.
크기 | 지름 28~30cm, 두께 7.5cm.
무게 | 5kg.
지방 | 30%.

지도 참조 : p. 202-203

바스크의 블루치즈(bleu des Basques)라고도 불리는 잇차수는 회색과 흰색을 띤 외피를 갖고 있으며 옆 둘레 면에 줄무늬가 나 있다. 표면에서는 은은한 버섯 향과 지하 저장고의 냄새가 풍긴다. 치즈를 자르면 푸른곰팡이가 치즈 전체에 불규칙하게 분포되어 있는 모습을 볼 수 있다. 아이보리색, 크림색 속살은 버터처럼 부드러운 질감을 갖고 있고 입안에 넣으면 신선한 풀의 향기와 상큼한 풍미가 나며 양젖 특유의 맛이 섬세하게 느껴진다. 마지막에는 은은한 산미가 올라온다.

JIHOČESKÁ NIVA/JIHOČESKÁ ZLATÁ NIVA 이호체스카 니바 / 이호체스카 즐라타 니바 (체코, 남 보헤미아)

IGP since 2010

원유 | 파스퇴라이즈드 저온 살균 소젖.
크기 | 지름 18~20cm, 두께 10cm.
무게 | 2.8kg.
지방 | 26~29%.

지도 참조 : p. 224-225

치즈 외피는 크림색에서 밝은 갈색을 띠고 있다. 속살에는 녹색과 푸른색의 곰팡이가 다소 두껍게 퍼져 있으며 잘 부서지는 질감으로 입안에서 부드럽게 녹는다. 짭짤한 맛과 자극적인 강한 맛이 난다. 즐라타 니바도 같은 특징을 갖고 있으나 지방 함유율이 더 높다(29%, 이호체스카 니바는 26%).

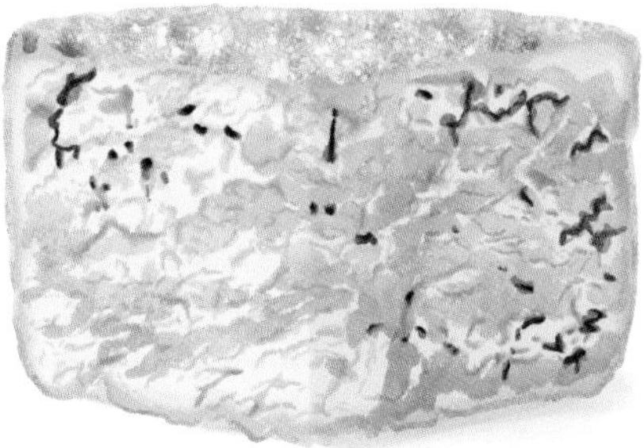

KOPANISTI 코파니스티 (그리스, 남 에게)

AOP since 1996

원유 | 비멸균 또는 파스퇴라이즈드 저온 살균 소젖, 양젖, 염소젖 또는 혼합.
지방 | 27%.

지도 참조 : p. 226-227

키클라데스 제도에서 생산되는 이 치즈는 단일 원유 또는 2~3가지 원유 혼합으로 만든다. 황색에서 회색을 띠는 이 치즈의 질감은 크리미하며 스파이스, 후추의 풍미와 짭조름한 맛을 갖고 있다. 강하게 올라오는 맛은 이 치즈를 뚜껑이 없는 용기에 넣은 뒤 습도가 아주 높은 장소에 보관했기 때문에 생긴 결과이다. 이 같은 환경에서 곰팡이가 형성된 것이다. 이어서 커드를 고루 저어 곰팡이가 치즈 전체에 고루 퍼지게 만든다. 때로 코파니스티 아펠라시옹 지역 내에서 생산된 버터를 여기에 첨가해 넣기도 한다(최대 15%). 그 경우 이 치즈는 맛도 조금 순해지고 크리미한 질감이 더 살아난다. 빵 등에 펴 발라먹기 좋은 상태가 된다.

MILAWA BLUE 밀라와 블루 (호주, 빅토리아)

원유 | 파스테라이즈드 저온 살균 소젖과 소젖 유크림.
크기 | 17cm 반원통형 : 폭 9cm, 두께 9cm.
무게 | 1kg.
지방 | 28%.

지도 참조 : p. 232-233

이 치즈는 식물성 응유효소를 사용하기 때문에 채식주의자들도 부담없이 먹을 수 있다. 밀라와 블루는 말랑말랑한 질감의 치즈로 입안에서 부드럽게 녹으며 순한 맛의 곰팡이와 유크림이 좋은 밸런스를 이루고 있다. 고르곤졸라 돌체와 맛의 강도가 비슷하지만 식감은 푸름 당베르에 더 가깝다.

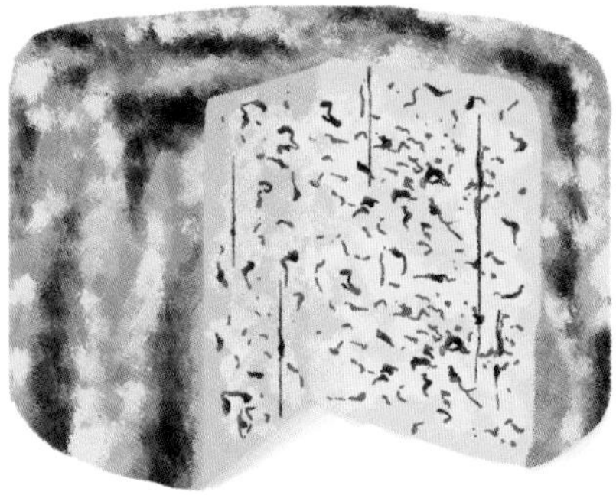

OAK BLUE 오크 블루 (호주, 빅토리아)

원유 | 파스테라이즈드 저온 살균 소젖.
크기 | 지름 20cm, 두께 13cm.
무게 | 5kg.
지방 | 28%.

지도 참조 : p. 232-233

이 치즈의 이름은 생산지인 베리스 크릭(Berrys Creek) 목장에서 멀지 않은 모스 베일 공원에 빼곡히 들어선 떡갈나무(oaks)에서 따온 것이다. 이 푸른곰팡이 치즈는 맛의 강도 면에서는 고르곤졸라 돌체와 닮았지만 질감이 더 단단하며 회녹색의 곰팡이가 더 두드러진다. 오크 블루는 3개월의 기간을 거쳐 숙성이 완성된다. 입안에 넣으면 크림, 버터의 풍미와 상큼한 맛이 주를 이룬다.

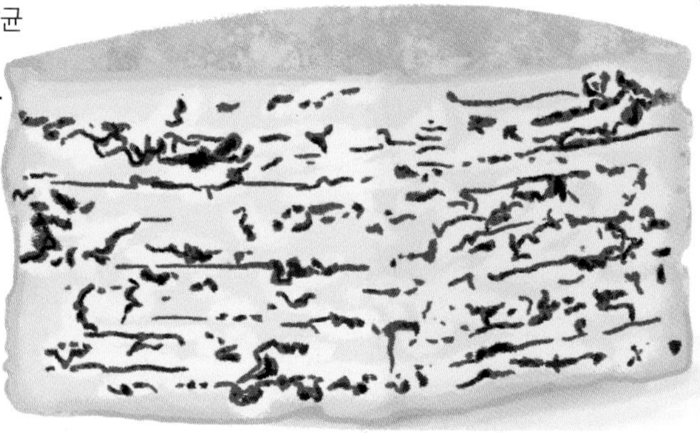

PERSILLÉ DE TIGNES 페르시예 드 티뉴 (프랑스, 오베르뉴 론 알프)

원유 | 비멸균 염소젖(75%)과 소젖(25%).
크기 | 지름 11cm, 두께 11~13cm.
무게 | 800g.
지방 | 27%.

지도 참조 : p. 198-199

이 치즈는 이미 8세기에 카롤루스 대제가 맛을 보고는 높이 평가했다고 전해진다. 현재 단 한 곳의 목장에서 이 특별한 치즈를 생산하고 있는데 바로 폴레트 마르모탕(Paulette Marmottan)이 그 주인공이다. 블루 드 테르미뇽(bleu de Termignon, p.170)과 마찬가지로 이 치즈 또한 일반적인 푸른곰팡이 치즈 방식으로 제조되지만 푸른곰팡이(penicillium roqueforti)를 따로 주입하지 않는다. 따라서 속살은 흰색을 띠고 있으며 약간의 입자감이 있다. 밤색, 베이지, 황갈색의 외피는 투박하고 거칠며 울퉁불퉁하다. 지하 저장고 냄새가 나며 숲, 버섯의 향이 난다. 입안에 넣으면 모래처럼 부슬부슬한 식감이 느껴지지만 부드럽게 녹으며 새콤한 풍미와 짠맛이 은은한 염소젖 특유의 풍미를 느낄 수 있다. 아주 훌륭한 맛의 치즈이다.

PICÓN BEJES-TRESVISO 피콘 베헤스 트레스비소 (스페인, 칸타브리아)

AOP
since
1996

원유 | 비멸균 소젖, 염소젖, 양젖.
크기 | 지름 15~20cm, 두께 7~15cm.
무게 | 700g~2.8kg.
지방 | 28%.

지도 참조 : p. 206-207

이 치즈의 외피는 밝은 갈색을 띠고 있으며 흰색과 미색의 속살에는 조금씩 구멍이 나 있고 푸른곰팡이(penicillium roqueforti)가 혈관처럼 고루 퍼져 있다. 부드럽게 녹는 질감을 갖고 있으며 입자감도 느껴진다. 입안에 넣으면 축사 냄새와 동물성 향이 강하게 나며 마지막에는 꼬릿한 맛이 나기도 한다. 원래 피콘 베헤스 트레스비소 치즈는 개버즘 단풍나무 잎으로 싸여 있었다. 현재는 알루미늄 포일로 포장되어 출시된다. 이 치즈는 해발 500~2000미터 지대의 천연동굴 안에서 숙성된다.

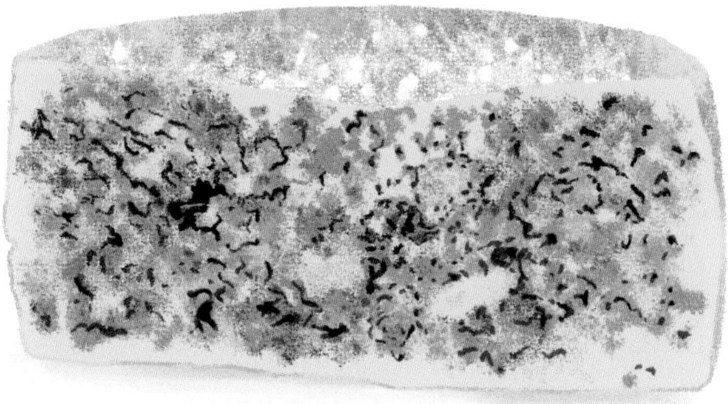

QUESO DE VALDEÓN 케소 데 발데온 (스페인, 카스티야이레온)

IGP
since
2004

원유 | 비멸균 또는 파스퇴라이즈드 저온 살균 소젖, 또는 비멸균 또는 파스퇴라이즈드 저온 살균 소젖과 양젖 또는 염소젖 혼합.
무게 | 500g~3kg.
지방 | 29%.

지도 참조 : p. 206-207

이 치즈는 통째로 혹은 자른 상태로 판매된다. 황색을 띤 얇은 외피에는 회색빛의 얼룩이 있다. 아이보리색에서 크림색을 띤 속살은 숙성이 길어지면 윤이 나기도 하며, 곰팡이 구멍은 푸른색과 녹색을 띠고 있다. 입자감이 느껴지며 부드럽게 녹는 식감의 이 치즈는 입안에 넣으면 즉시 강한 맛이 느껴지며 마지막에는 꼬릿한 맛과 약간 맵게 쏘는 듯한 자극적인 맛이 난다.

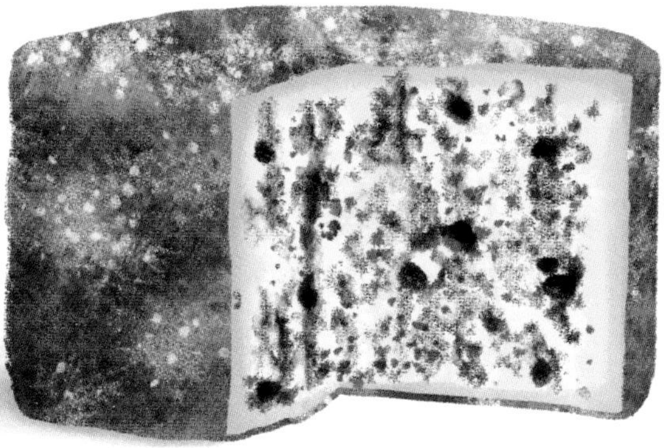

ROGUE RIVER BLUE 로그 리버 블루 (미국, 오리건)

원유 | 비멸균 소젖.
크기 | 지름 20cm,
두께 10cm.
무게 | 3kg.
지방 | 24%.

지도 참조 : p. 228-229

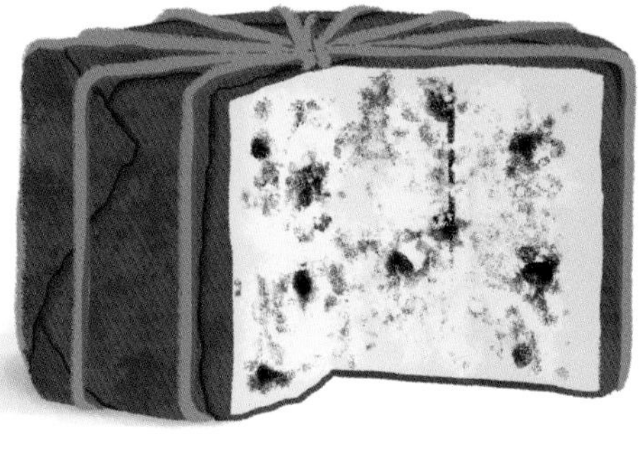

로그 리버 블루는 비멸균 소젖으로 만들어 유럽으로 수출한 미국 최초의 치즈로, 2019년 월드 치즈 경연대회에서 최우수상을 받았다. 가을에만 만들어지는 이 치즈는 서양배 브랜디에 담가두었던 포도나무 잎으로 싸 숙성시킨다. 입안에 넣으면 스파이스, 바닐라, 초콜릿, 견과류, 심지어 베이컨을 연상시키는 복합적인 향이 폭발한다. 입자가 느껴지며 부드럽게 녹는 식감을 갖고 있다.

ROQUEFORT 로크포르 (프랑스, 옥시타니)

AOC since 1925 / AOP since 2008

원유 | 비멸균 양젖.
크기 | 지름 19~20cm,
두께 8.5~11.5cm.
무게 | 2.5~3kg.
지방 | 28%.

지도 참조 : p. 202-203

전설에 의하면 한 목동이 자신의 양 떼와 도시락(빵과 커드 치즈)이 든 가방을 동굴 안에 두고 예쁜 아가씨를 따라갔다고 한다. 돌아와 보니 치즈에 곰팡이가 피어 있었고 분명히 강한 맛이 났는데 그게 아주 상큼하고 좋은 맛이라는 사실을 발견했다. 로크포르 치즈는 이렇게 탄생했다. 9세기에 카롤루스 왕은 전역에서 돌아오는 길에 한 주교의 집에서 우연히 이 치즈를 맛보게 되었다. 그는 주교에게 이것을 매년 2박스씩 엑스 라 샤펠(Aix-la-Chapelle)로 보내줄 것을 요청했다. 1411년은 로크포르 치즈의 전환점이 되었다. 왜냐하면 샤를 6세 왕이 로크포르 쉬르 술종(Roquefort-sur-Soulzon, Aveyron) 마을 주민들에게 이 치즈를 숙성할 수 있도록 독점권을 부여했기 때문이다. 이 결정으로 인해 미래에 AOC(원산지명칭통제) 인증에 요구되는 제품 사양서를 예시하게 되었고 이는 1925년에 채택되었다. 라콘(lacaune) 종 양의 젖으로 만드는 로크포르 치즈는 반드시 로크포르 쉬르 술종의 지하 동굴에서만 숙성되어야 한다. 이 지하실은 환기가 되며 적당한 온도와 습도로 페니실리움 로크포르티 푸른곰팡이 배양에 좋은 환경을 제공한다. 이곳은 지반이 무너져 내리면서 생긴 암석 틈 사이를 통해 자연스럽게 공기의 순환이 이루어진다. 메종 카를(Maison Carles)은 옛 방식, 즉 호밀빵 가루로부터 페니실리움 로크포르티 푸른곰팡이를 자체 배양하여 로크포르 치즈를 만드는 마지막 업체이다. 이 가루를 커드에 넣어 섞어 곰팡이를 피우는 방식이다. 로크포르 치즈는 매우 섬세한 맛을 내고 짠맛이 덜하며 균형이 잡힌 강한 맛을 낸다. 외피는 아이보리색에서 분홍빛을 띠며 매끈하고 온전해야 한다. 속살은 수분기가 있으며 흰색에 푸른곰팡이가 혈관처럼 퍼져 있다. 강하고 짜릿한 향이 나며 약간 시큼하다. 질감은 단단하며 부드럽게 녹고 툭 부러지진 않지만 잘게 부스러진다. 입안에 넣으면 양젖 특유의 강한 풍미와 상큼함이 좋은 균형을 이룬다.

로크포르는 AOC (원산지명칭통제) 인증을 획득한 최초의 치즈이다.

SHROPSHIRE 슈롭셔 (영국, 스코틀랜드, 하일랜드)

원유 | 파스퇴라이즈드 저온 살균 소젖.
크기 | 지름 20cm, 두께 30cm.
무게 | 5~6kg.
지방 | 29%.

지도 참조 : p. 216-217

이 치즈는 스코틀랜드 인버네스에서 앤디 윌리엄슨(Andy Williamson)이 1970년대에 처음 만들었으며 처음에는 인버네스셔 블루(Inverness-shire Blue) 또는 블루 스튜어트(Blue Stuart)라고 불렀다. 천연 색소인 아나토(로쿠)로 물을 들여 오렌지색을 띠는 이 블루치즈는 살짝 부서지기 쉬우며 균일한 질감을 갖고 있고 푸른곰팡이가 보기 좋게 퍼져 있다. 입안에서 부드럽게 녹는 식감을 가진 이 치즈는 아주 강하지는 않지만 블루치즈 특유의 맛을 내며 농축된 크림, 축사의 풍미를 발산한다.

이름으로 미루어 생각할 수 있는 것과는 달리 이 치즈는 영국 슈롭셔 지역에서 생산된 적이 한 번도 없다.

SMOKEY OREGON BLUE 스모키 오리건 블루 (미국, 오리건)

원유 | 비멸균 소젖.
크기 | 지름 20cm, 두께 10cm.
무게 | 3kg.
지방 | 27%.

지도 참조 : p. 228-229

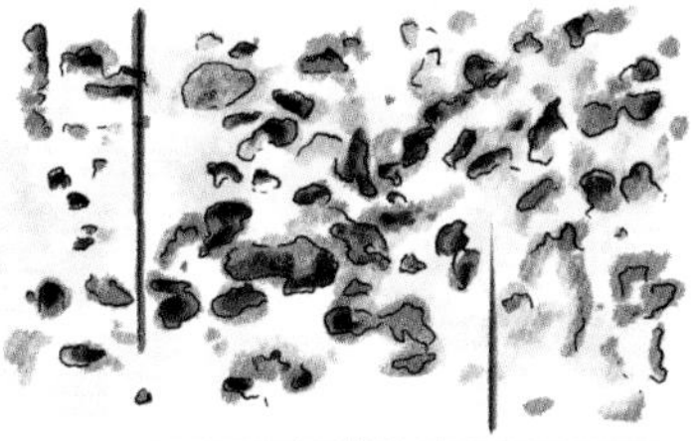

유기농 목장인 로그 크리머리(Rogue Creamery)에서 식물성 응유효소를 사용해 만드는 스모키 오리건 블루치즈는 전 세계적으로도 아주 드문 스모크드 블루치즈다. 훈연은 헤이즐넛 껍데기를 사용해 이루어지며 따라서 이 치즈의 버터 같은 질감 이면에는 토스트 노트와 구운 견과류, 크렘 브륄레의 향이 잘 어우러져 풍겨난다. 놀라운 맛을 선사하는 아주 특별한 치즈다.

STILTON CHEESE 스틸턴 치즈 (영국, 잉글랜드, 미들랜즈)

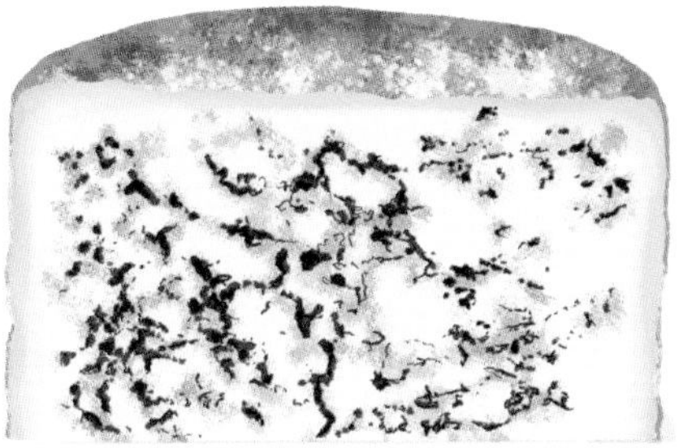

AOP since 1996

원유 | 파스퇴라이즈드 저온 살균 소젖.
크기 | 지름 15cm, 두께 25cm.
무게 | 4~5kg.
지방 | 28%.

지도 참조 : p. 216-217

이 치즈는 블루 스틸턴, 화이트 스틸턴(숙성 기간이 짧은 어린 치즈), 빈티지 블루 스틸턴(15주 이상 숙성) 3종류로 나뉜다. 약간 울퉁불퉁한 특징을 갖고 있는 외피는 살짝 입자감이 느껴지지만 부드럽게 녹으며 말랑말랑하고 촉촉하다. 버터, 크림 풍미의 밸런스가 좋고 입안에서 맛이 오래 지속되며 마지막에는 푸른곰팡이(penicillium roqueforti) 특유의 상큼함이 느껴진다. 이 치즈의 수많은 애호가들은 포트와인을 한잔 곁들여 즐긴다.

STRACHITUNT 스트라키툰트 (이탈리아, 롬바르디아)

AOP since 2014

원유 | 비멸균 소젖.
크기 | 지름 25~28cm, 두께 10~18cm.
무게 | 4~6kg.
지방 | 29%.

지도 참조 : p. 210-211

이 치즈의 외피는 거칠거칠하고 곰팡이가 얇게 피어 있는 경우도 있다. 축축한 지하 저장고와 버섯의 향이 나는 이 치즈의 속살은 조직이 치밀하고 청록색의 곰팡이가 줄무늬를 이루고 있으며 혀에서 매우 부드럽게 녹는다. 처음 입안에 넣었을 때 쨍한 맛을 내지만 숙성 기간이 아주 긴 경우를 제외하고는 그리 강한 맛의 치즈는 아니다. 크림, 버섯, 신선한 풀의 풍미가 주를 이룬다.

TIROLER GRAUKÄSE 티롤러 그라우케제 (오스트리아, 티롤)

AOP since 1996

원유 | 비멸균 또는 파스퇴라이즈드 저온 살균 소젖 .
무게 | 1~4kg.
지방 | 27%.

지도 참조 : p. 222-223

이 블루치즈는 커드 안에 직접 푸른곰팡이(penicillium roqueforti)를 주입하여 만들기도 한다. 티롤러 그라우케제 치즈는 눈으로 보기에는 블루치즈라고 하기 어렵고 오히려 흰색 또는 아이보리색을 띠고 있다. 하지만 입안에 넣으면 입자감이 있고 부드럽게 녹는 식감이 고전적인 블루치즈의 특징을 연상시킨다.

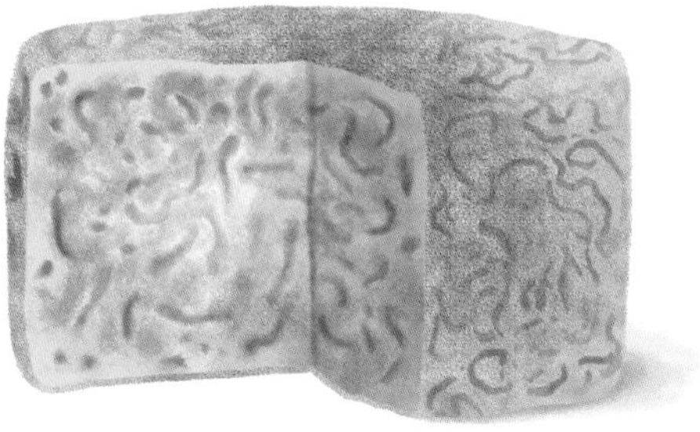

URBAN BLUE 어반 블루 (캐나다, 노바스코샤)

원유 | 파스퇴라이즈드 저온 살균 소젖.
크기 | 길이 20cm, 폭 10cm, 두께 8cm.
무게 | 1.5kg.
지방 | 34%.

지도 참조 : p. 230-231

린델 핀들레이(Lyndell Findlay)가 운영하는 블루 하버(Blue Harbour) 목장에서 생산되는 이 사각형 치즈는 크림이 첨가되어 있어 마치 이탈리아의 고르곤졸라 돌체 치즈를 연상시킨다. 줄무늬가 나 있는 회색빛 외피는 흰색의 베일같이 얇은 곰팡이 막으로 덮여 있는 경우도 있다. 축사와 숲의 냄새가 주를 이루는 이 치즈는 입안에 넣으면 부드럽게 녹으며 크림, 버섯의 풍미가 느껴진다. 마지막에는 산미를 동반한 상큼한 맛을 느낄 수 있다.

VENUS BLUE 비너스 블루 (호주, 빅토리아)

원유 | 저온 살균 양젖.
크기 | 지름 20cm, 두께 10cm.
무게 | 2.1kg.
지방 | 24%.

지도 참조: p. 232-233

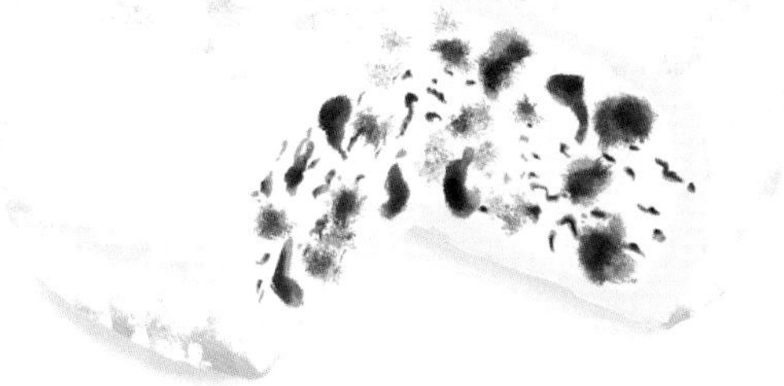

식물성 응유효소를 사용해 만드는 비너스 블루 치즈의 외피는 줄무늬 홈이 파여 있으며 거의 아삭할 정도의 질감을 갖고 있다. 숲과 버섯의 향기가 나는 이 치즈는 속살 부분이 로크포르보다 더 부드럽게 녹는 질감을 갖고 있다. 입안에 넣으면 푸른곰팡이 특유의 상큼함과 양젖이 주는 산미가 맛의 균형을 이룬다.

VERZIN® 베르진 (이탈리아, 리구리아)

원유 | 파스퇴라이즈드 저온 살균 소젖 또는 염소젖.
크기 | 지름 18~20cm, 두께 13~15cm.
무게 | 2kg.
지방 | 30%.

지도 참조: p. 210-211

등록상표인 베르진 치즈는 베피노 오첼리(Beppino Occelli)가 만든다. 이 치즈의 이름은 베르지노(verzino) 또는 베르돌리노(verdolino)라고 불리는 프라보자(Frabosa)의 대리석에서 따왔다. 실제로 치즈에 혈관처럼 퍼져 있는 푸른곰팡이와 그 질감이 대리석과 닮아 있다. 표면은 회색과 핑크색을 띠고 있으며 외피에 줄무늬로 골이 파여 있다. 치즈를 자르면 아주 쫀득하고 크리미한 흰색의 속살이 드러나는데 여기에 회녹색의 곰팡이가 군데군데 퍼져 있다. 입안에 넣으면 원유가 소젖인지 염소젖인지와 상관없이 매우 부드럽게 녹으며 크림, 신선한 원유와 풀의 풍미가 가득하다. 특히 염소젖으로 만든 치즈의 경우 마지막에 약간의 산미가 도는 섬세한 맛을 느낄 수 있다.

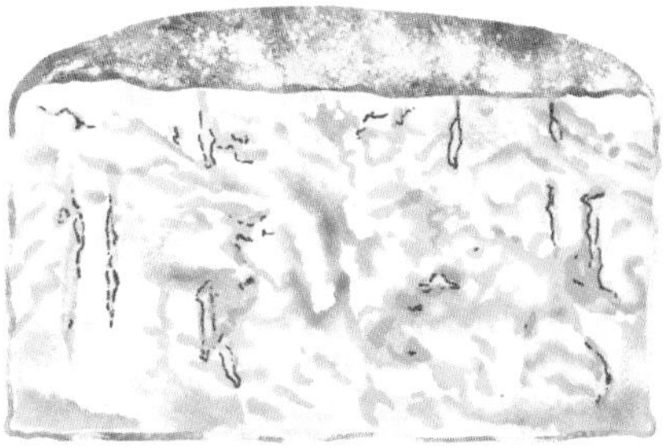

WINDSOR BLUE 윈저 블루 (뉴질랜드, 오타고)

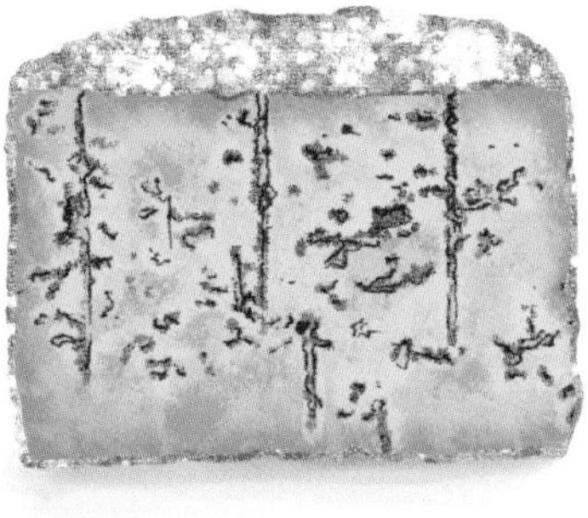

원유 | 파스퇴라이즈드 저온 살균 소젖.
무게 | 1.8kg.
지방 | 28%.

지도 참조: p. 232-233

이 뉴질랜드산 치즈는 청회색의 비교적 두꺼운 외피를 갖고 있으며 지하 저장고, 숲, 버섯의 향이 난다. 속살은 아이보리색에서 황색을 띠고 있으며 청회색의 푸른곰팡이가 혈관처럼 또는 얼룩처럼 고르게 분포되어 있다. 질감은 단단하고 매끈하며 부드럽게 녹는다. 입안에 넣으면 버터, 크림의 풍미가 나며 버섯의 맛도 살짝 느낄 수 있다. 숙성을 거치면서 특유의 풍미가 더욱 풍부해지지만 꼬릿한 맛이 아주 심하게 나진 않는다.

09 파스타 필라타 치즈

대개 날이 더운 계절에 만들어지고 많이 소비된다는 점에서 여름철을 소환하는 치즈군이다. 주로 올리브오일을 살짝 둘러 먹으며 화이트나 로제와인을 곁들이기도 한다.

BURRATA DI ANDRIA 부라타 디 안드리아 (이탈리아, 풀리아)

IGP since 2016

원유 | 파스퇴라이즈드 저온 살균 소젖과 유크림.
무게 | 100g~1kg.
지방 | 30%.

지도 참조 : p. 212-215

구전으로 내려오는 이야기에 따르면 부라타 디 안드리아 치즈는 '로렌초 비앙키노(Lorenzo Bianchino)'라는 한 농부가 처음 만들었다고 한다. 겨울철 폭설로 인해 자신의 우유를 옆 마을로 운반할 수 없었던 그는 우유를 그대로 버릴 수 없어 프로볼로네 치즈 중앙에 버터를 넣어 만드는 만테케(manteche) 치즈 제조법을 모방해 이 치즈를 만들게 되었다. 버터 대신 크림을 넣어 같은 방식으로 만들어낸 부라타 디 안드리아 치즈는 이렇게 탄생했다. 우윳빛의 흰 표면에서는 원유의 신선함이 그대로 느껴진다. 스펀지처럼 말랑말랑한 질감이며

부드럽게 녹는다. 입안에 넣으면 크림, 우유, 버터, 풀의 풍미가 어우러진 생생한 맛을 느낄 수 있다.

CACIOCAVALLO SILANO 카초카발로 실라노 (이탈리아, 바실리카타, 캄파니아, 칼라브리아, 몰리세, 풀리아)

AOP since 2003

원유 | 비멸균 소젖.
무게 | 1~2.5kg.
지방 | 21%.

지도 참조 : p. 212-215

'카초카발로 실라노'는 생산에 관한 정확한 제품 사양서가 없이

통칭으로 쓰이는 이름인 '카초카발로'와 혼동해서는 안 된다. 고대부터 알려진 실라노는 타원형 또는 위가 잘린 원뿔형의 반경성 파스타 필라타 치즈이다. 이 제품은 '카초카발로 실라노'라는 이름이 반드시 치즈 위에 인두로 낙인 찍혀 있어야 한다. 질감은 단단하고 쫀득하며 부드럽게 녹는다. 입안에 넣으면 새콤한 맛과 풀의 향이 나며 숙성 기간이 길어지면 꼬릿한 맛이 나기도 한다.

METSOVONE 메초보네 (그리스, 이피로스)

AOP since 1996

원유 | 파스퇴라이즈드 저온 살균 소젖, 또는 파스퇴라이즈드 저온 살균 소젖과 양젖(최대 20%), 염소젖(최대 20%).
크기 | 지름 10cm, 두께 40cm.
지방 | 26%.

지도 참조 : p. 226-227

아주 드문 그리스의 파스타 필라타 치즈 중 하나이다. 메초보네는 틀에 넣어 모양을 만들기 전에 잡아 늘이는 과정을 거친다. 이어서 건조시킨 다음 끈으로 묶어 최소 3개월 이상 숙성한다. 마지막에 1~2일간 훈연해 완성한다. 파라핀으로 겉을 씌운 치즈의 속살은 질감이 단단하며 짭조름하고 꼬릿한 풍미를 낸다.

MOZZARELLA 모차렐라 (이탈리아)

STG
since
1998

원유 | 비멸균 또는 파스퇴라이즈드 저온 살균 소젖.

무게 | 20~250kg.

지방 | 18%.

지도 참조 : p. 210-215

이탈리아 영토 전역에서 생산되는 이 유명한 작은 공 모양의 치즈는 사촌 격인 AOP 모차렐라 디 부팔라 캄파나와 혼동해서는 안 된다. 소젖으로 만드는 모차렐라는 이 유명한 물소젖 치즈인 부팔라 모차렐라에 비해 섬세한 맛이 좀 떨어진다. 표면은 매끈하고 윤이 나며 실처럼 결이 있는 질감을 갖고 있고 우윳빛의 액체를 함유하고 있다. 때로 살 속의 작은 구멍들 안에 이 액체를 머금고 있기도 하다. 우유의 풍미가 진하고 상큼함과 산미를 지닌 순한 맛의 치즈이다.

MOZZARELLA DI BUFALA CAMPANA 모차렐라 디 부팔라 캄파나 (이탈리아, 캄파니아, 라치오, 몰리세, 풀리아)

AOP
since
1996

원유 | 비멸균 또는 파스퇴라이즈드 저온 살균 물소젖.

무게 | 10g~3kg.

지방 | 21%.

지도 참조 : p. 212-215

12세기부터 캄파니아 지방에서 생산되고 있는 이 치즈는 둥근 덩어리, 한입 크기, 꼬인 모양, 작은 방울 또는 체리 사이즈, 작은 매듭, 달걀 사이즈 등 다양한 크기와 형태가 존재한다. 매끈한 표면은 도자기처럼 흰색을 띠고 있으며 외피 두께는 1밀리미터를 넘지 않는다. 속살에는 어떠한 기공이나 구멍이 나타나지 않는다. 풀의 향과 산미를 동반한 신선한 향을 내며 입안에 넣으면 부드럽게 녹는다. 새콤한 맛과 상큼한 맛, 짭조름한 풍미를 느낄 수 있다.

'모차렐라'라는 이름은 동사 모차레(mozzare 절단하다)에서 왔다. 이는 엄지와 검지를 이용해 이 치즈를 수작업으로 떼어 자르는 모습에서 착안한 것이다.

ORAVSKÝ KORBÁČIK 오라브스키 코르바치크 (슬로바키아, 질리나)

IGP
since
2011

원유 | 비멸균 또는 파스퇴라이즈드 저온 살균 소젖.

크기 | 길이 10~50cm, 두께 2mm~1cm.

지방 | 21%.

지도 참조 : p. 224-225

이 치즈는 산악지방에서 생산되며 전 제조과정이 거의 수작업으로 이루어진다. 게다가 이 스트링 치즈를 가열 후 땋아 내리는 작업을 하는 이들은 전부 여성들이다. 크림색에서 아이보리색을 띠는 표면은 훈연을 한 경우 황금색이 된다. 결대로 찢어지는 스트링 치즈 형태로 질감이 단단하며 부드럽게 녹는다. 짭짤한 맛과 은은한 신맛이 주를 이루며 훈연 치즈의 경우 연기 향이 배어 있다.

PROVOLONE DEL MONACO 프로볼로네 델 모나코 (이탈리아, 캄파니아)

AOP since 2010

원유 | 비멸균 소젖.
무게 | 2.5~8kg.
지방 | 21%.

지도 참조 : p. 212-215

반경성의 파스타 필라타 치즈로 밝은 황색의 매끈하고 얇은 외피를 갖고 있으며 숙성 기간 동안 치즈들을 묶는 용도로 사용했던 라피아 끈 자국이 몇 개 남아 있다. 속살은 밝은 황색 톤의 크림색을 띠고 있다. 밀도가 촘촘하며 쫀득한 질감을 갖고 있으며 일명 "자고새 눈"이라 불리는 작은 구멍이 몇 군데 나 있다. 순한 맛의 치즈로 산미와 약간의 짭조름한 풍미가 느껴진다. 오래 숙성되면 꼬릿한 맛이 나기도 한다.

PROVOLONE VALPADANA 프로볼로네 발파다나 (이탈리아, 롬바르디아, 에밀리아로마냐, 트렌티노)

AOP since 1996

원유 | 비멸균, 저온 살균 또는 파스퇴라이즈드 저온 살균 소젖.
지방 | 29%.

지도 참조 : p. 210-211

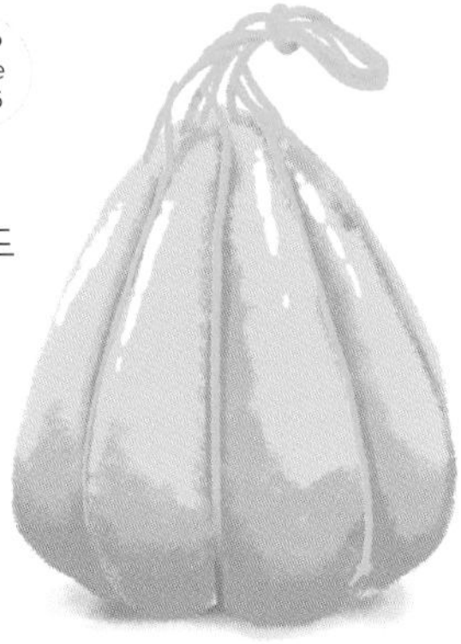

프로볼로네 발파다나 치즈는 살라미, 서양배, 원뿔, 멜론 모양 등 다양한 형태로 만들어진다. 매끈한 외피는 밝은 황색에서 황갈색을 띠고 있으며 질감은 촘촘하고 때로 살짝 보풀이 있거나 작게 갈라진 부분이 눈에 띄기도 한다. 이 파스타 필라타 치즈는 최소 10일에서 8개월까지 숙성된다. 그 기간에 따라 치즈는 산미와 상큼함을 동반한 순한 맛에서 훈연, 동물성 맛, 꼬릿한 풍미 쪽으로 맛이 변화한다.

QUESO TETILLA 케소 테티야 (스페인, 갈리시아)

AOP since 1996

원유 | 비멸균 또는 파스퇴라이즈드 저온 살균 소젖.
크기 | 지름 9~15cm, 두께 9~15cm.
무게 | 500g~1.5kg.
지방 | 28%.

지도 참조 : p. 206-207

유방 모양(스페인어로 teta는 유방을 뜻한다)을 한 이 치즈는 3mm가 채 안 되는 얇은 외피를 갖고 있다. 볏짚 색에서 황금색을 띤 표면 안에는 말랑말랑하고 쫀득하며 크리미한 속살이 들어 있고 노르스름한 아이보리색을 띠고 있다. 케소 테티야는 약간의 산미를 띤 순한 맛의 치즈이며 이스트 향이 나기도 한다. 입안에 넣으면 부드럽게 녹으며 산미와 짭짤한 맛을 동반한 우유 풍미를 느낄 수 있다.

REDYKOŁKA 레디코우카 (폴란드, 실레지아, 마워폴스카)

AOP
since
2009

원유 | 비멸균 양젖, 또는 비멸균 양젖과 소젖(최대 40%) 혼합.
무게 | 30~300g.
지방 | 30%.

지도 참조 : p. 224-225

이 치즈의 이름은 여름철 양들을 고산지대 하계 목장에서 방목하는 시기를 뜻하는 '레디크(redik)'에서 따왔다. 이 치즈는 동물, 새, 작은 하트, 방추형 등 다양한 모양으로 만들어진다. 외피의 볏짚 색, 밝은 갈색은 이 치즈를 훈연하는 과정에서 나타난 결과이다. 훈연향이 도드라지며 이는 입안에 넣었을 때도 계속 이어진다. 또한 양젖 특유의 새콤한 맛도 느낄 수 있다.

VASTEDDA DELLA VALLE DEL BELICE 바스테다 델라 발레 델 벨리체 (이탈리아, 시칠리아)

AOP
since
2010

원유 | 비멸균 양젖.
크기 | 지름 15~17cm, 두께 3~4cm.
무게 | 500~700g.
지방 | 31%.

지도 참조 : p. 214-215

양젖으로 만든 유일한 파스타 필라타 치즈인 발스테다 델라 발레 델 벨리체는 프레시 상태로 먹어야 그 맛을 제대로 즐길 수 있다. 이 치즈는 아이보리색의 매끈한 표면을 갖고 있으며 속살은 입자감이나 기공 없이 균일하고 부드럽다. 볏짚, 건초, 풀의 향이 나고 입안에 넣어도 이 향은 지속되며 마지막에 산미가 살짝 스친다.

ZÁZRIVSKÉ VOJKY 자즈리브슈케 보즈키 (슬로바키아, 질리나)

IGP
since
2014

원유 | 비멸균 또는 파스퇴라이즈드 저온 살균 소젖.
크기 | 길이 10~70cm, 두께 2~16mm.
무게 | 100g~1kg.
지방 | 27%.

지도 참조 : p. 224-225

결대로 길게 찢어지는 이 파스타 필라타 치즈는 경우에 따라 훈연 과정을 거치기도 한다. 표면은 기본적으로 흰색에서 크림색을 띠고 있지만 훈연을 하게 되면 노르스름한 색에서 황금색으로 색이 진해진다. 속살은 섬유질처럼 길게 찢어지고 다소 쫀득하며 우유 풍미와 산미가 난다. 또한 훈연한 경우에는 당연히 연기 향이 난다. 슬로바키아에는 이와 거의 동일한 IGP(지리적표시보호) 인증 치즈가 하나 있는데 이것은 바로 자즈리브슈키 코르바시크(Zázrivský korbácik)이며 같은 아펠라시옹 지역에서 생산된다. 단지 크기 면에서만 차이가 있다(길이: 최대 50cm, 두께 : 최대 10mm).

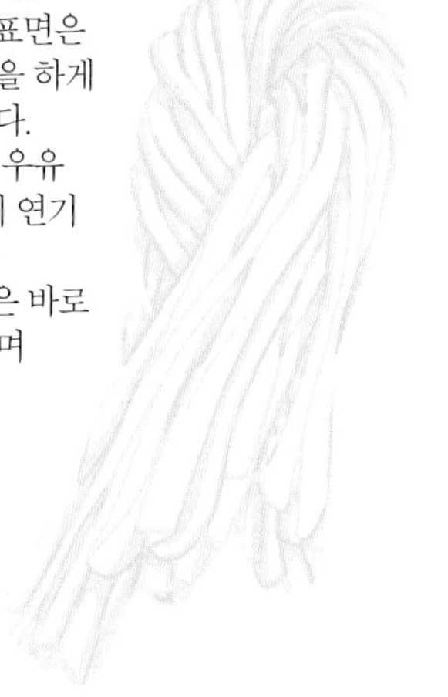

10 스프레드 치즈, 가공 치즈

직역하면 '녹인 치즈'라는 뜻을 가진 이 치즈군은 주로 흐르는 듯한 부드러운 제형의 공산품 스프레드용 치즈(Boursin®, La Vache qui rit®, Kiri® 등)가 대부분을 이루는 것으로 알려져 있다. 하지만 독특한 개성을 가진 지방 특선 치즈나 아티장 치즈들도 존재한다.

CANCOILLOTTE 캉쿠아요트 (프랑스, 부르고뉴 프랑슈 콩테, 그랑 테스트)

원유 | 비멸균 또는 파스퇴라이즈드 저온 살균 소젖.

지방 | 5%.

지도 참조 : p. 198-199

프랑슈 콩테 지방에서는 이 치즈의 농도에서 착안해 '라 콜(la colle 접착풀)'이라는 별명으로도 부른다.

프랑슈 콩테 지방의 명물인 캉쿠아요트는 탈지유 커드(metton)에 물, 버터를 섞어 만든다. 레시피에 따라 여기에 화이트와인이나 마늘을 첨가하는 경우도 있다. 질감은 녹진하고 심지어 흐르는 질감을 갖고 있으며 노르스름한 녹색 빛을 띠기도 한다. 이 치즈는 따뜻하게 또는 차갑게 먹을 수 있다. 입안에 넣으면 신맛, 버터의 풍미가 있으며 마늘을 넣어 향을 낸 경우 알싸하고 강한 맛이 난다.

FORT DE BÉTHUNE 포르 드 베튄 (프랑스, 오 드 프랑스)

원유 | 비멸균 또는 파스퇴라이즈드 저온 살균 소젖.

지도 참조 : p. 196-197

19세기에 광산 지대에 등장한 포르 드 베튄은 먹고 남은 치즈(특히 마루알)을 활용해 만든 것으로 당시 광부, 노동자, 영세민들의 간식이었다. 이것은 남은 치즈에 향신료(후추, 쿠민 등), 화이트와인, 버터, 때때로 브랜디 등을 첨가해 만든다. 전부 잘 섞은 뒤 혼합물(흰색, 녹색 또는 회색빛이 돈다)을 도기 단지에 넣고 일정 시간 발효시키면 포르 드 베튄이 완성된다. 질감이 녹진하고 냄새가 나며 맛 또한 강하다.

FOURMAGÉE 푸르마제 (프랑스, 노르망디)

원유 | 비멸균 또는 파스퇴라이즈드 저온 살균 소젖.

지도 참조 : p. 194-195

기원이 17세기로 거슬러 올라가는 이 치즈는 무른 치즈와 좀 더 단단한 치즈를 잘 섞어 만든다. 여기에 애플사이더, 허브, 후추를 첨가하고 모두 섞은 뒤 질그릇에 넣고 발효시키면 몇 개월 후 푸르마제가 완성된다. 황색에서 회색을 띠는 푸르마제는 강한 향과 꼬릿한 풍미를 낸다.

KOCHKÄSE 코흐케제 (독일, 바덴뷔르템베르크, 바이에른)

원유 | 비멸균 또는 파스퇴라이즈드 저온 살균 소젖.

지도 참조 : p. 218-219

이 독일 치즈는 프랑스의 캉쿠아요트를 연상시킨다. 만드는 방식은 같지만 레시피에 따라 몇몇 재료만 달라질 뿐이다. 코흐케제는 냄새와 맛이 강한 치즈로 질감이 녹진하고 새콤한 맛, 버터, 후추 풍미를 느낄 수 있으며 찌르는 듯한 꼬릿한 맛이 난다.

MÉGIN 메쟁 (프랑스, 그랑 테스트)

원유 | 비멸균 또는 파스퇴라이즈드 저온 살균 소젖.

지도 참조 : p. 196-197

메쟁(fremgeye, frem'gin, guéyin이라고도 불린다)은 종종 로렌 지방의 캉쿠아요트로 여겨진다. 하지만 이것은 탈지유 커드(metton)가 아니라 프로마주 블랑처럼 프레시 커드로 만든다. 이 커드를 건조시킨 뒤 잘라 후추, 소금, 펜넬을 넣어 섞는다. 이어서 숙성 저장실에 넣어 몇 달간 숙성시킨다. 저장고에서 꺼내면 메쟁 치즈는 꼬릿하고 진한 맛이 나며 펜넬을 넣었기 때문에 아니스 향이 풍겨난다.

PÔT CORSE 포 코르스 (프랑스, 코르시카)

원유 | 비멸균 또는 파스퇴라이즈드 저온 살균 양젖.
무게 | 200g 용기

지도 참조 : p. 200-201

코르시카의 이 치즈는 사촌 격인 다른 가공 크림치즈들과 만드는 방법이 같다. 단 하나의 차이점이라면 양젖을 사용한다는 것이다. 필레타(filetta), 벨 피우리투(bel fiuritu)나 다른 치즈들 자투리를 섞고 여기에 화이트와인, 향신료, 코르시카 허브 믹스(herbe de maquis)를 넣은 뒤 잘 이겨 혼합한다. 회색빛이 도는 이 치즈의 질감은 버터처럼 부드럽다. 외양간 축사의 냄새가 특징인 강한 냄새의 치즈로 향신료의 매콤한 맛이 나며 때로 꼬릿한 풍미가 느껴진다.

11 가향, 가미 치즈

흔히 '가짜' 치즈로 불리는 이 치즈들은 원유 베이스에 버터 밀크, 버터, 크림 또는 그 밖의 향신 재료(스파이스, 허브 등)가 첨가된 것이다. 인증된 제품 외에도 각자의 기호에 따라 레시피에 변화를 줄 수 있다.

AFUEGA'L PITU 아푸에갈 피투 (스페인, 아스투리아스)

AOP since 2008

원유 | 비멸균 또는 파스퇴라이즈드 저온 살균 소젖.
크기 | 지름(바닥) 8~14cm, 두께 5~12cm.
무게 | 200~600g.
지방 | 28%.

지도 참조 : p. 206-207

꼭지가 잘린 원뿔 모양에 크림빛 황색을 띤(고춧가루를 넣은 경우는 붉은색) 아푸에갈 피투는 아트론카우 블랑쿠(atroncau blancu), 아트론카우 로슈(atroncau roxu), 트라푸 블랑쿠(trapu blancu), 트라푸 로슈(trapu roxu) 4종으로 나뉜다. 붉은색의 로슈(roxu)는 고춧가루를 넣어 만든 것으로 매콤한 향과 맛이 난다. 이 치즈는 입안에서 부드럽게 녹으며 약간의 입자감도 느껴진다. 고춧가루를 넣지 않은 것은 새콤한 맛이 더 도드라지며 마지막에 톡 쏘는 느낌이 있다.

BOULETTE D'AVESNES 불레트 다베느 (프랑스, 오 드 프랑스)

원유 | 비멸균 또는 파스퇴라이즈드 저온 살균 소젖.
크기 | 지름(바닥) 6~9cm, 두께 8~10cm.
무게 | 150~300g.
지방 | 24%.

지도 참조 : p. 196-197

불레트(작은 공 모양을 뜻한다), 그 이름과는 달리 이 치즈는 둥근 모양이 아니라 흰색(드문 편이다) 또는 붉은색(파프리카 가루에 굴린 경우)의 원뿔형이다. 버터밀크 또는 마루알 치즈 자투리에 후추, 타라곤, 파슬리, 그리고 레시피에 따라 정향을 넣어 만드는 불레드 다베느 치즈의 기원은 18세기 말로 거슬러 올라간다. 이 치즈는 아주 냄새가 독하다. 입안에 넣으면 재워둔 허브와 스파이스로 인해 아주 꼬릿하고 쌉싸름한 강한 맛이 난다.

CERVELLE DE CANUT 세르벨 드 카뉘 (프랑스, 오베르뉴 론 알프)

원유 | 비멸균 또는 파스퇴라이즈드 저온 살균 소젖.

지도 참조 : p. 198-199

카뉘(canuts)는 19세기 리옹의 실크 방직공들을 가리키는 단어로 당시 가난했던 이들은 고기(당시 인기가 있었던 양의 골, 세르벨 다뇨) 대신 기름지지 않은 프로마주 블랑을 먹는 것으로 만족해야만 했다. 이 '가난한 자들의 고기'인 프로마주 블랑을 잘 휘저은 뒤 소금, 후추, 향신 양념(차이브, 샬롯, 쪽파, 마늘, 올리브오일, 화이트와인, 식초 등)을 넣어 섞어 만든 것이기 때문에 만드는 사람의 기호에 따라 다양한 레시피가 존재한다. 어떠한 경우든 결과물이 프레시하고 맛의 강도가 균형을 이루고 있으며 농도는 빵 등에 발라먹을 수 있는 정도가 되도록 하는 것이 중요한 포인트다.

GAPERON D'AUVERGNE 가프롱 도베르뉴 (프랑스, 오베르뉴 론 알프)

원유 | 비멸균 또는 파스퇴라이즈드 저온 살균 소젖.
크기 | 지름(바닥) 5~10cm, 두께 5~9cm.
무게 | 250~500g.
지방 | 24%.

지도 참조 : p. 202-203

이 치즈의 이름은 오베르뉴 사투리로 버터밀크를 뜻하는 가스프(gaspe) 또는 가프(gape)에서 유래했다. 이름처럼 이 치즈는 커드와 버터밀크로 만들어진다. 외피는 오톨도톨한 입자감이 있고 연회색을 바탕으로 노르스름한 색이 군데군데 분포되어 있기도 하다. 아이보리색을 띤 속살은 단단하게 만든 무스와 비슷하며 검은 입자(후추)가 박혀 있다. 이 치즈는 커드의 수분을 빼고 건조시킨 뒤 후추, 마늘, 소금을 첨가해 만드는 것으로 프레시 상태(외피 없음)로 또는 숙성시킨 뒤(외피 형성) 먹을 수 있다. 숙성 기간에 따라 풍미의 강도도 달라진다.

JĀNU SIERS 야누 시어스 (라트비아)

STG
since
2015

원유 | 비멸균 또는 파스퇴라이즈드 저온 살균 소젖.
크기 | 지름 8~30cm, 두께 4~6cm.
지방 | 24%.

지도 참조 : p. 220-221

문자 그대로 해석하자면 이 치즈의 이름은 '생 장(Saint-Jean) 축일(하지)의 치즈'를 의미한다. 따라서 이 치즈의 역사는 이 종교적인 전통 축일과 연관되어 있다고 할 수 있다. 모양 또한 이와 관련이 있는데, 비교적 납작한 이 둥근 디스크 형태는 태양을 상징한다. 이 치즈의 제조법은 16세기 리가(Riga 라트비아의 수도) 예수회의 문서 기록에 언급되어 있다. 야누 시어스 치즈는 우유 커드에 버터, 크림, 달걀, 소금, 캐러웨이 씨를 첨가해 만든다. 전부 가열한 다음 균일하게 섞인 치즈를 틀 안에 넣는다. 질감은 말랑말랑하고 촉촉하며 밀도가 촘촘하면서 약간의 입자감이 느껴진다. 캐러웨이 씨가 치즈 속살에 고루 분포되어 있는 것이 특징이다. 향신료의 향이 느껴지는 이 치즈는 향신료인 캐러웨이 씨가 주는 따뜻한 향과 풍미가 입안을 가득 채운다.

WIELKOPOLSKI SER SMAŻONY 비엘코폴스키 세르 스마조니 (폴란드, 루부스키에)

IGP
since
2009

원유 | 비멸균 소젖.
지방 | 24%.

지도 참조 : p. 224-225

혼합물에 버터를 넣고 가열해 만든 치즈다. 우선 물기를 빼 건조시킨 커드를 잘게 부수고 갈아서 버터(레시피에 따라 양 조절), 소금, 때로 쿠민 씨를 넣고 섞는다.
이 치즈의 색은 크림색에서 황색을 띤다. 입안에 넣으면 향신료(쿠민)의 향과 새콤한 맛이 난다.

3

치즈 생산지

p. 194-195 프랑스 / 브르타뉴, 노르망디
p. 196-197 프랑스 / 북동부
p. 198-199 프랑스 / 중동부
p. 200-201 프랑스 / 남동부
p. 202-203 프랑스 / 오베르뉴, 남서부
p. 204-205 프랑스 / 중서부
p. 206-207 스페인 / 북부
p. 208-209 스페인 남부, 포르투갈
p. 210-211 이탈리아 / 북부
p. 212-213 이탈리아 / 중부
p. 214-215 이탈리아 / 남부
p. 216-217 영국, 아일랜드
p. 218-219 벨기에, 네덜란드, 독일
p. 220-221 덴마크, 스웨덴, 라트비아, 리투아니아
p. 222-223 스위스, 오스트리아, 슬로베니아
p. 224-225 폴란드, 체코, 슬로바키아, 루마니아
p. 226-227 그리스, 키프로스
p. 228-229 미국, 캐나다
p. 230-231 미국, 캐나다(계속)
p. 232-233 호주, 뉴질랜드

프랑스 브르타뉴, 노르망디

치즈 | 도시 Ville | 강 *Fleuve* | 도 *DÉPARTEMENT*

50 KM

N

바드누아 BADENNOIS
참조 page 80

리바로 LIVAROT
참조 page 87

브레즐루아 BRESLOIS
참조 page 71

뤼퀼뤼스 LUCULLUS
참조 page 77

카망베르 드 노르망디 CAMEMBERT DE NORMANDIE
참조 page 74

뇌샤텔 NEUFCHÂTEL
참조 page 78

도빌 DEAUVILLE
참조 page 83

퐁 레베크 PONT-L'ÉVÊQUE
참조 page 91

푸르마제 FOURMAGÉE
참조 page 188

티마누아 TIMANOIX
참조 page 95

영국
망슈
·AOP·
NEUFCHÂTEL
Somme
SOMME
·AOP·
CAMEMBERT DE NORMANDIE
Dieppe
Neufchâtel-en-Bray
Breslois
Rollot
Cherbourg
SEINE-MARITIME
·AOP·
LIVAROT
Deauville
Le Havre
ROUEN
OISE
Deauville
Pont-l'Évêque
Touques
Risle
Élbeuf
Caen
Vire
Saint-Lô
CALVADOS
MANCHE
EURE
Seine
Boissey
Livarot
Évreux
Lucullus
Camembert
Eure
YVELINES
Flers
Orne
Dreux
nt-Malo
ORNE
Mortagne-
au-Perche
Fourmagée
·AOP·
PONT-L'ÉVÊQUE
Alençon
Chartres
Couesnon
Mayenne
Sarthe
ILLE-ET-VILAINE
EURE-ET-LOIR
MAYENNE
RENNES
Laval
Huisne
Le Mans
LOIRET
Vilaine
SARTHE
Orléans
LOIR-ET-CHER
Sarthe
Loir
LOIRE-ATLANTIQUE

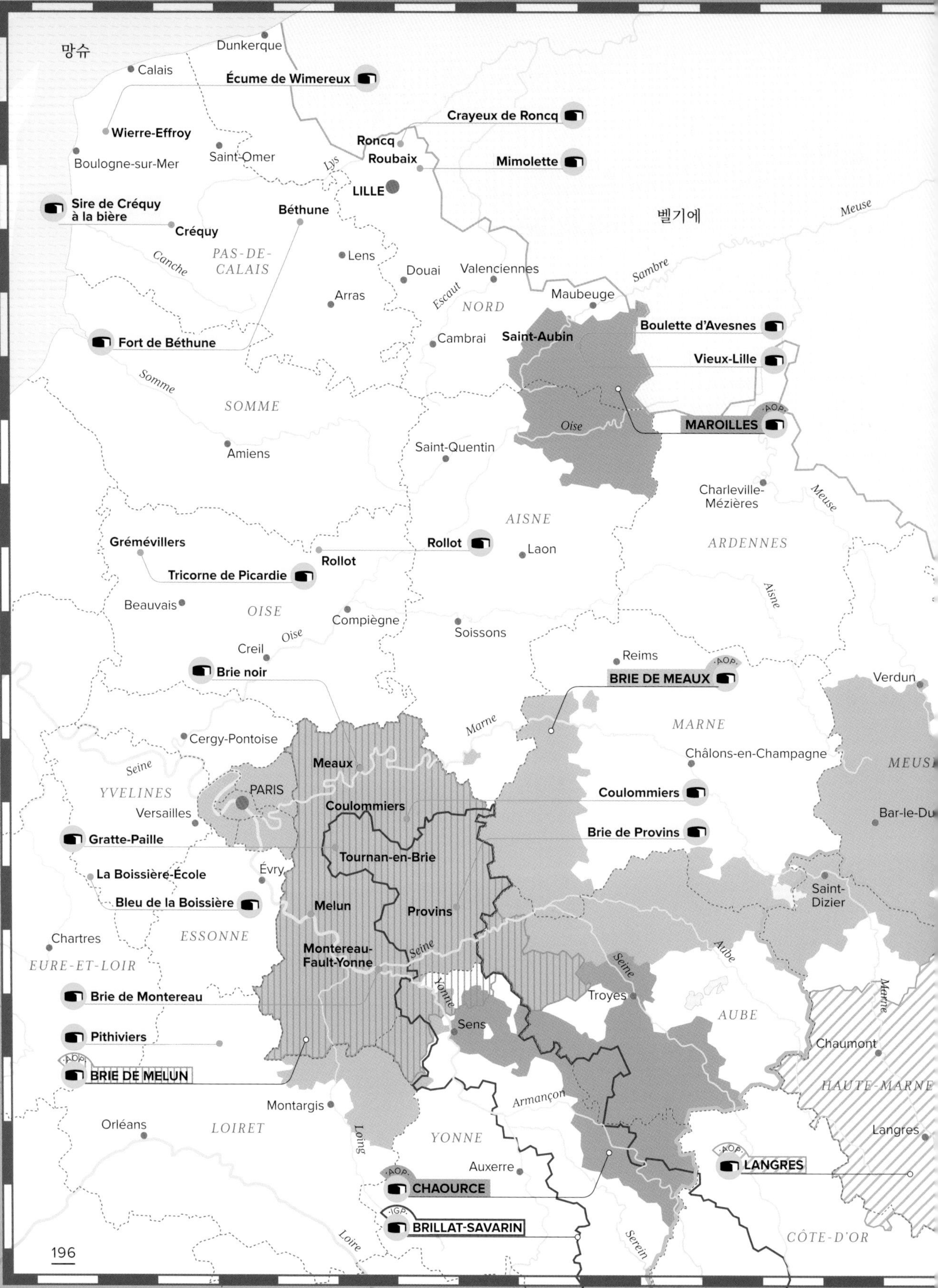
망슈
Dunkerque
Calais
Écume de Wimereux
Crayeux de Roncq
Wierre-Effroy
Roncq
Boulogne-sur-Mer
Saint-Omer
Roubaix
Mimolette
Lys
LILLE
Sire de Créquy
à la bière
Béthune
Créquy
벨기에
Meuse
Canche
PAS-DE-
CALAIS
Lens
Douai
Valenciennes
Sambre
Maubeuge
Arras
Escaut
NORD
Boulette d'Avesnes
Fort de Béthune
Cambrai
Saint-Aubin
Vieux-Lille
Somme
SOMME
Oise
AOP
MAROILLES
Amiens
Saint-Quentin
Charleville-
Mézières
Meuse
AISNE
Grémévillers
Rollot
Laon
ARDENNES
Rollot
Tricorne de Picardie
Aisne
Beauvais
OISE
Compiègne
Soissons
Creil
Oise
Reims
Brie noir
AOP
BRIE DE MEAUX
Verdun
Marne
MARNE
Cergy-Pontoise
Châlons-en-Champagne
Seine
Meaux
MEUSE
PARIS
YVELINES
Coulommiers
Coulommiers
Versailles
Bar-le-Duc
Gratte-Paille
Brie de Provins
Tournan-en-Brie
Évry
La Boissière-École
Saint-
Dizier
Melun
Bleu de la Boissière
Provins
Chartres
ESSONNE
Montereau-
Fault-Yonne
Seine
Aube
Seine
EURE-ET-LOIR
Marne
Yonne
Troyes
Brie de Montereau
AUBE
Sens
Pithiviers
Chaumont
AOP
BRIE DE MELUN
HAUTE-MARNE
Armançon
Montargis
Orléans
LOIRET
Loing
YONNE
Langres
AOP
LANGRES
Auxerre
AOP
CHAOURCE
IGP
BRILLAT-SAVARIN
Loire
Serein
CÔTE-D'OR

프랑스/북동부

치즈 | 도시 Ville | 강 *Fleuve* | 도 *DÉPARTEMENT* | 50 KM | N

바르카스 BARGKASS 참조 page 100	**브리 누아르** BRIE NOIR 참조 page 73	**포르 드 베튄** FORT DE BÉTHUNE 참조 page 188	**묑스테르** MUNSTER 참조 page 89
블루 드 라 부아시에르 BLEU DE LA BOISSIÈRE 참조 page 168	**브리야 사바랭** BRILLAT-SAVARIN 참조 page 73	**그라트 파유** GRATTE-PAILLE 참조 page 77	**프티 그레** PETIT GRÈS 참조 page 90
불레트 다베느 BOULETTE D'AVESNES 참조 page 190	**샤우르스** CHAOURCE 참조 page 75	**그로 로랭** GROS LORRAIN 참조 page 85	**피티비에** PITHIVIERS 참조 page 78
브리 드 모 BRIE DE MEAUX 참조 page 71	**쿨로미에** COULOMMIERS 참조 page 75	**랑그르** LANGRES 참조 page 86	**롤로** ROLLOT 참조 page 92
브리 드 믈룅 BRIE DE MELUN 참조 page 72	**크레유 드 롱크** CRAYEUX DE RONCQ 참조 page 82	**마루알** MAROILLES 참조 page 88	**시르 드 크레키 아 라 비에르** SIRE DE CRÉQUY À LA BIÈRE 참조 page 93
브리 드 몽트로 BRIE DE MONTEREAU 참조 page 72	**에퀌 드 비므뢰** ÉCUME DE WIMEREUX 참조 page 76	**메쟁** MÉGIN 참조 page 189	**트리코른 드 피카르디** TRICORNE DE PICARDIE 참조 age 95
브리드 드 프로뱅 BRIE DE PROVINS 참조 page 72	**에망탈 프랑세 에스트 상트랄** EMMENTAL FRANÇAIS EST-CENTRAL 참조 page 157	**미몰레트** MIMOLETTE 참조 page 116	**비유 릴** VIEUX-LILLE 참조 page 97

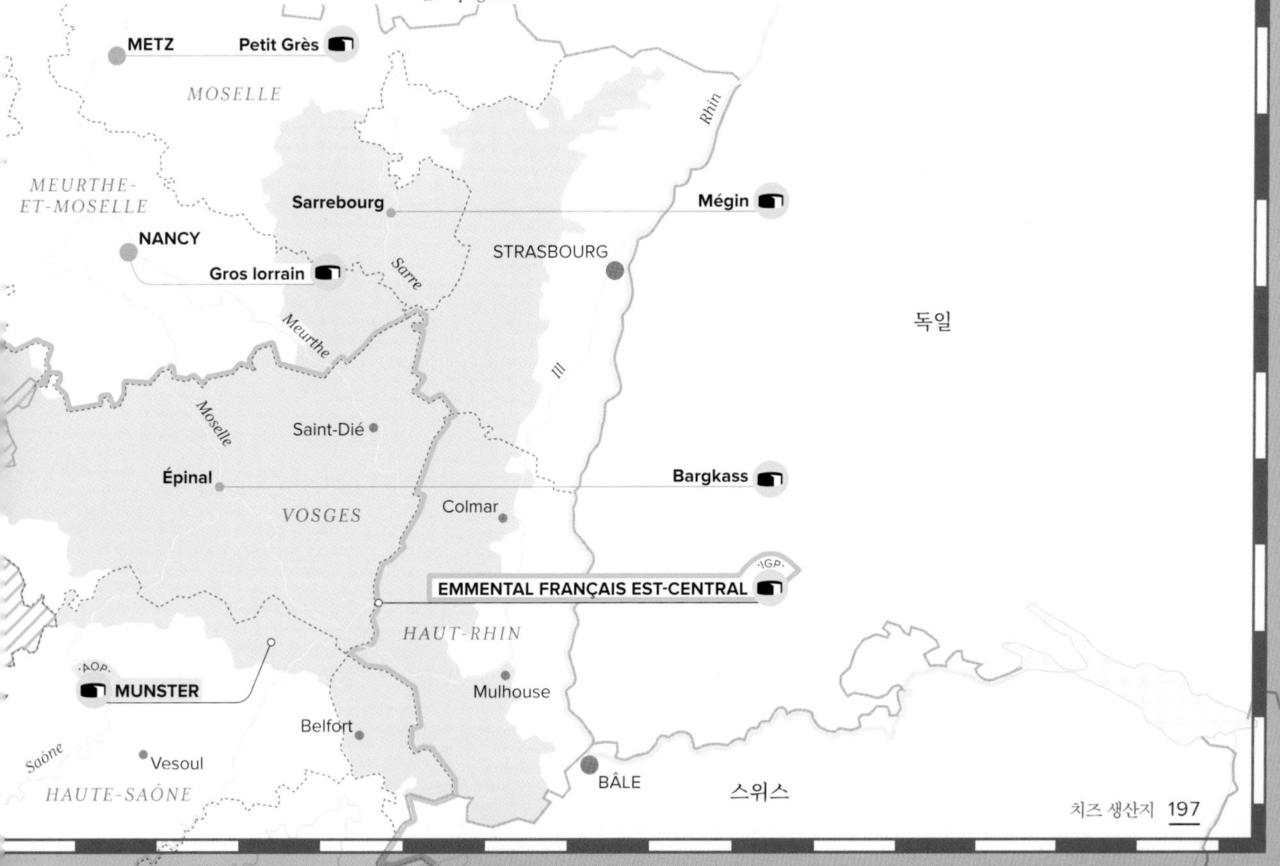

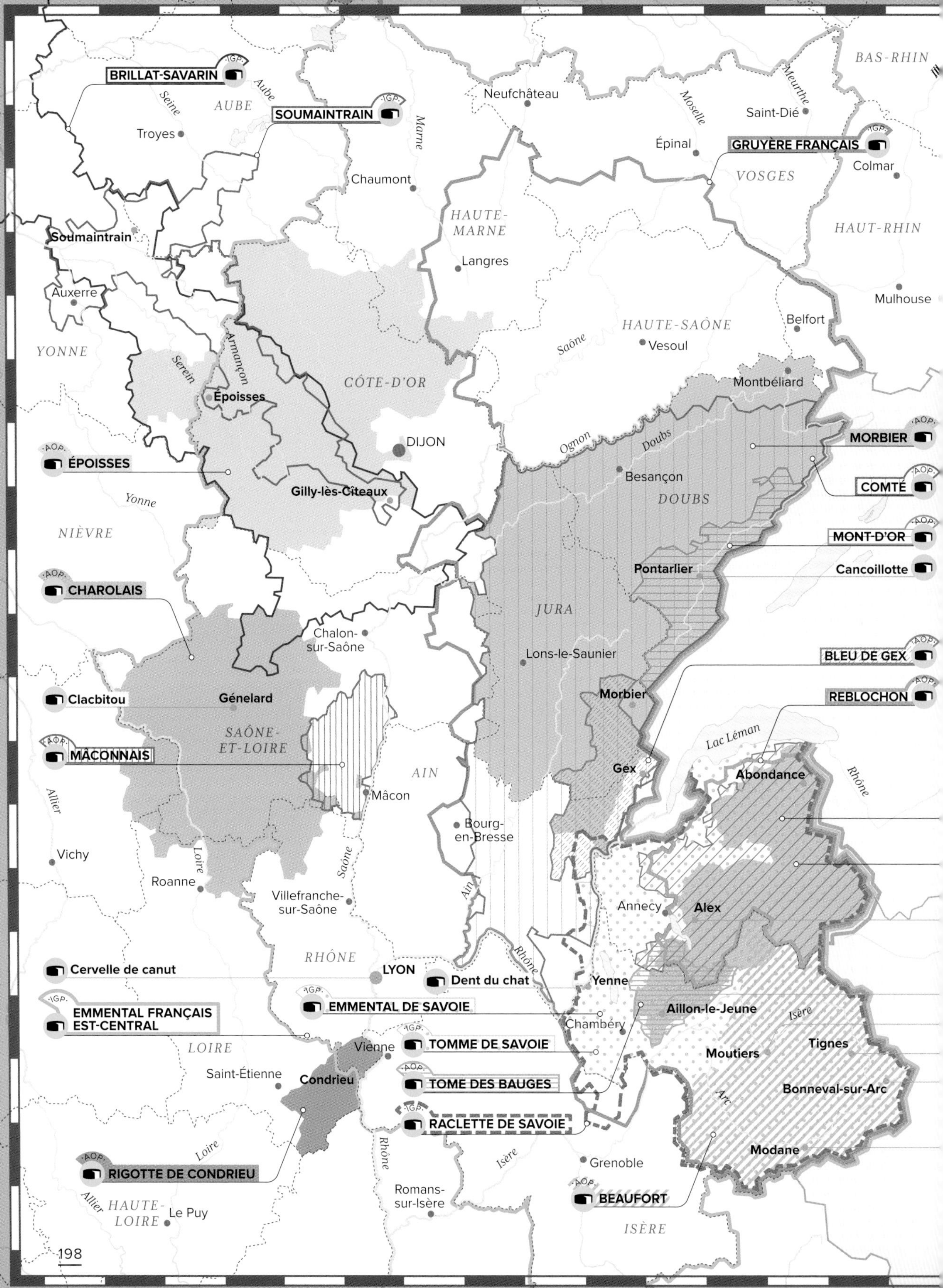

IGP BRILLAT-SAVARIN
IGP SOUMAINTRAIN
IGP GRUYÈRE FRANÇAIS
AOP MORBIER
AOP COMTÉ
AOP MONT-D'OR
Cancoillotte
AOP BLEU DE GEX
AOP REBLOCHON
AOP ÉPOISSES
AOP CHAROLAIS
Clacbitou
AOP MÂCONNAIS
Cervelle de canut
IGP EMMENTAL FRANÇAIS EST-CENTRAL
IGP EMMENTAL DE SAVOIE
Dent du chat
IGP TOMME DE SAVOIE
AOP TOME DES BAUGES
IGP RACLETTE DE SAVOIE
AOP RIGOTTE DE CONDRIEU
AOP BEAUFORT
AUBE
YONNE
CÔTE-D'OR
NIÈVRE
SAÔNE-ET-LOIRE
HAUTE-MARNE
HAUTE-SAÔNE
VOSGES
BAS-RHIN
HAUT-RHIN
DOUBS
JURA
AIN
RHÔNE
LOIRE
HAUTE-LOIRE
ISÈRE
Seine
Aube
Marne
Moselle
Meurthe
Serein
Armançon
Yonne
Saône
Ognon
Doubs
Allier
Loire
Ain
Rhône
Isère
Arc
Lac Léman
Troyes
Neufchâteau
Saint-Dié
Épinal
Colmar
Chaumont
Langres
Soumaintrain
Auxerre
Mulhouse
Belfort
Vesoul
Montbéliard
Époisses
DIJON
Besançon
Gilly-lès-Cîteaux
Pontarlier
Chalon-sur-Saône
Lons-le-Saunier
Génelard
Morbier
Gex
Abondance
Mâcon
Bourg-en-Bresse
Vichy
Roanne
Villefranche-sur-Saône
Annecy
Alex
LYON
Yenne
Aillon-le-Jeune
Chambéry
Vienne
Moutiers
Tignes
Saint-Étienne
Condrieu
Bonneval-sur-Arc
Modane
Grenoble
Romans-sur-Isère
Le Puy

프랑스/중동부

치즈 · 도시 Ville · 강 *Fleuve* · 도 *DÉPARTEMENT* · 50 KM · N

- 아봉당스 ABONDANCE 참조 page 152
- 세르벨 드 카뉘 CERVELLE DE CANUT 참조 page 190
- 에푸아스 ÉPOISSES 참조 page 84
- 리고트 드 콩드리유 RIGOTTE DE CONDRIEU 참조 page 64
- 보포르 BEAUFORT 참조 page 154
- 샤롤레 CHAROLAIS 참조 page 59
- 그뤼예르 프랑세 GRUYÈRE FRANÇAIS 참조 page 160
- 세라크 SÉRAC 참조 page 55
- 블루 드 본느발 BLEU DE BONNEVAL 참조 page 167
- 슈브로탱 CHEVROTIN 참조 page 106
- 마코네 MÂCONNAIS 참조 page 61
- 수맹트랭 SOUMAINTRAIN 참조 page 94
- 블루 드 젝스 BLEU DE GEX 참조 page 168
- 클라크비투 CLACBITOU 참조 page 60
- 몽 도르 MONT-D'OR 참조 page 88
- 톰 크레이외즈 TOMME CRAYEUSE 참조 page 146
- 블루 드 테르미뇽 BLEU DE TERMIGNON 참조 page 170
- 콩테 COMTÉ 참조 page 156
- 모르비에 MORBIER 참조 page 117
- 톰 드 사부아 TOMME DE SAVOIE 참조 page 147
- 브리야 사바랭 BRILLAT-SAVARIN 참조 page 73
- 당 뒤 샤 DENT DU CHAT 참조 page 156
- 페르시예 드 티뉴 PERSILLÉ DE TIGNES 참조 page 178
- 톰 데 보주 TOME DES BAUGES 참조 page 145
- 캉쿠아요트 CANCOILLOTTE 참조 page 188
- 에망탈 드 사부아 EMMENTAL DE SAVOIE 참조 page 157
- 라클레트 드 사부아 RACLETTE DE SAVOIE 참조 page 134
- 바슈랭 데 보주 VACHERIN DES BAUGES 참조 page 96
- 에망탈 프랑세 에스트 상트랄 EMMENTAL FRANÇAIS EST-CENTRAL 참조 page 157
- 르블로숑 REBLOCHON 참조 page 136

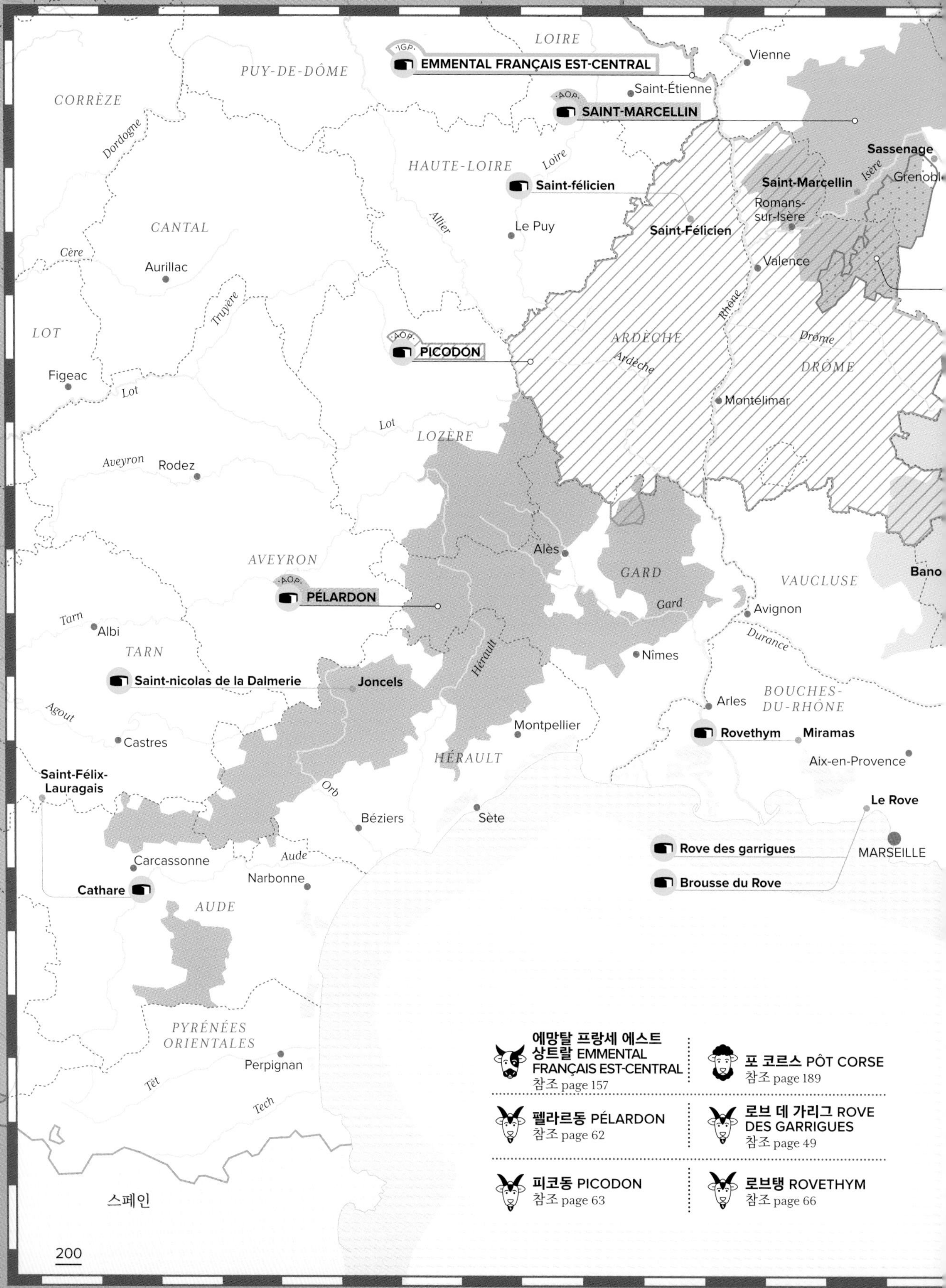

LOIRE
PUY-DE-DÔME
CORRÈZE
IGP
EMMENTAL FRANÇAIS EST-CENTRAL
Vienne
Saint-Étienne
AOP
SAINT-MARCELLIN
Dordogne
HAUTE-LOIRE
Loire
Saint-félicien
Sassenage
Saint-Marcellin
Isère
Grenobl
Romans-sur-Isère
CANTAL
Allier
Le Puy
Saint-Félicien
Cère
Aurillac
Valence
Truyère
LOT
AOP
PICODON
ARDÈCHE
Ardèche
Rhône
Drôme
DRÔME
Figeac
Lot
Montélimar
Lot
LOZÈRE
Aveyron
Rodez
Alès
AVEYRON
GARD
Bano
VAUCLUSE
AOP
PÉLARDON
Gard
Avignon
Tarn
Albi
Durance
TARN
Nîmes
Saint-nicolas de la Dalmerie
Joncels
Hérault
Agout
Arles
BOUCHES-DU-RHÔNE
Montpellier
Castres
Rovethym
Miramas
HÉRAULT
Aix-en-Provence
Saint-Félix-Lauragais
Orb
Le Rove
Béziers
Sète
Carcassonne
Aude
Rove des garrigues
MARSEILLE
Narbonne
Cathare
Brousse du Rove
AUDE
PYRÉNÉES ORIENTALES
Perpignan
Têt
Tech
스페인
에망탈 프랑세 에스트 상트랄 EMMENTAL FRANÇAIS EST-CENTRAL
참조 page 157
포 코르스 PÔT CORSE
참조 page 189
펠라르동 PÉLARDON
참조 page 62
로브 데 가리그 ROVE DES GARRIGUES
참조 page 49
피코동 PICODON
참조 page 63
로브탱 ROVETHYM
참조 page 66

프랑스/남동부

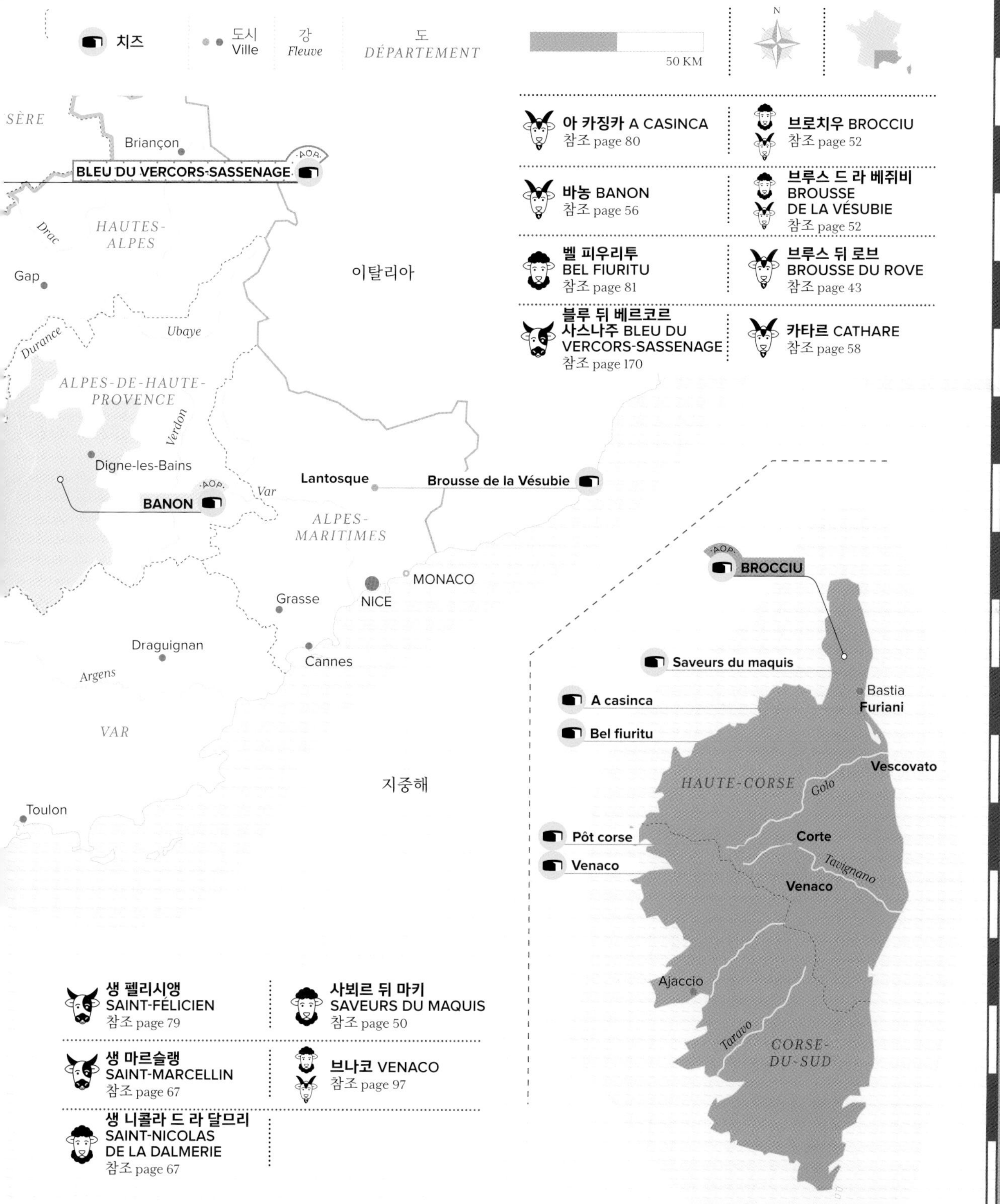

치즈
도시 Ville
강 Fleuve
도 DÉPARTEMENT
50 KM
N
아 카징카 A CASINCA 참조 page 80
브로치우 BROCCIU 참조 page 52
바농 BANON 참조 page 56
브루스 드 라 베쥐비 BROUSSE DE LA VÉSUBIE 참조 page 52
벨 피우리투 BEL FIURITU 참조 page 81
브루스 뒤 로브 BROUSSE DU ROVE 참조 page 43
블루 뒤 베르코르 사스나주 BLEU DU VERCORS-SASSENAGE 참조 page 170
카타르 CATHARE 참조 page 58
ISÈRE
Briançon
AOP
BLEU DU VERCORS-SASSENAGE
Drac
HAUTES-ALPES
Gap
이탈리아
Ubaye
Durance
ALPES-DE-HAUTE-PROVENCE
Verdon
Digne-les-Bains
AOP
BANON
Var
Lantosque
Brousse de la Vésubie
ALPES-MARITIMES
MONACO
NICE
Grasse
Draguignan
Cannes
Argens
VAR
지중해
Toulon
AOP
BROCCIU
Saveurs du maquis
A casinca
Bel fiuritu
Bastia
Furiani
Vescovato
HAUTE-CORSE
Golo
Pôt corse
Venaco
Corte
Tavignano
Venaco
Ajaccio
Taravo
CORSE-DU-SUD
생 펠리시앵 SAINT-FÉLICIEN 참조 page 79
사뵈르 뒤 마키 SAVEURS DU MAQUIS 참조 page 50
생 마르슬랭 SAINT-MARCELLIN 참조 page 67
브나코 VENACO 참조 page 97
생 니콜라 드 라 달므리 SAINT-NICOLAS DE LA DALMERIE 참조 page 67

프랑스/오베르뉴, 남서부

치즈 · 도시 Ville · 강 *Fleuve* · 도 *DÉPARTEMENT* · 50 KM

베트말 BETHMALE 참조 page 101	푸름 드 몽브리종 FOURME DE MONTBRISON 참조 page 175	오소 이라티 OSSAU-IRATY 참조 page 120	생 넥테르 SAINT-NECTAIRE 참조 page 137
블루 도베르뉴 BLEU D'AUVERGNE 참조 page 167	퓌메종 FUMAISON 참조 page 109	페라이 PÉRAIL 참조 page 63	살레르 SALERS 참조 page 138
블루 드 세브락 BLEU DE SÉVERAC 참조 page 169	가프롱 도베르뉴 GAPERON D'AUVERGNE 참조 page 191	프티 피앙세 데 피레네 PETIT FIANCÉ DES PYRÉNÉES 참조 page 90	톰 오 자르티종 TOMME AUX ARTISONS 참조 page 145
블루 데 코스 BLEU DES CAUSSES 참조 page 169	구르 누아르 GOUR NOIR 참조 page 61	페뷔스 PHÉBUS 참조 page 124	톰 드 리야크 TOMME DE RILHAC 참조 page 146
캉탈 CANTAL 참조 page 104	그뢰이 GREUILH 참조 page 52	피추네 PITCHOUNET 참조 page 125	톰 데 피레네 TOMME DES PYRÉNÉES 참조 page 147
코스나르 CAUSSENARD 참조 page 105	앙리 카트르 HENRI IV 참조 page 161	르퀴트 RECUITE 참조 page 54	톰 마로트 TOMME MAROTTE 참조 page 148
크레뫼 드 카라야크 CRÉMEUX DE CARAYAC 참조 page 82	잇차수 ITXASSOU 참조 page 177	로카이유 데 카바스 ROCAILLOU DES CABASSES 참조 page 64	트뤼프 드 방타두르 TRUFFE DE VENTADOUR 참조 page 69
퀴피동 CUPIDON 참조 page 83	라기올 LAGUIOLE 참조 page 114	로카마두르 ROCAMADOUR 참조 page 65	
앙칼라 ENCALAT 참조 page 76	라보르 LAVORT 참조 page 115	로크포르 ROQUEFORT 참조 page 180	
푸름 당베르 FOURME D'AMBERT 참조 page 175	루 클라우수 LOU CLAOUSOU 참조 page 87	루엘 뒤 타른 ROUELLE DU TARN 참조 page 65	

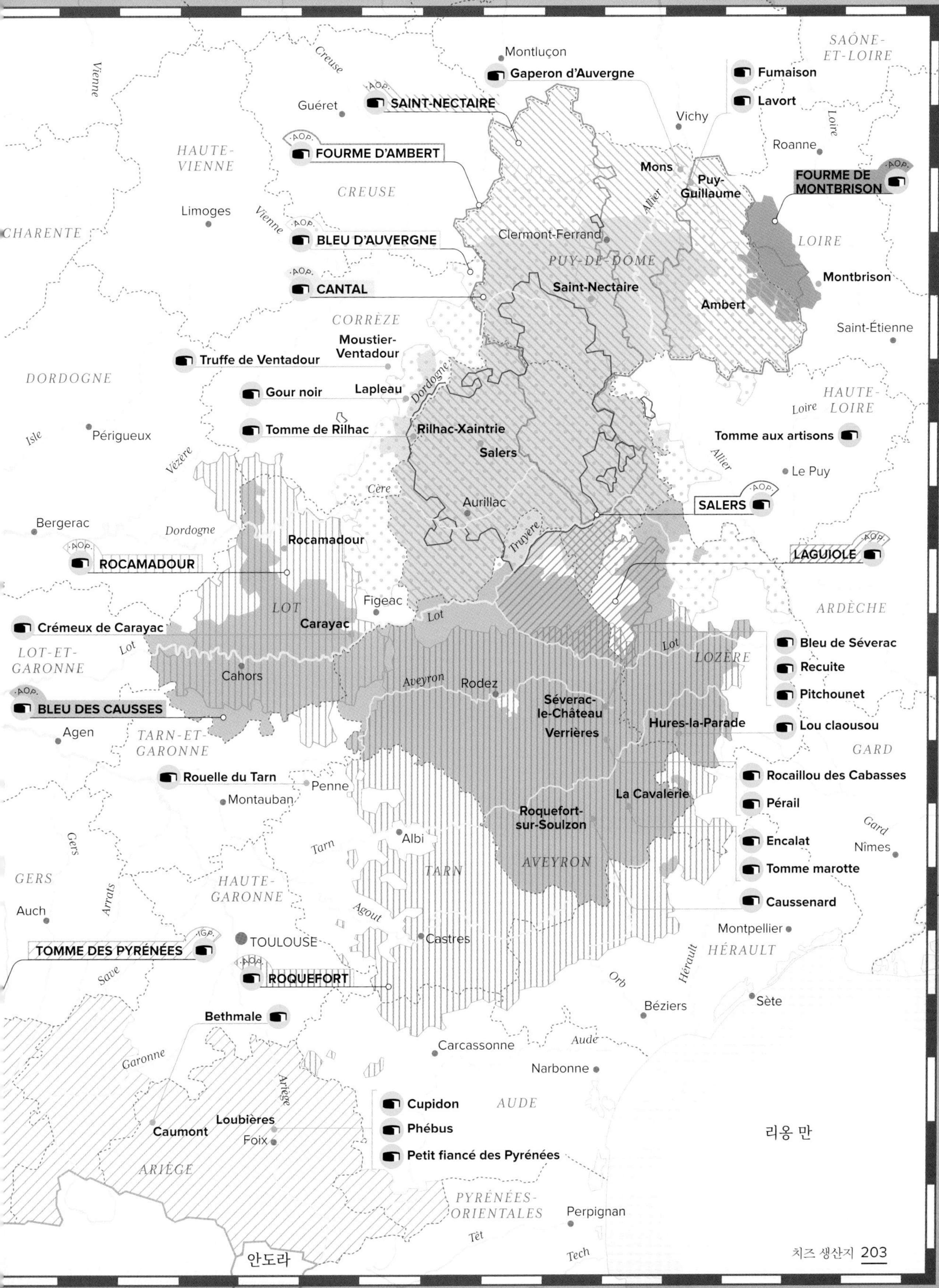
Montluçon
Gaperon d'Auvergne
AOP
SAINT-NECTAIRE
Guéret
Vichy
Fumaison
Lavort
Roanne
SAÔNE-ET-LOIRE
AOP
FOURME D'AMBERT
HAUTE-VIENNE
CREUSE
Mons
Puy-Guillaume
AOP
FOURME DE MONTBRISON
Limoges
CHARENTE
AOP
BLEU D'AUVERGNE
Clermont-Ferrand
PUY-DE-DÔME
LOIRE
AOP
CANTAL
Saint-Nectaire
Ambert
Montbrison
CORRÈZE
Saint-Étienne
Moustier-Ventadour
Truffe de Ventadour
DORDOGNE
Gour noir
Lapleau
HAUTE-LOIRE
Tomme de Rilhac
Rilhac-Xaintrie
Périgueux
Salers
Tomme aux artisons
Le Puy
Aurillac
AOP
SALERS
Bergerac
Rocamadour
AOP
ROCAMADOUR
AOP
LAGUIOLE
Figeac
LOT
ARDÈCHE
Crémeux de Carayac
Carayac
LOT-ET-GARONNE
Bleu de Séverac
Recuite
Cahors
LOZÈRE
Rodez
Pitchounet
AOP
BLEU DES CAUSSES
Séverac-le-Château
Hures-la-Parade
Lou claousou
Verrières
Agen
TARN-ET-GARONNE
GARD
Rouelle du Tarn
Penne
Rocaillou des Cabasses
Montauban
La Cavalerie
Pérail
Roquefort-sur-Soulzon
Albi
Encalat
Nîmes
GERS
TARN
AVEYRON
Tomme marotte
HAUTE-GARONNE
Caussenard
Auch
Montpellier
IGP
TOMME DES PYRÉNÉES
TOULOUSE
Castres
HÉRAULT
AOP
ROQUEFORT
Sète
Bethmale
Béziers
Carcassonne
Narbonne
Cupidon
AUDE
Loubières
Caumont
Phébus
리옹 만
Foix
Petit fiancé des Pyrénées
ARIÈGE
PYRÉNÉES-ORIENTALES
Perpignan
안도라
Vienne
Creuse
Loire
Allier
Dordogne
Isle
Vézère
Cère
Truyère
Lot
Aveyron
Tarn
Agout
Gers
Arrats
Save
Garonne
Ariège
Orb
Hérault
Aude
Têt
Tech
Gard

프랑스/중서부

치즈 | 도시 Ville | 강 *Fleuve* | 도 *DÉPARTEMENT*

50 KM

N

봉드 드 가틴
BONDE DE GÂTINE
참조 page 57

모테 쉬르 푀유
MOTHAIS-SUR-FEUILLE
참조 page 62

샤비슈 뒤 푸아투
CHABICHOU DU POITOU
참조 page 59

풀리니 생 피에르
POULIGNY-SAINT-PIERRE
참조 page 63

쾨르 드 피그 CŒUR DE FIGUE
참조 page 44

생트 모르 드 투렌 SAINTE-MAURE DE TOURAINE
참조 page 66

쿠론 로슈아즈
COURONNE LOCHOISE
참조 page 60

셀 쉬르 셰르 SELLES-SUR-CHER
참조 page 68

크로탱 드 샤비뇰
CROTTIN DE CHAVIGNOL
참조 page 61

토피니에르 샤랑테즈
TAUPINIÈRE CHARENTAISE®
참조 page 68

르 퀴레 낭테
LE CURÉ NANTAIS®
참조 page 83

발랑세 VALENÇAY
참조 page 69

종셰 JONCHÉE
참조 page 46

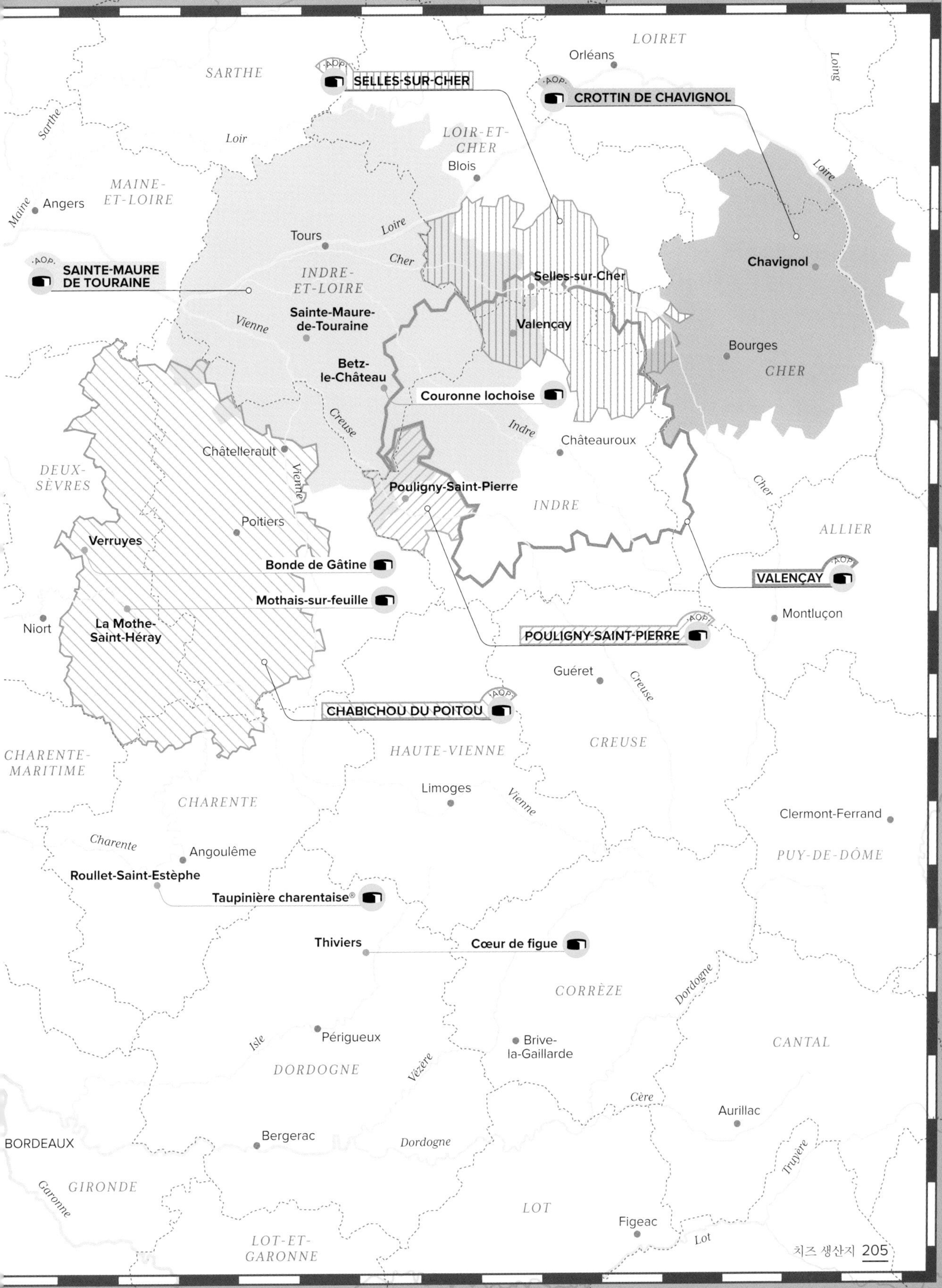

LOIRET
Orléans
Loing
SARTHE
AOP
SELLES-SUR-CHER
AOP
CROTTIN DE CHAVIGNOL
Sarthe
Loir
LOIR-ET-CHER
Blois
Loire
MAINE-ET-LOIRE
Maine
Angers
Tours
Loire
Chavignol
AOP
SAINTE-MAURE DE TOURAINE
Cher
INDRE-ET-LOIRE
Selles-sur-Cher
Sainte-Maure-de-Touraine
Vienne
Valençay
Bourges
CHER
Betz-le-Château
Couronne lochoise
Creuse
Indre
Châteauroux
Châtellerault
Vienne
DEUX-SÈVRES
Pouligny-Saint-Pierre
Cher
INDRE
Poitiers
Verruyes
ALLIER
Bonde de Gâtine
AOP
VALENÇAY
Mothais-sur-feuille
Montluçon
Niort
La Mothe-Saint-Héray
AOP
POULIGNY-SAINT-PIERRE
Guéret
Creuse
AOP
CHABICHOU DU POITOU
CHARENTE-MARITIME
HAUTE-VIENNE
CREUSE
Limoges
Vienne
CHARENTE
Clermont-Ferrand
Charente
Angoulême
PUY-DE-DÔME
Roullet-Saint-Estèphe
Taupinière charentaise®
Thiviers
Cœur de figue
CORRÈZE
Dordogne
Isle
Périgueux
Brive-la-Gaillarde
CANTAL
DORDOGNE
Vézère
Cère
Aurillac
BORDEAUX
Bergerac
Dordogne
Truyère
Garonne
GIRONDE
LOT
Figeac
Lot
LOT-ET-GARONNE

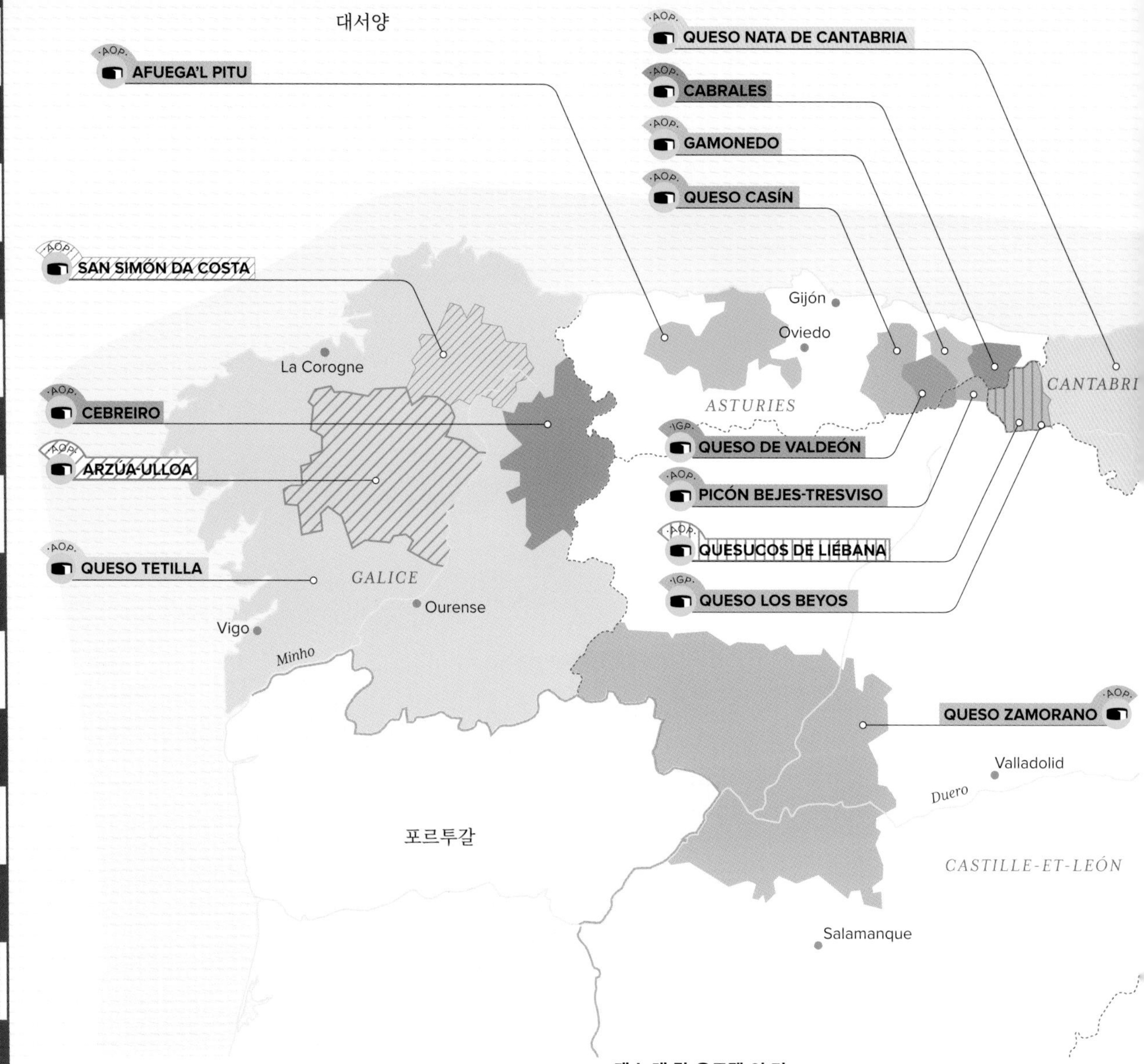

아푸에갈 피투
AFUEGA'L PITU
참조 page 190

이디아자발 IDIAZABAL
참조 page 112

케소 데 랄 우르젤 이 라 세르다냐 QUESO DE L'ALT URGELL Y LA CERDANYA
참조 page 130

케소 자모라노
QUESO ZAMORANO
참조 page 134

아르주아 우요아
ARZÚA-ULLOA
참조 page 99

마혼 메노르카
MAHÓN-MENORCA
참조 page 115

케소 데 발데온
QUESO DE VALDEÓN
참조 page 179

케수코스 데 리에바나
QUESUCOS DE LIÉBANA
참조 page 134

카브랄레스
CABRALES
참조 page 171

피콘 베헤스 트레스비소
PICÓN BEJES-TRESVISO
참조 page 179

케소 로스 베요스
QUESO LOS BEYOS
참조 page 132

론칼 RONCAL
참조 page 137

세브레이로
CEBREIRO
참조 page 105

케소 카메라노
QUESO CAMERANO
참조 page 129

케소 나타 데 칸타브리아
QUESO NATA DE CANTABRIA
참조 page 133

산 시몬 다 코스타
SAN SIMÓN DA COSTA
참조 page 139

가모네도
GAMONEDO
참조 page 176

케소 카신
QUESO CASÍN
참조 page 130

케소 테티야
QUESO TETILLA
참조 page 186

스페인/북부

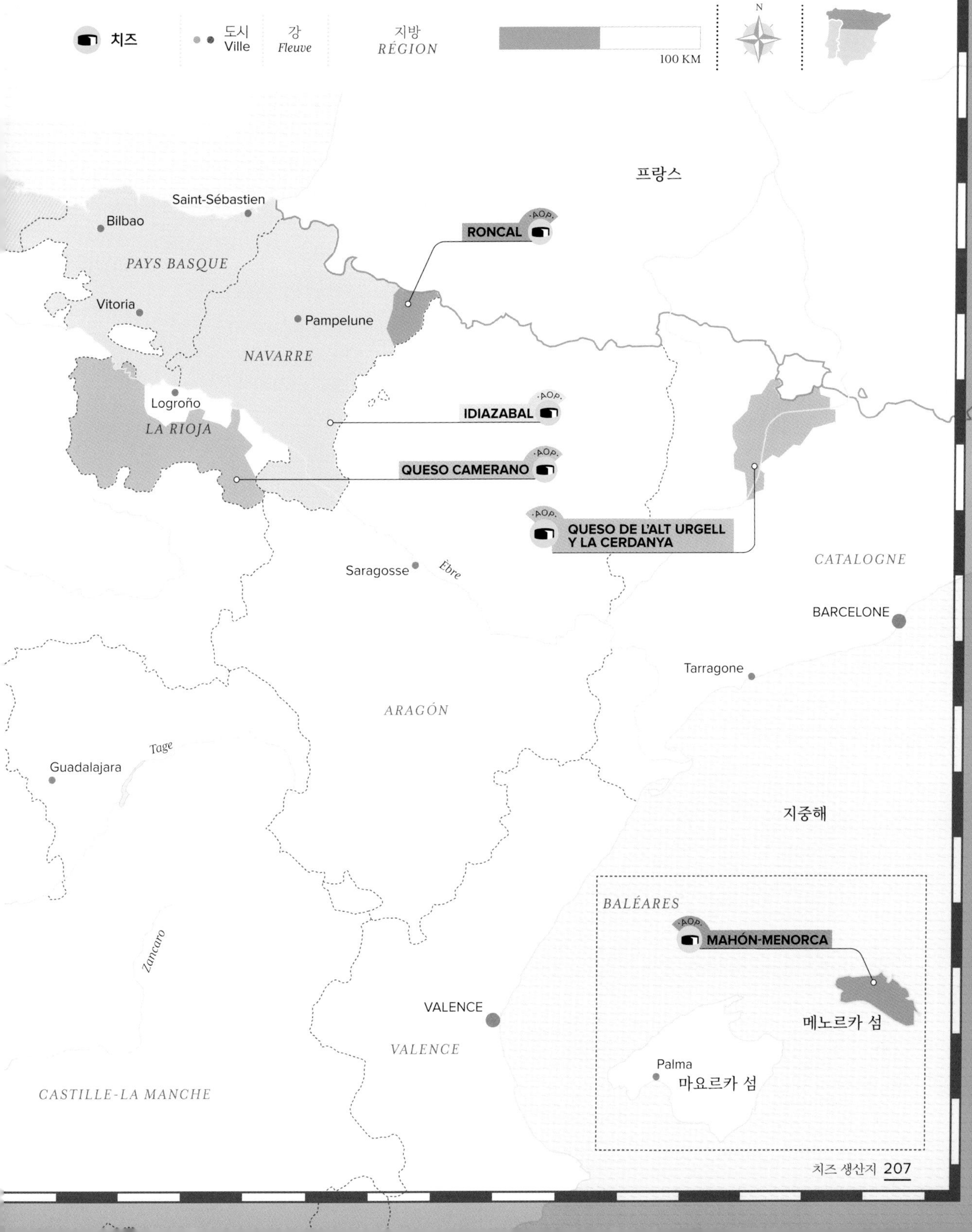
치즈
도시 Ville
강 Fleuve
지방 RÉGION
100 KM
N
프랑스
Saint-Sébastien
Bilbao
PAYS BASQUE
Vitoria
Pampelune
NAVARRE
Logroño
LA RIOJA
AOP
RONCAL
AOP
IDIAZABAL
AOP
QUESO CAMERANO
AOP
QUESO DE L'ALT URGELL
Y LA CERDANYA
CATALOGNE
Saragosse
Èbre
BARCELONE
Tarragone
ARAGÓN
Tage
Guadalajara
지중해
BALÉARES
AOP
MAHÓN-MENORCA
메노르카 섬
Zancaro
VALENCE
VALENCE
Palma
마요르카 섬
CASTILLE-LA MANCHE

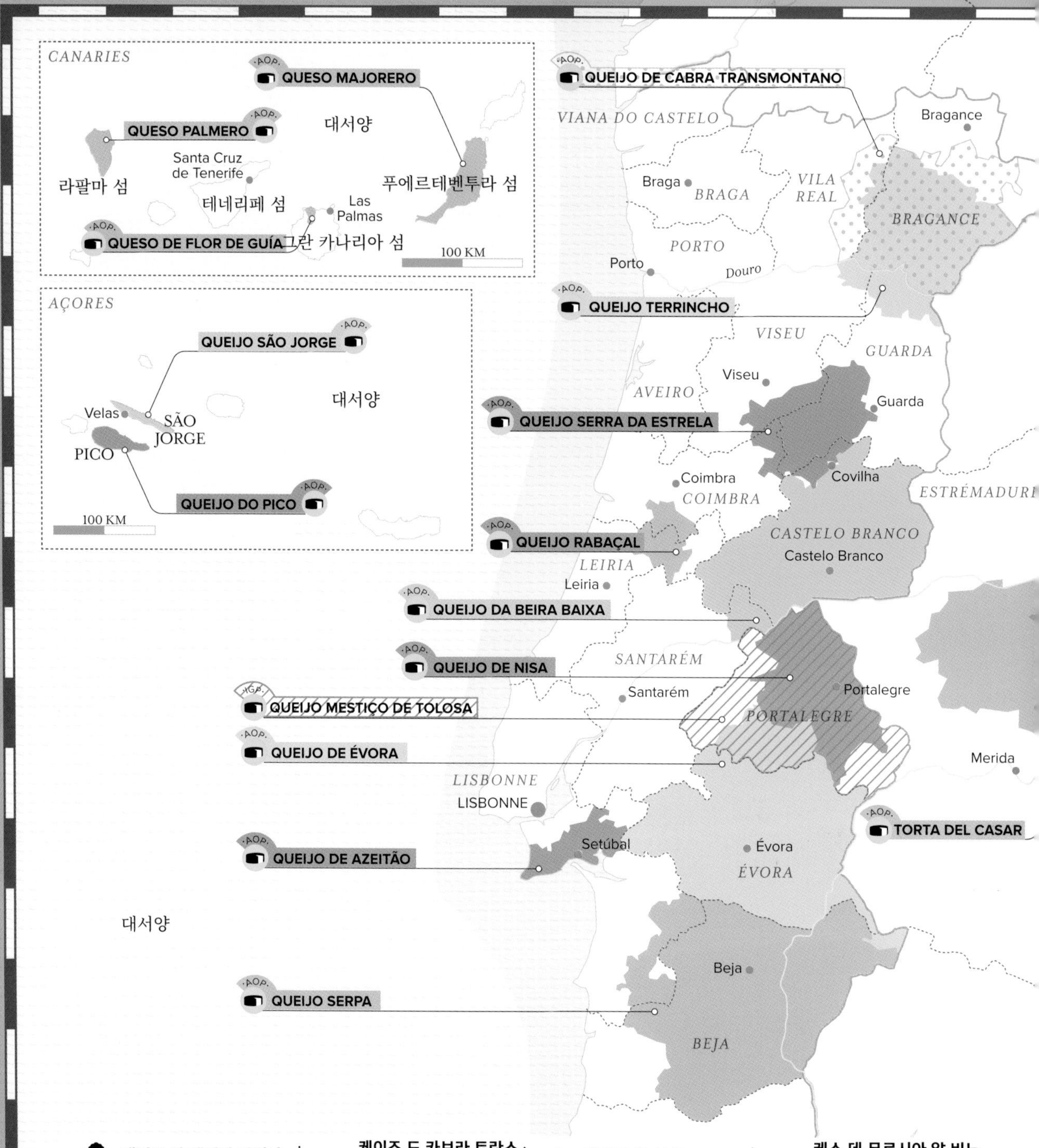

케이조 다 베이라 바이샤
QUEIJO DA BEIRA BAIXA
참조 page 126

케이조 드 카브라 트란스몽타누 QUEIJO DE CABRA TRANSMONTANO
참조 page 127

케이조 드 니사
QUEIJO DE NISA
참조 page 127

케소 데 무르시아 알 비노
QUESO DE MURCIA AL VINO
참조 page 131

케이조 드 아제이탕
QUEIJO DE AZEITÃO
참조 page 91

케이조 드 에보라
QUEIJO DE ÉVORA
참조 page 127

케이조 도 피코
QUEIJO DO PICO
참조 page 128

케이조 메스티수 드 톨로사
QUEIJO MESTIÇO DE TOLOSA
참조 page 128

케이조 상 조르주
QUEIJO SÃO JORGE
참조 page 129

케이조 테린초
QUEIJO TERRINCHO
참조 page 129

케소 데 무르시아
QUESO DE MURCIA
참조 page 131

케이조 라바살
QUEIJO RABAÇAL
참조 page 128

스페인 남부, 포르투갈

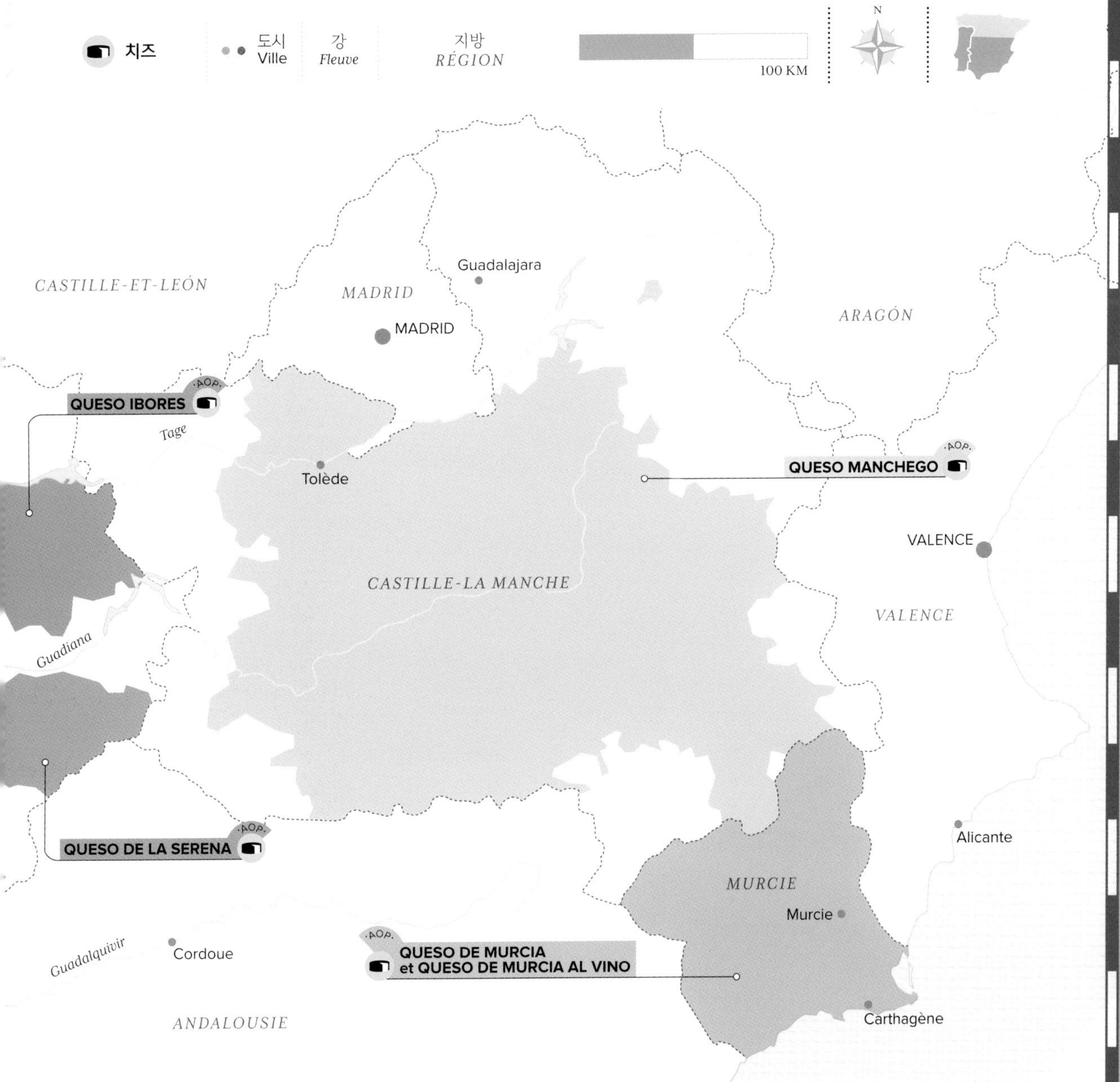

케소 만체고
QUESO MANCHEGO
참조 page 133

케소 데 플로르 데 기아
QUESO
DE FLOR DE GUÍA
참조 page 130

케소 마호레로
QUESO MAJORERO
참조 page 132

케이조 세르파
QUEIJO SERPA
참조 page 91

케소 데 라 세레나
QUESO DE LA SERENA
참조 page 131

케소 팔메로
QUESO PALMERO
참조 page 133

케이조 세라 다 에스트렐라 QUEIJO SERRA DA ESTRELA
참조 page 92

케소 이보레스
QUESO IBORES
참조 page 132

토르타 델 카사르
TORTA DEL CASAR
참조 page 148

아지아고 ASIAGO
참조 page 99

피아베 PIAVE
참조 page 125

실테르 SILTER
참조 page 140

탈레지오 TALEGGIO
참조 page 143

비토 BITTO
참조 page 155

프로볼로네 발파다나 PROVOLONE VALPADANA
참조 page 186

스프레사 델레 주디카리에 SPRESSA DELLE GIUDICARIE
참조 page 141

토마 피에몬테제 TOMA PIEMONTESE
참조 page 144

브라 BRA
참조 page 103

푸조네 디 모에나/스프레츠 차오리 PUZZONE DI MOENA/SPRETZ TZAORI
참조 page 126

스쿠악쿠에로네 디 로마 SQUACQUERONE DI ROMAGNA
참조 page 51

발레 다오스타 프로마초 VALLE D'AOSTA FROMADZO
참조 page 150

카사텔라 트레비쟈나 CASATELLA TREVIGIANA
참조 page 44

콰르티롤로 롬바르도 QUARTIROLO LOMBARDO
참조 page 49

스텔비오 STELVIO
참조 page 142

발텔리나 카제라 VALTELLINA CASERA
참조 page 150

카스텔마뇨 CASTELMAGNO
참조 page 172

라스케라 RASCHERA
참조 page 135

스트라키툰트 STRACHITUNT
참조 page 182

베르진 VERZIN®
참조 page 183

폰티나 FONTINA
참조 page 108

로비올라 디 로카베라노 ROBIOLA DI ROCCAVERANO
참조 page 64

포르마젤라 델 루이네제 FORMAGGELLA DEL LUINESE
참조 page 108

살바 크레마스코 SALVA CREMASCO
참조 page 138

포르마지오 디 포사 디 솔리아노 FORMAGGIO DI FOSSA DI SOGLIANO
참조 page 109

포르마이 데 무트 델랄타 발레 브렘바나 FORMAI DE MUT DELL'ALTA VALLE BREMBANA
참조 page 109

고르곤졸라 GORGONZOLA
참조 page 176

그라나 파다노 GRANA PADANO
참조 page 159

몬타지오 MONTASIO
참조 page 116

몬테 베로네제 MONTE VERONESE
참조 page 117

모차렐라 MOZZARELLA (STG)
참조 page 185
이탈리아 전역에서 생산

무라차노 MURAZZANO
참조 page 62

노스트라노 발트롬피아 NOSTRANO VALTROMPIA
참조 page 119

오솔라노 OSSOLANO
참조 page 121

파르미지아노 레지아노 PARMIGIANO REGGIANO
참조 page 163

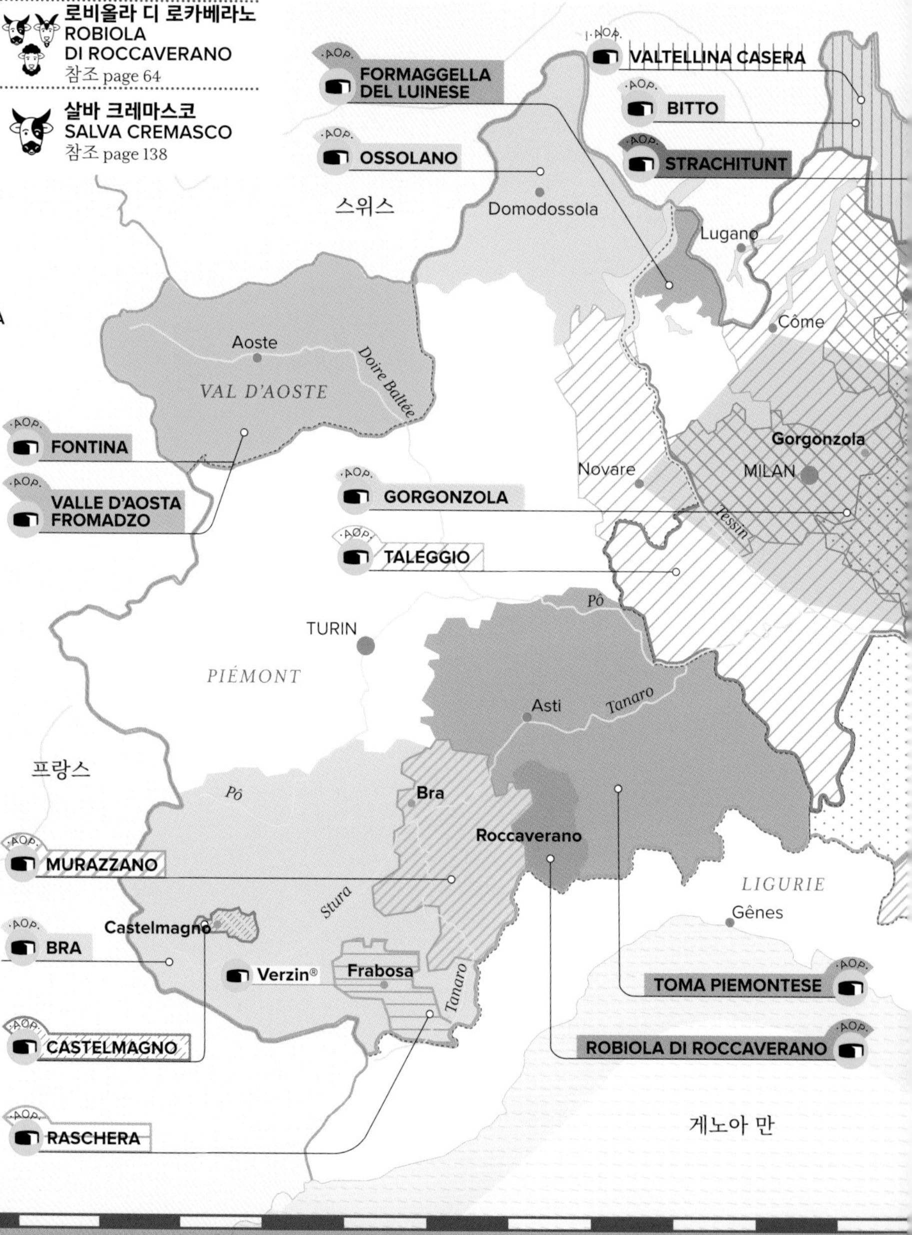

이탈리아/북부

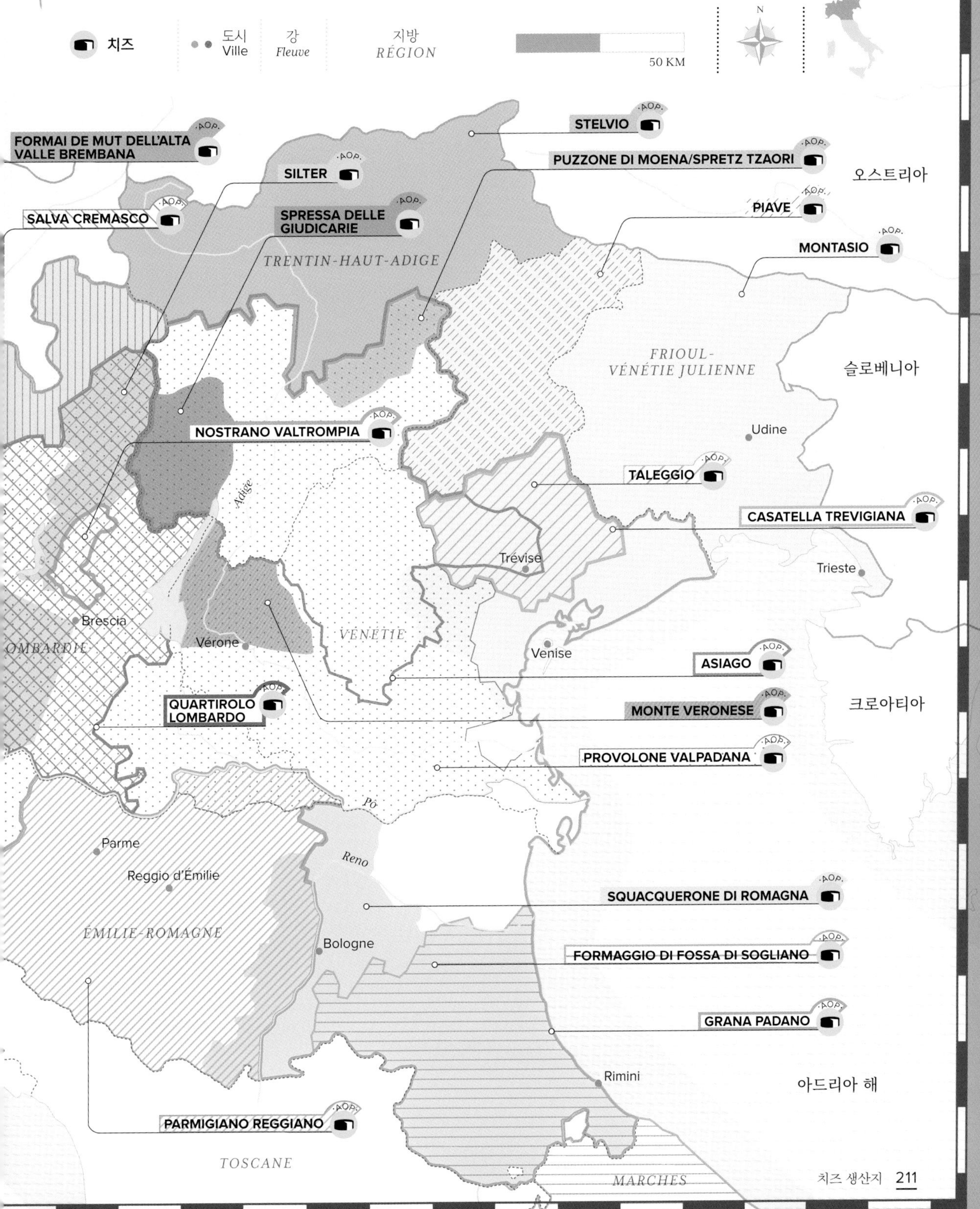

치즈
도시
Ville
강
Fleuve
지방
RÉGION
50 KM
N
FORMAI DE MUT DELL'ALTA VALLE BREMBANA
·AOP·
SILTER
·AOP·
SALVA CREMASCO
·AOP·
SPRESSA DELLE GIUDICARIE
·AOP·
STELVIO
·AOP·
PUZZONE DI MOENA/SPRETZ TZAORI
·AOP·
PIAVE
·AOP·
MONTASIO
·AOP·
오스트리아
TRENTIN-HAUT-ADIGE
FRIOUL-VÉNÉTIE JULIENNE
슬로베니아
NOSTRANO VALTROMPIA
·AOP·
Udine
TALEGGIO
·AOP·
CASATELLA TREVIGIANA
·AOP·
Adige
Trévise
Trieste
Brescia
OMBARDIE
Vérone
VÉNÉTIE
Venise
ASIAGO
·AOP·
QUARTIROLO LOMBARDO
·AOP·
MONTE VERONESE
·AOP·
크로아티아
PROVOLONE VALPADANA
·AOP·
Pô
Parme
Reno
Reggio d'Émilie
SQUACQUERONE DI ROMAGNA
·AOP·
ÉMILIE-ROMAGNE
Bologne
FORMAGGIO DI FOSSA DI SOGLIANO
·AOP·
GRANA PADANO
·AOP·
Rimini
아드리아 해
PARMIGIANO REGGIANO
·AOP·
TOSCANE
MARCHES

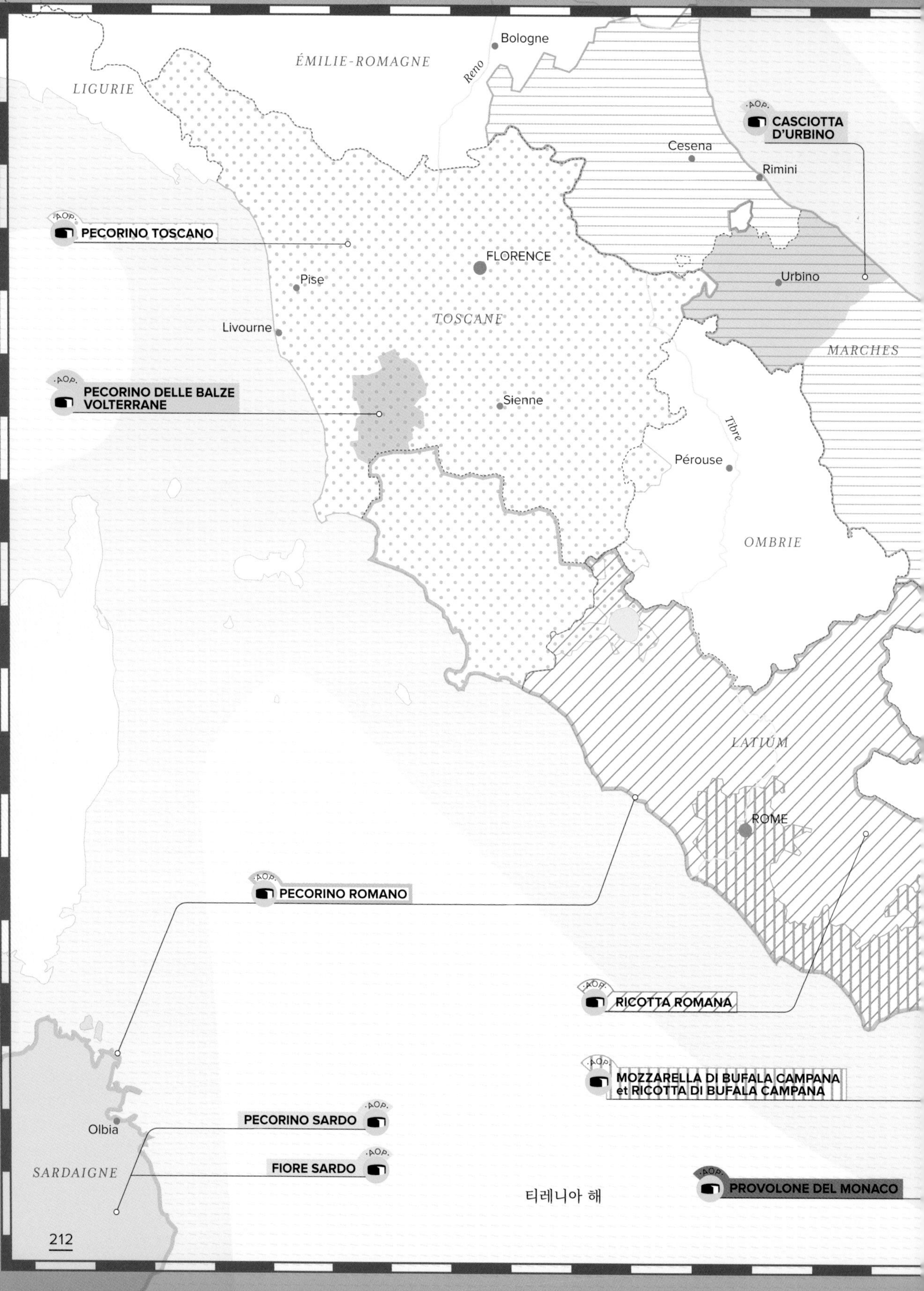
Bologne
ÉMILIE-ROMAGNE
Reno
LIGURIE
AOP
CASCIOTTA D'URBINO
Cesena
Rimini
AOP
PECORINO TOSCANO
FLORENCE
Pise
Urbino
TOSCANE
Livourne
MARCHES
AOP
PECORINO DELLE BALZE VOLTERRANE
Sienne
Tibre
Pérouse
OMBRIE
LATIUM
ROME
AOP
PECORINO ROMANO
AOP
RICOTTA ROMANA
AOP
MOZZARELLA DI BUFALA CAMPANA et RICOTTA DI BUFALA CAMPANA
Olbia
PECORINO SARDO
AOP
FIORE SARDO
AOP
SARDAIGNE
티레니아 해
AOP
PROVOLONE DEL MONACO

이탈리아/중부

치즈 · 도시 Ville · 강 *Fleuve* · 지방 *RÉGION* · 50 KM · N

부라타 디 안드리아 BURRATA DI ANDRIA
참조 page 184

피오레 사르도 FIORE SARDO
참조 page 107

페코리노 델레 발제 볼테라네 PECORINO DELLE BALZE VOLTERRANE
참조 page 122

페코리노 사르도 PECORINO SARDO
참조 page 123

카초카발로 실라노 CACIOCAVALLO SILANO
참조 page 184

포르마지오 디 포사 디 솔리아노 FORMAGGIO DI FOSSA DI SOGLIANO
참조 page 109

페코리노 디 필리아노 PECORINO DI FILIANO
참조 page 122

페코리노 토스카노 PECORINO TOSCANO
참조 page 124

카네스트라토 풀리에제 CANESTRATO PUGLIESE
참조 page 103

모차렐라 MOZZARELLA (STG)
참조 page 185
이탈리아 전역에서 생산

페코리노 디 피치니스코 PECORINO DI PICINISCO
참조 page 122

프로볼로네 델 모나코 PROVOLONE DEL MONACO
참조 page 186

카쇼타 두르비노 CASCIOTTA D'URBINO
참조 page 104

모차렐라 디 부팔라 캄파나 MOZZARELLA DI BUFALA CAMPANA
참조 page 185

페코리노 로마노 PECORINO ROMANO
참조 page 123

리코타 디 부팔라 캄파나 RICOTTA DI BUFALA CAMPANA
참조 page 54

리코타 로마나 RICOTTA ROMANA
참조 page 55

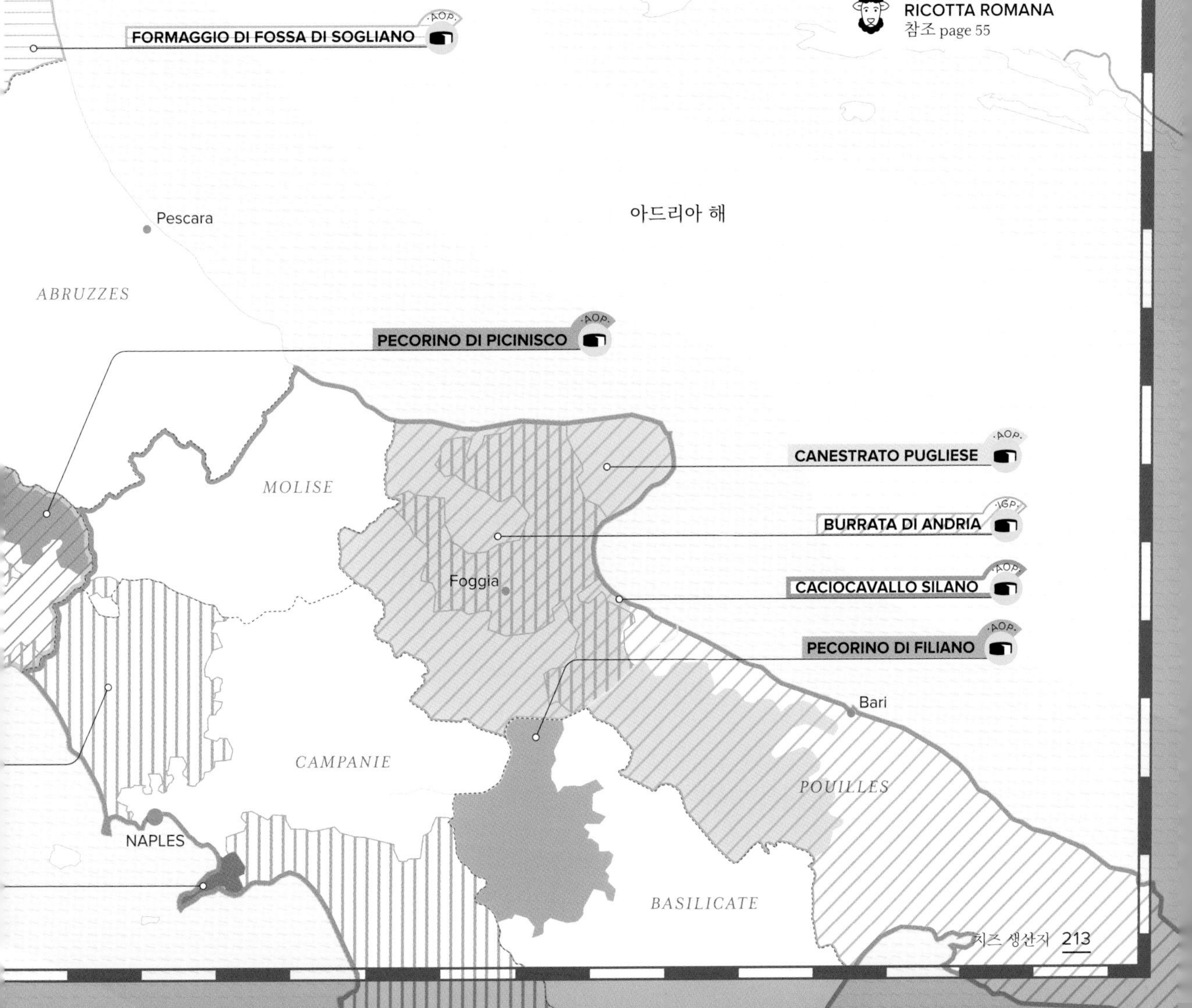

이탈리아/남부

치즈 | ● ● 도시 Ville | 강 *Fleuve* | 지방 *RÉGION* | 50 KM

부라타 디 안드리아 BURRATA DI ANDRIA 참조 page 184	**모차렐라** MOZZARELLA (STG) 참조 page 185 이탈리아 전역에서 생산	**페코리노 로마노** PECORINO ROMANO 참조 page 123	**프로볼로네 델 모나코** PROVOLONE DEL MONACO 참조 page 186
카초카발로 실라노 CACIOCAVALLO SILANO 참조 page 184	**모차렐라 디 부팔라 캄파나** MOZZARELLA DI BUFALA CAMPANA 참조 page 185	**페코리노 사르도** PECORINO SARDO 참조 page 123	**라구자노** RAGUSANO 참조 page 135
카네스트라토 풀리에제 CANESTRATO PUGLIESE 참조 page 103	**페코리노 크로토네제** PECORINO CROTONESE 참조 page 121	**페코리노 시칠리아노** PECORINO SICILIANO 참조 page 123	**리코타 디 부팔라 캄파나** RICOTTA DI BUFALA CAMPANA 참조 page 54
피오레 사르도 FIORE SARDO 참조 page 107	**페코리노 디 필리아노** PECORINO DI FILIANO 참조 page 122	**피아첸티누 에네제** PIACENTINU ENNESE 참조 page 124	**바스테다 델라 발레 델 벨리체** VASTEDDA DELLA VALLE DEL BELICE 참조 page 187

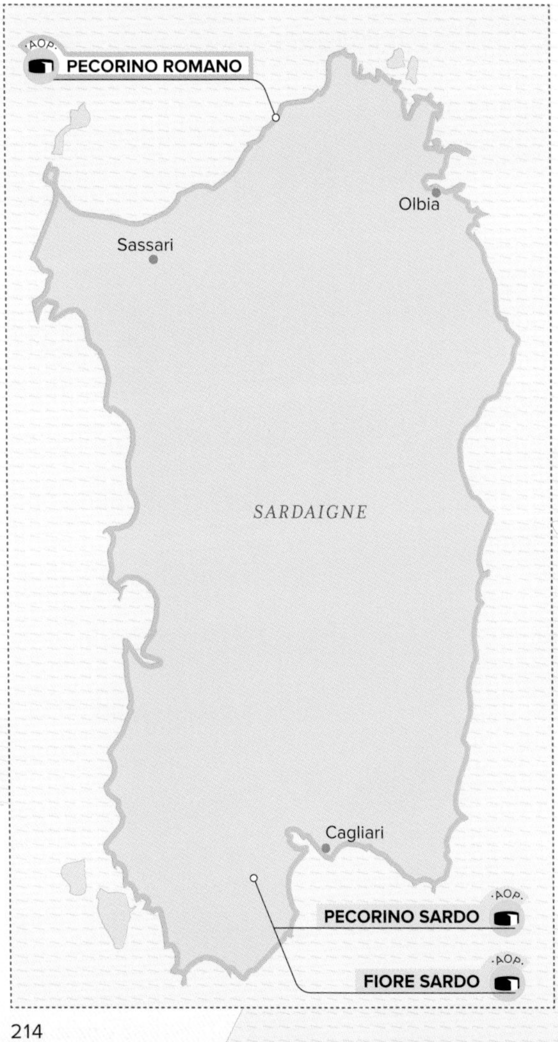

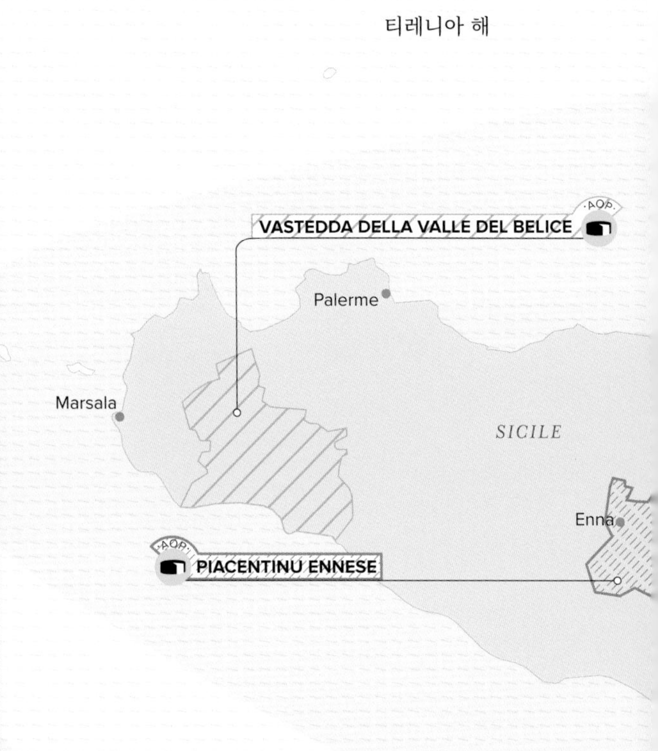

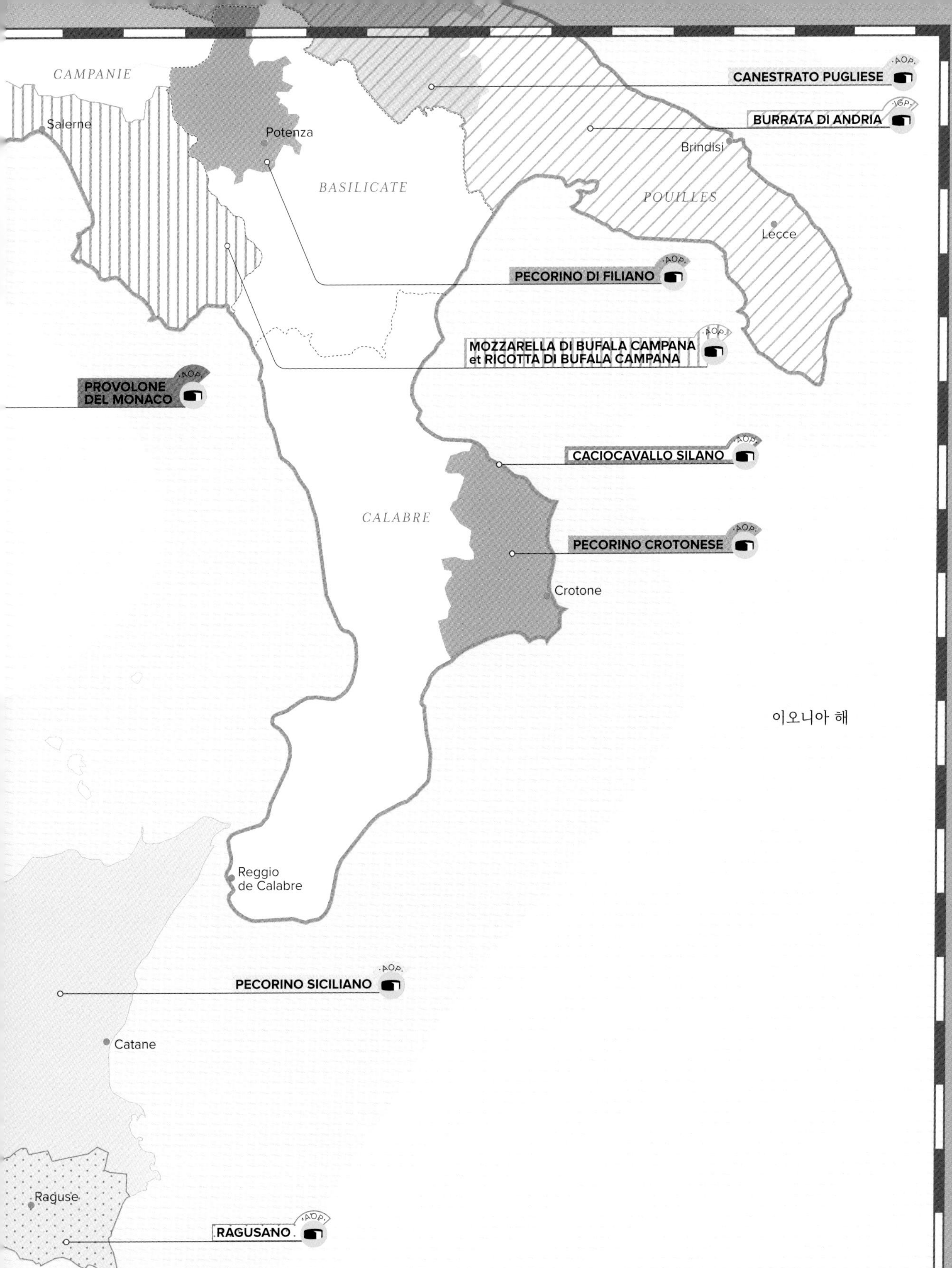
CAMPANIE
Salerne
Potenza
BASILICATE
CANESTRATO PUGLIESE
AOP
BURRATA DI ANDRIA
IGP
Brindisi
POUILLES
Lecce
PECORINO DI FILIANO
AOP
MOZZARELLA DI BUFALA CAMPANA
et RICOTTA DI BUFALA CAMPANA
AOP
PROVOLONE
DEL MONACO
AOP
CACIOCAVALLO SILANO
AOP
CALABRE
PECORINO CROTONESE
AOP
Crotone
이오니아 해
Reggio
de Calabre
PECORINO SICILIANO
AOP
Catane
Raguse
RAGUSANO
AOP

영국, 아일랜드

치즈 | 도시 Ville | 강 *Fleuve* | 지역 *NATION*

200 KM

N

- **비컨 펠 트래디셔널 랭커셔 치즈** BEACON FELL TRADITIONAL LANCASHIRE CHEESE 참조 page 100
- **레드 레스터** RED LEICESTER 참조 page 136
- **본체스터 치즈** BONCHESTER CHEESE 참조 page 70
- **슈롭셔** SHROPSHIRE 참조 page 181
- **벅스턴 블루** BUXTON BLUE 참조 page 171
- **싱글 글로스터** SINGLE GLOUCESTER 참조 page 140
- **캐셜 블루** CASHEL BLUE® 참조 page 172
- **스태퍼드셔 치즈** STAFFORDSHIRE CHEESE 참조 page 141
- **쿨리니** COOLEENEY 참조 page 75
- **스틸턴 치즈** STILTON CHEESE 참조 page 181
- **크로져 블루** CROZIER BLUE® 참조 page 172
- **스웨일데일 치즈** SWALEDALE CHEESE 참조 page 142
- **도세트 블루 치즈** DORSET BLUE CHEESE 참조 page 173
- **스웨일데일 유즈 치즈** SWALEDALE EWES CHEESE 참조 page 143
- **도버데일 치즈** DOVEDALE CHEESE 참조 page 174
- **테비오트데일 치즈** TEVIOTDALE CHEESE 참조 page 144
- **엑스무어 블루 치즈** EXMOOR BLUE CHEESE 참조 page 174
- **트래디셔널 에어셔 던롭** TRADITIONAL AYRSHIRE DUNLOP 참조 page 149
- **고트나모나** GORTNAMONA 참조 page 76
- **트래디셔널 웰시 카필리** TRADITIONAL WELSH CAERPHILLY 참조 page 149
- **이모킬리 레가토** IMOKILLY REGATO 참조 page 112
- **웨스트 컨추리 팜하우스 체다 치즈** WEST COUNTRY FARMHOUSE CHEDDAR CHEESE 참조 page 151
- **아일 오브 멀** ISLE OF MULL 참조 page 112
- **요크셔 웬즐리데일** YORKSHIRE WENSLEYDALE 참조 page 151
- **오크니 스코티시 아일랜드 체다** ORKNEY SCOTTISH ISLAND CHEDDAR 참조 page 119

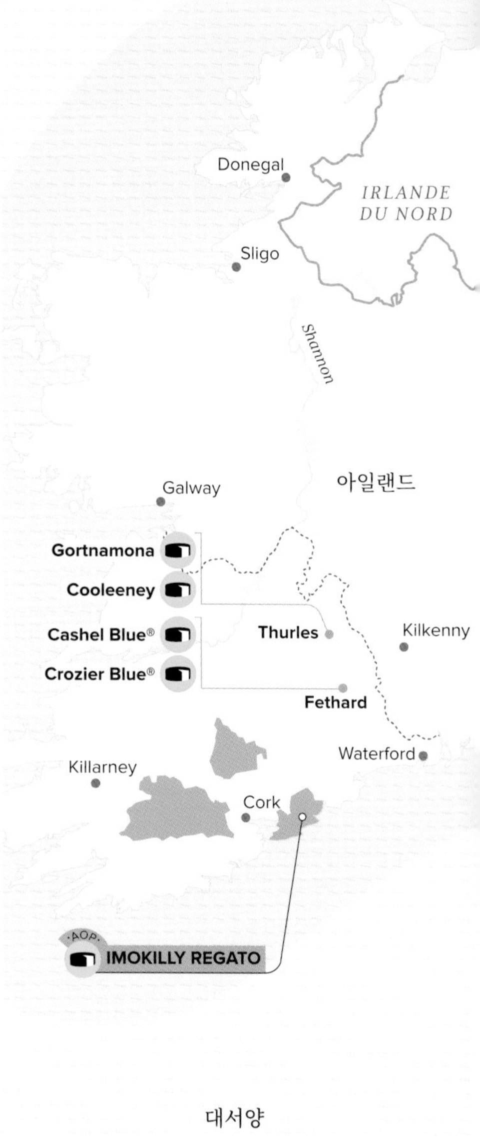

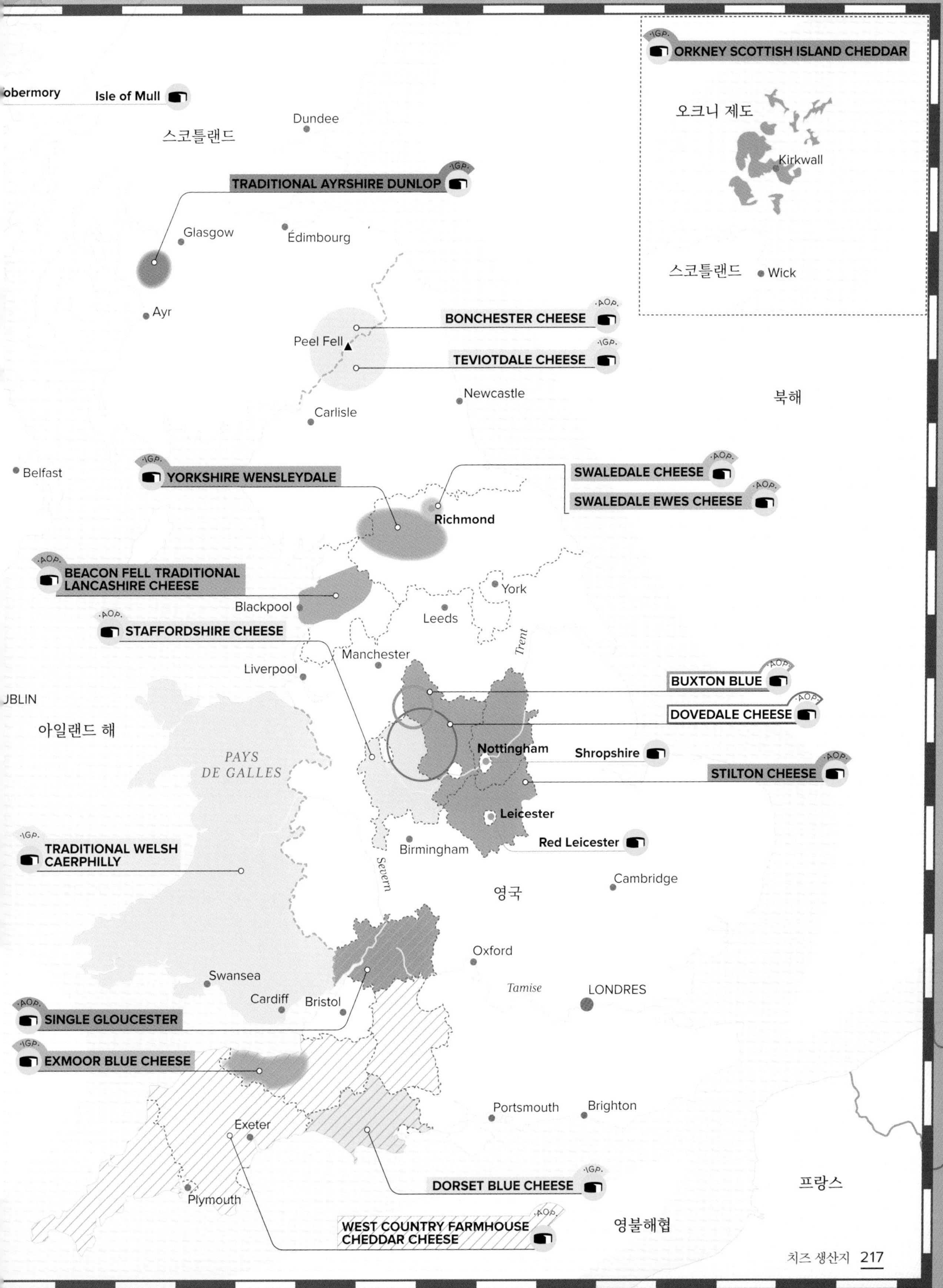
·IGP·
ORKNEY SCOTTISH ISLAND CHEDDAR
오크니 제도
Kirkwall
스코틀랜드
Wick
obermory
Isle of Mull
Dundee
스코틀랜드
·IGP·
TRADITIONAL AYRSHIRE DUNLOP
Glasgow
Édimbourg
Ayr
·AOP·
BONCHESTER CHEESE
Peel Fell
·IGP·
TEVIOTDALE CHEESE
Newcastle
북해
Carlisle
Belfast
·IGP·
YORKSHIRE WENSLEYDALE
·AOP·
SWALEDALE CHEESE
·AOP·
SWALEDALE EWES CHEESE
Richmond
·AOP·
BEACON FELL TRADITIONAL LANCASHIRE CHEESE
York
Blackpool
Leeds
·AOP·
STAFFORDSHIRE CHEESE
Trent
Manchester
Liverpool
·AOP·
BUXTON BLUE
JBLIN
·AOP·
DOVEDALE CHEESE
아일랜드 해
PAYS DE GALLES
Nottingham
Shropshire
·AOP·
STILTON CHEESE
Leicester
·IGP·
TRADITIONAL WELSH CAERPHILLY
Red Leicester
Birmingham
Severn
Cambridge
영국
Oxford
Swansea
Tamise
LONDRES
Cardiff
Bristol
·AOP·
SINGLE GLOUCESTER
·IGP·
EXMOOR BLUE CHEESE
Portsmouth
Brighton
Exeter
·IGP·
DORSET BLUE CHEESE
프랑스
Plymouth
·AOP·
WEST COUNTRY FARMHOUSE CHEDDAR CHEESE
영불해협

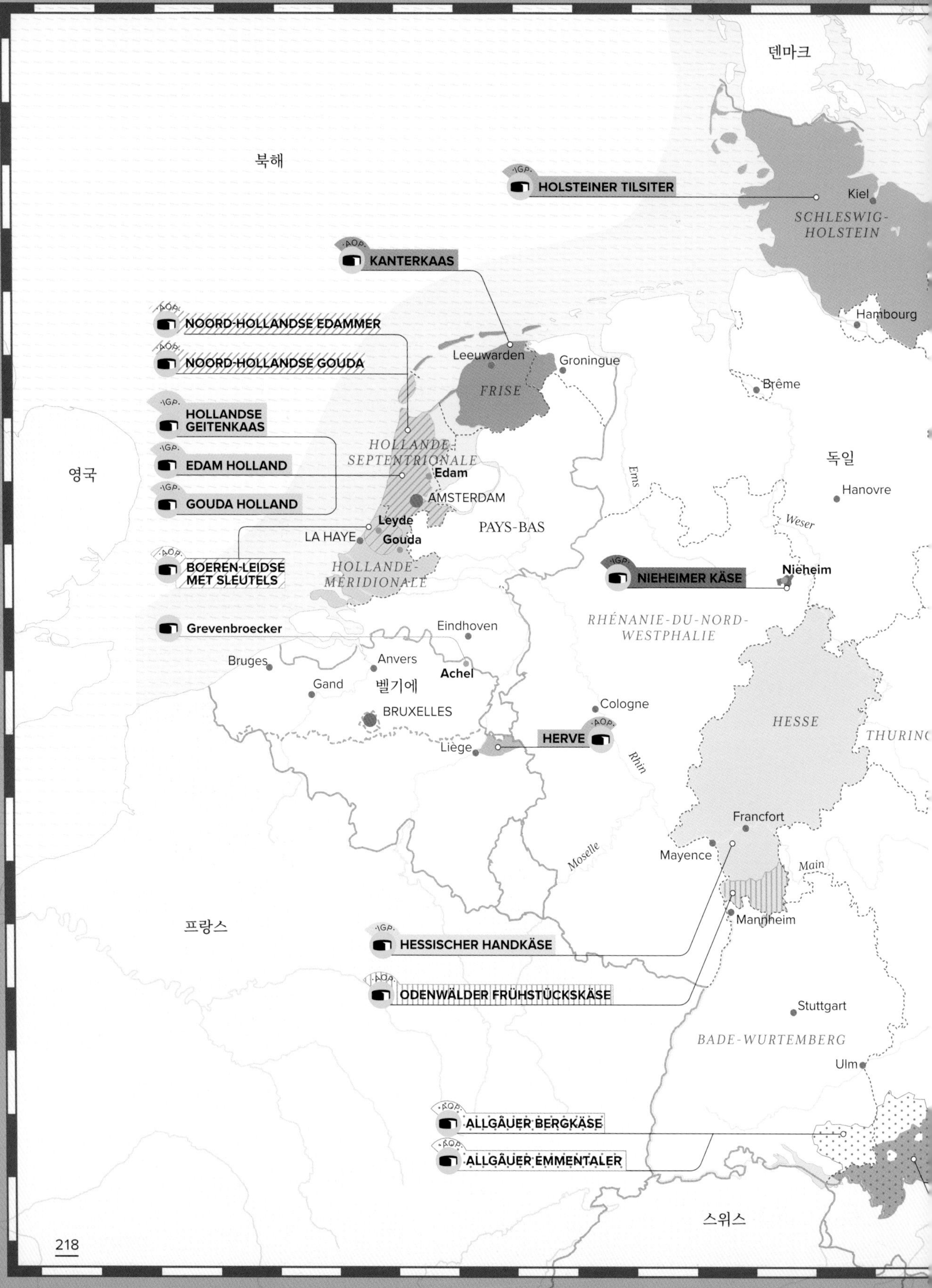

덴마크
북해
·IGP·
HOLSTEINER TILSITER
Kiel
SCHLESWIG-HOLSTEIN
·AOP·
KANTERKAAS
Hambourg
·AOP·
NOORD-HOLLANDSE EDAMMER
·AOP·
NOORD-HOLLANDSE GOUDA
Leeuwarden
Groningue
FRISE
Brême
·IGP·
HOLLANDSE GEITENKAAS
·IGP·
EDAM HOLLAND
·IGP·
GOUDA HOLLAND
영국
HOLLANDE-SEPTENTRIONALE
Edam
AMSTERDAM
Ems
독일
Hanovre
Leyde
LA HAYE
Gouda
PAYS-BAS
Weser
·AOP·
BOEREN-LEIDSE MET SLEUTELS
HOLLANDE-MÉRIDIONALE
·IGP·
NIEHEIMER KÄSE
Nieheim
Grevenbroecker
Eindhoven
RHÉNANIE-DU-NORD-WESTPHALIE
Bruges
Anvers
Achel
Gand
벨기에
BRUXELLES
Cologne
HESSE
·AOP·
HERVE
THURING
Liège
Rhin
Francfort
Mayence
Moselle
Main
Mannheim
프랑스
·IGP·
HESSISCHER HANDKÄSE
·AOP·
ODENWÄLDER FRÜHSTÜCKSKÄSE
Stuttgart
BADE-WURTEMBERG
Ulm
·AOP·
ALLGÄUER BERGKÄSE
·AOP·
ALLGÄUER EMMENTALER
스위스

벨기에, 네덜란드, 독일

치즈 | 도시 Ville | 강 *Fleuve* | 지방 *RÉGION*

200 KM

N

알고이어 베르크케제
ALLGÄUER BERGKÄSE
참조 page 152

알고이어 에멘탈러
ALLGÄUER EMMENTALER
참조 page 153

알고이어 젠알프케제
ALLGÄUER SENNALPKÄSE
참조 page 153

알고이어 바이스라커
ALLGÄUER WEISSLACKER
참조 page 80

알텐부르거 지겐케제
ALTENBURGER ZIEGENKÄSE
참조 page 70

부렌 라이츠 메트 슬뢰털스
BOEREN-LEIDSE MET SLEUTELS
참조 page 102

에담 홀란트 EDAM HOLLAND
참조 page 107

하우다 홀란트
GOUDA HOLLAND
참조 page 110

그레벤브뢰커
GREVENBROECKER
참조 page 176

에르브 HERVE
참조 page 85

헤시셔 한트케제
HESSISCHER HANDKÄSE
참조 page 53

홀란즈 하이튼카스
HOLLANDSE GEITENKAAS
참조 page 111

홀슈타이너 틸지터
HOLSTEINER TILSITER
참조 page 111

칸터카스 KANTERKAAS
참조 page 113

코흐케제 KOCHKÄSE
참조 page 189

니하이머 케제 NIEHEIMER KÄSE
참조 page 54

노르트 홀란트 에다머 NOORD-HOLLANDSE EDAMMER
참조 page 118

노르트 홀란트 하우다 NOORD-HOLLANDSE GOUDA
참조 page 118

오덴발더 프뤼슈튁스케제
ODENWÄLDER FRÜHSTÜCKSKÄSE
참조 page 89

덴마크, 스웨덴, 라트비아, 리투아니아

치즈 · 도시 Ville · 강 *Fleuve* · 국가 *PAYS*

300 KM

N

- **다나블루** DANABLU 참조 page 173
- **단보** DANBO 참조 page 106
- **에스롬** ESROM 참조 page 107
- **하바티** HAVARTI 참조 page 110
- **휘슈홀스오스트** HUSHÅLLSOST 참조 page 111
- **야누 시어스** JĀNU SIERS 참조 page 191
- **리아투비스카스 바르슈케스 수리스** LIETUVIŠKAS VARŠKĖS SŪRIS 참조 page 47
- **릴리푸타스** LILIPUTAS 참조 page 115
- **프린츠 폰 덴마크** PRINZ VON DENMARK 참조 page 125
- **스베시아** SVECIA 참조 page 142

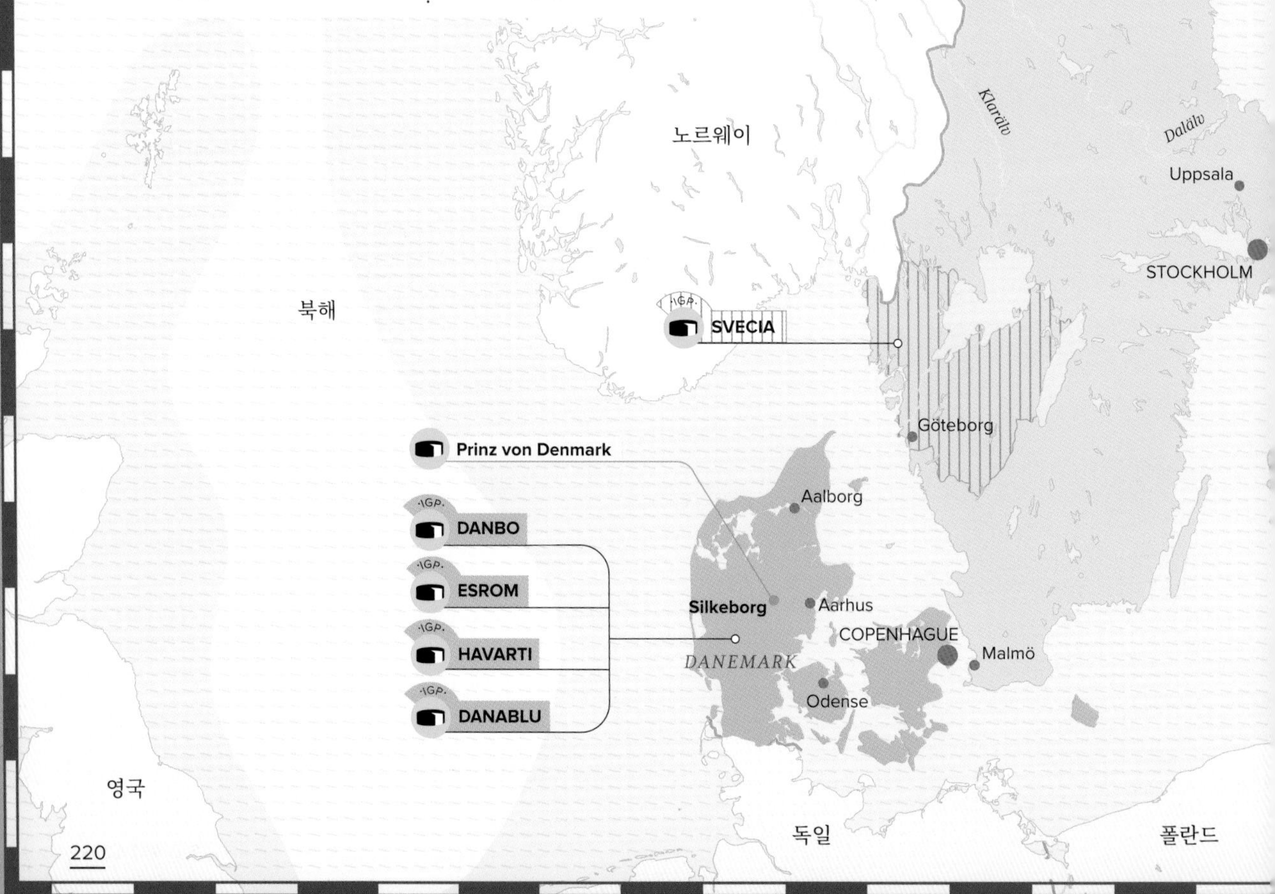

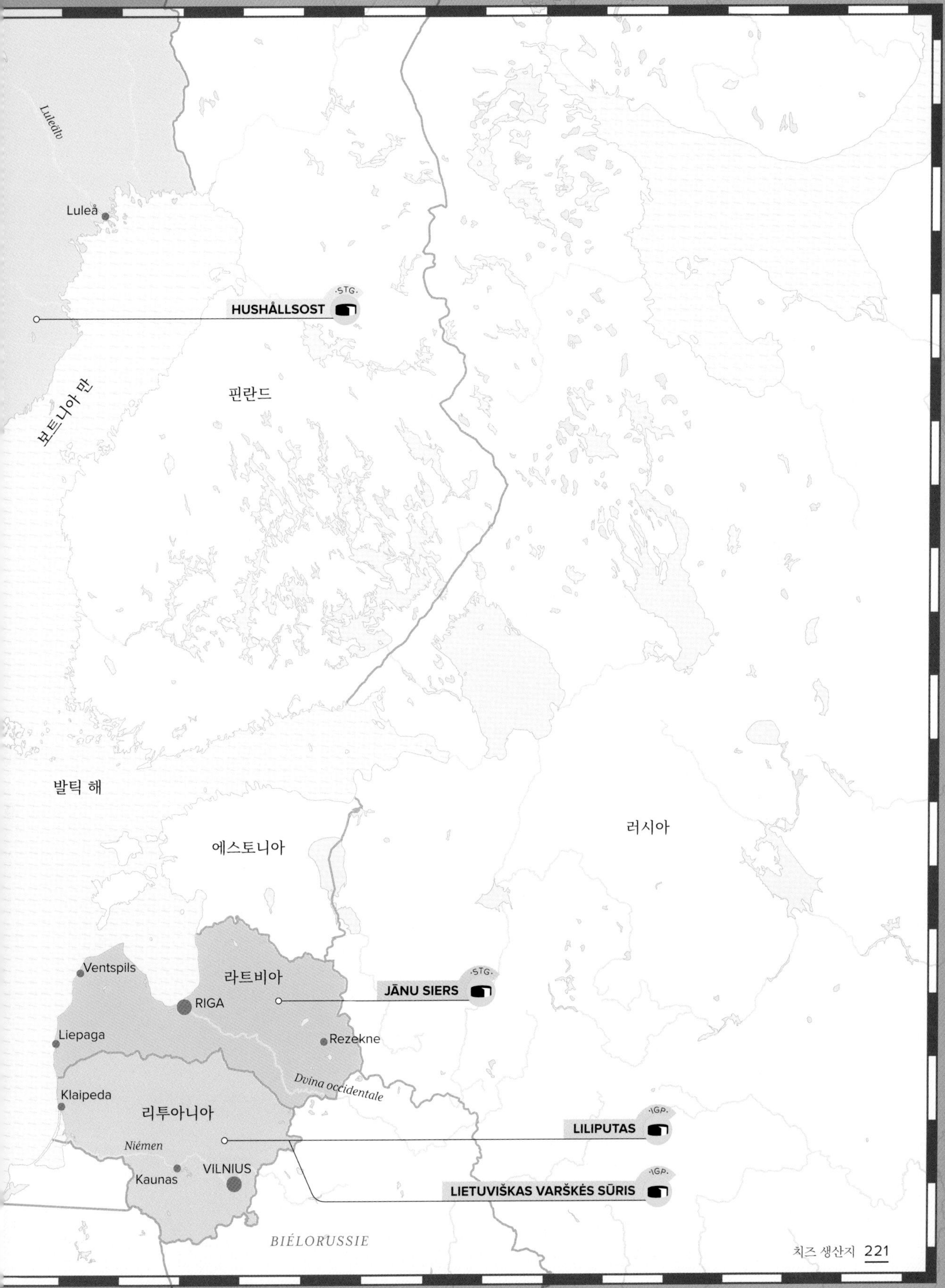

Luleälv
Luleå
HUSHÅLLSOST
·STG·
보트니아 만
핀란드
발틱 해
에스토니아
러시아
Ventspils
라트비아
RIGA
JĀNU SIERS
·STG·
Liepaga
Rezekne
Dvina occidentale
Klaipeda
리투아니아
Niémen
LILIPUTAS
·IGP·
Kaunas
VILNIUS
LIETUVIŠKAS VARŠKĖS SŪRIS
·IGP·
BIÉLORUSSIE

스위스, 오스트리아, 슬로베니아

치즈 · 도시 Ville · 강 *Fleuve* · 지방 *RÉGION* · 100 KM · N

아넨 ANNEN
참조 page 153

베르너 알프케제
BERNER ALPKÄSE
참조 page 155

보브스키 시르
BOVŠKI SIR
참조 page 102

가일탈러 알름케제
GAILTALER ALMKÄSE
참조 page 158

아펜첼러
APPENZELLER
참조 page 98

베르너 호블케제
BERNER HOBELKÄSE
참조 page 155

에멘탈러
EMMENTALER
참조 page 153

글라르너 알프케제
GLARNER ALPKÄSE
참조 page 110

베몽투아 BÉMONTOIS
참조 page 154

블로더 사우어케제
BLODER-SAUERKÄSE
참조 page 43

포르마지오 달페 티치네제
FORMAGGIO
D'ALPE TICINESE
참조 page 108

그뤼예르 GRUYÈRE
참조 page 160

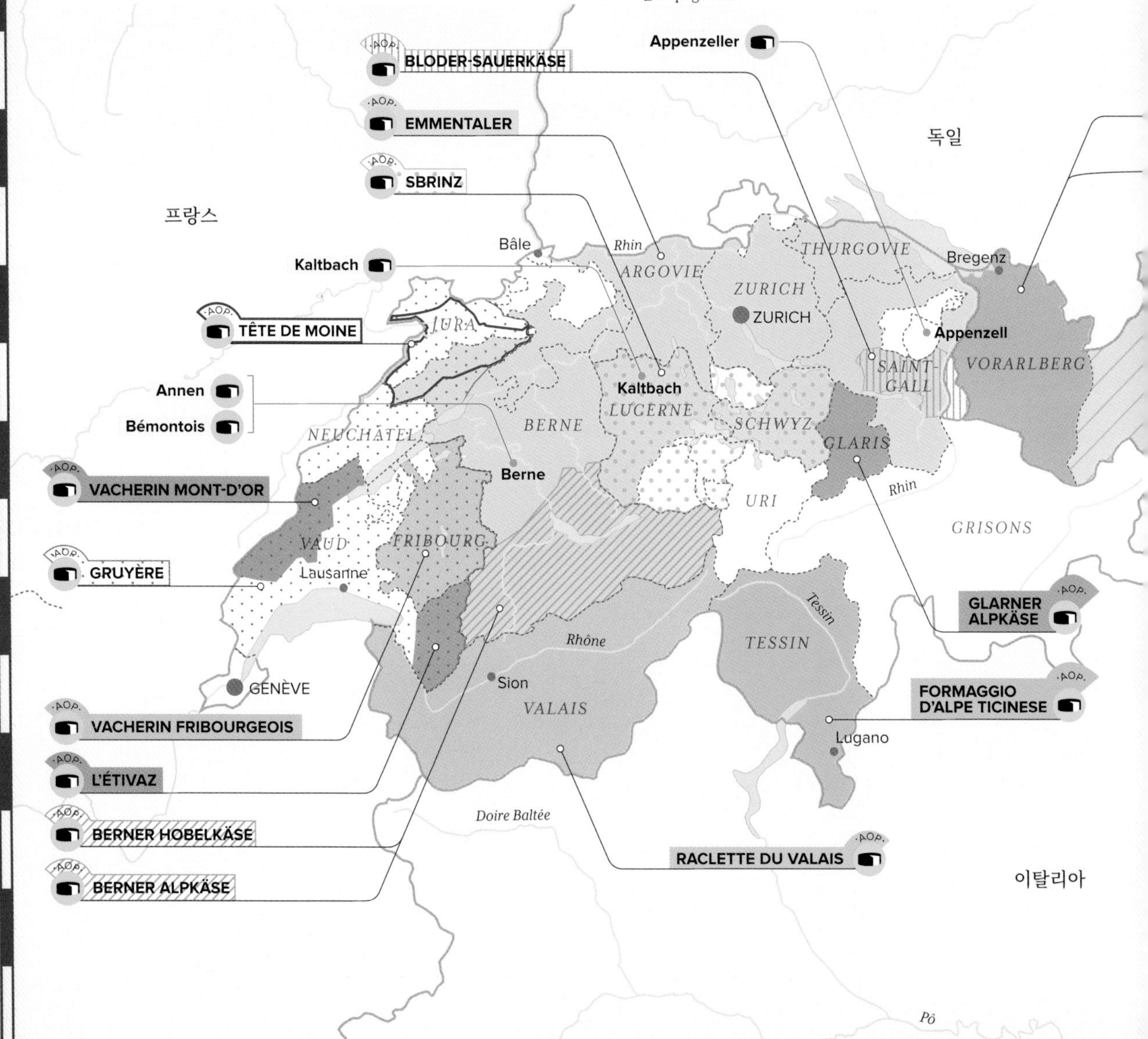

- 칼트바흐 KALTBACH 참조 page 113
- 라클레트 뒤 발레 RACLETTE DU VALAIS 참조 page 135
- 티롤러 베르크케제 TIROLER BERGKÄSE 참조 page 165
- 바슈랭 몽 도르 VACHERIN MONT-D'OR 참조 page 96
- 레티바 L'ÉTIVAZ 참조 page 162
- 스브린츠 SBRINZ 참조 page 164
- 티롤러 그라우케제 TIROLER GRAUKÄSE 참조 page 182
- 포어아를베거 알프케제 VORARLBERGER ALPKÄSE 참조 page 165
- 모한트 MOHANT 참조 page 47
- 테트 드 무안 TÊTE DE MOINE 참조 page 164
- 톨민크 TOLMINC 참조 page 144
- 포어아를베거 베르크케제 VORARLBERGER BERGKÄSE 참조 page 165
- 나노슈키 시르 NANOŠKI SIR 참조 page 118
- 티롤러 알름케제 TIROLER ALMKÄSE 참조 page 164
- 바슈랭 프리부르주아 VACHERIN FRIBOURGEOIS 참조 page 149

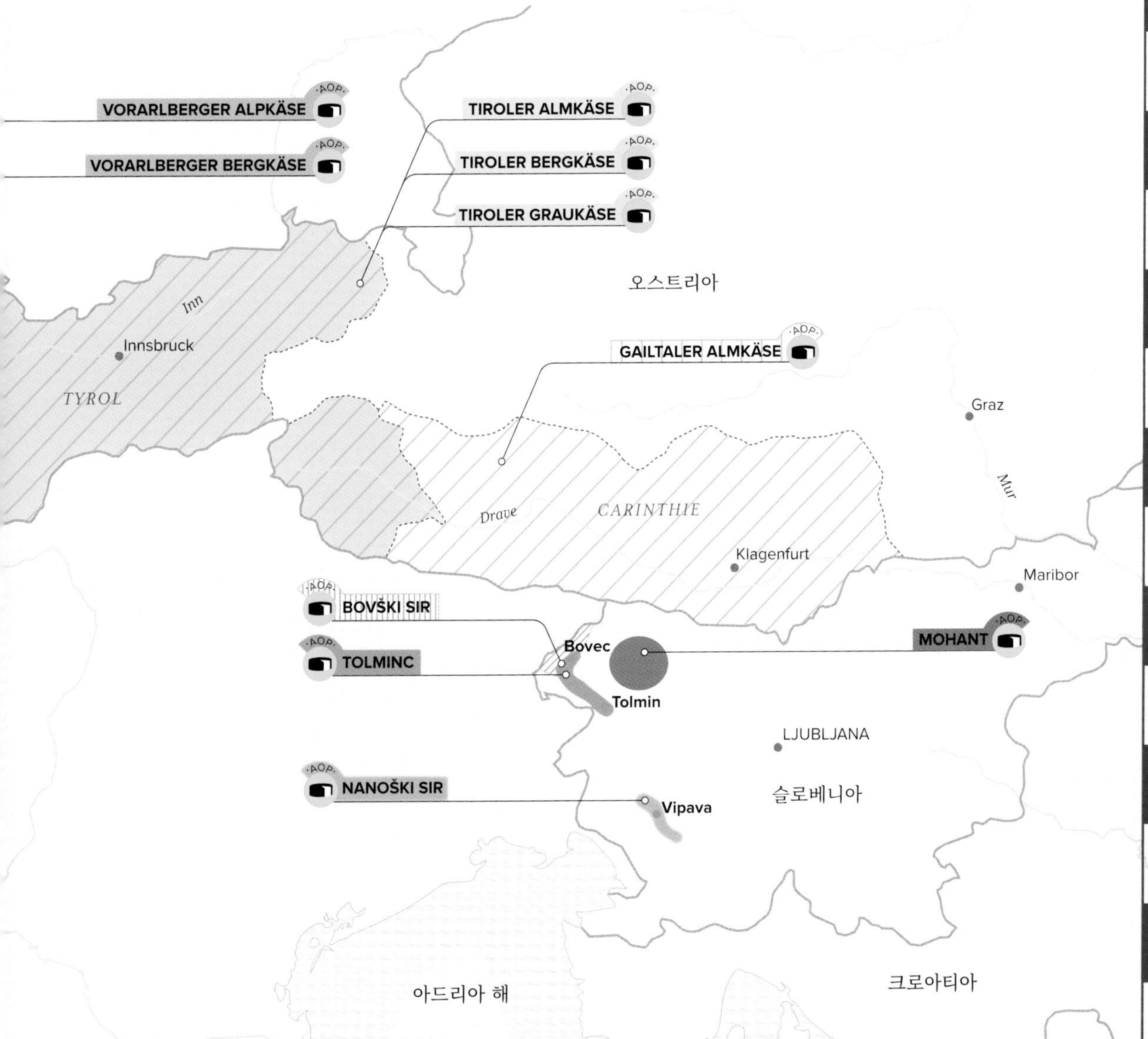

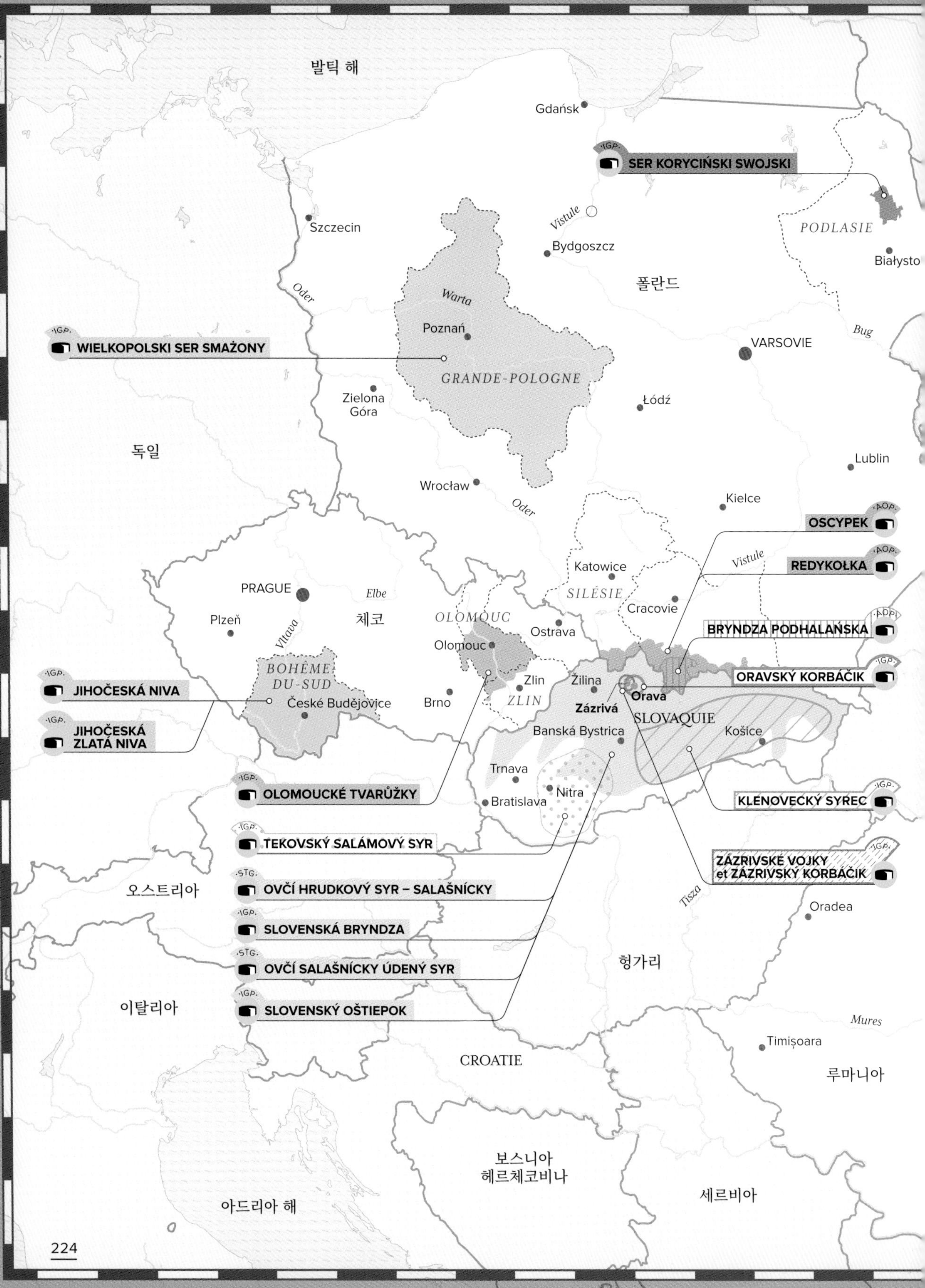

발틱 해
Gdańsk
IGP
SER KORYCIŃSKI SWOJSKI
PODLASIE
Białysto
Szczecin
Vistule
Bydgoszcz
폴란드
Oder
Warta
Bug
IGP
WIELKOPOLSKI SER SMAŻONY
Poznań
VARSOVIE
GRANDE-POLOGNE
Zielona Góra
Łódź
독일
Lublin
Wrocław
Oder
Kielce
AOP
OSCYPEK
Vistule
AOP
REDYKOŁKA
Katowice
PRAGUE
Elbe
SILÉSIE
Cracovie
Plzeň
체코
OLOMOUC
Ostrava
AOP
BRYNDZA PODHALAŃSKA
Vltava
Olomouc
BOHÊME DU-SUD
Zlin
Žilina
IGP
ORAVSKÝ KORBÁČIK
IGP
JIHOČESKÁ NIVA
České Budějovice
Brno
ZLIN
Orava
Zázrivá
SLOVAQUIE
IGP
JIHOČESKÁ ZLATÁ NIVA
Banská Bystrica
Košice
Trnava
IGP
OLOMOUCKÉ TVARŮŽKY
Nitra
Bratislava
IGP
KLENOVECKÝ SYREC
IGP
TEKOVSKÝ SALÁMOVÝ SYR
IGP
ZÁZRIVSKÉ VOJKY et ZÁZRIVSKÝ KORBÁČIK
오스트리아
STG
OVČÍ HRUDKOVÝ SYR – SALAŠNÍCKY
Tisza
Oradea
IGP
SLOVENSKÁ BRYNDZA
헝가리
STG
OVČÍ SALAŠNÍCKY ÚDENÝ SYR
이탈리아
IGP
SLOVENSKÝ OŠTIEPOK
Mures
Timișoara
CROATIE
루마니아
보스니아 헤르체코비나
세르비아
아드리아 해

폴란드, 체코, 슬로바키아, 루마니아

치즈 · 도시 Ville · 강 *Fleuve* · 지방 *RÉGION*

200 KM

N

벨라루스

브린자 포드할란스카
BRYNDZA PODHALAŃSKA
참조 page 43

세르 코리킨스키 스포이스키
SER KORYCIŃSKI SWOJSKI
참조 page 139

이호체스카 니바, 이호체스카 즐라타 니바 JIHOČESKÁ NIVA ET JIHOČESKÁ ZLATÁ NIVA
참조 page 177

슬로벤스카 브린자
SLOVENSKÁ BRYNDZA
참조 page 50

클레노베키 시렉
KLENOVECKÝ SYREC
참조 page 114

슬로벤스키 오스티에포크
SLOVENSKÝ OŠTIEPOK
참조 page 141

올로모우츠케 트바루슈키
OLOMOUCKÉ TVARŮŽKY
참조 page 119

테코브스키 살라모비 시르
TEKOVSKÝ SALÁMOVÝ SYR
참조 page 143

오라브스키 코르바치크
ORAVSKÝ KORBÁČIK
참조 page 185

텔레메아 데 이바네슈티
TELEMEA DE IBĂNEŞTI
참조 page 51

우크라이나

오스치펙 OSCYPEK
참조 page 120

비엘코폴스키 세르 스마조니
WIELKOPOLSKI SER SMAŻONY
참조 page 191

오브치 흐루드코비 시르 살라스니키 OVČÍ HRUDKOVÝ SYR – SALAŠNÍCKY
참조 page 48

자즈리브슈케 코르바시크
ZÁZRIVSKÝ KORBÁČIK
참조 page 187

오브치 살라슈닉키 우데니 시르
OVČÍ SALAŠNÍCKY ÚDENÝ SYR
참조 page 121

자즈리브슈케 보즈키
ZÁZRIVSKÉ VOJKY
참조 page 187

레디코우카 REDYKOŁKA
참조 page 187

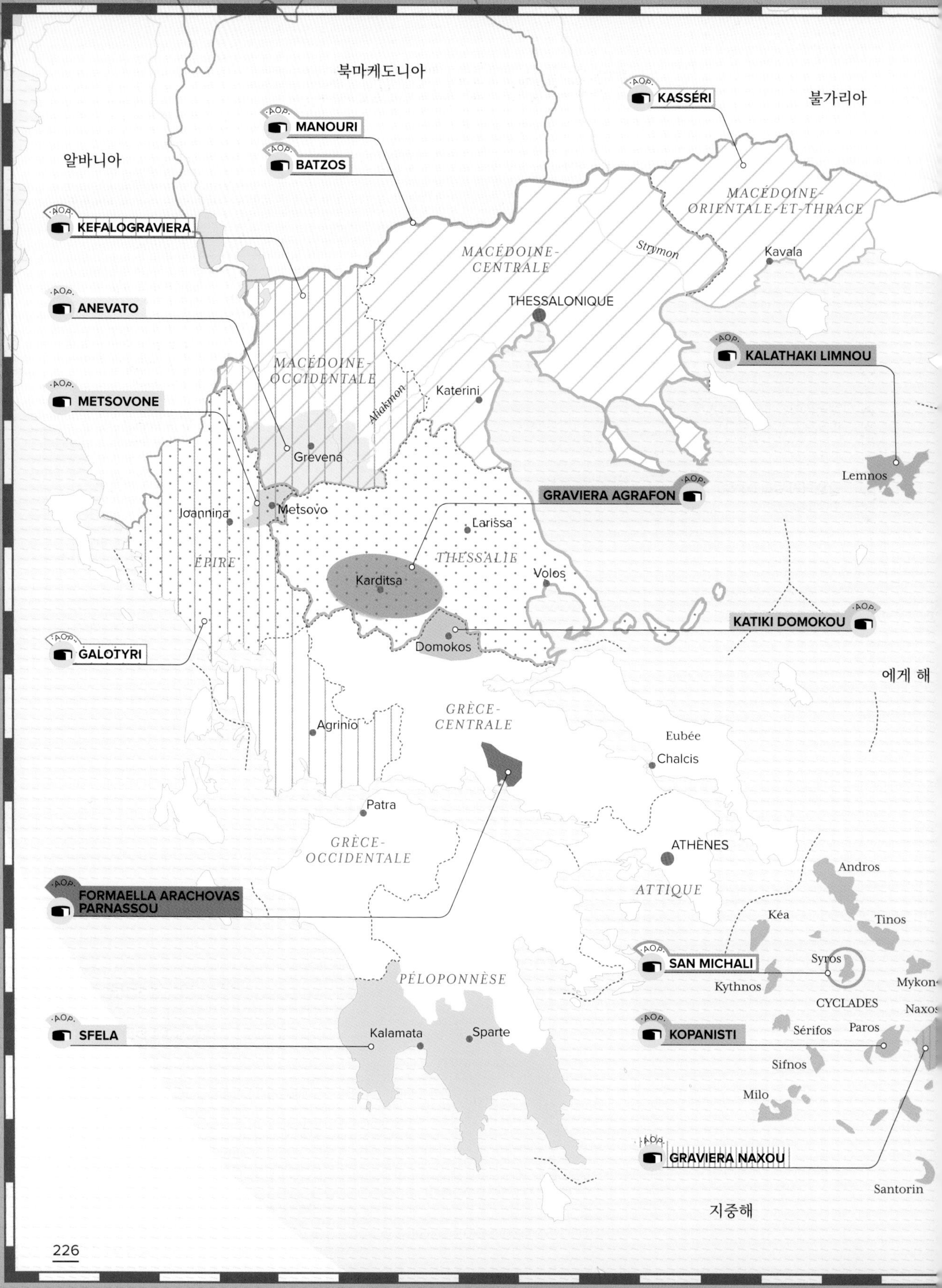
북마케도니아
불가리아
알바니아
AOP KASSÉRI
AOP MANOURI
AOP BATZOS
AOP KEFALOGRAVIERA
AOP ANEVATO
AOP METSOVONE
AOP GALOTYRI
AOP KALATHAKI LIMNOU
AOP GRAVIERA AGRAFON
AOP KATIKI DOMOKOU
AOP FORMAELLA ARACHOVAS PARNASSOU
AOP SAN MICHALI
AOP KOPANISTI
AOP SFELA
AOP GRAVIERA NAXOU
MACÉDOINE-ORIENTALE-ET-THRACE
MACÉDOINE-CENTRALE
MACÉDOINE-OCCIDENTALE
Strymon
Kavala
THESSALONIQUE
Katerini
Aliakmon
Grevená
Metsovo
Joannina
ÉPIRE
Larissa
THESSALIE
Volos
Karditsa
Domokos
Lemnos
에게 해
GRÈCE-CENTRALE
Agrinio
Eubée
Chalcis
Patra
GRÈCE-OCCIDENTALE
ATHÈNES
ATTIQUE
Andros
Kéa
Tinos
Syros
Kythnos
Mykon
CYCLADES
Naxos
Sérifos
Paros
Sifnos
Milo
PÉLOPONNÈSE
Kalamata
Sparte
Santorin
지중해

그리스, 키프로스

치즈 · 도시 Ville · 강 *Fleuve* · 지방 *RÉGION* · 100 KM

아네바토 ANEVATO
참조 page 42

그라비에라 아그라폰 GRAVIERA AGRAFON
참조 page 159

카세리 KASSÉRI
참조 page 162

메초보네 METSOVONE
참조 page 184

바트조스 BATZOS
참조 page 42

그라비에라 크리티스 GRAVIERA KRITIS
참조 page 159

카티키 도모쿠 KATIKI DOMOKOU
참조 page 46

픽토갈로 하니온 PICHTOGALO CHANION
참조 page 48

페타 FETA (AOP)
참조 page 45
그리스 거의 전역에서 생산

그라비에라 낙수 GRAVIERA NAXOU
참조 page 160

케팔로그라비에라 KEFALOGRAVIERA
참조 page 113

산 미샬리 SAN MICHALI
참조 page 139

포르마엘라 아라호바스 파르나수 FORMAELLA ARACHOVAS PARNASSOU
참조 page 158

할루미 HALLOUMI
참조 page 45

코파니스티 KOPANISTI
참조 page 117

스펠라 SFELA
참조 page 140

갈로티리 GALOTYRI
참조 page 45

칼라타키 림누 KALATHAKI LIMNOU
참조 page 46

라도티리 미틸리니스 LADOTYRI MYTILINIS
참조 page 114

시갈로 시테이아스 XYGALO SITEIAS
참조 page 51

마누리 MANOURI
참조 page 53

시노미지스라 크리티스 XYNOMYZITHRA KRITIS
참조 page 55

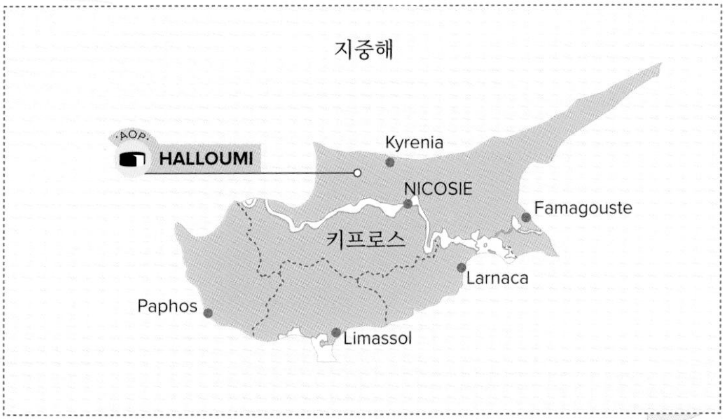

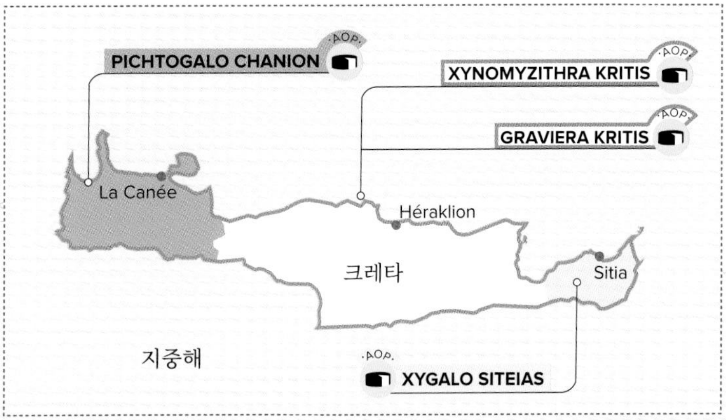

미국, 캐나다

치즈
도시
Ville
강
Fleuve
주
ÉTAT
750 KM
N
Edmonton
Red Deer
Old Grizzly
COLOMBIE-BRITANNIQUE
Calgary
ALBERTA
캐나다
Buffalo Brie
Courtenay
Vancouver
Mapple Ridge
Basler
Seattle
WASHINGTON
Missouri
Sawtooth
Trout Lake
Chaumine
Portland
Columbia
Molalla
Bent River
OREGON
Rogue River Blue
Smokey Oregon Blue
Central Point
Barely Buzzed
Uintah
Salt Lake City
Denver
미국
UTAH
Bay Blue
Point Reyes Station
SAN FRANCISCO
Las Vegas
CALIFORNIE
태평양
LOS ANGELES
Colorado
Phoenix
San Diego
Rio Grande
멕시코

- 베얼리 버즈드 BARELY BUZZED 참조 page 99
- 블랙 앤 블루 BLACK & BLUE 참조 page 166
- 에버턴 EVERTON 참조 page 158
- 로켓츠 로비올라 ROCKET'S ROBIOLA 참조 page 65
- 바슬러 BASLER 참조 page 100
- 보사 BOSSA 참조 page 81
- 릴 무 LIL' MOO 참조 page 47
- 로그 리버 블루 ROGUE RIVER BLUE 참조 page 180
- 베이 블루 BAY BLUE 참조 page 166
- 버팔로 브리 BUFFALO BRIE 참조 page 74
- 올드 그리즐리 OLD GRIZZLY 참조 page 119
- 소투스 SAWTOOTH 참조 page 93
- 벨라비타노 골드 BELLAVITANO GOLD 참조 page 101
- 쇼민 CHAUMINE 참조 page 105
- 플레전트 릿지 PLEASANT RIDGE 참조 page 163
- 스모키 오리건 블루 SMOKEY OREGON BLUE 참조 page 181
- 벤트 리버 BENT RIVER 참조 page 70
- 댄싱 펀 DANCING FERN 참조 page 106
- 릿지 라인 RIDGE LINE 참조 page 137

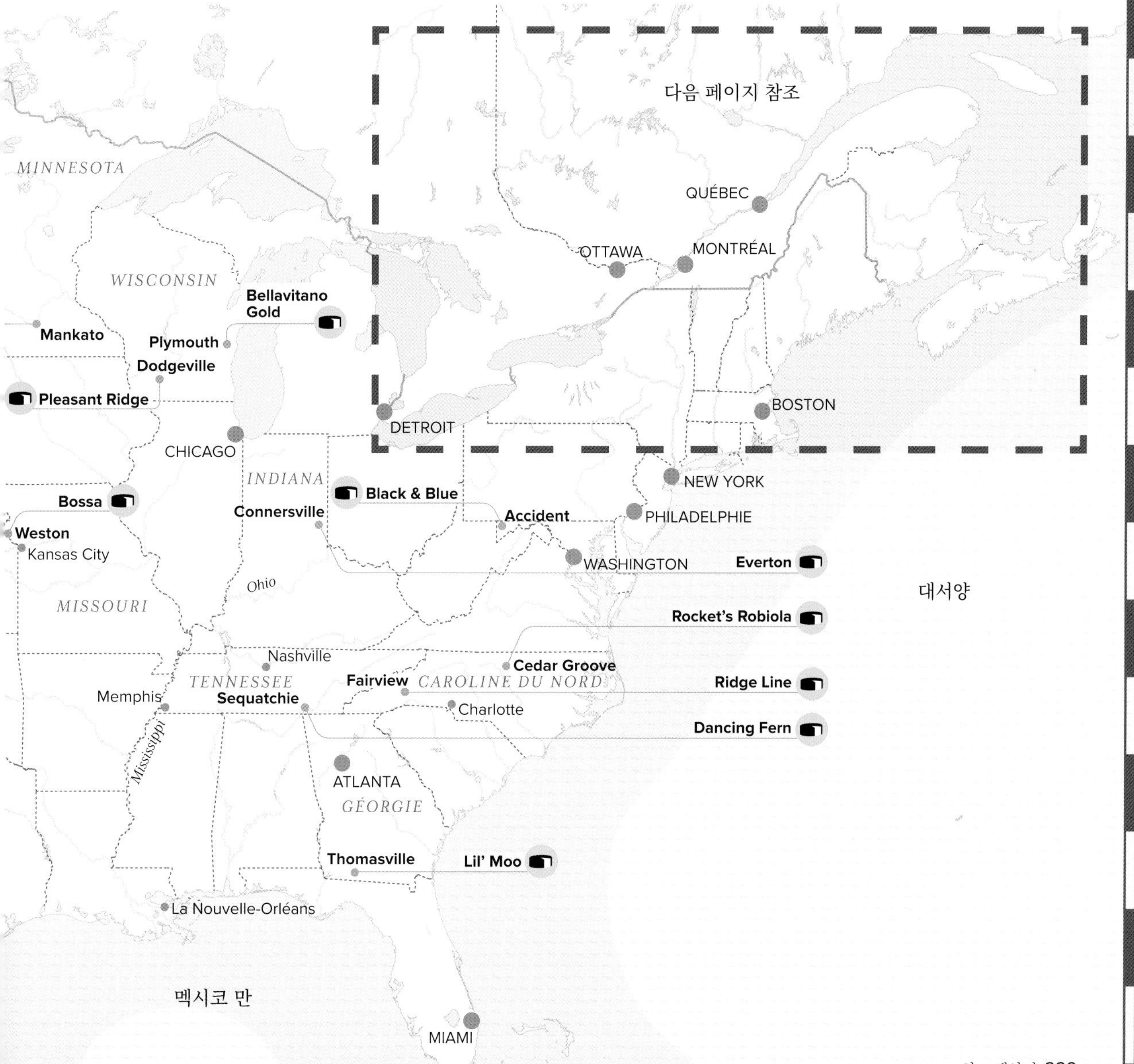

미국, 캐나다(계속)

치즈 | 도시 Ville | 강 *Fleuve* | 주 *ÉTAT* | 200 KM | N

아가트 AGATE 참조 page 56	클랑데스탱 CLANDESTIN 참조 page 81	하비슨 HARBISON 참조 page 85	사보 드 블랑셰트 SABOT DE BLANCHETTE 참조 page 65
비주 BIJOU 참조 page 57	코른비크 CORNEBIQUE 참조 page 60	네주 드 브르비 NEIGE DE BREBIS 참조 page 53	세인트 존 SAINT-JOHN 참조 page 49
본 부슈 BONNE BOUCHE 참조 page 57	에투알 블루 드 생 레미 ÉTOILE BLEUE DE SAINT-RÉMI 참조 page 174	피에 드 방 PIED-DE-VENT 참조 page 90	심플리 쉽 SIMPLY SHEEP 참조 page 68
버팔리나 BUFFALINA 참조 page 103	핸덱 HANDECK 참조 page 161	파이오니어 PIONNIER 참조 page 163	어반 블루 URBAN BLUE 참조 page 182

Cap-Chat
Gaspe
세인트로렌스 만
Chicoutimi
Rimouski
Pied-de-vent
Témiscouata-sur-le-Lac
Clandestin
Bathurst
QUÉBEC
Edmundston
Havre-aux-Maisons
NOUVEAU-
BRUNSWICK
Chatham
QUÉBEC
Saint-Damien-
de-Buckland
Agate
Sainte-Sophie-d'Halifax
Neige de brebis
Sainte-Hélène-de-Chester
Moncton
Saint-Rémi-de-Tingwick
Étoile bleue de Saint-Rémi
Racine
Pionnier
New Glasgow
Saint-John
MAINE
Bangor
Harbison
Halifax
NOUVELLE-
ÉCOSSE
Greensboro Bend
Urban Blue
Augusta
Websterville
Portland
NEW
HAMPSHIRE
대서양
Concord
BOSTON

호주, 뉴질랜드

브리짓스 웰
BRIGID'S WELL
참조 page 58

호라이즌 HORIZON
참조 page 77

퓨어 고트 커드
PURE GOAT CURD
참조 page 48

선라이즈 플레인즈
SUNRISE PLAINS
참조 page 94

케리드윈 CERIDWEN
참조 page 58

킹 리버 골드
KING RIVER GOLD
참조 page 86

피엔가나 PYENGANA
참조 page 126

비너스 블루
VENUS BLUE
참조 page 183

컴퍼스 골드
COMPASS GOLD
참조 page 82

밀라와 블루
MILAWA BLUE
참조 page 178

시어러즈 초이스
SHEARER'S CHOICE
참조 page 93

와라타 WARATAH
참조 page 97

하이디 HEIDI
참조 page 161

오크 블루 OAK BLUE
참조 page 178

실크 SILK
참조 page 50

울라마이 미스트
WOOLAMAI MIST
참조 page 79

아로하 리치 플레인
AROHA RICH PLAIN
참조 page 98

치즈 반 코티지 치즈
CHEESE BARN COTTAGE CHEESE
참조 page 44

카우 피로 KAU PIRO
참조 page 86

윈저 블루
WINDSOR BLUE
참조 page 183

빌리 더 키드
BILLY THE KID
참조 page 101

디스팅션 블루
DISTINCTION BLUE
참조 page 173

볼케이노 VOLCANO
참조 page 79

블랙 쉽 BLACK SHEEP
참조 page 102

갤럭틱 골드
GALACTIC GOLD
참조 page 84

왕가페카 WANGAPEKA
참조 page 150

4

치즈 테이스팅

p. 236-239 치즈의 맛은 어디에서 올까?
p. 240-241 치즈의 향과 풍미
p. 242-245 치즈 페어링
p. 246-249 치즈 플래터 준비와 서빙
p. 250-251 3종 치즈 구성 제안
p. 252-253 5종 치즈 구성 제안
p. 254-255 7종 치즈 구성 제안
p. 256-261 치즈 포장하기

치즈의 맛은 어디에서 올까?

치즈의 맛과 냄새는 숙성 과정에서 발생하고 형성되는 세 가지 미생물, 즉 세균, 곰팡이, 효모로부터 기인한다. 이들은 각각 독특한 존재로 서로 결합하거나 경쟁구도에 돌입하기도 한다. 이러한 미생물과 원재료 사이의 균형 있는 공생을 이루어내는 것은 치즈 메이커의 몫이다.

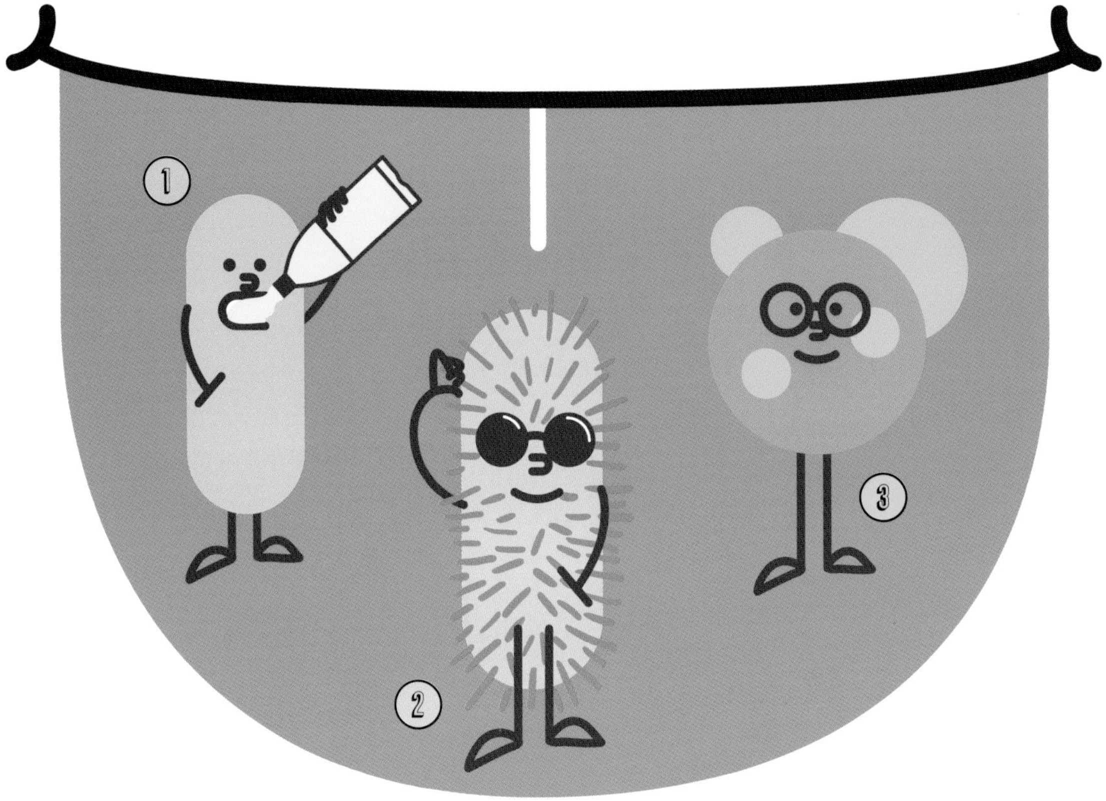

① 세균 LES BACTÉRIES

세균(박테리아)은 원유에 천연적으로 존재하며 치즈 제품을 만드는 과정에서 첨가되기도 한다. 치즈 제조 분야에는 다음 세 가지 유형의 박테리아가 있다.

- 젖산균
- 프로피오니 박테리아
- 표면 박테리아

② 곰팡이 LES MOISISSURES

곰팡이는 치즈 세계에서 가장 유명한 미생물일 것이다. 곰팡이는 부패, 질병, 오염 등의 이미지를 전달하기 때문에 종종 공포심을 유발시킨다. 하지만 이것은 생물이 존재하는 데 필수적인 요소이다. 치즈 또한 이 곰팡이들이 절대적으로 필요한 살아 있는 물질이다.

③ 효모 LES LEVURES

효모는 단세포(세포가 한 개뿐이다) 곰팡이로 와인, 맥주, 빵, 치즈와 같은 식품의 발효를 가능하게 한다. 제조, 가공된 식품에 따라 사용된 효모의 효과, 즉 발효는 다르게 나타난다. 원하는 목적에 맞게 이를 잘 숙지하고 활용하는 것은 생산자의 몫이다.

① 세균 LES BACTÉRIES

실제로 어떤 한 치즈의 품질을 결정짓는 박테리아가 다른 치즈에서는 결점이 될 수도 있다. 이 모든 것은 해당 치즈가 속하는 유형군에 따라 달라진다. 예를 들어 브레비박테리움 리넨스(Brevibacterium linens)는 리바로(livarot)나 에푸아스(époisses) 같은 몇몇 치즈에 오렌지 빛 붉은색을 내준다. 하지만 주의해야 할 점은 만일 이 박테리아가 다른 유형군의 치즈에 나타났을 경우 이는 결점이 된다는 것이다. 결점이 될 수 있는 또 하나의 표면 박테리아로는 슈도모나스 플루오레센스(Pseudomonas fluorescens)가 있는데 이는 주로 치즈를 제조할 때 사용된 물에서 생겨난다. 이 세균은 형광빛이 도는 황색을 만들어내며 신맛을 낸다. 또한 세라티아 루비데아(Serratia rubideae)를 꼽을 수 있는데 이는 치즈에 분홍색 톤을 만들어낸다. 붉은 비트의 향이 나지만 먹어보면 불쾌한 쓴맛과 이 박테리아가 유발한 찌르는 듯한 꼬릿함을 살짝 느낄 수 있다.

젖산균 LES BACTÉRIES LACTIQUES

이 박테리아는 젖산발효, 즉 유당을 젖산으로 전환하는 작용을 한다. 젖산균은 원유와 커드를 산성화하고 맛을 형성하며 치즈에 질감을 만들어준다. 우유의 응고와 숙성 과정에 작용하는 것이다. 특히 푸른곰팡이 치즈에 이산화탄소를 분산시킴으로써 균열이나 틈을 생기게 한다.

표면 박테리아 LES BACTÉRIES DE SURFACE

이 박테리아들은 호기성을 지니고 있고 짠맛을 띠는 환경의 표면에서 활성화한다. 흰색 외피 또는 세척 외피 연성 치즈들이 이 유형의 박테리아를 함유하고 있으며 이는 단백질 가수분해(치즈를 부드럽게 만드는 화학 현상)와 지방분해(외피 아래에 버터와 같은 질감의 층을 형성하는 생물학적 발현. 특히 두 가지 연성 계열의 치즈에서 일어난다)가 잘 일어나도록 돕는 역할을 한다.

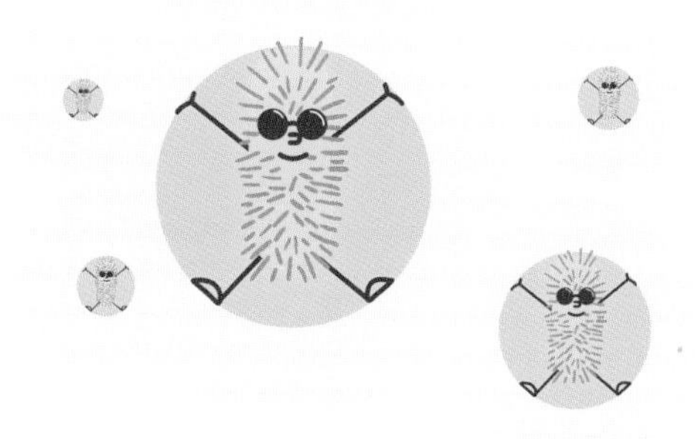

프로피오니 박테리아 LES BACTÉRIES PROPIONIQUES

이 박테리아는 혐기성 미생물이다. 산소가 없는 환경에서만 번식하는 이 박테리아는 유당을 프로피온산과 아세트산으로 변환시킨다. 이 산들은 향의 근원이 되는 지방산이다. 또한 이 박테리아는 에멘탈과 같은 가열 압착 치즈에 기공을 만드는 역할을 한다. 치즈 안에 보이는 구멍들은 바로 이 박테리아로 인해 생겨난 것이다. 구멍이 없는 (그러나 더 진한 맛을 내는) 스위스 그뤼예르나 프랑스 그뤼예르 치즈와 혼동하지 않도록 주의하자.

유청(락토세럼) Lactosérum

락토세럼은 고유의 미생물 생태계를 지닌 목장들마다 서로 다른 독특한 박테리아들로 이루어져 있다. 목장마다 락토세럼이 제각기 다른 이유이다.

② 곰팡이 LES MOISISSURES

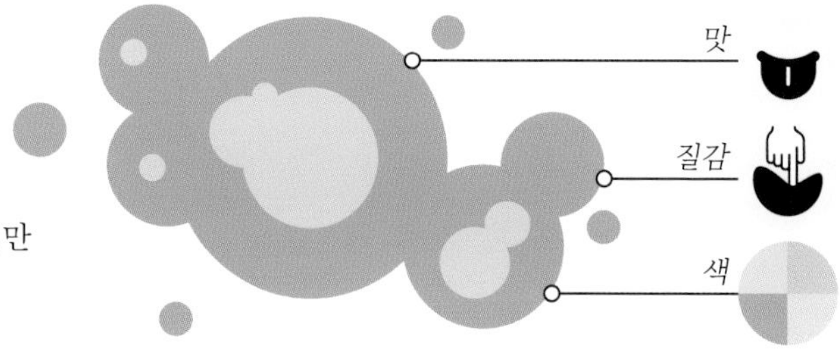

곰팡이는 자신이 번식하는 환경을 화학적으로 변화시키는 미세 균류이다. 치즈의 세계에서 곰팡이는 맛과 질감, 색을 제공한다. 곰팡이의 종류는 수없이 많지만 모두 식용 가능한 것은 아니다. 몇몇 치즈의 경우엔 곰팡이가 그 DNA, 곧 정체성의 일부가 되며 한눈에 알아볼 수 있도록 해주는 특징적 역할을 한다. 대개 치즈 커드 안에 곰팡이를 주입하는 것은 치즈 생산자들이 담당하며 숙성 전문가들은 원하지 않는 다른 균류의 접근으로부터 치즈를 보호하고 치즈 안의 곰팡이가 잘 번식할 수 있도록 최적의 숙성고 환경을 조성해준다.

수많은 종류의 곰팡이들이 존재하지만 치즈 세계에서는 다음 네 가지 곰팡이를 주로 다룬다.

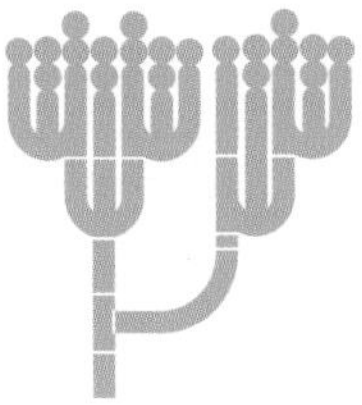

페니실리움 로크포르티
PENICILLIUM ROQUEFORTI
로크포르를 비롯한 대다수의 블루치즈를 대표하는 곰팡이로 색깔은 청회색에서 밝은 회색을 띤다. 이 곰팡이는 번식하면 가루 같은 질감의 두터운 솜털 층을 형성한다. 현미경으로 이 곰팡이를 관찰하면 끝이 부채 모양으로 퍼지는 긴 줄기 모양과 비슷하다. 페니실리움 로크포르티는 푸른곰팡이 치즈의 맛과 텍스처를 형성하는 데 결정적인 역할을 한다.

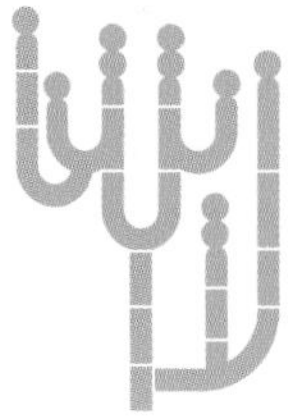

페니실리움 카멤베르티
PENICILLIUM CAMEMBERTI
카망베르와 브리 치즈의 표면이 흰색인 것은 바로 페니실리움 카멤베르티 덕이다. 이것은 푸른빛이 도는 백색의 곰팡이로 시간이 갈수록 푸르스름한 톤이 더 진해진다. 흰 곰팡이가 표면에서 번식할 때 양모와 같은 가는 솜털 층을 형성한다. 이 곰팡이는 치즈에 약간의 짠맛과 우유 풍미를 내준다. 오랜 시간 숙성하면 숲의 초목과 버섯 풍미가 나타난다.

무코르
MUCOR
이 곰팡이는 '고양이 털' 이라는 별명을 갖고 있는데 이는 회색, 검정, 흰색의 긴 솜털이 있기 때문이다. 이 곰팡이는 치즈 표면에서 번식하며 무해하지만 어떤 치즈들에서는 외피 모습에 부정적 영향을 미치기도 한다. 이 곰팡이의 유무를 조절하는 것은 치즈 메이커와 유제품 판매인들의 몫이다. 이 곰팡이가 있는 치즈는 숲의 초목, 고소한 너트의 맛이 난다.

스포렌도네마 카세이
SPORENDONEMA CASEI
이 곰팡이는 캉탈(cantal)이나 살레르(salers) 유형의 대형 치즈에서 찾아볼 수 있다. 이들 치즈의 외피에 나타나는 붉은색의 작은 점들이 바로 그것이다. 이 곰팡이는 특유의 풍미와 산미를 제공한다. 그 외 다른 톰(tommes) 계열 치즈에서도 표면에 이 곰팡이가 핀 것을 발견할 수 있는데 대부분 선명한 벽돌색을 띠고 있다. 이 곰팡이를 현미경으로 관찰하면 긴 끈들이 잎맥처럼 분포되어 있음을 발견할 수 있다.

곰팡이와 결격 사유

박테리아(세균)와 마찬가지로 곰팡이의 존재는 어떤 치즈에서 정상적인 것이지만 또 다른 치즈에서는 결격 사유가 되기도 한다. 예를 들어 솜털곰팡이인 무코르(mucor)는 생 넥테르(saint-nectaire)에서는 환영받는 곰팡이지만 풀리니 생 피에르(pouligny-saint-pierre) 등과 같은 다른 천연 외피 치즈들의 경우에는 그렇지 못하다. '고양이 털'이라는 별명으로 불리는 무코르를 제거하기 위해서는 수작업으로 외피를 한 번 문질러 닦아주면 충분하다. 마찬가지로, 페니실리움 카멤베르티(penicillium camemberti)와 그에 연관된 게오트리쿰 칸디둠(geotrichum candidum)은 치즈 외피 위에서 아주 잘 번식한다. 이들은 일명 '두꺼비 껍질'이라는 결점을 만들어내는 원인이 되기도 한다. 이 경우 치즈는 심한 쓴맛이 나며 질감이 너무 크리미해진다.

③ 효모 LES LEVURES

치즈 세계에서 우리가 만나게 되는 주요 효모들은 낯설고 해괴한 이름을 갖고 있지만 그 기능들은 비교적 단순하다.

데바리요미세스 효모
DEBARYOMYCES
우유와 치즈 안에 천연적으로 존재한다. 데바리요미세 효모는 커드의 산성화를 낮추는 데 기여한다. 왜냐하면 이 효모는 유당과 젖산을 즐겨 먹기 때문이다. 또한 이 효모는 치즈의 질감 형성에도 역할을 하며 경우에 따라 숙성 기간 동안 사촌 격인 곰팡이와 박테리아가 그들의 자리를 잡을 수 있도록 도와준다.

클루이베리미세스 효모
KLUYVEROMICES
이 효모는 주로 맛의 분산 역할을 한다. 어떻게 보면 천연 맛 증진제라고 할 수 있다.

칸디다 효모
CANDIDA
이 효모는 우리 몸의 장 속에서 천연적으로 살고 있으며 그 수가 과도하게 많지 않을 때는 소화에 관여한다. 치즈의 숙성을 도우며 신맛을 완화시키는 역할을 한다.

게오트리쿰 칸디둠 효모
GEOTRICHUM CANDIDUM
오랫동안 곰팡이로 여겨졌으나 오늘날 효모 중 하나로 분류된다. 게오트리쿰 칸디둠의 역할은 치즈의 외피를 형성하고 치즈의 풍미(flavor 식품을 먹을 때 발생하는 촉각, 미각, 후각 등 감각의 총체)를 제공하는 데 있다. 이 효모는 재빨리 자리를 잡은 뒤 커드의 산미를 완화하고 무코르(mucor) 곰팡이와 대항해 싸우는 역할을 한다. 이 효모는 푸른곰팡이 치즈뿐 아니라 세척 외피 연성 치즈, 흰곰팡이 연성 치즈 또는 비가열 압착 치즈들에서도 작용한다.

치즈 발효의 유형

효모는 유산균과 결합하여 발효를 촉진하고 결과적으로 식품의 저장성을 높인다. 치즈의 세계에는 다음 세 가지 유형의 발효가 있다.

젖산 발효
LA FERMENTATION LACTIQUE
유당(락토스)가 젖산으로 변환한다.

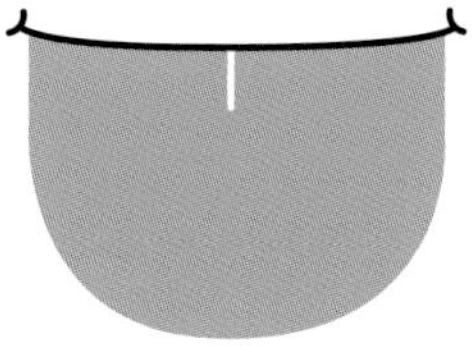

프로피온산 발효
LA FERMENTATION PROPIONIQUE
가열 압착 치즈(콩테, 에멘탈, 보포르 등)의 맛, 구멍, 질감은 이 발효를 통해 형성된다.

유지방 발효
LA FERMENTATION BUTYRIQUE
이 발효가 일어나면 치즈로서는 결격 사유가 된다. 왜냐하면 치즈나 버터에서 산패한 맛이 나기 때문이다.

치즈의 향과 풍미

와인, 커피, 맥주와 마찬가지로 치즈 또한 코와 입으로 즐길 수 있다.
치즈를 테이스팅할 때는 너무 뜨겁거나 차갑지 않은 상온의 상태가 가장 좋다.

코로 맡았을 때 어떤 향을 느낄 수 있나?

사람들은 각자 고유의 향 경험을 갖고 있다. 따라서 같은 하나의 치즈를 놓고도 각자가 인지한 향은 서로 다르게 느껴질 수 있다.

치즈의 세계에서는 최소 100가지(이마저 총망라한 것은 아니다) 이상의 향이 있으며 이는 크게 8개의 계열로 나눌 수 있다.

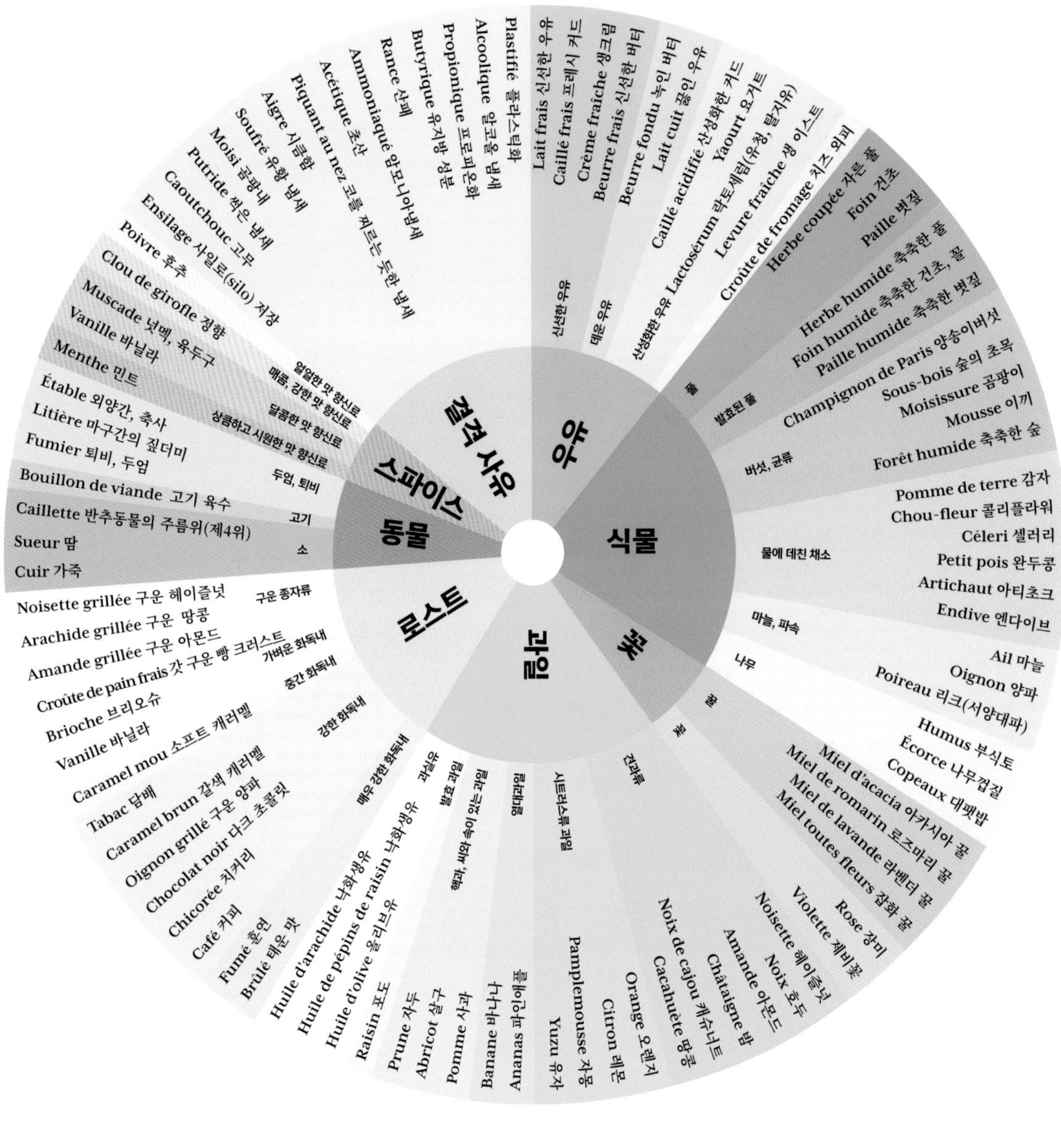

왜 어떤 치즈들은 그리 심한 냄새가 나는 걸까?

앞에서 살펴본 것과 같이 치즈 외피에는 수많은 미생물(효모, 박테리아, 곰팡이)이 있고 이들은 생존을 위해 서로 경쟁하고 있다. 때때로 박테리아들(붉은색 박테리아인 브레비박테리움 리넨스 유형)은 특유의 강한 휘발성과 냄새를 가진 황화합물인 메탄티올을 생산해낸다. 몇몇 치즈들이 강한 냄새를 갖고 있는 것은 바로 여기에서 기인하는 것이다.

입안에서는 어떤 풍미가 느껴지나?

구개에서 느끼는 맛은 단맛, 짠맛, 쓴맛, 신맛 그리고 감칠맛(우마미), 이 다섯 가지다. 이중 감칠맛이란 과연 무엇일까? 이것이 처음 밝혀진 것은 1908년 동경제국대학(현 동경대학교)의 기쿠네 이케다 교수에 의해서다. 우마미(umami)를 문자 그대로 해석하면 '아주 맛있는' 또는 '풍미가 깊은'이라는 뜻이다.
이것은 음식을 먹었을 때 맛 돌기가 기분 좋아 팽창하며 "이것 정말 맛있네!"라는 단순하지만 진정성 있는 반응을 유발하는 풍미를 뜻한다. 우마미는 침을 흘리게 만들며 입안에서 오래 지속된다. 이 맛은 완벽하게 숙성된, 단단하면서도 입안에서 부드럽게 녹는 질감의, 약간의 짭짤한 맛을 지닌 치즈에서 발견할 수 있다. 화학적으로 용해 가능한 이 물질은 글루탐산, 이노신산나트륨, 구아닐산이나트륨으로 이루어져 있다.

누구나 인정하는 위의 다섯 가지 맛 이외에도 점점 더 많은 애호가들은 치즈 속살이 갖고 있는 맛의 강도를 7단계로 나누어 표현하려는 추세이다.

상큼한 맛
프레시 치즈, 락토세럼(유청) 치즈, 숙성이 되지 않은 천연 외피 치즈.

중성적인 맛
숙성이 거의 되지 않은 치즈로 주로 파스퇴라이즈드 저온 살균 원유를 사용해 만든다.

순한 맛
숙성이 되지 않은 흰곰팡이 외피 연성 치즈, 숙성되지 않은 가열 또는 비가열 압착 치즈, 숙성되지 않은 유크림 첨가 치즈.

아주 약한 맛
숙성이 완전히 끝나지 않은 대부분의 연성 치즈.

특유의 진한 맛
최적의 상태로 숙성된 치즈들, 숙성이 덜 된 블루치즈들.

강한 맛
숙성된 세척 외피 연성 치즈, 블루치즈, 숙성이 많이 진행된 가열 압착 치즈, 비가열 압착 치즈.

매우 강하고 꼬릿한 맛
불레트 다베느(boulette d'Avesnes) 유형의 치즈들, 아주 많이 숙성된 블루치즈, 포도 지게미에 오래 담가두었던 치즈들.

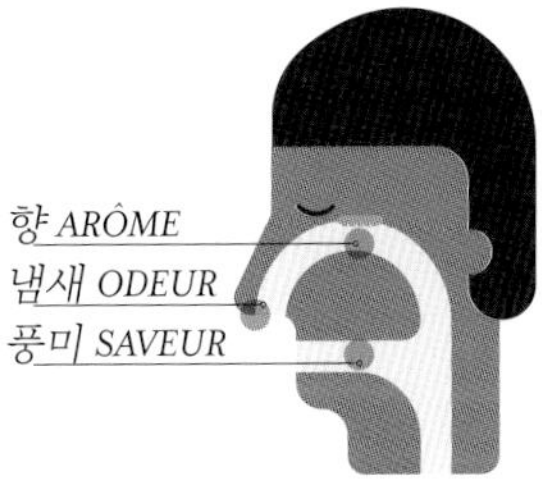

냄새, 향, 풍미는 어떻게 다를까?

냄새(odeur)는 오로지 코를 통해서만 구분된다. 향(arôme)은 우리의 후각 점막 덕에 비후 통로로 느낄 수 있는 것으로, 이때 비후기관은 공기와의 접촉을 통한 향 뉘앙스를 포착하게 된다. 맛 또는 풍미(saveur)는 입안에 넣었을 때 구개에서 직접 느낄 수 있다.

치즈 페어링

다양한 계열의 치즈들과는 어떤 음료가 어울릴까? 가능한 페어링의 수는 아주 많으며 이는 각자의 기호와 습관에 따라 달라진다. 고전적인 페어링뿐 아니라 좀 더 독창적인 아이디어들을 아래와 같이 제안해본다.

와인

최근 들어 점점 더 많은 셰프, 소믈리에 또는 치즈 판매업자들이 고전적인 레드와인과의 조합 이외에 다른 와인들과 치즈와의 매칭을 제안하고 있는 추세이다. 물론 레드와인이 가장 기본적인 선택이 되겠지만 화이트나 로제 등의 와인이 의외의 놀랍고 맛있는 경험을 선사하기도 한다.

프레시 치즈, 락토세럼 치즈, 파스타 필라타 치즈

로제와인 *(côtes-de-provence, touraine, côtes-du-roussillon)*

드라이 화이트와인 *(côtes-de-bourg, jasnières, chablis)*

세미 스위트 화이트와인 *(vouvray, anjou, ajaccio)*

타닌이 적은 과일 향 레드와인 *(porto-vecchio, bourgueil, touraine-amboise)*

천연 외피 연성 치즈

로제와인 *(touraine, tavel, lirac)*

드라이 화이트와인 *(quincy, rully, sancerre)*, 숙성이 어느 정도 진행된 치즈에 곁들인다.

세미 스위트 화이트와인*(vouvray, faugères, mâcon)*, 숙성이 어느 정도 진행된 치즈에 곁들인다.

타닌이 적은 과일 향 레드와인 *(chinon, côte-de-beaune, saint-chinian)*, 숙성이 안 된 어린 치즈에 곁들인다.

흰곰팡이 연성 치즈

과일 향이 강하지 않은 드라이 화이트와인 *(sancerre, montlouis, jasnières)*

타닌이 적은 과일 향 레드와인 *(chiroubles, côtes-de-nuits, anjou)*

비가열 압착 치즈

드라이 화이트와인 *(côte roannaise, viré-clessé, meursault)* 숙성이 안 된 어린 치즈에 곁들인다.

떫은맛이 없는 과일 향 레드와인 *(saumur-champigny, listrac, moulis, pauillac, châteauneuf-du-pape)* 숙성이 안 된 어린 치즈 또는 반 정도 숙성된 치즈에 곁들인다.

뱅 두 나튀렐 (주정강화와인) *(maury, rivesaltes, banyuls)* 숙성이 어느 정도 진행된 치즈에 곁들인다.

가열 압착 치즈

드라이 화이트와인 *(givry, rully, meursault, saint-péray)*

쥐라 뱅 존 *(vins jaunes du Jura)*

레드와인 *(saint-émilion, côtes-de-bourg, volnay, clos-de-vougeot)*, 숙성이 안 된 어린 치즈에 곁들인다.

세척 외피 연성 치즈

스위트 화이트와인 *(côteaux-de-l'aubance, bonnezeaux, côteaux-du-layon, jurançon, gewurztraminer)*

푸른곰팡이 치즈

스위트 화이트와인 *(sauternes, barsac, loupiac, vouvray, jurançon)*

타닌이 녹아든 장기 숙성 레드와인 *(cahors, madiran, irouléguy)*

뱅 두 나튀렐(주정강화와인) *(banyuls, maury, rasteau)*

맥주

다양한 맥주와 치즈와의 조합은 점점 더 큰 인기를 얻고 있다. 맥주는 화이트와인처럼 다소 약한 산미를 갖고 있으며, 이는 치즈의 지방과 아주 잘 어울린다.

맥주가 갖고 있는 기포감은 구개를 헹궈주며 입안의 돌기가 최대한 민감하게 반응하도록 도와준다.

화이트 비어 (산미, 섬세한 쓴맛, 레몬)

라이트 블론드 비어 (은은한 곡물의 향)

드라이 프루티 블론드 비어 (쌉쌀한 맛, 과일 노트)

비터 블론드 비어 (뚜렷한 쓴맛)

앰버 비어 (향이 있는 거품)

브라운 비어 (달콤한 부드러움)

화이트 비어

프레시 치즈
(jonchée, rove des garrigues, feta)

락토세럼 치즈
(brocciu, recuite, ricotta romana)

천연 외피 연성 치즈 *(pérail, sabot de Blanchette, Bijou)*

파스타 필라타 치즈
(mozzarella di bufala Campana, burrata di Andria)

라이트 블론드 비어

천연 외피 연성 치즈 *(pouligny-saint-pierre, mâconnais, cornebique)* 중간 정도 숙성된 치즈를 곁들인다.

흰곰팡이 연성 치즈
(gortnamona, Bonchester Cheese, brie de Meaux) 맥주의 맛을 가리지 않도록 비교적 숙성이 덜 된 어린 치즈를 곁들인다.

드라이 푸르티 블론드 비어

비가열 압착 치즈
(lavort, tomme marotte, salva cremasco) 중간 정도 숙성된 치즈를 곁들인다.

가열 압착 치즈
(comté, Annen, pionnier) 숙성이 덜 된 어린 치즈를 곁들인다.

비터 블론드 비어

가열 압착 치즈
(beaufort, L'Étivaz, Heidi) 숙성된 치즈를 곁들인다.

천연 외피 연성치즈 *(sainte-maure de Touraine, Bonne Bouche, Murazzano)* 숙성된 치즈를 곁들인다.

앰버 비어

비가열 압착 치즈
(cantal, gouda, pecorino romano) 숙성된 치즈를 곁들인다.

푸른곰팡이 치즈 *(bleu des Causses, fourme de Montbrison, Urban Blue)*

흰곰팡이 연성 치즈 *(camembert de Normandie, Buffalo Brie, Woolamai Mist)* 숙성된 치즈를 곁들인다.

세척 외피 연성 치즈
(époisses, Shearer's Choice, Galactic Gold)

브라운 비어

푸른곰팡이 치즈
(roquefort, étoile bleue de Saint-Rémi, Cabrales) 강한 풍미의 치즈

흰곰팡이 연성 치즈
(livarot, munster) 숙성된 치즈를 곁들인다.

위스키

치즈 테이스팅은 스피릿 주류의 세계를 즐기고자 하는 이들에게 하나의 입문이 될 수 있다. 위스키와 치즈는 실로 무수한 페어링이 가능하다.

흰곰팡이 연성 치즈
(숙성이 아주 많이 진행된 치즈)
싱글몰트 위스키
아이리시 위스키

비가열 압착 치즈
(숙성된 치즈)
퓨어몰트 위스키
싱글몰트 위스키
그레인 위스키
아이리시 위스키

가열 압착 치즈
(숙성된 치즈)
퓨어몰트 위스키
싱글몰트 위스키
아이리시 위스키

세척 외피 연성 치즈
싱글몰트 위스키
퓨어몰트 위스키
아이리시 위스키

푸른곰팡이 치즈
퓨어몰트 위스키
싱글몰트 위스키
아이리시 위스키

차

치즈와 마찬가지로 계절에 따라 다양한 종류가 생산되는 차와 유제품인 치즈와의 페어링은 점점 더 주목받고 있는 추세이다.

프레시 치즈
스프링 다즐링 DARJEELING PRINTANIER
프리미엄 우롱차 THÉ BAO ZHONG PREMIUM
본산(本山) 우롱차 THÉ BEN SHAN

락토세럼 치즈
스프링 다즐링 DARJEELING PRINTANIER
프리미엄 우롱차 THÉ BAO ZHONG PREMIUM
본산(本山) 우롱차 THÉ BEN SHAN

천연 외피 연성 치즈
중국 흑차 THÉ NOIR DE CHINE
프리미엄 우롱차 THÉ BAO ZHONG PREMIUM
중국 백차 백목단 THÉ BLANC BAI MU DAN

흰곰팡이 연성 치즈
(어린 치즈)
반차 호지차 THÉ VERT BANCHA HOJICHA
중국 운남 흑차 THÉ GRAND YUNNAN
본산(本山) 우롱차 THÉ BEN SHAN

비가열 압착 치즈
(숙성 치즈)
보이차 THÉ PU'ER
서머 다즐링 DARJEELING D'ÉTÉ
아쌈 티 THÉ ASSAM
중국 운남 흑차 THÉ GRAND YUNNAN

가열 압착 치즈
서머 다즐링 DARJEELING D'ÉTÉ
아쌈 티 THÉ ASSAM
중국 운남 흑차 THÉ GRAND YUNNAN

세척 외피 연성 치즈
스프링 다즐링 DARJEELING PRINTANIER
인도 블랙티 THÉ NOIR INDIEN
아쌈 티 THÉ ASSAM

푸른곰팡이 치즈
운남 흑차 THÉ NOIR DU YUNNAN
실론 홍차 THÉ DE CEYLAN
타이완 훈연 블랙티 THÉ DU TIGRE

파스타 필라타 치즈
스프링 다즐링 DARJEELING PRINTANIER
프리미엄 우롱차 THÉ BAO ZHONG PREMIUM
본산(本山) 우롱차 THÉ BEN SHAN

과일 주스

과일 주스의 장점은 어린이나 임산부(혹은 수유모) 또는 알코올을 섭취하지 않는 사람들과 함께 즐길 수 있다는 점이다. 치즈를 곁들일 때는 일반적으로 과일에서 중요한 포인트가 되는 '단맛'이 적은 주스를 선택하는 것이 좋다.

프레시 치즈
넥타류
(복숭아, 살구, 서양배)
붉은 베리류 주스
(라즈베리, 딸기, 레드커런트)
루바브 주스

락토세럼 치즈
넥타류
(복숭아, 살구, 서양배)
붉은 베리류 주스
(라즈베리, 딸기, 레드커런트)
루바브 주스

천연 외피 연성 치즈
사과 주스
딸기 주스
넥타류
(서양배, 백도, 붉은 복숭아)

흰곰팡이 연성 치즈
사과 주스
서양배 주스
레드커런트 주스
넥타류
(붉은 복숭아, 살구)

비가열 압착 치즈
붉은 베리류 주스
(블루베리, 레드커런트, 체리)
망고 넥타

가열 압착 치즈
넥타류
(파인애플, 패션푸르트)

세척 외피 연성 치즈
미라벨 자두 주스
리치 주스
건포도 주스
넥타류
(살구, 황도)

푸른곰팡이 치즈
서양배 넥타
붉은 베리류 주스
(딸기, 라즈베리)

파스타 필라타 치즈
넥타류
(복숭아, 살구, 서양배)
붉은 베리류 주스
(라즈베리, 딸기, 레드커런트)
루바브 주스

애플 시드르, 서양배 푸아레

치즈와 시드르 또는 푸아레의 조합은 의외인 것처럼 생각될 수 있지만 그 결과는 언제나 훌륭하다.

프레시 치즈

락토세럼 치즈

천연 외피 연성 치즈
(숙성이 되지 않은 비교적 어린 치즈 또는 약간 건조된 상태의 치즈)

흰곰팡이 연성 치즈
(완전히 숙성된 상태의 치즈)

세척 외피 연성 치즈
(숙성이 되지 않은 비교적 어린 상태의 치즈)

파스타 필라타 치즈

치즈 플래터 준비와 서빙

치즈 플래터를 구성할 때는 지켜야 할 몇 가지 수칙이 있지만 경험과 맛의 기호에 따라 여러 가지 조합을 만들어 내는 것도 가능하다.

모든 사람이 즐길 수 있는 치즈

일반적으로 알려진 바와는 달리 채식주의자나 비건, 임산부들이 즐길 수 있는 치즈들도 있다.

채식주의자

종교적 또는 동물의 복지를 우선시하는 도덕적 이유 또는 건강상의 사정으로 채식을 고수하는 이들도 부담없이 먹을 수 있는 식물성 응유효소를 사용해 만든 치즈들이 있다. 구입할 때 치즈 판매원에게 조언을 구해 확인하자.

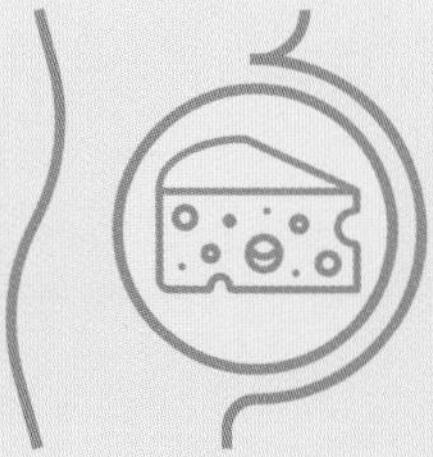

임산부

"현재 임신 중인데 의사가 비멸균 생우유로 만든 치즈는 권장하지 않네요..." 우선 저온 살균 원유로 만드는 것들 중에도 훌륭한 치즈들이 있다. 그렇다면 비멸균 생유는 과연 금하는 게 좋을까? 비멸균 생유로 만든 가열 압착 치즈를 선택하면 된다. 이것은 가열 과정을 거치기 때문이다. 여기서 한 가지 알아둘 것이 있다. 리스테리아(Listeria)균은 비교적 축축한 치즈의 표면에서만 살아남는 박테리아다. 그래도 의심이 든다면? 치즈 외피를 제거하고 먹으면 된다. 그래도 안심할 수 없다면? 치즈를 가열해 섭취하는 방법을 선택하면 된다.

비건

비건주의자들은 동물 또는 그 가공품으로 만든 제품을 소비하지 않는다. 결과적으로 이들이 치즈를 먹는다는 것은 불가능하다. 치즈는 우유, 즉 동물성 성분으로 만들어지기 때문이다. 하지만 최근에는 일명 '가짜 치즈' 혹은 '브로마주(vromages)'라고 불리는 식물성 원료 혹은 화학적 원료(혹은 이 둘의 혼합)로 만드는 치즈들이 존재한다. 비록 이들인 진짜 치즈는 아니지만 모양뿐 아니라 맛 또한 치즈와 비슷하다.

한 플레이트에 치즈를 얼마만큼 서빙하는 것이 좋을까?

치즈가 주인공이 되는 모임의 경우 1인당 250~300g이 적당하며 종류는 7가지 정도가 좋다. 너무 많으면 질릴 수 있으니 종류를 과도하게 늘리지 않도록 한다. 어떤 특정 치즈들이 인기가 많은 경우, 모든 사람들이 충분히 즐길 만큼 넉넉할지 확신하기 어렵다. 치즈 종류가 많아질록 한 종류의 양은 줄어들기 때문이다. 또한 파티 내내 치즈 이름을 열거하며 시간을 보내지 않으려면 각 치즈의 이름과 산지, 원유의 종류를 명시한 라벨을 준비해달라고 치즈 판매업자에게 부탁해 두는 것이 좋다. 만일 치즈가 뷔페 식사 모임의 일부분을 구성한다면 일인당 150g 정도, 종류는 5가지 정도가 적당하다. 식사 끝에 서빙하는 경우라면 인당 80~100g(3~5종류) 정도면 충분하다.

치즈를 언제 냉장고에서 꺼낼까?

와인의 경우도 마찬가지이지만 치즈에 잠재하고 있는 향을 깨워 올리려면 치즈를 상온으로 만들어 놓는 것이 매우 중요하다. 먹기 전, 최소 한 시간 정도 예상해 준비해두자.

치즈 플래터는 어떤 것을 사용할까?

언뜻 생각하기에 부차적인 문제로 여겨질 수도 있지만 서빙 용기의 선택이 치즈를 돋보이게 할 수도 있다는 점에서 이 역시 중요한 요소라 할 수 있다. 치즈와 플레이트는 색 등에서 대비를 이루는 것이 치즈를 돋보이게 할 수 있어 더욱 좋다. 재질은 나무, 돌판, 세라믹 등 가공되지 않은 천연소재를 권장한다. 플라스틱이나 메탈은 치즈의 향에 변화를 가져올 우려가 있으므로 피하는 것이 좋다.

치즈 서빙용 나이프 및 도구

치즈 커팅과 테이스팅을 위한 나이프와 도구들은 매우 다양하다. 기본이 되는 몇 가지를 소개한다.

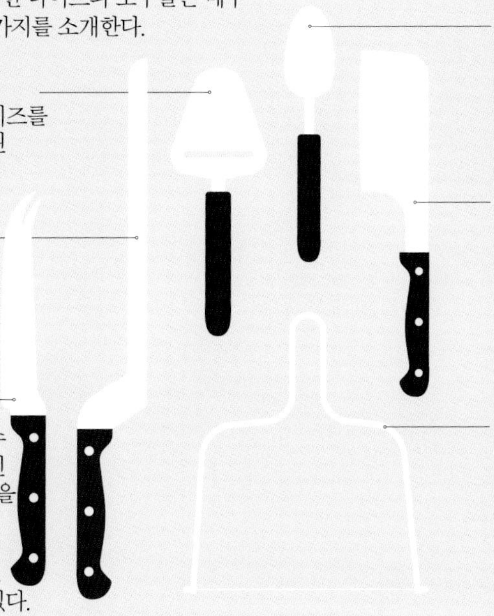

필러형 치즈 슬라이서
수분이 적은 치즈와 경성 치즈를 얇게 저며 내는 데 최적화된 도구이다.

브리 치즈용 나이프
우아한 모양의 이 나이프는 대부분의 치즈를 깔끔하게 잘라낼 수 있다.

치즈 서빙용 나이프
치즈를 자를 때 각 조각의 모양을 잘 유지할 수 있도록 얇고 넓은 날을 가진 나이프, 또는 자른 치즈 조각을 찍어서 서빙할 수 있도록 끝부분이 날이 둘로 갈라져 있으며 휘어진 모양을 하고 있는 나이프를 선택할 수 있다.

스푼
몽 도르(mont-d'or)나 토르타 델 카사르(Torta del Casar)처럼 흐르는 질감의 치즈를 서빙할 때 유용하다.

하드 치즈용 나이프
톰 바스크(tomme basque)나 보포르(beaufort)와 같은 경성 치즈를 자르는 용도로 이상적이다. 비교적 무거운 손잡이 덕에 큰 무리 없이 치즈를 가로질러 자를 수 있다.

와이어 슬라이서
악기를 닮아 '리라(lyre)' 또는 '로크포르테즈(roquefortaise)'라고도 불리는 이 커팅 도구에는 0.3~0.5mm 두께의 나일론 타입 줄이 장착되어 있으며 대형 사이즈도 있다. 작은 사이즈의 도마와 와이어 슬라이서가 일체형으로 된 것을 준비하면 푸아그라 슬라이서용으로도 사용할 수 있어 일석이조다.

치즈 테이스팅 순서

최적의 테이스팅을 위해서는 맛의 강도가 순한 것에서 강한 것 순으로 진행되어야 한다. 따라서 프레시 치즈로 시작해 블루치즈로 마무리하는 것을 권장한다.
의심이 드는 경우에는 가장 밝은색 치즈로부터 시작해서 진한 색 순서로 시식하고 맨 마지막에 블루치즈를 선택하면 좋다. 특유의 개성을 갖고 있는 블루치즈들은 시식 마지막에 상큼한 노트를 선사해준다. 또 하나의 장점은 이 치즈들은 소화가 잘 된다는 점이다.

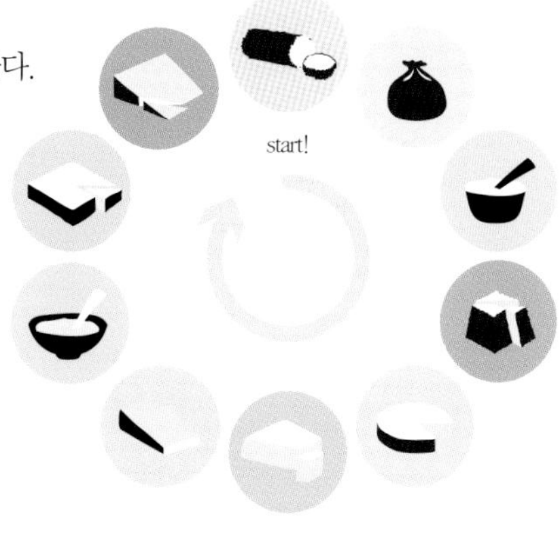

① 프레시 치즈
② 파스타 필라타 치즈
③ 녹여 만든 스프레드 치즈, 가공 치즈
(어떤 것들은 강한 맛이 나기도 한다)
④ 천연 외피 연성 치즈
⑤ 흰곰팡이 연성 치즈
⑥ 가열 압착 치즈
⑦ 비가열 압착 치즈
⑧ 가향, 가미 치즈
⑨ 세척 외피 연성 치즈
⑩ 푸른곰팡이 치즈

치즈 커팅 방법

기본 원칙은 모두를 만족시키는 것이다. 따라서 각 조각에 치즈의 중심 부분과 외피 부분이 고루 배분되도록 자르는 것이 중요하다.

작은 사이즈의 원형 치즈
(예 : CAMEMBERT)
케이크를 자르는 방식과 마찬가지로 중앙에서 시작하여 치즈 가장자리 쪽을 향하여 균일한 크기로 자른다.
이상적인 도구 : 브리 치즈용 나이프.

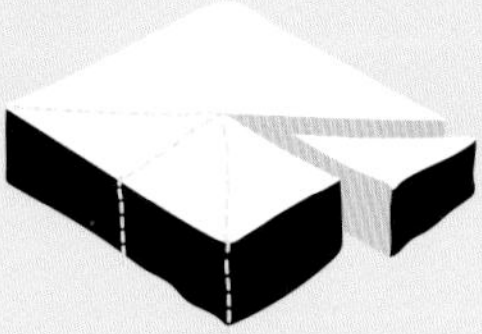

정사각형 치즈(예 : MAROILLES)
원형 치즈와 같은 방법으로 자른다. 차이점은 우선 대각선으로 잘라 이등분 한 뒤 각 조각을 다시 반으로 자른다.
이상적인 도구 : 브리 치즈용 나이프.

큰 사이즈의 원형 치즈(예 : BRIE)
우선 작은 사이즈의 원형 치즈처럼 자른다. 길게 자른 웨지 모양 포션의 중앙 뾰족한 부분을 먼저 자른 뒤 두 번째 1/3 부분을 2~3조각으로 자른다. 이어서 남은 마지막 1/3 부분을 동일한 양으로 분할해 자른다(외피 둘레 부분이 균등하게 포함되도록 방향을 수직으로 바꾸어 자른다).
이상적인 도구 : 브리 치즈용 나이프.

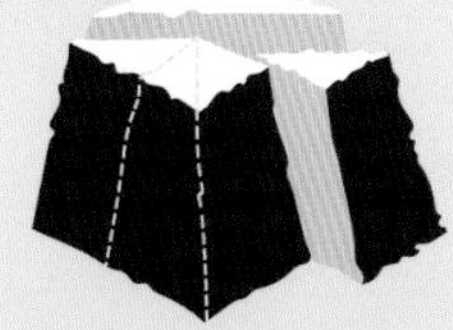

피라미드 형태의 치즈
(예 : VALENÇAY)
원형 치즈와 마찬가지로 중앙에서 외피 방향으로 부채꼴 모양으로 자른다.
이상적인 도구 : 와이어 슬라이서
와이어 슬라이서 사용이 익숙하지 않다면 브리 치즈용 나이프를 사용한다.

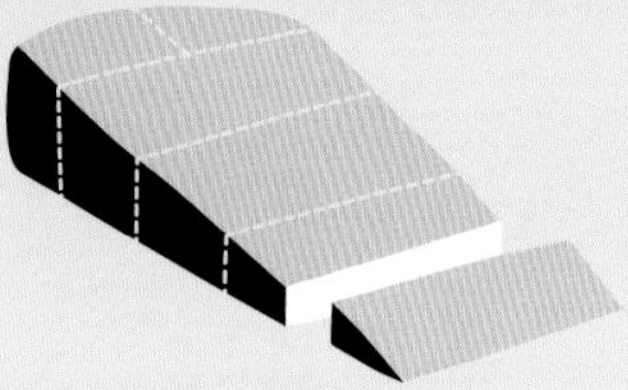

맷돌형 치즈의 슬라이스
(예 : COMTÉ)
조각의 중앙 부분부터 시작하여 평행으로 3~4조각으로 자른다.
맨 가장자리 외피 기둥 쪽은 수직으로 방향을 바꾸어 절단한다.
이상적인 도구 : 하드 치즈용 나이프.

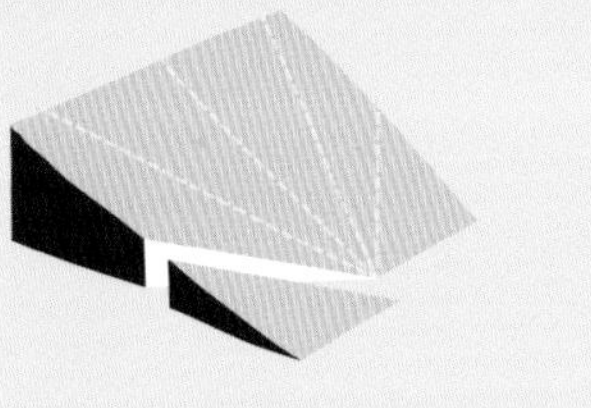

푸른곰팡이 치즈(예 : ROQUEFORT)
조각의 가장 얇은 중앙 부분의 가운데 지점을 출발점으로 하여 부채꼴 모양으로 자른다.
이상적인 도구 : 와이어 슬라이서

아주 단단한 치즈(예 : MIMOLETTE EXTRA-VIEILLE)
작게 부수어 서빙하거나 필러형 슬라이서로 얇게 저민다.

작은 사이즈의 원통형 치즈
(예 : CHAROLAIS) 또는
큰 사이즈의 원통형 치즈
(예 : SAINTE-MAURE DE TOURAINE)
작은 사이즈는 원형 치즈와 같은 방법으로 자르되 더 가늘고 긴 모양으로 분할한다. 큰 사이즈의 원통형 치즈는 길이로 놓고 얇게 슬라이스한다.
이상적인 도구(두 사이즈 공통) : 와이어 슬라이서
생트 모르의 경우 중앙에 꽂혀 있는 짚 막대를 제거한 뒤 잘라야 치즈 조각이 부서지지 않는다.

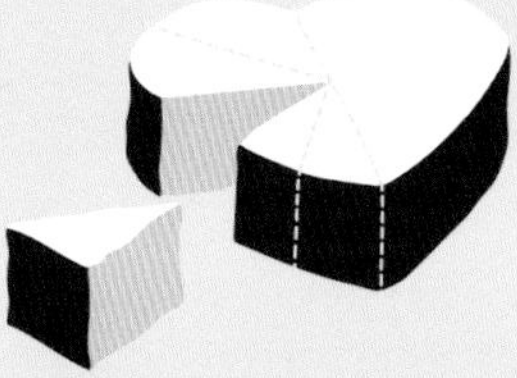

비정형 타입 치즈
(예 : CŒUR DE NEUFCHÂTEL)
중앙으로부터 시작하여 외피 방향으로 자른다. 조각의 크기가 정확히 균일하지 않더라도 속살과 외피가 고루 분배되도록 자른다.
이상적인 도구 : 브리 치즈용 나이프.

흐르는 질감의 치즈(예 : MONT-D'OR)
외피 윗면에 구멍을 뚫은 뒤 티스푼(또는 일반 스푼)을 함께 낸다(외피 뚜껑은 잘라낼 필요 없이 함께 먹는다).

어떤 빵을 곁들일까?

가장 이상적인 빵은 캄파뉴 브레드이다. 맛이 특별히 두드러지지 않는 이 빵은 모든 치즈와 잘 어울린다. 견과류나 잡곡으로 만든 특별한 빵 계열을 선택할 경우에는 잘 어울리는지에 대해 세심한 주의가 필요하다. 바게트 빵은 브리와 같은 연성 치즈와 잘 어울리지만 단단하거나 건조한 치즈에는 권장하지 않는다. 호밀빵이나 과일이 들어간 빵은 블루 데 코스(bleu des Causses) 등과 같은 블루치즈와 잘 어울린다. 호두나 헤이즐넛 등의 견과류가 들어 있는 빵은 숙성 기간이 긴 가열 압착 치즈(beaufort, comté)에 곁들여 먹으면 좋다. 올리브, 토마토, 프로방스 허브가 들어간 빵들은 프레시 치즈 계열과 잘 어울린다.

달콤한 음식과의 조합은?

너무 당도가 높지 않은 식품을 선택하는 것이 좋다. 지나치게 단 잼, 과일젤리, 꿀 등은 치즈의 맛을 가리거나 해칠 수 있다. 이와 같은 식품을 곁들여 먹을 때에는 아주 소량이면 충분한다.

어떤 과일과 채소를 곁들일까?

치즈 본연의 맛을 가리지 않도록 너무 달지 않은 신선한 과일을 선택한다. 오히려 새콤한 맛의 사과(granny smith, belchard, merlose, elstar 등의 품종)나 서양배(packham's triumph, passe-crassane, conférence 등의 품종) 또는 달지 않은 청포도를 더 권장한다. 즙이 있고 신맛이 강한 시트러스류 과일도 곁들이기에 적당하다. 그 밖에도 당근, 오이와 같은 아삭한 식감의 채소는 치즈와 곁들여 먹을 때 상큼함을 더해줄 수 있다. 마찬가지로 몇몇 품종의 토마토 역시 치즈와 아주 잘 어울린다. 또한 올리브오일에 담가 저장한 채소(피망, 주키니호박, 가지, 버섯 등)나 올리브오일과 레몬즙으로 가볍게 드레싱한 그린 샐러드도 좋은 곁들임이 된다. 이 경우 양상추(떫은맛이 난다)보다는 오크리프나 에스카롤(쌉 치커리)을 선택하는 것이 좋다. 어떤 경우를 막론하고 과일과 채소를 먼저 먹어 입안을 클렌징하고 맛 돋기에 시동을 거는 것이 맞는 순서이다.

먹고 남은 치즈는?

일단 개봉한 치즈 보관 방법

혹시라도 치즈 플래터에 치즈가 남게 되면 마르지 않도록 원래 포장지에 다시 잘 싸서 냉장고 야채 칸에 넣어 보관한다. 밀폐 뚜껑이 있는 플라스틱 용기에 넣으면 치즈가 숨을 쉴 수 없으니 피하는 것이 좋다.

남은 치즈를 요리에 활용하기

남은 치즈는 소스, 오믈렛, 키슈, 수플레 등을 만들 때 활용한다. 또는 남은 치즈에 생크림, 잘게 썬 샬롯, 신선 허브(차이브, 바질, 딜 등)를 섞어 스프레드를 만들어도 좋다. 치즈는 용도가 다양하기 때문에 남아도 버리지 않고 잘 활용할 수 있다.

클래식 3종 치즈 플래터

아래에 제시된 치즈 플래터는 성인 6인 기준, 식사 후 서빙, 일인당 평균 100g 기준으로 구성되었다. 치즈는 시식 순서대로 소개되었으며 대부분 맛이 순한 것부터 시작하여 강한 풍미를 지닌 순서로 이루어진다. 치즈 플래터의 총량이 정확히 600g에 맞지 않는 경우도 있는데 이는 낱개별로 판매되는 치즈들도 포함되어 있거나 너무 작게 또는 크게 서빙된 것들도 있기 때문이다.

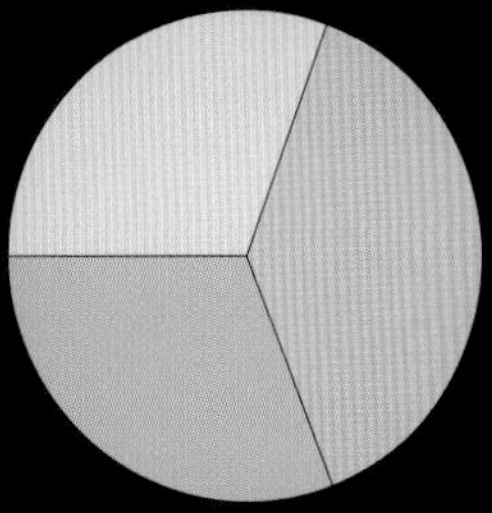

AOP(원산지명칭보호) 치즈 플래터

콩테 COMTÉ *(200 g)*

생트 모르 드 투렌 SAINTE-MAURE DE TOURAINE *(250 g)*

로크포르 ROQUEFORT *(200 g)*

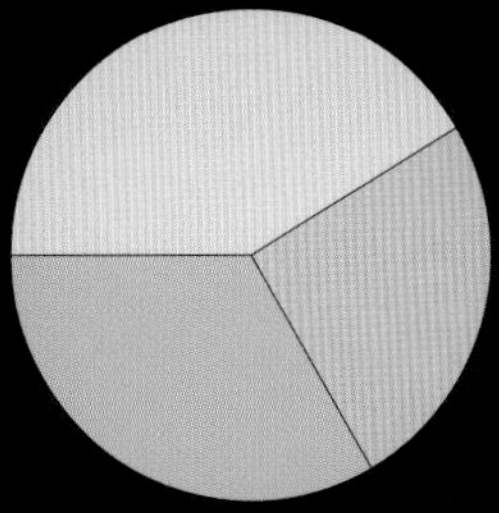

유제품 전문점 특선 치즈 플래터

라 당 뒤 샤 LA DENT DU CHAT *(250 g)*

페라이 1개 PÉRAILS *(150 g)*

블루 드 라 부아시에르 BLEU DE LA BOISSIÈRE *(200 g)*

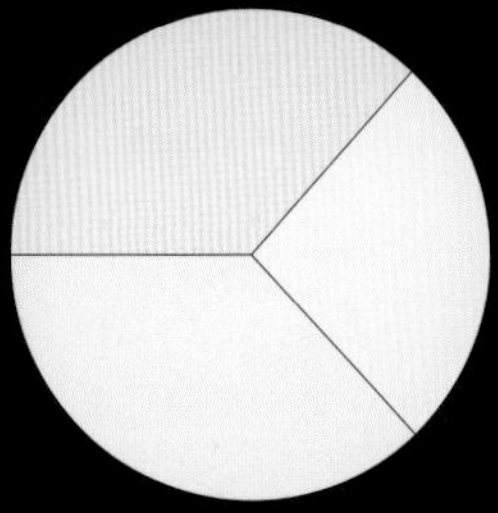

화이트 치즈 플래터

브로치우 BROCCIU *(250 g)*

로브 데 가리그 2개 ROVES DES GARRIGUES *(180 g)*

카망베르 드 노르망디 1개 CAMEMBERT DE NORMANDIE *(250 g)*

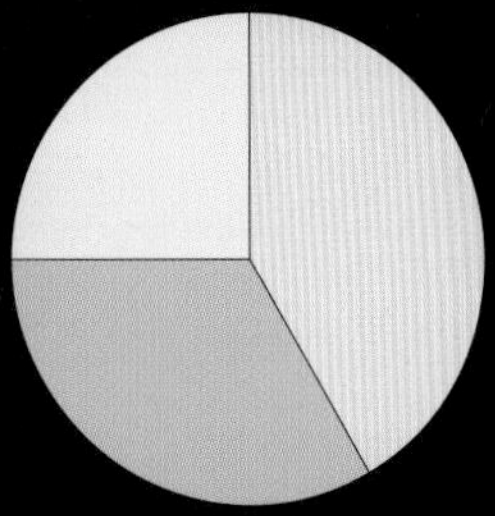

산악지대 치즈 플래터

프티 피앙세 데 피레네 1/2개 PETIT FIANCÉ DES PYRÉNÉES *(150 g)*

레티바 L'ÉTIVAZ *(250 g)*

블루 드 세브락 BLEU DE SÉVERAC *(200 g)*

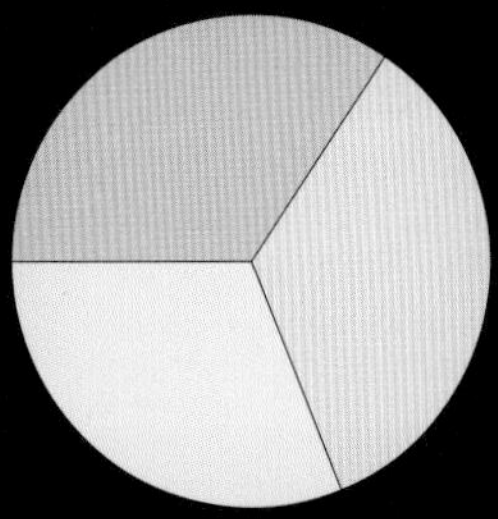

100% 염소젖 치즈 플래터

구르 누아르 1개 GOUR NOIR *(200 g)*

앙리 카트르 HENRI IV *(220 g)*

아 카징카 1/2개 A CASINCA *(180 g)*

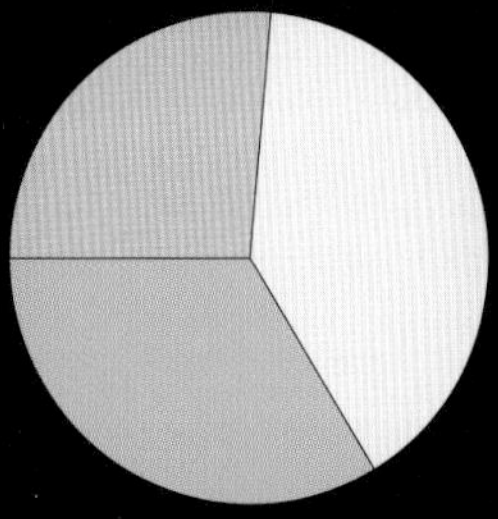

100% 양젖 치즈 플래터

로카이유 2개 ROCAILLOUX *(160 g)*

케소 만체고 QUESO MANCHEGO *(240 g)*

잇차수 ITXASSOU *(200 g)*

테마별 3종 치즈 플래터

앞의 클래식 치즈 플래터와 마찬가지로 아래에 제시된 치즈 플래터는 성인 6인 기준, 식사 후 서빙, 일인당 평균 100g 기준으로 구성되었다. 치즈는 시식 순서대로 소개되었으며 대부분 맛이 순한 것부터 시작하여 강한 풍미를 지닌 순서로 이루어진다. 치즈 플래터의 총량이 정확히 600g에 맞지 않는 경우도 있는데 이는 낱개별로 판매되는 치즈들도 포함되어 있거나 너무 작게 또는 크게 서빙된 것들도 있기 때문이다.

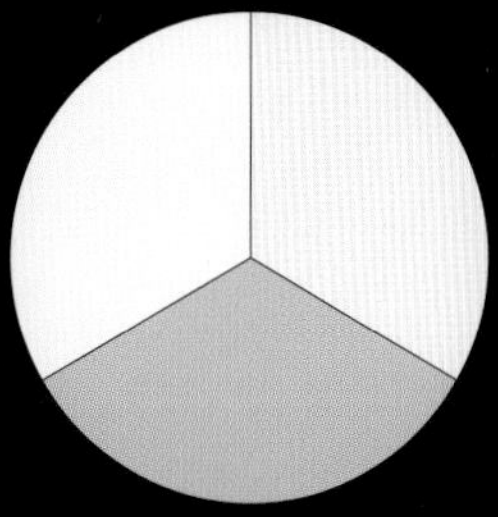

섬 지역 생산 치즈 플래터

할루미 HALLOUMI
(200 g)
키프로스

케이조 도 피코
QUEIJO DO PICO
(200 g) 아소로스 제도

크로져 블루 CROZIER BLUE
(200 g)
아일랜드

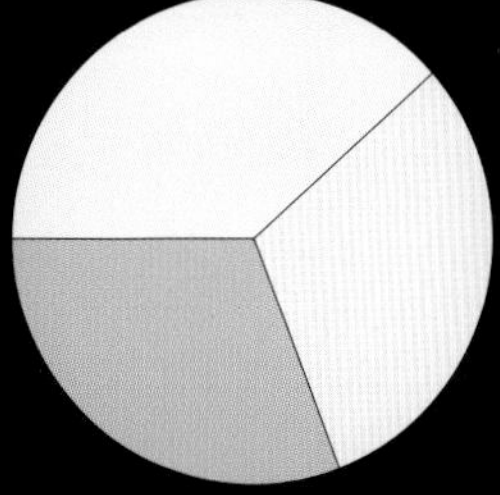

라틴 계열 치즈 플래터

앙칼라 1개 ENCALAT
(250 g)

토마 피에몬테제
TOMA PIEMONTESE
(200 g)

카브랄레스 CABRALES
(200 g)

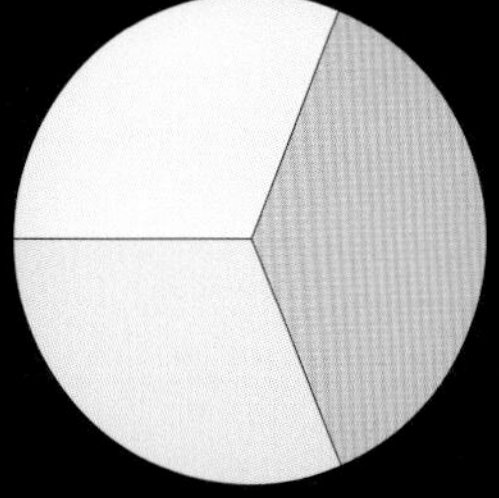

평원 지대 생산 치즈 플래터

본체스터 치즈
BONCHESTER CHEESE
(200 g)

크로탱 드 샤비뇰 3개
CROTTINS DE CHAVIGNOL
(240 g)

에르브 1개 HERVE
(200 g)

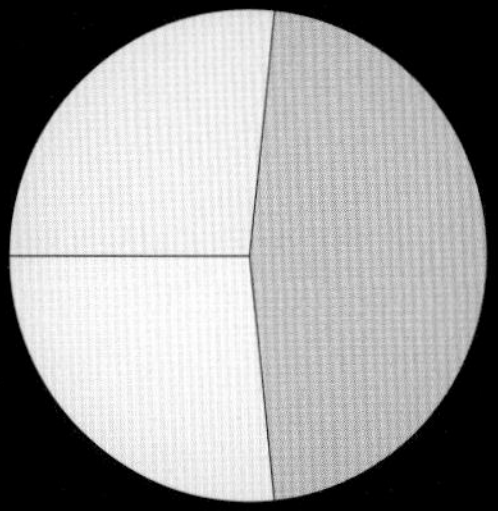

누벨 아키텐 지방 생산 치즈 플래터

그뢰이 GREUILH
(200 g)

트뤼프 드 방타두르
TRUFFE DE VENTADOUR
(350 g)

톰 드 리야크
TOMME DE RILHAC
(200 g)

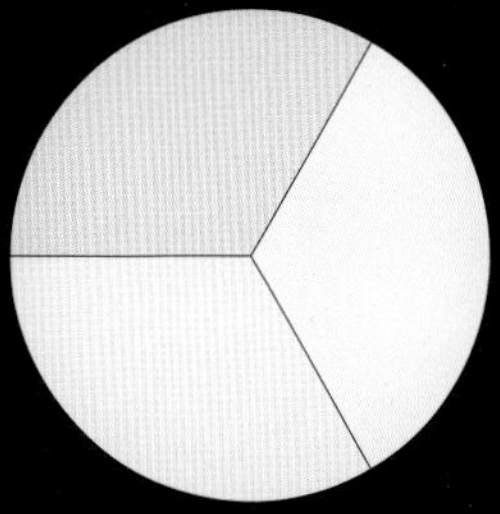

티 페어링 치즈 플래터

아봉당스 ABONDANCE
(200 g)
우롱차

호라이즌 HORIZON
(200 g)
보이차

페코리노 크로토네제 스타지오나토
PECORINO CROTONESE STAGIONATO
(200 g) 서머 다즐링

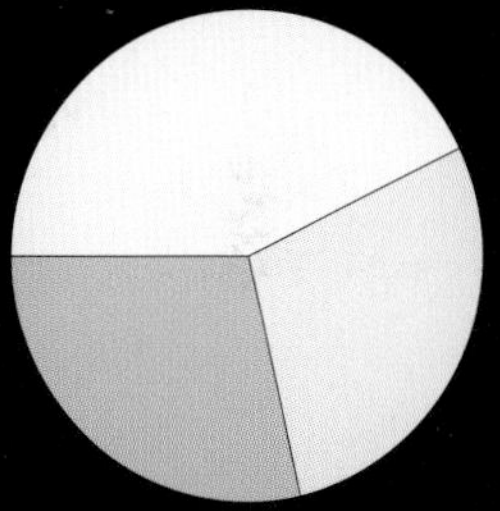

과일 주스 페어링 치즈 플래터

사뵈르 뒤 마키 1/2개
SAVEURS DU MAQUIS
(300 g) 라즈베리 넥타

묑스테르 MUNSTER
(200 g)
리치 넥타

가모네도 GAMONEDO
(200 g)
서양배 넥타

클래식 5종 치즈 플래터

아래에 제시된 치즈 플래터는 성인 6인 기준, 메인 식사용으로 서빙, 일인당 평균 250g 기준으로 구성되었다. 치즈는 시식 순서대로 소개되었으며 대부분 맛이 순한 것부터 시작하여 강한 풍미를 지닌 순서로 이루어진다. 치즈 플래터의 총량이 정확히 1500g에 맞지 않는 경우도 있는데 이는 낱개별로 판매되는 치즈들도 포함되어 있거나 너무 작게 또는 크게 서빙된 것들도 있기 때문이다.

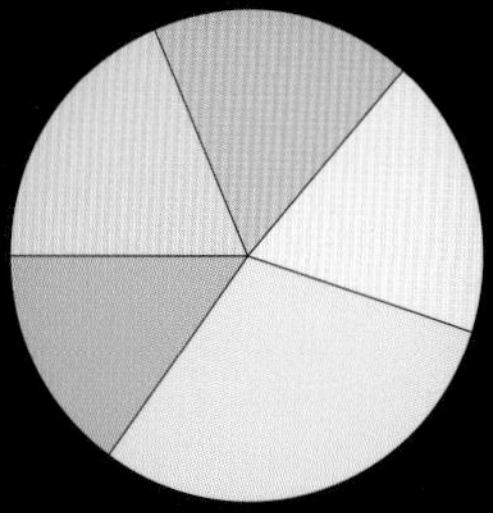

AOP(원산지명칭보호) 치즈 플래터

- 보포르 BEAUFORT *(250 g)*
- 샤비슈 뒤 푸아투 2개 CHABICHOUS DU POITOU *(240 g)*
- 오소 이라티 OSSAU-IRATY *(250 g)*
- 마루알 1/2개 MAROILLES *(400 g)*
- 블루 데 코스 BLEU DES CAUSSES *(200 g)*

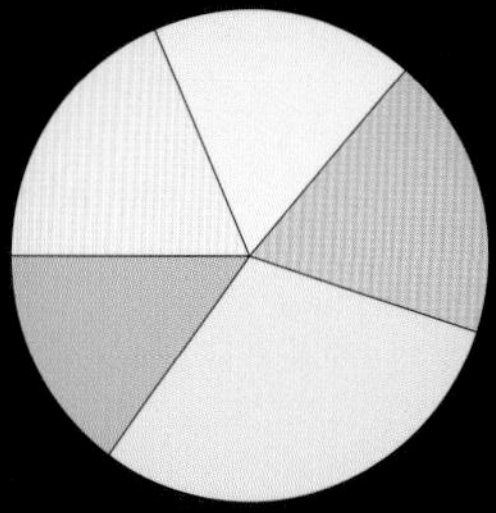

유제품 전문점 특선 치즈 플래터

- 미몰레트 MIMOLETTE *(250 g)*
- 생 펠리시앵 2개 SAINT-FÉLICIENS *(240 g)*
- 클라크비투 1개 CLACBITOU *(250 g)*
- 벨 피우리투 1개 BEL FIURITU *(400 g)*
- 블루 드 본느발 BLEU DE BONNEVAL *(200 g)*

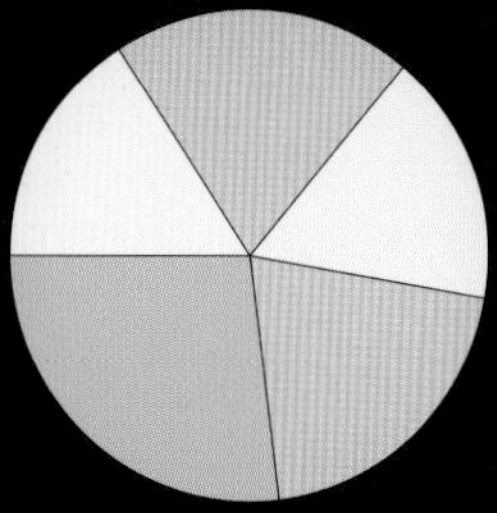

100% 염소젖 치즈 플래터

- 브루스 뒤 로브 6개 BROUSSES DU ROVE *(240 g)*
- 사보 드 블랑셰트 2개 SABOTS DE BLANCHETTE *(300 g)*
- 고트나모나 GORTNAMONA *(250 g)*
- 셀 쉬르 셰르 2개 SELLES-SUR-CHER *(300 g)*
- 페르시예 드 티뉴 1/2개 PERSILLÉ DE TIGNES *(400 g)*

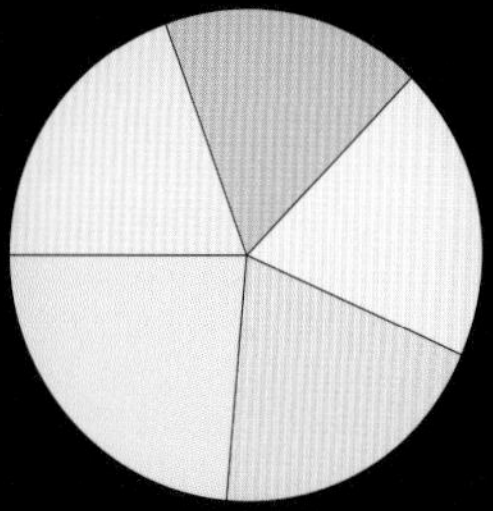

100% 양젖 치즈 플래터

- 리코타 로마나 RICOTTA ROMANA *(250 g)*
- 심플리 쉽 1개 SIMPLY SHEEP *(225 g)*
- 라보르 LAVORT *(250 g)*
- 그라비에라 크리티스 GRAVIERA KRITIS *(250 g)*
- 크레뫼 드 카라야크 1개 CRÉMEUX DE CARAYAC *(300 g)*

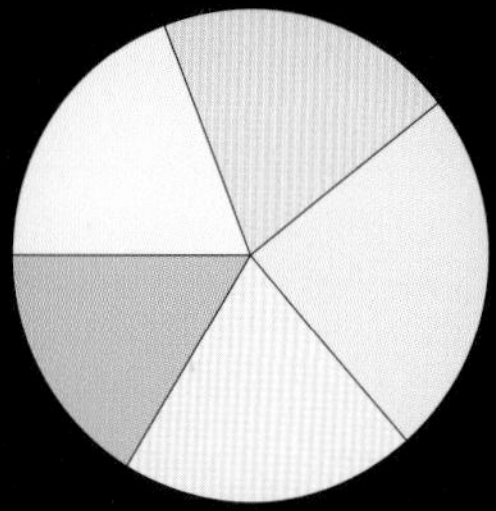

100% 소젖 치즈 플래터

- 브레슬루아 1개 BRESLOIS *(240 g)*
- 베몽투아 BÉMONTOIS *(250 g)*
- 티마누아 1개 TIMANOIX *(300 g)*
- 세르벨 드 카뉘 CERVELLE DE CANUT *(250 g)*
- 그레벤브뢰커 GREVENBROECKER *(200 g)*

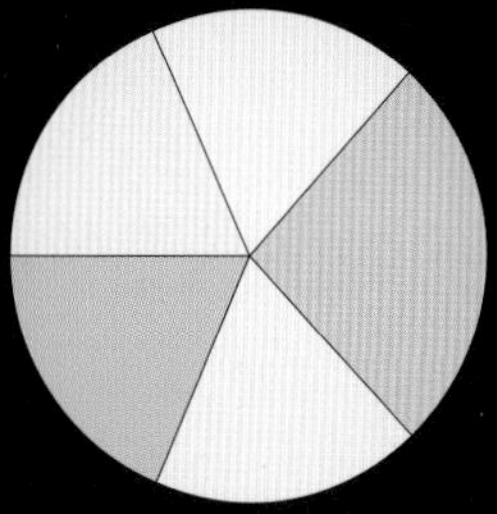

오베르뉴 론 알프 지역 치즈 플래터

- 세라크 SÉRAC *(250 g)*
- 생 넥테르 SAINT-NECTAIRE *(250 g)*
- 피코동 6개 PICODONS *(360 g)*
- 퓌메종 FUMAISON *(250 g)*
- 블루 뒤 베르코르 사스나주 BLEU DU VERCORS-SASSENAGE *(250 g)*

테마별 5종 치즈 플래터

앞의 클래식 치즈 플래터와 마찬가지로 아래에 제시된 치즈 플래터는 성인 6인 기준, 메인 식사용으로 서빙, 일인당 평균 250g 기준으로 구성되었다. 치즈는 시식 순서대로 소개되었으며 대부분 맛이 순한 것부터 시작하여 강한 풍미를 지닌 순서로 이루어진다. 치즈 플래터의 총량이 정확히 1500g에 맞지 않는 경우도 있는데 이는 낱개별로 판매되는 치즈들도 포함되어 있거나 너무 작게 또는 크게 서빙된 것들도 있기 때문이다.

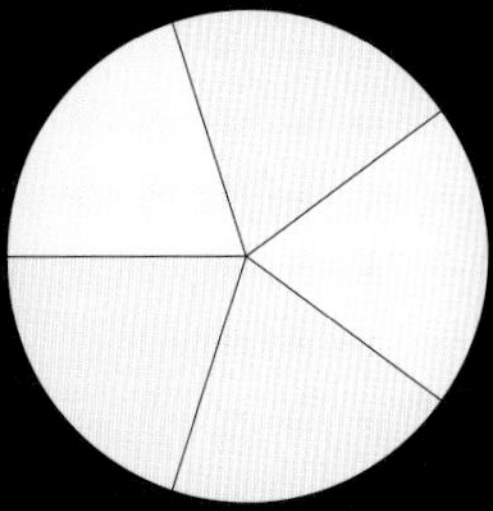

지중해 지역 생산 치즈 플래터

- 페타 FETA *(250 g)*
- 마혼 메노르카 MAHÓN-MENORCA *(250 g)*
- 메초보네 METSOVONE *(250 g)*
- 페코리노 사르도 PECORINO SARDO *(250 g)*
- 포 코르스 PÔT CORSE *(250 g)*

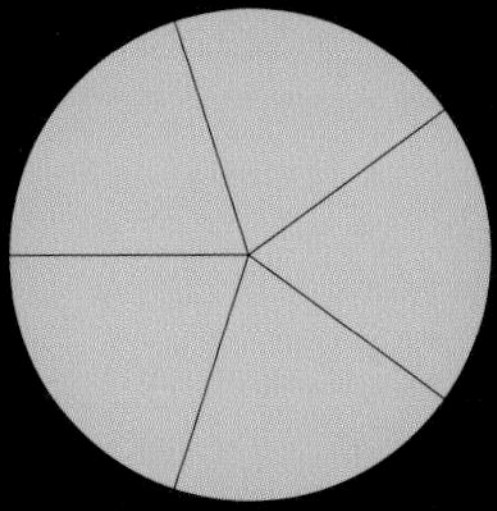

블루 치즈 플래터

- 푸름 당베르 FOURME D'AMBERT *(250 g)*
- 윈저 블루 WINDSOR BLUE *(250 g)*
- 베르진 VERZIN® *(250 g)*
- 슈롭셔 SHROPSHIRE *(250 g)*
- 블랙 앤 블루 BLACK & BLUE *(250 g)*

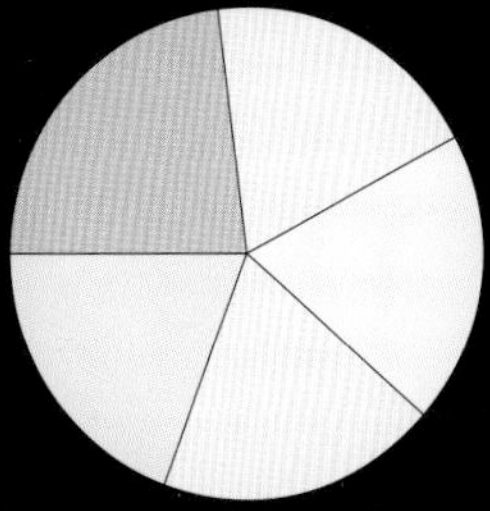

맥주 페어링 치즈 플래터

- 코른비크 2개 CORNEBIQUES *(300 g)* 화이트 비어
- 페코리노 시칠리아노 PECORINO SICILIANO *(250 g)* 블론드 비어
- 브리 드 믈룅 BRIE DE MELUN *(250 g)* 앰버 비어
- 라기올 LAGUIOLE *(250 g)* 브라운 비어
- 피에 드 방 PIED-DE-VENT *(250 g)* 트리펠 비어

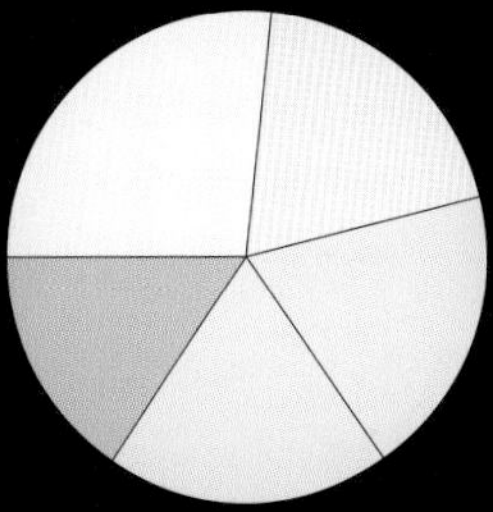

채식주의 치즈 플래터

- 세인트 존 SAINT-JOHN *(350 g)*
- 페코리노 델레 발제 볼테라네 PECORINO DELLE BALZE VOLTERRANE *(250 g)*
- 케이조 드 아제이탕 QUEIJO DE AZEITÃO *(250 g)*
- 킹 리버 골드 KING RIVER GOLD *(250 g)*
- 캐셜 블루 CASHEL BLUE *(200 g)*

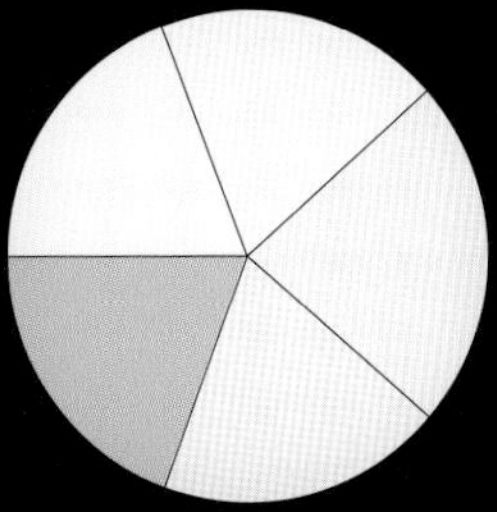

발음이 어려운 치즈 플래터

- 시갈로 시테이아스 XYGALO SITEIAS *(250 g)*
- 자즈리브슈케 코르바시크 ZÁZRIVSKÝ KORBÁČIK *(250 g)*
- 오브치 살라슈닉키 우데니 시르 3개 OVČÍ SALAŠNÍCKY ÚDENÝ SYR *(300 g)*
- 비엘코폴스키 세르 스마조니 WIELKOPOLSKI SER SMAŻONY *(250 g)*
- 이호체스카 즐라타 니바 JIHOČESKÁ ZLATÁ NIVA *(250 g)*

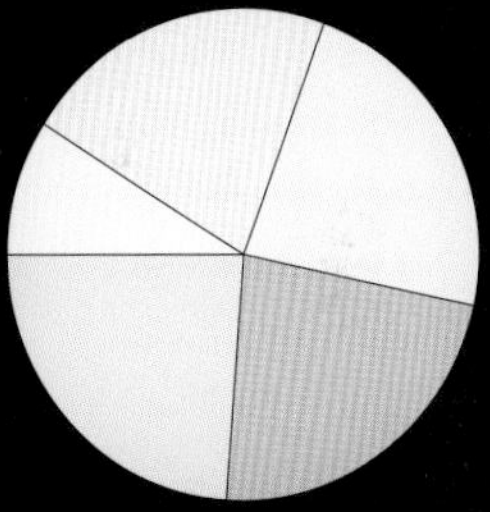

발렌타인데이 특선 치즈 플래터

- 쾨르 드 피그 1개 CŒUR DE FIGUE *(80 g)*
- 피추네 1/2개 PITCHOUNET *(190 g)*
- 쾨르 드 뇌샤텔 1개 CŒUR DE NEUFCHÂTEL *(200 g)*
- 본 부슈 1개 BONNE BOUCHE *(200 g)*
- 퀴피동 1개 CUPIDON *(210 g)*

클래식 7종 치즈 플래터

아래에 제시된 치즈 플래터는 성인 6인 기준, 넉넉한 양의 메인 식사용으로 서빙, 일인당 평균 350g 기준으로 구성되었다. 치즈는 시식 순서대로 소개되었으며 대부분 맛이 순한 것부터 시작하여 강한 풍미를 지닌 순서로 이루어진다. 치즈 플래터의 총량이 정확히 2100g에 맞지 않는 경우도 있는데 이는 낱개별로 판매되는 치즈들도 포함되어 있거나 너무 작게 또는 크게 서빙된 것들도 있기 때문이다.

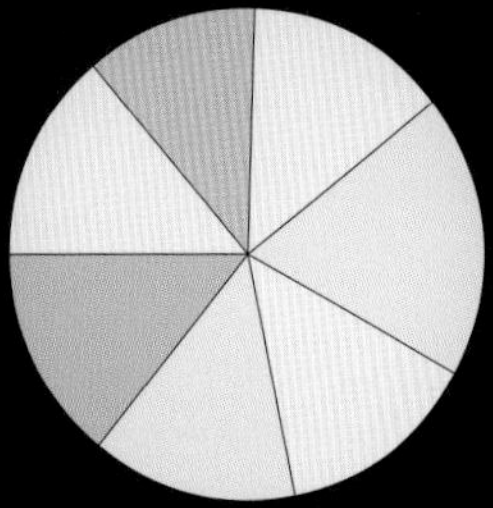

AOP(원산지명칭보호) 치즈 플래터

- 탈레지오 TALEGGIO *(300 g)*
- 풀리니 생 피에르 1개 POULIGNY-SAINT-PIERRE *(250 g)*
- 케이조 테린초 QUEIJO TERRINCHO *(300 g)*
- 바슈랭 몽 도르 1개 VACHERIN MONT-D'OR *(400 g)*
- 살레르 SALERS *(300 g)*
- 묑스테르 MUNSTER *(300 g)*
- 블루 도베르뉴 BLEU D'AUVERGNE *(300 g)*

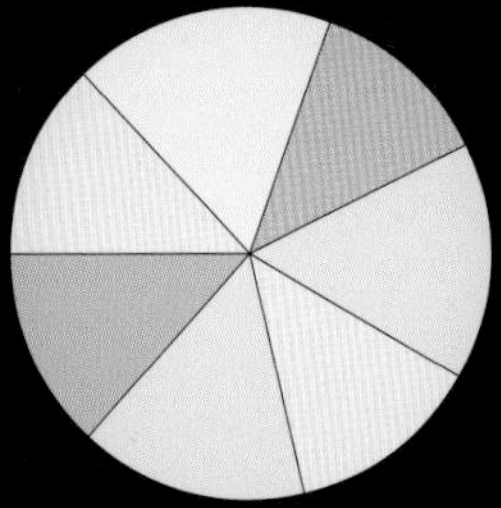

유제품 전문점 특선 치즈 플래터

- 톰 마로트 TOMME MAROTTE *(300 g)*
- 쿨로미에 1개 COULOMMIERS *(400 g)*
- 봉드 드 가틴 2개 BONDES DE GÂTINE *(280 g)*
- 바슈랭 데 보주 1/4개 DE VACHERIN DES BAUGES *(350 g)*
- 웨스트 컨트리 팜하우스 체다 치즈 WEST COUNTRY FARMHOUSE CHEDDAR CHEESE *(300 g)*
- 브나코 1개 VENACO *(350 g)*
- 스모키 오리건 블루 SMOKEY OREGON BLUE *(300 g)*

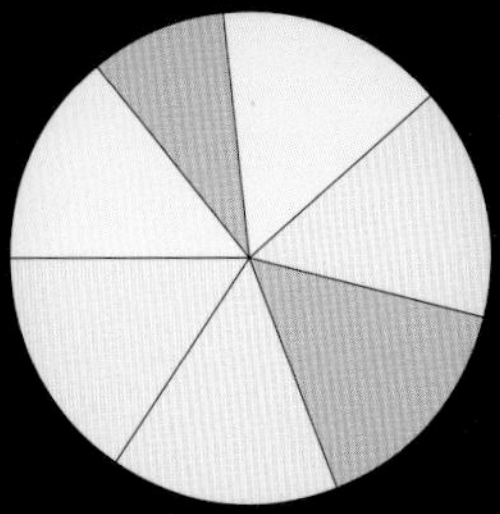

100% 염소젖 치즈 플래터

- 실크 2개 SILK *(280 g)*
- 아가트 3개 AGATES *(180 g)*
- 홀란즈 하이튼카스 HOLLANDSE GEITENKAAS *(300 g)*
- 포르마엘라 아라호바스 파르나수 FORMAELLA ARACHOVAS PARNASSOU *(300 g)*
- 바농 3개 BANONS *(300 g)*
- 케소 팔메로 QUESO PALMERO *(300 g)*
- 푸주 FOUDJOU *(300 g)*

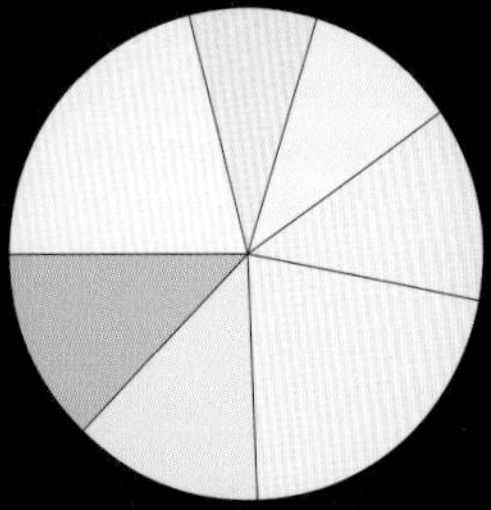

100% 양젖 치즈 플래터

- 바스테다 델라 발레 델 벨리체 1개 VASTEDDA DELLA VALLE DEL BELICE *(500 g)*
- 마누리 1/4개 MANOURI *(200 g)*
- 울라마이 미스트 WOOLAMAI MIST *(250 g)*
- 케소 데 무르시아 QUESO DE MURCIA *(300 g)*
- 토르타 델 카사르 TORTA DEL CASAR *(500 g)*
- 보사 2개 BOSSA *(300 g)*
- 에투알 블루 드 생 레미 ÉTOILE BLEUE DE SAINT-RÉMI *(200 g)*

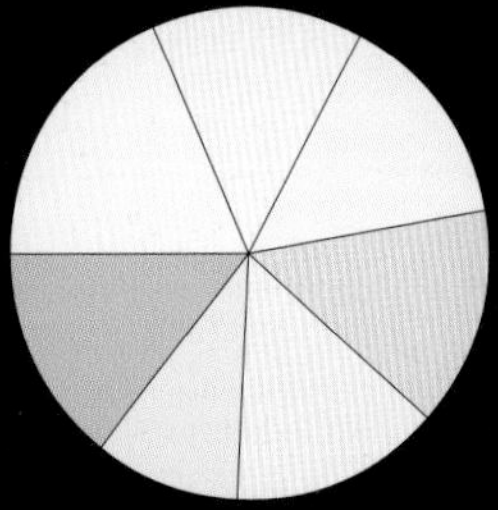

100% 소젖 치즈 플래터

- 종셰 3개 JONCHÉES *(390 g)*
- 부라타 디 안드리아 1개 BURRATA DI ANDRIA *(300 g)*
- 피티비에 1개 PITHIVIERS *(300 g)*
- 그뤼예르 프랑세 GRUYÈRE FRANÇAIS *(300 g)*
- 레드 레스터 RED LEICESTER *(300 g)*
- 퀴레 낭테 1개 CURÉ NANTAIS *(200 g)*
- 다나블루 DANABLU *(300 g)*

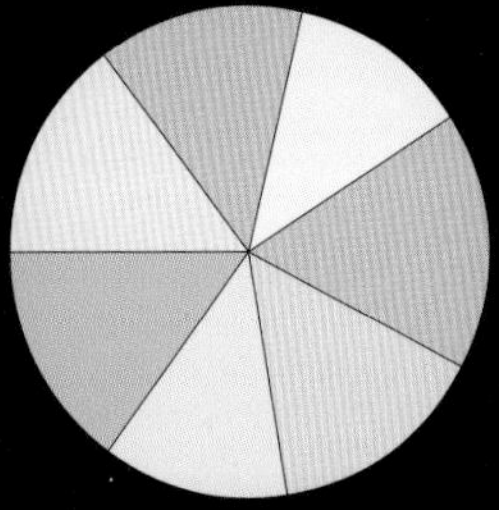

크리스마스 치즈 플래터

- 브루스 드 라 베쥐비 BROUSSE DE LA VÉSUBIE *(300 g)*
- 생 니콜라 드 라 달므리 2개 SAINT-NICOLAS DE LA DALMERIE *(280 g)*
- 브리야 사바랭 1개 BRILLAT-SAVARIN *(250 g)*
- 쿠론 로슈아즈 2개 COURONNES LOCHOISES *(340 g)*
- 아넨 ANNEN *(300 g)*
- 에푸아스 1개 ÉPOISSES *(250 g)*
- 스틸턴 STILTON *(300 g)*

테마별 7종 치즈 플래터

앞의 클래식 치즈 플래터와 마찬가지로 아래에 제시된 치즈 플래터는 성인 6인 기준, 넉넉한 양의 메인 식사용으로 서빙, 일인당 평균 350g 기준으로 구성되었다. 치즈는 시식 순서대로 소개되었으며 대부분 맛이 순한 것부터 시작하여 강한 풍미를 지닌 순서로 이루어진다. 치즈 플래터의 총량이 정확히 2100g에 맞지 않는 경우도 있는데 이는 낱개별로 판매되는 치즈들도 포함되어 있거나 너무 작게 또는 크게 서빙된 것들도 있기 때문이다.

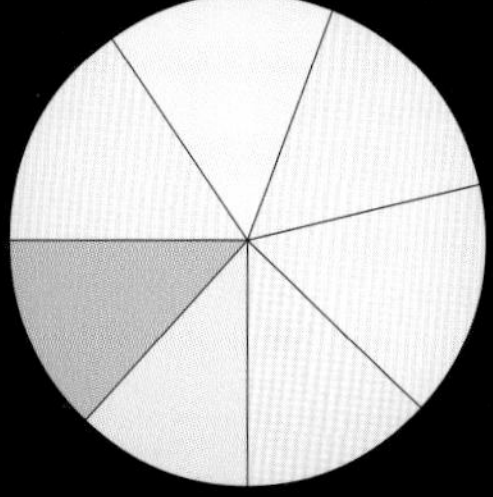

레드와인 페어링 치즈 플래터

- 케이조 드 카브라 트란스몽타누 QUEIJO DE CABRA TRANSMONTANO *(300g)*
- 브리 드 몽트로 BRIE DE MONTEREAU *(300 g)*
- 캉탈 CANTAL *(300 g)*
- 톰 데 보주 TOME DES BAUGES *(300 g)*
- 가프롱 도베르뉴 1개 GAPERON D'AUVERGNE *(250 g)*
- 와라타 1개 WARATAH *(230 g)*
- 푸름 드 몽브리종 FOURME DE MONTBRISON *(250 g)*

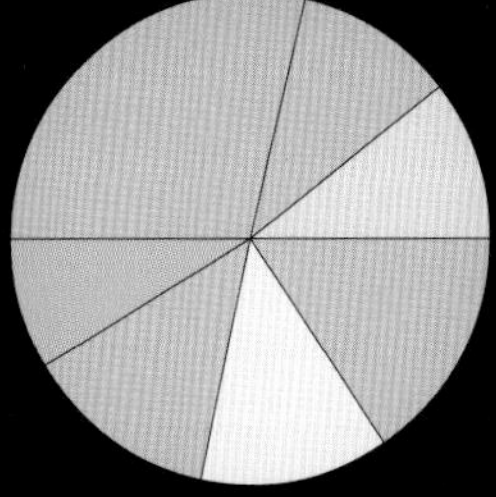

화이트와인 페어링 치즈 플래터

- 브리짓스 웰 1개 BRIGID'S WELL *(670 g)*
- 발랑세 1개 VALENÇAY *(250 g)*
- 에멩탈 프랑세 에스트 상트랄 EMMENTAL FRANÇAIS EST-CENTRAL *(250g)*
- 펠라르동 6개 PÉLARDONS *(360 g)*
- 코스나르 CAUSSENARD *(300 g)*
- 마코네 6개 MÂCONNAIS *(300 g)*
- 스트라키툰트 STRACHITUNT *(200 g)*

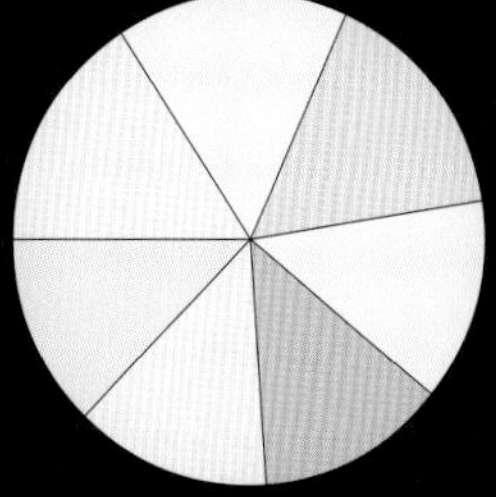

스파클링 와인 페어링 치즈 플래터

- 페코리노 로마노 PECORINO ROMANO *(300 g)*
- 브리 드 모 BRIE DE MEAUX *(300 g)*
- 비토 BITTO *(300 g)*
- 샤우르스 1개 CHAOURCE *(250 g)*
- 샤롤레 1개 CHAROLAIS *(250 g)*
- 슈브로탱 1개 CHEVROTIN *(250 g)*
- 크레유 드 롱크 1/2개 CRAYEUX DE RONCQ *(240 g)*

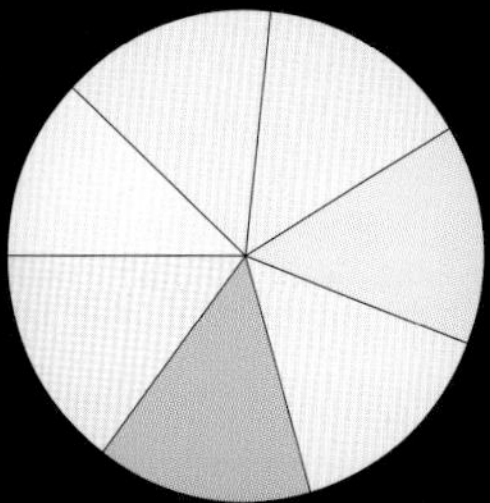

스페인, 포르투갈 치즈 플래터

- 케소 테티야 1/2개 QUESO TETILLA *(250 g)*
- 세브레이로 1개 CEBREIRO *(300 g)*
- 이디아자발 IDIAZABAL *(300 g)*
- 케이조 세라 다 에스트렐라 QUEIJO SERRA DA ESTRELA *(300 g)*
- 케소 카신 QUESO CASÍN *(300 g)*
- 케소 데 발데온 QUESO DE VALDEÓN *(300 g)*
- 아푸에갈 피투 AFUEGA'L PITU *(300 g)*

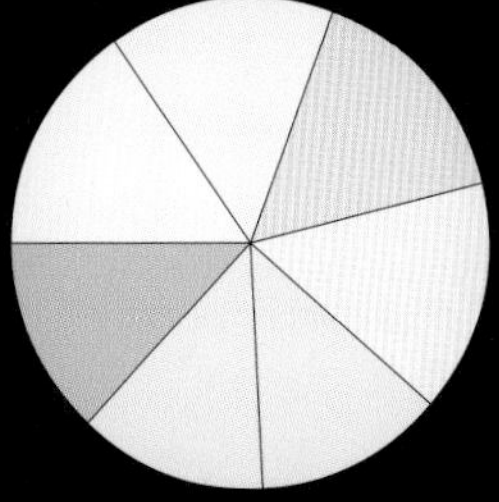

유럽 외 지역 생산 치즈 플래터

- 퓨어 고트 커드 PURE GOAT CURD *(300 g)*
- 버팔로 브리 BUFFALO BRIE *(300 g)*
- 파이오니어 PIONNIER *(300 g)*
- 바슬러 BASLER *(300 g)*
- 갤럭틱 골드 GALACTIC GOLD *(250 g)*
- 시어러즈 초이스 SHEARER'S CHOICE *(250 g)*
- 밀라와 블루 MILAWA BLUE *(250 g)*

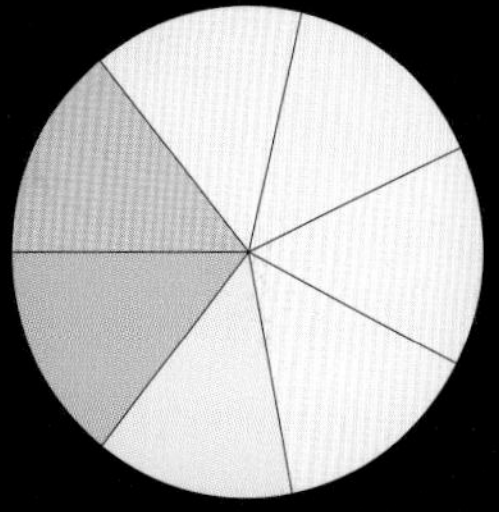

'특별한 터치'를 가미한 치즈 플래터

- 로브탱 3개 ROVETHYMS *(300 g)* 첨가된 재료 : 타임
- 케소 데 무르시아 알 비노 QUESO DE MURCIA AL VINO *(300 g)* 첨가된 재료 : 와인
- 캉쿠아요트 CANCOILLOTTE *(300 g)* 첨가된 재료 : 화이트와인
- 베얼리 버즈드 BARELY BUZZED *(300 g)* 첨가된 재료 : 커피, 라벤더
- 부렌 라이츠 메트 슬뢰털 BOEREN-LEIDSE MET SLEUTELS *(300 g)* 첨가된 재료 : 쿠민
- 시르 드 크레키 아 라 비에르 1개 SIRE DE CRÉQUY À LA BIÈRE *(280g)* 첨가된 재료 : 맥주
- 로그 리버 블루 ROGUE RIVER BLUE *(300g)* 첨가된 재료 : 포도나무 잎, 서양배 브랜디

치즈 포장하기

치즈를 싸는 방법이 단 한 가지로 정해져 있는 것은 아니며 치즈 판매업자들마다 자신만의 방식과 스타일이 있다. 하지만 아래 제시된 몇 가지 방법을 참고하면 치즈를 최대한 안전하게 보관하는 데 도움이 될 것이다.

둥근 모양의 치즈
(예 : 카망베르 드 노르망디 CAMEMBERT DE NORMANDIE)

치즈를 포장지 중앙에 놓고
한쪽 면을 접어 위로 올린다.

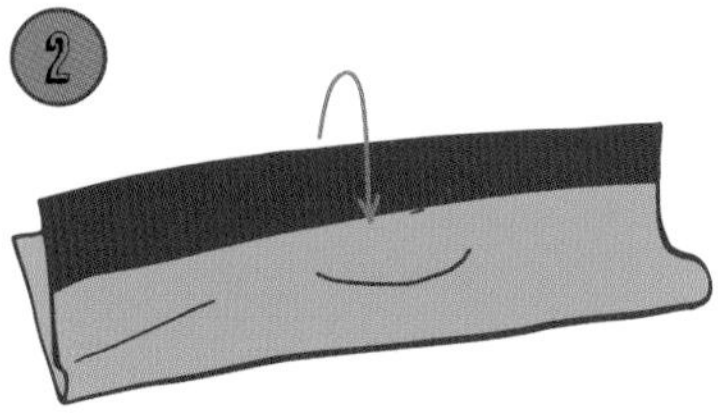

포장지의 다른 한쪽 면을
접어 올린다.

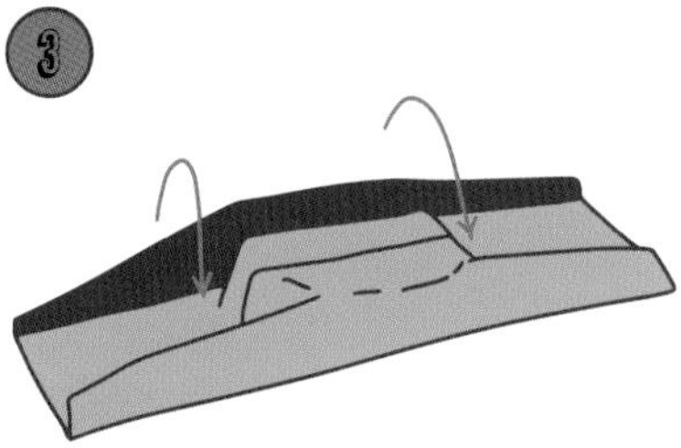

두 면의 끝을 함께 잡고 두 번 접어
치즈 위에 고정시킨다.

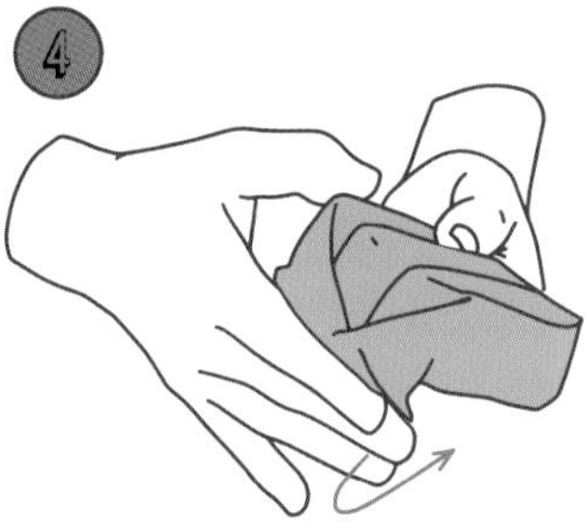

양끝의 여분을
치즈 아랫면으로 접어 넣는다.

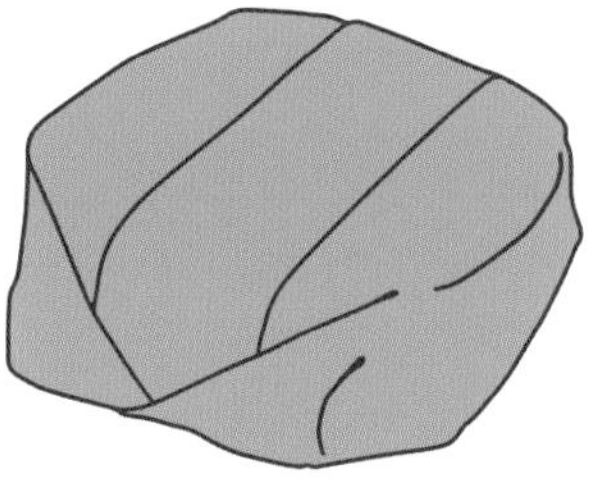

끝이 뾰족하게 절단된 치즈
(예 : 브리 드 모 BRIE DE MEAUX)

1

치즈를 포장지 중앙에 놓고 치즈의 가장 긴 면과
포장지의 한 면이 평행이 되도록 한다.

2

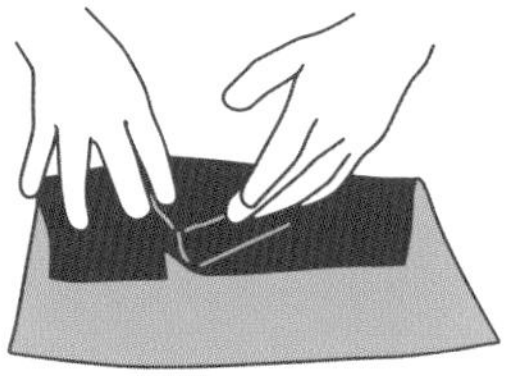

포장지를 치즈 반대쪽으로
매끈하게 접어 올려 덮어준다.

3

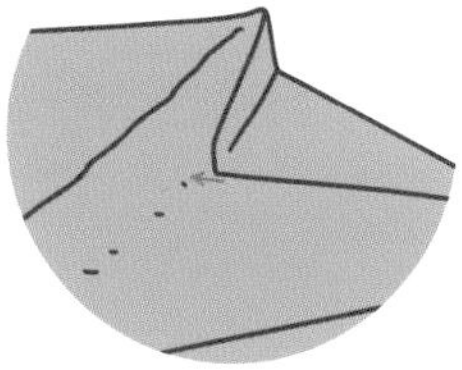

포장지를 치즈의 뾰족한 부분에 놓고 잡은 다음
포장지의 다른 쪽 부분을 접어 올린다.

4

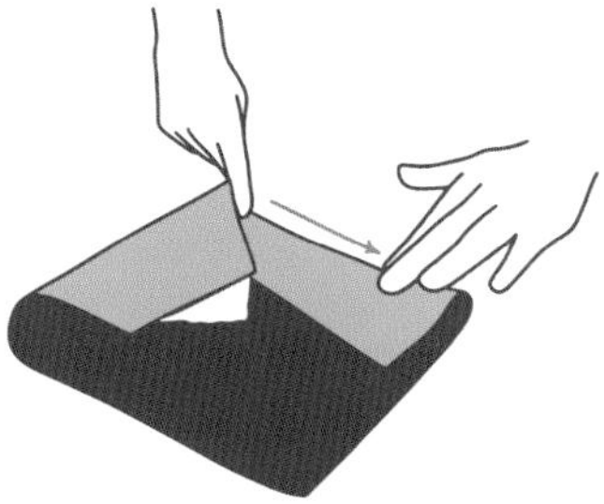

포장지의 접은 부분을 매끈하게 훑어준 다음
치즈 위로 접어 올린다.

5

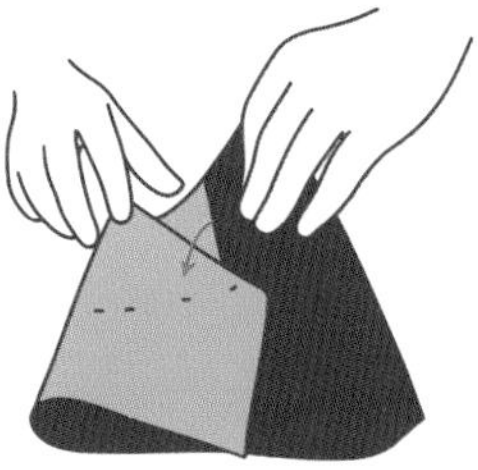

검지로 치즈 둘레(높이 부분) 포장지를 누른 다음
그 둘레를 따라 포장지를 접어준다.

6

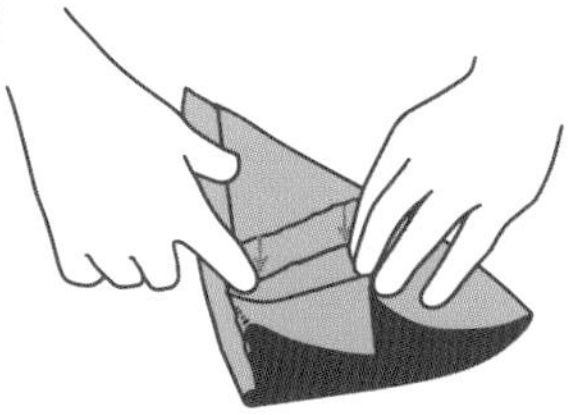

치즈 둘레 양쪽의 접힌 부분을
포개어 접어 마무리한다.

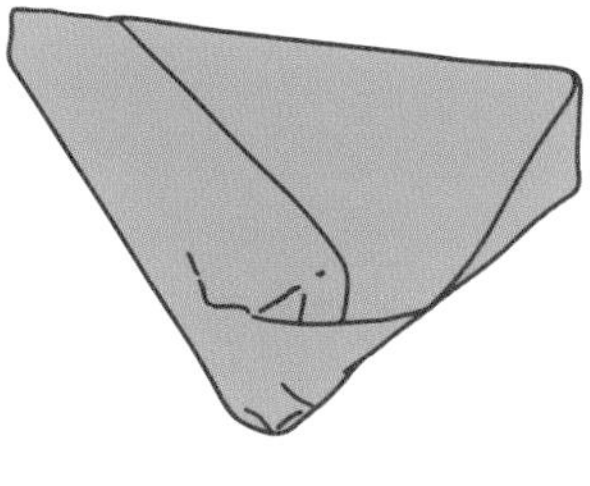

정사각형 또는 직사각형 치즈
(예 : 퐁 레베크 PONT-L'ÉVÊQUE 또는 슬라이스한 콩테 TRANCHES DE COMTÉ)

치즈를 포장지 중앙에 놓고
한쪽 면을 접어 올린다.

다른 한쪽 면도 치즈 위로 접어 올린다.

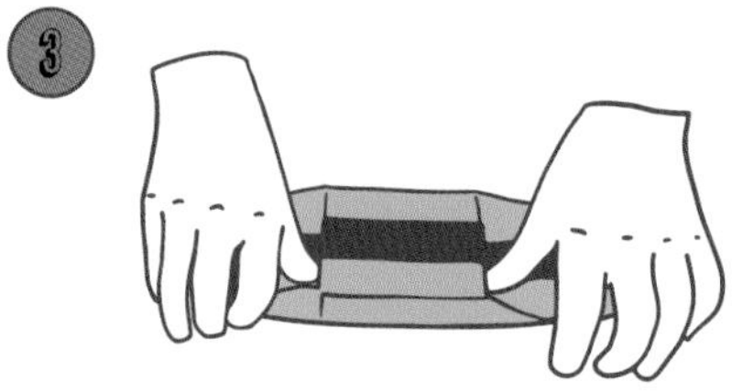

치즈의 모양에 맞춰
매끈하게 금을 내며 접어준다.

위로 올린 포장지 양면을 함께 겹쳐
치즈에 밀착되게 접어준다.

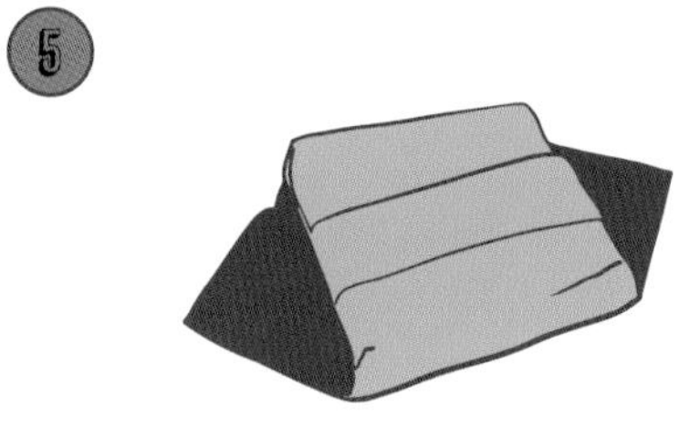

양쪽 끝을 치즈에 밀착되게
금을 내며 접어준다.

접힌 양쪽 끝을 치즈 아랫면으로
접어 넣어준다.

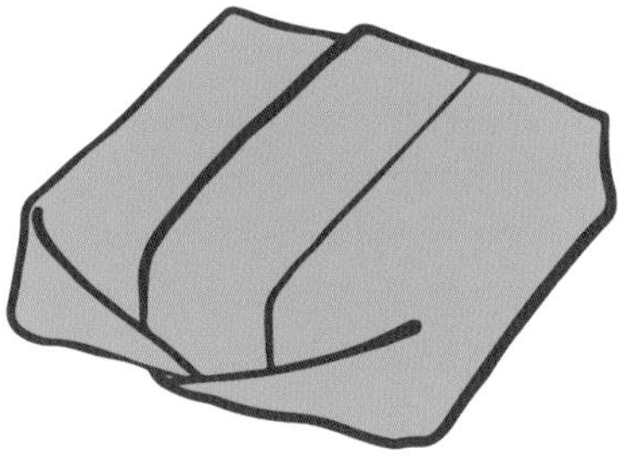

원통형 치즈
(예 : 생트 모르 드 투렌 SAINTE-MAURE DE TOURAINE)

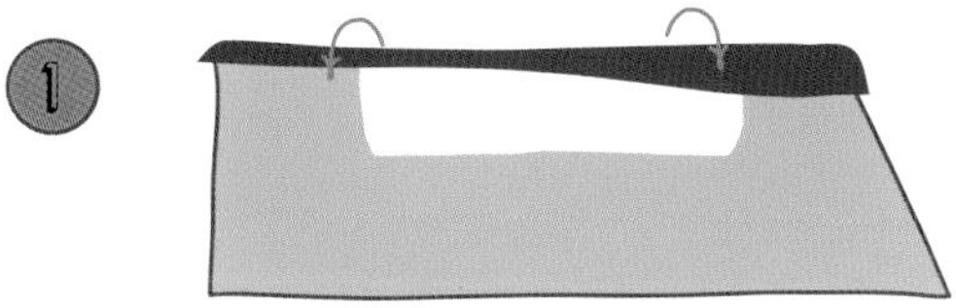

치즈를 포장지 중앙에 놓고
한쪽 면을 접어 올린다.

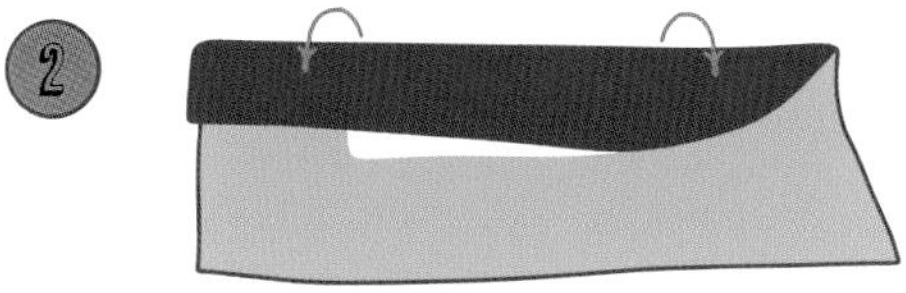

다른 한쪽 면도
치즈 위로 접어 올린다.

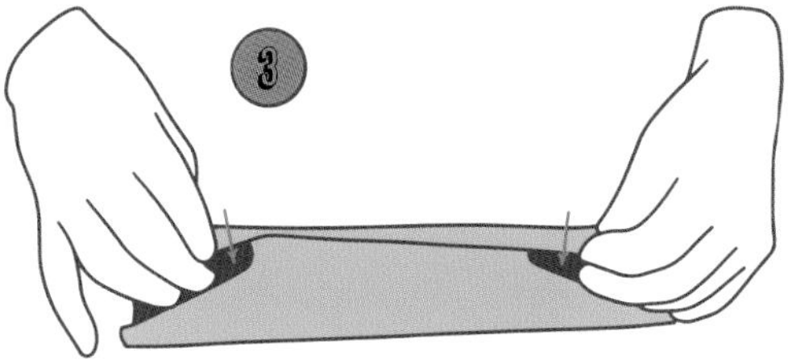

포장지를 치즈에 밀착시켜 접어준다.

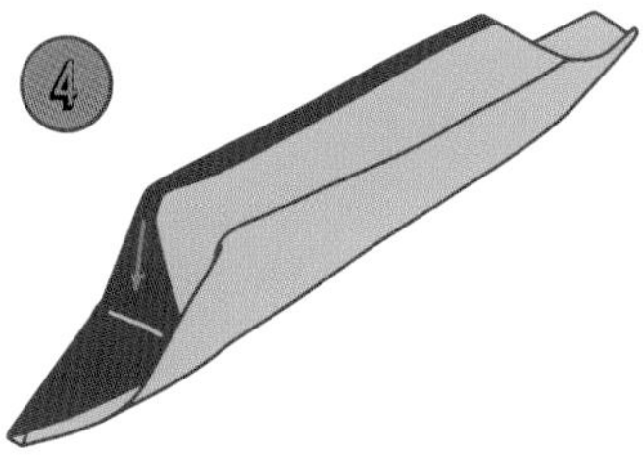

위로 올린 포장지 양쪽 면을 함께 잡고 접어준 다음
양쪽 끝을 뾰족하게 밀착해 접어준다.

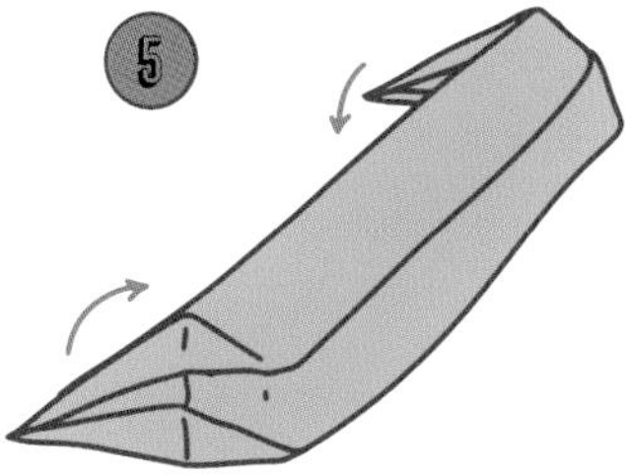

양쪽 끝을 치즈 아랫면으로 접어 넣는다.

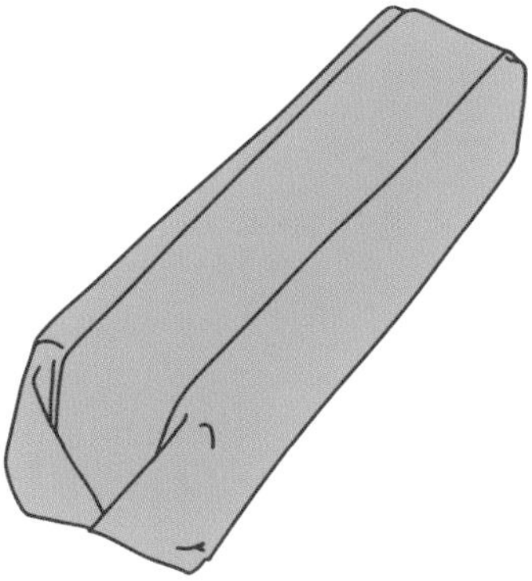

피라미드 모양의 치즈

(예 : 발랑세 VALENÇAY, 풀리니 생 피에르 POULIGNY-SAINT-PIERRE 불레트 다베느 BOULETTE D'AVESNES)

1

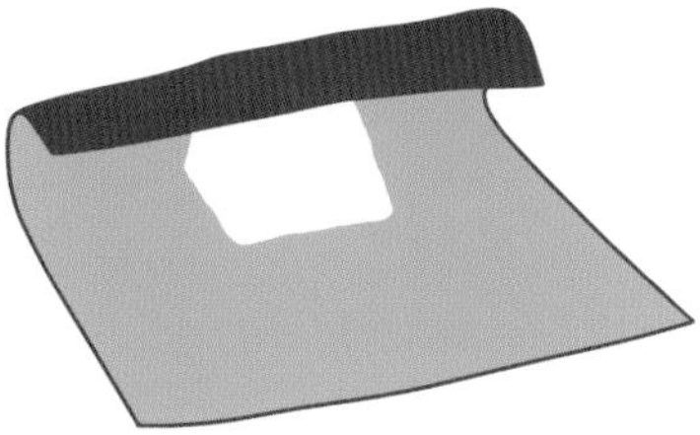

치즈를 포장지 중앙에 놓고
한쪽 면을 치즈 윗면 중앙으로 접어 올린다.

2

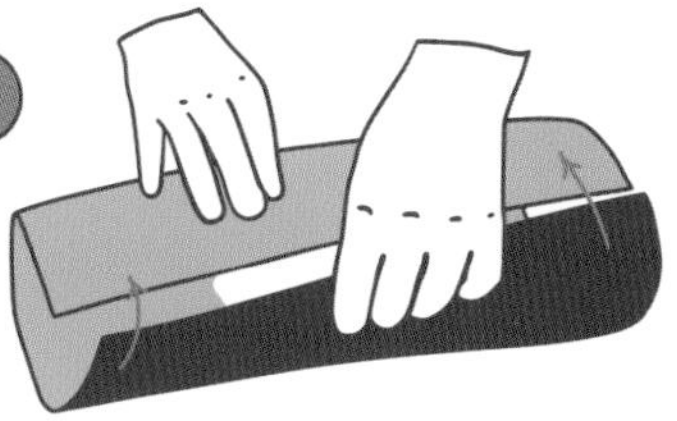

포장지의 다른 한쪽 면을 그 위로 접어 올린다.

3

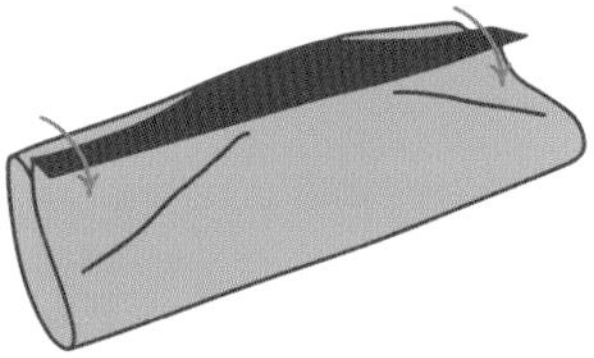

접어 올린 두 면의 아래쪽을
매끈하게 금을 내며 접어준다.

4

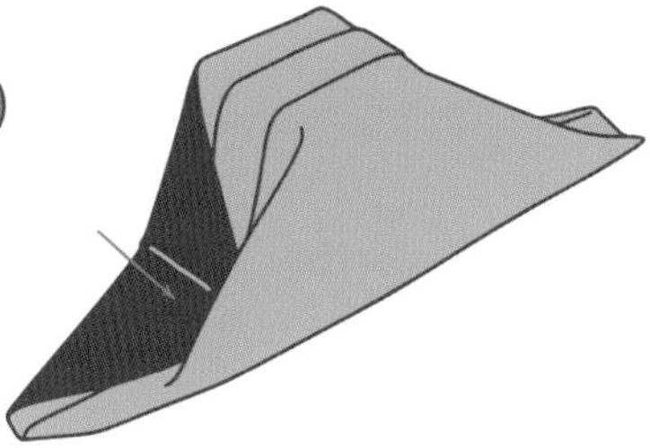

접어 올린 포장지 두 면을 함께 잡고
치즈에 밀착시켜 접어준다.
치즈 양쪽 끝을 뾰족하게 접어준다.

5

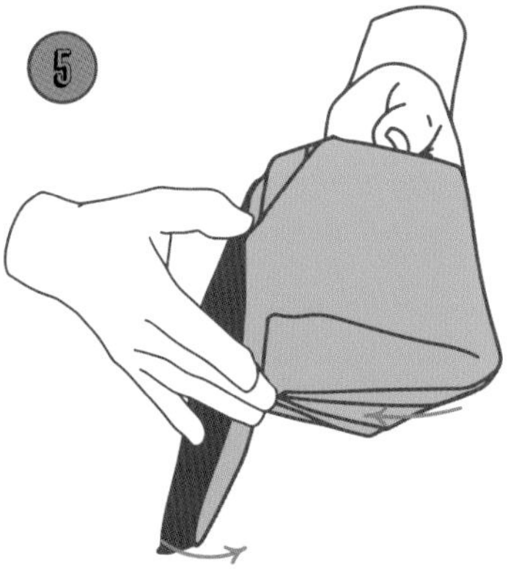

접은 양쪽 끝을 치즈 아랫면으로 접어 넣는다.

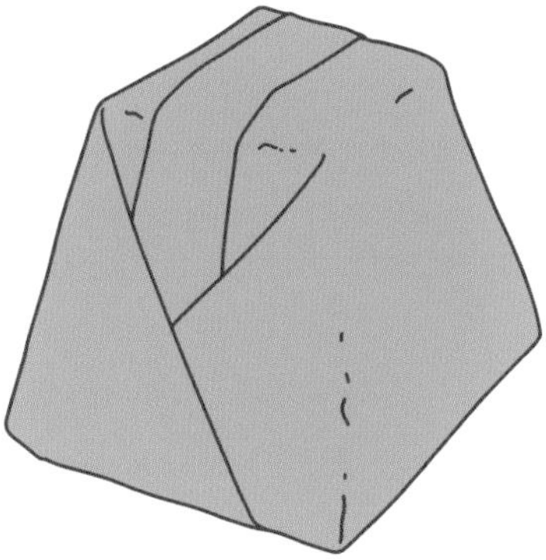

하트 모양의 치즈
(예 : 뇌샤텔 NEUFCHÂTEL)

1

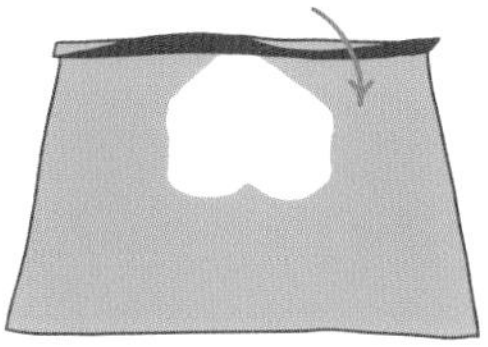

치즈를 포장지 중앙에 놓고 한쪽 면을
치즈의 1/3 지점까지 오도록 덮어준다.

2

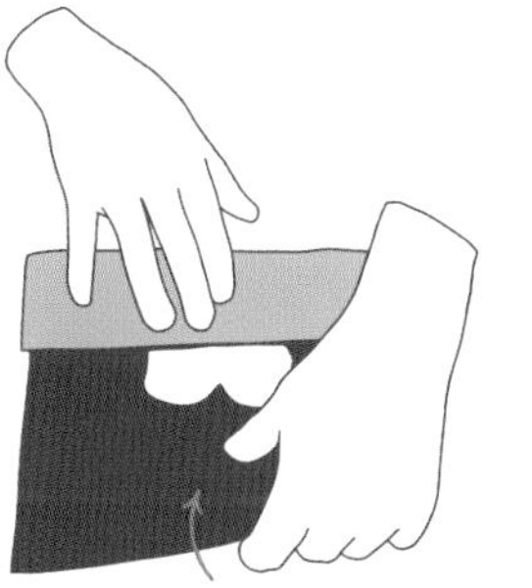

마주보는 다른 쪽 면을 접어 올린다.

3

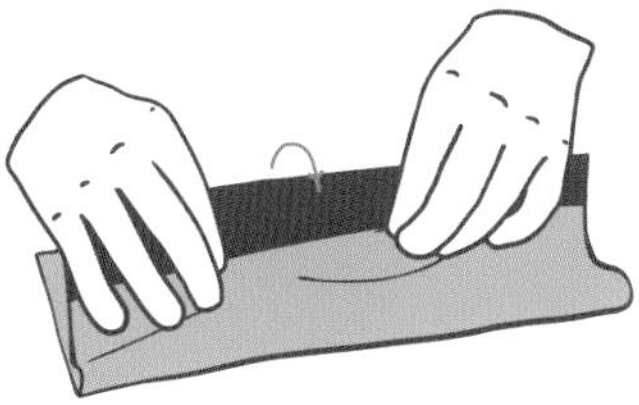

포장지의 남는 부분을 치즈 위로 접어준다.

4

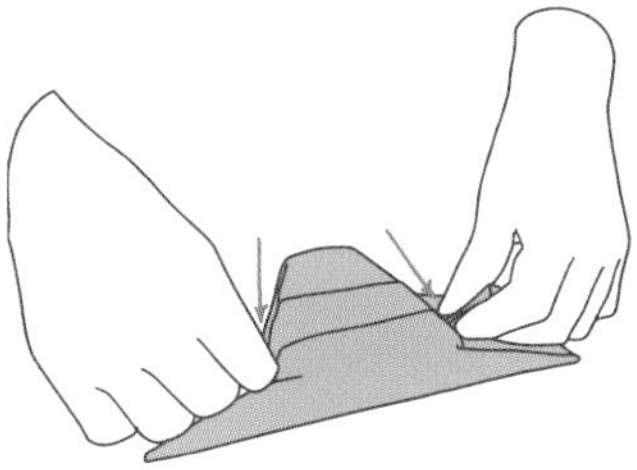

접어 올린 포장지 양면을 함께 접어
치즈 면에 밀착되도록 접어준다.

5

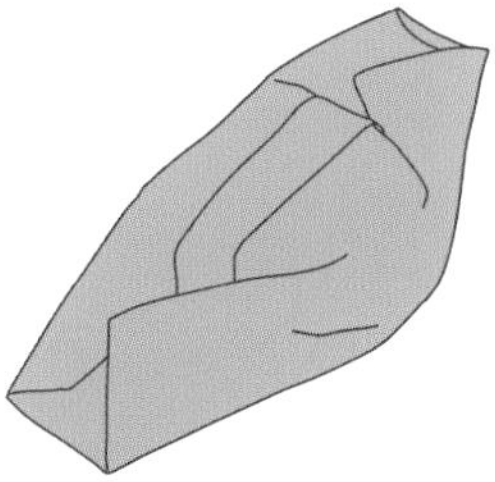

양쪽 끝을 치즈에 밀착되도록
뾰족하게 접어준다.

6

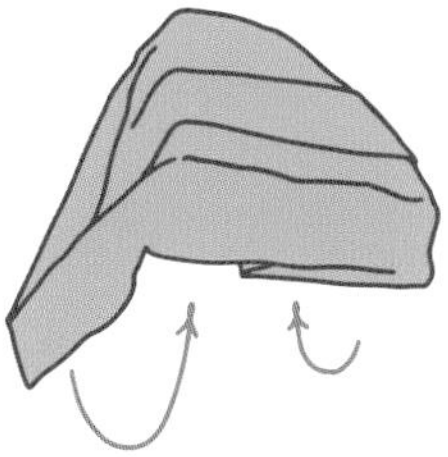

양쪽 끝부분을 치즈 아랫면으로 접어 넣는다.

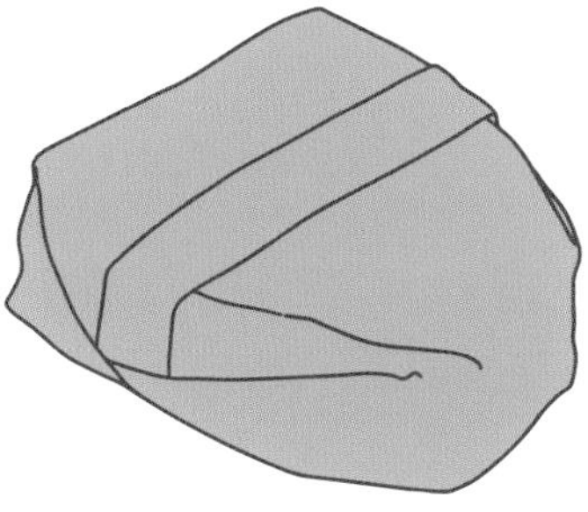

용어 정리

AFFINAGE 아피나주
숙성. 치즈의 향, 맛, 질감이 살아나도록 일정 기간 숙성시키는 작업.

BABEURRE 바뵈르
버터 밀크. 크림 또는 우유(혹은 둘 다)를 처닝한 후 남는 우유 액체.

BACTÉRIE 박테리
박테리아(세균). 이 미생물은 치즈의 맛, 질감, 향을 결정짓는 데 일부 기여한다.

BIOFILM 비오필름
숙성용 나무도마와 치즈 위에 서식하는 미생물군(박테리아, 효모, 곰팡이).

CAILLÉ 카이예
커드. 우유의 응고를 통해 형성된 고형 덩어리.

COAGULATION 코아귈라시옹
응고. 액체(우유)에 응유효소가 첨가되어 촘촘한 밀도의 고형 물질(치즈)로 변형되는 현상.

CRÉMERIE 크레므리
치즈 및 유제품 전문 매장. 치즈와 그 파생제품을 판매하는 업장.

EMPRÉSURER 앙프레쥐레
우유에 응유효소를 더해 응고시켜 커드로 만들다.

FAISSELLE 페셀
치즈 스트레이너. 치즈의 물기를 빼는 소쿠리로 바닥과 옆면에 작은 구멍들이 나 있다. 고고학자들이 발굴을 통해 찾아낸 가장 오래된 치즈 소쿠리는 12,000년 이상 된 것으로 추정되고 이는 아주 오래전부터 치즈 제조 행위가 있어왔다는 것을 증명한다. 세월이 흐르면서 이 치즈 소쿠리의 재질은 다양하게 발전하였고 모양 또한 다양해졌다. 하지만 유청(락토세럼)을 넣어 수분을 빼서 커드를 치즈로 변형시킨다는 최종 목적은 동일하다.

FLAVEUR 플라뵈르
플레이버, 풍미. 어떤 식품을 먹었을 때 느낄 수 있는 미각, 후각, 촉각의 총체.

FROMAGE 프로마주
치즈. '포르마주(formage)'라는 단어를 처음 언급한 문헌의 흔적은 그 역사가 12세기로 거슬러 올라간다. 이어서 이 단어는 '푸르마주(fourmage, 14세기)', '프로메주(fromaige 15세기)'를 거쳐 현재의 '프로마주(fromage)'가 되었다. 우유를 응고해 커드로 만드는 작업에서 이 단어가 탄생한 것으로 볼 수 있다. 한편 흥미롭게도 이탈리아어 카초(cacio), 독일어 케제(käse), 영어 치즈(cheese)는 치즈를 뜻하는 라틴어 카세우스(caseus)에서 유래했다.

FROMAGEABILITÉ 프로마자빌리테
치즈 제조 적합도. 우유로 치즈를 만들 수 있는 성질, 가능성.

FROMAGERIE 프로마주리
치즈를 제조하는 장소, 치즈 제작소.

FRUITIÈRE 프뤼티에르
쥐라 산맥과 알프스 산맥 지대의 치즈 제조, 숙성 장소.

LACTOSÉRUM 락토세럼
유청. 우유가 커드로 응고된 뒤 남게 되는 액체.

LAIT RIBOT 레 리보
발효유. 크림을 처닝하여 버터로 만들 때 오톨도톨 덩어리가 있는 흰색의 액체가 나온다. 이것은 유장(petit-lait)으로 브르타뉴 지방에서는 레 리보(lait ribot)라고도 불린다. 이 지역에서 리보트(ribotte)는 버터 처닝을 위한 교유기를 뜻하기 때문이다.

LEVURE 르뷔르
효모, 이스트. 맥주, 와인, 치즈 등의 발효를 가능하게 하는 단세포 균류.

MOISISSURE 무아지쉬르
곰팡이. 치즈의 중심부나 표면에 피어나는 미세 균류로 치즈의 맛과 향의 일부를 담당한다.

MORGE 모르주
소금(때로는 식초), 효소 발효균(효모, 곰팡이)에 물이 섞인 것으로 몇몇 치즈의 숙성과정에 사용된다.
추가 설명 : 단백질 분해 박테리아의 증식으로 치즈의 거죽에 붙어 있는 차갈색의 끈적끈적한 것.(두산백과)

PENICILLIUM* *페니실리움
이 미세 균류는 몇몇 치즈에 흰색 외피(penicillium camemberti)를 형성하거나 속살에 청록회색의 곰팡이(penicillium roqueforti)를 형성한다.

PRÉSURE 프레쥐르
레닛(rennet). 젖을 떼지 않은 어린 반추동물의 주름위에서 생산되는 물질로 우유를 액체에서 겔화 상태로 만드는 응고작용을 가능하게 하는 효소(소화액 안에 있는 키모신)를 함유하고 있다. 이 밖에 식물성 또는 화학적 레닛(응유효소)도 존재한다.

SAUMURE 소뮈르
소금물, 브라인(brine). 치즈를 짭짤하게 만들 때 사용한다.

TAUX BUTYREUX 토 뷔티뢰
유지방 함유율. 우유 안의 지방 함유량. 단백질 함유율과 마찬가지로 원유의 치즈 제조 적합성을 측정하는 데 중요한 요소가 된다.

TAUX PROTÉIQUE 토 프로테이크
단백질 함유율. 우유 안의 단백질 함유량. 이 함유율은 해당 원유가 치즈를 만드는 데 사용될 수 있는지를 판단하는 데 중요한 요소가 된다.

TYROSINE 티로진
티로신. 주로 가열 압착 치즈에 생겨나는 아미노산의 일종. 마치 굵은 소금과 비슷한 아삭한 흰색의 점처럼 나타난다.

치즈 찾아보기

굵게 표시된 페이지에 해당 치즈에 대한 설명이 있습니다.

A

A casinca 아카징카 **80**, 81, 201, 250
Abondance 아봉당스 8, 13, 16, 23, 38, **152**, 198, 199, 251
Afuega'l Pitu 아푸에갈 피투 37, **190**, 206, 255
Agate 아가트 **56**, 230, 231, 254
Allgäuer Bergkäse 알고이어 베르크케제 **152**, 218, 219
Allgäuer Emmentaler 알고이어 에멘탈러 **153**, 218, 219
Allgäuer Sennalpkäse 알고이어 젠알프케제 **153**, 219
Allgäuer Weisslacker 알고이어 바이스라커 **80**, 219
Altenburger Ziegenkäse 알텐부르거 지겐케제 **70**, 219
Anevato 아네바토 **42**, 226, 227
Annen 아넨 **153**, 222, 243, 254
Appenzeller 아펜첼러 **98**, 222
Aroha Rich Plain 아로하 리치 플레인 **98**, 233
Arzúa-Ulloa 아르주아 우요아 **99**, 206
Asiago 아지아고 **99**, 210, 211

B

Badennois 바드누아 **80**, 194
Banon 바농 12, **56**, 201, 254
Barely Buzzed 베얼리 버즈드 **99**, 228, 229, 255
Bargkass 바르카스 **100**, 197
Basler 바슬러 **100**, 228, 229, 255
Batzos 바트조스 **42**, 226, 227
Bay Blue 베이 블루 **166**, 228, 229
Beacon Fell Traditional Lancashire Cheese 비컨 펠 트래디셔널 랭커셔 치즈 **100**, 216, 217
Beaufort 보포르 13, 16, 23, 26, 33, **154**, 198, 199, 239, 243, 247, 249, 252
Bel fiuritu 벨 피우리투 **81**, 189, 201, 252
Bellavitano Gold 벨라비타노 골드 **101**, 229
Bémontois 베몽투아 **154**, 222, 252
Bent River 벤트 리버 **70**, 228, 229
Berner Alpkäse 베르너 알프케제 **155**, 222
Berner Hobelkäse 베르너 호블케제 **155**, 222
Bethmale 베트말 **101**, 202, 203
Bijou 비주 29, **57**, 230, 243
Billy the Kid 빌리 더 키드 **101**, 233
Bitto 비토 **155**, 210, 255
Black & Blue 블랙 앤 블루 **166**, 229, 253
Black Sheep 블랙 쉽 **102**, 233
Bleu d'Auvergne 블루 도베르뉴 26, 34, **167**, 202, 203, 254
Bleu de Bonneval 블루 드 본느발 **167**, 199, 252
Bleu de Gex 블루 드 젝스 8, 25, **168**, 198, 199
Bleu de La Boissière 블루 드 라 부아시에르 **168**, 196, 197, 250
Bleu de Séverac 블루 드 세브락 10, 125, **169**, 202, 203, 250
Bleu de Termignon 블루 드 테르미뇽 **170**, 172, 176, 178, 199
Bleu des Causses 블루 데 코스 **169**, 202, 203, 243, 249, 252
Bleu du Vercors-Sassenage 블루 뒤 베르코르 사스나주 16, **170**, 201, 252
Bloder-Sauerkäse 블로더 사우어케제 **43**, 222
Boeren-Leidse met sleutels 부렌 라이츠 메트 슬뢰털스 **102**, 218, 219, 255
Bonchester Cheese 본체스터 치즈 30, **70**, 144, 216, 217, 243, 251
Bonde de Gâtine 봉드 드 가틴 **57**, 204, 205
Bonne Bouche 본 부슈 **57**, 230, 243, 253
Bossa 보사 31, **81**, 229, 254
Boulette d'Avesnes 불레트 다베느 26, 37, **190**, 196, 197, 241, 260
Bovški sir 보브스키 시르 **102**, 222, 223
Bra 브라 **103**, 210
Breslois 브레슬루아 **71**, 194, 195, 252
Brie de Meaux 브리 드 모 13, 26, 30, **71**, 72, 73, 196, 197, 255, 257
Brie de Melun 브리 드 믈룅 30, **72**, 196, 197, 253
Brie de Montereau 브리 드 몽트로 **72**, 196, 197, 255
Brie de Provins 브리 드 프로뱅 **72**, 196, 197
Brie noir 브리 누아르 **72**, 196, 197
Brigid's Well 브리짓스 웰 **58**, 232
Brillat-savarin 브리야 사바랭 **73**, 76, 198, 199, 254
Brocciu 브로치우 26, 28, **62**, 201, 243, 250
Brousse de la Vésubie 브루스 드 라 베쥐비 **52**, 201, 254
Brousse du Rove 브루스 뒤 로브 12, 26, 27, **43**, 200, 201
Bryndza Podhalańska 브린자 포드할란스카 **43**, 224, 225
Buffalina 버팔리나 **103**, 230
Buffalo Brie 버팔로 브리 **74**, 228, 229, 243, 255
Burrata di Andria 부라타 디 안드리아 26, 35, **184**, 213, 214, 215, 243, 254
Buxton Blue 벅스턴 블루 **171**, 216, 217

C

Cabrales 카브랄레스 **171**, 206, 243, 251
Caciocavallo silano 카초카발로 실라노 35, **184**, 213, 214, 215
Camembert de Normandie 카망베르 드 노르망디 14, 26, 30, **74**, 75, 76, 194, 195, 243, 250, 256
Cancoillotte 캉쿠아이요트 26, 36, **188**, 189, 198, 199, 255
Canestrato Pugliese 카네스트라토 풀리에제 **103**, 213, 214, 215
Cantal 캉탈 8, 13, 39, **104**, 112, 146, 151, 202, 203, 238, 243, 255
Casatella Trevigiana 카사텔라 트레비자나 **44**, 210, 211
Casciotta d'Urbino 카쇼타 두르비노 **104**, 212, 213
Cashel Blue® 캐셜 블루 **172**, 216, 217, 253
Castelmagno 카스텔마뇨 **172**, 210
Cathare® 카타르 **68**, 200, 201
Caussenard 코스나르 **105**, 169, 202, 203, 255
Cebreiro 세브레이로 **105**, 206, 255
Ceridwen 케리드윈 **58**, 232
Cervelle de canut 세르벨 드 카뉘 26, 37, **190**, 198, 199, 252
Chabichou du Poitou 샤비슈 뒤 푸아투 11, 26, 29, **59**, 204, 205
Chaource 샤우르스 30, 71, **75**, 196, 197, 255
Charolais 샤롤레 **59**, 60, 198, 199, 248, 255
Chaumine 쇼민 **105**, 228, 229

Cheese Barn Cottage Cheese 치즈 반 코티지 치즈 **44**, 233
Chevrotin 슈브로탱 **106**, 199, 255
Clacbitou 클라크비투 **60**, 198, 199, 252
Clandestin 클랑데스탱 **81**, 230, 231
Cœur de figue 쾨르 드 피그 **44**, 204, 205, 253
Compass Gold 컴퍼스 골드 **82**, 232
Comté 콩테 13, 14, 23, 25, 26, 33, 39, 55, 117, **156**, 198, 199, 239, 243, 246, 248, 249, 250, 258
Cooleeney 쿨리니 **75**, 76, 216, 217
Cornebique 코른비크 29, **60**, 230, 243, 253
Coulommiers 쿨로미에 8, **75**, 196, 197, 254
Couronne lochoise 쿠론 로슈아즈 **60**, 204, 205
Crayeux de Roncq 크레유 드 롱크 **82**, 85, 196, 197, 255
Crémeux de Carayac 크레뫼 드 카라야크 **82**, 202, 203, 252
Crottin de Chavignol 크로탱 드 샤비뇰 **61**, 204, 205
Crozier Blue® 크로저 블루 25, **172**, 216, 251
Cupidon 퀴피동 11, **83**, 90, 124, 202, 203, 253

D

Danablu 다나블루 **173**, 220, 254
Danbo 단보 **106**, 220
Dancing Fern 댄싱 펀 **106**, 229
Deauville 도빌 **83**, 194, 195
Dent du chat 당 뒤 샤 **156**, 198, 199, 250
Distinction Blue 디스팅션 블루 **173**, 233
Dorset Blue Cheese 도세트 블루 치즈 **173**, 216, 217
Dovedale Cheese 도버데일 치즈 **174**, 216, 217

E

Écume de Wimereux 에큄 드 비므뢰 **76**, 196, 197
Edam Holland 에담 홀란트 **107**, 218, 219
Emmental de Savoie 에망탈 드 사부아 13, 16, **157**, 198, 199
Emmental français est-central 에망탈 프랑세 에스트 상트랄 **157**, 197, 198, 199, 200
Emmentaler 에멘탈러 113, **153**, 157, 222
Encalat 앙칼라 **76**, 202, 203, 251
Époisses 에푸아스 8, 13, 15, 25, 26, 31, **84**, 94, 198, 199, 237, 243, 254
Esrom 에스롬 **107**, 220
Étivaz (L') 레티바 25, 153, **162**, 222, 223, 243, 250
Étoile bleue de Saint-Rémi 에투알 블루 드 생 레미 **174**, 230, 231, 243, 254
Everton 에버턴 **158**, 229
Exmoor Blue Cheese 엑스무어 블루 치즈 **174**, 216, 217

F

Feta 페타 24, 26, 27, **45**, 227, 243, 253
Fiore Sardo 피오레 사르도 **107**, 212, 213, 214
Fontina 폰티나 **108**, 210
Formaella Arachovas Parnassou 포르마엘라 아라호바스 파르나수 **158**, 226, 227
Formaggella del Luinese 포르마젤라 델 루이네제 **108**, 210
Formaggio d'Alpe ticinese 포르마지오 달페 티치네제 **108**, 222
Formaggio di fossa di Sogliano 포르마지오 디 포사 디 솔리아노 **109**, 210, 211, 213
Formai de Mut dell'alta Valle Brembana 포르마이 데 무트 델랄타 발레 브렘바나 **109**, 210, 211
Fort de Béthune 포르 드 베튄 26, 36, **188**, 196, 197
Fourmagée 푸르마제 **188**, 194, 195
Fourme d'Ambert 푸름 당베르 16, 26, 34, **175**, 178, 202, 203, 253
Fourme de Montbrison 푸름 드 모르비종 24, **175**, 202, 203, 243, 255
Fumaison 퓌메종 **109**, 115, 202, 203, 252

G

Gailtaler Almkäse 가일탈러 알름케제 **158**, 222, 223
Galactic Gold 갤럭틱 골드 **84**, 233, 243, 255
Galotyri 갈로티리 **45**, 226, 227
Gamonedo 가모네도 **176**, 206, 251
Gaperon d'Auvergne 가프롱 도베르뉴 37, **191**, 202, 203, 255
Glarner Alpkäse 글라르너 알프케제 **110**, 222
Gorgonzola 고르곤졸라 34, **176**, 178, 182, 210
Gortnamona 고트나모나 30, **76**, 216, 243, 252
Gouda Holland 하우다 홀란트 **110**, 218, 219
Gour noir 구르 누아르 12, **61**, 202, 203,250
Grana Padano 그라나 파다노 **159**, 210, 211
Gratte-Paille® 그라트 파유 **77**, 196, 197
Graviera Agrafon 그라비에라 아그라폰 **159**, 226, 227
Graviera Kritis 그라비에라 크리티스 55, **159**, 227, 252
Graviera Naxou 그라비에라 낙수 **160**, 226, 227
Greuilh 그뢰이 28, **52**, 202, 251
Grevenbroecker 그레벤브뢰커 **176**, 218, 219, 252
Gros lorrain 그로 로랭 **85**, 197
Gruyère 그뤼예르 26, 33, 113, 153, 154, **160**, 161, 222, 237
Gruyère français 그뤼에르 프랑세 **160**, 198, 199, 237

H

Halloumi 할루미 **45**, 227, 251
Handeck 핸덱 **161**, 230
Harbison 하비슨 31, **85**, 230, 231
Havarti 하바티 **110**, 220
Heidi 하이디 33, **161**, 232, 243
Henri IV 앙리 카트르 **161**, 202, 250
Herve 에르브 **85**, 218, 219, 251
Hessischer Handkäse 헤시셔 한트케제 **53**, 218, 219
Hollandse Geitenkaas 홀란즈 하이튼카스 **111**, 218, 219, 254
Holsteiner Tilsiter 홀슈타이너 틸지터 **111**, 218, 219
Horizon 호라이즌 30, **77**, 232, 251
Hushållsost 휘슈홀스오스트 **111**, 220, 221

I

Idiazabal 이디아자발 **112**, 206, 207, 255
Imokilly Regato 이모킬리 레가토 **112**, 216
Isle of Mull 아일 오브 멀 **112**, 216, 217
Itxassou 잇차수 10, **177**, 202, 250

J

Jānu siers 야누 시어스 37, **191**, 220, 221
Jihočeská Niva 이호체스카 니바 **177**, 224, 225
Jihočeská Zlatá Niva 이호체스카 즐라타 니바 **177**, 224, 225
Jonchée 종셰 27, **46**, 204, 243, 254

K

Kalathaki Limnou 칼라타키 림누 **46**, 226, 227
Kaltbach 칼트바흐 **113**, 222, 223
Kanterkaas 칸터카스 **113**, 218, 219
Kasséri 카세리 **162**, 226, 227
Katiki Domokou 카티키 도모쿠 **46**, 226, 227
Kau Piro 카우 피로 **86**, 233
Kefalograviera 케팔로그라비에라 **113**, 226, 227
King River Gold 킹 리버 골드 **86**, 232, 253
Klenovecký syrec 클레노베키 시렉 **114**, 224, 225
Kochkäse 코흐케제 36, **189**, 219
Kopanisti 코파니스티 **177**, 226, 227

L

Ladotyri Mytilinis 라도티리 미틸리니스 **114**, 227
Laguiole 라기올 15, 112, **114**, 202, 203, 253
Langres 랑그르 13, 31, **86**, 196, 197
Lavort 라보르 **115**, 202, 203, 243, 252
Le Curé nantais® 르 퀴레 낭테 **83**, 204
Lietuviškas varškės sūris 리아투비스 카스 바르슈케스 수리스 **47**, 220, 221
Lil' Moo 릴 무 **47**, 229
Liliputas 릴리푸타스 **115**, 220, 221
Livarot 리바로 14, 26, 31, **87**, 194, 195, 237, 243
Lou claousou 루 클라우수 **87**, 202, 203
Lucullus 뤼퀼뤼스 **77**, 194, 195

M

Mâconnais 마코네 **61**, 198, 199, 243, 255
Mahón Menorca 마혼 메노르카 **115**, 206, 207, 253
Manouri 마누리 28, **53**, 226, 227, 254
Maroilles 마루알 8, 15, 31, 37, **88**, 89, 97, 188, 190, 196, 197, 248, 252
Mégin 메쟁 36, **189**, 197
Metsovone 메초보네 **184**, 226, 227, 253
Milawa Blue 밀라와 블루 **178**, 232, 255
Mimolette 미몰레트 15, **116**, 136, 196, 197, 248, 252
Mohant 모한트 **47**, 223
Mont-d'or 몽 도르 13, 14, 83, 87, **88**, 96, 198, 199, 247, 248
Montasio 몬타지오 **116**, 210, 211
Monte Veronese 몬테 베로네제 **117**, 210, 211
Morbier 모르비에 13, 14, 26, 32, **117**, 137, 198, 199
Mothais-sur-feuille 모테 쉬르 푀유 11, **62**, 204, 205
Mozzarella 모차렐라 17, 35, **185**, 210, 213, 214
Mozzarella di bufala Campana 모차렐라 디 부팔라 캄파나 17, 26, 35, **185**, 212, 213, 214, 215, 243
Munster 묑스테르 16, 26, 31, 85, **89**, 100, 197, 243, 251, 254
Murazzano 무라차노 **62**, 210, 243

N

Nanoški sir 나노슈키 시르 **118**, 223
Neige de brebis 네주 드 브르비 28, **53**, 230, 231
Neufchâtel 뇌샤텔 14, 30, **78**, 194, 195, 248, 253, 261
Nieheimer Käse 니하이머 케제 28, **54**, 218, 219
Noord-Hollandse Edammer 노르트 홀란트 에다머 **118**, 218, 219
Noord-Hollandse Gouda 노르트 홀란트 하우다 **118**, 218, 219
Nostrano Valtrompia 노스트라노 발트롬피아 **119**, 210, 211

O

Oak Blue 오크 블루 **178**, 232
Odenwälder Frühstückskäse 오덴발더 프뤼슈튁스케제 **89**, 218, 219
Old Grizzly 올드 그리즐리 **119**, 228, 229
Olomoucké tvarůžky 올로모우츠케 트바루슈키 **119**, 224, 225
Oravský korbáčik 오라브스키 코르바치크 **185**, 224, 225
Orkney Scottish Island Cheddar 오크니 스코티시 아일랜드 체다 **119**, 216, 217
Oscypek 오스치펙 **120**, 224, 225
Ossau-iraty 오소 이라티 10, 11, 102, **120**, 202, 252
Ossolano 오솔라노 **121**, 210
Ovčí hrudkový syr– salašnícky 오브치 흐루드코비 시르 살라슈닉키 **48**, 224, 225
Ovčí salašnícky údený syr 오브치 살라슈닉키 우데니 시르 **121**, 224, 225, 253

P

Parmigiano reggiano 파르미지아노 레지아노 **163**, 210, 211
Pecorino crotonese 페코리노 크로토네제 **121**, 214, 215, 251
Pecorino delle Balze volterrane 페코리노 델레 발제 볼테라네 **122**, 212, 213
Pecorino di Filiano 페코리노 디 필리아노 **122**, 213, 214, 215
Pecorino di Picinisco 페코리노 디 피치니스코 **122**, 213
Pecorino romano 페코리노 로마노 32, **123**, 212, 213, 214, 243, 255
Pecorino sardo 페코리노 사르도 **123**, 212, 213, 214, 253
Pecorino siciliano 페코리노 시칠리아노 **123**, 214, 215, 253
Pecorino toscano 페코리노 토스카노 **124**, 212, 213
Pélardon 펠라르동 12, **62**, 200, 201, 255
Pérail 페라이 10, 29, **63**, 64, 202, 203, 243, 250
Persillé de Tignes 페르시예 드 티뉴 **178**, 199
Petit fiancé des Pyrénées 프티 피앙세 데 피레네 **90**, 124, 202, 203, 250
Petit Grès 프티 그레 16, **90**, 197

Phébus 페뷔스 **124**, 202, 203
Piacentinu ennese 피아첸티누 에네제 **124**, 214
Piave 피아베 **125**, 210, 211
Pichtogalo Chanion 픽토갈로 하니온 **48**, 227
Picodon 피코동 9, 11, **63**, 200, 252
Picón Bejes-Tresviso 피콘 베헤스 트레스비소 **179**, 206
Pied-de-vent 피에 드 방 31, **90**, 230, 231, 253
Pionnier 파이오니어 33, **163**, 230, 231, 243, 255
Pitchounet 피추네 10, **125**, 169, 202, 203, 253
Pithiviers 피티비에 **78**, 196, 197, 254
Pleasant Ridge 플레전트 릿지 **163**, 229
Pont-l'évêque 퐁 레베크 8, 14, 83, **91**, 194, 195, 258
Pôt corse 포 코르스 26, 36, **189**, 200, 201, 253
Pouligny-saint-pierre 풀리니 생 피에르 11, **63**, 204, 205, 243, 254, 260
Prinz von Denmark 프린츠 폰 덴마크 **125**, 220
Provolone del Monaco 프로볼로네 델 모나코 26, 35, **186**, 212, 213, 214, 215
Provolone Valpadana 프로볼로네 발파다나 **186**, 210, 211
Pure Goat Curd 퓨어 고트 커드 **48**, 232, 255
Puzzone di Moena/Spretz tzaori 푸조네 디 모에나/ 스프레츠 차오리 **126**, 210, 211
Pyengana 피엔가나 **126**, 232

Q

Quartirolo lombardo 콰르티롤로 롬바르도 **49**, 210, 211
Queijo da Beira Baixa 케이조 다 베이라 바이샤 **126**, 208
Queijo de Azeitão 케이조 드 아제이탕 **91**, 208, 253
Queijo de cabra transmontano 케이조 드 카브라 트란스몽타누 **127**, 208
Queijo de Évora 케이조 드 에보라 **127**, 208
Queijo de Nisa 케이조 드 니사 **127**, 208
Queijo do Pico 케이조 도 피코 **128**, 208, 251
Queijo mestiço de Tolosa 케이조 메스티수 드 톨로사 **128**, 208
Queijo rabaçal 케이조 라바살 **128**, 208
Queijo São Jorge 케이조 상 조르주 **129**, 208
Queijo Serpa 케이조 세르파 **91**, 208, 209
Queijo Serra da Estrela 케이조 세라 다 에스트렐라 **92**, 208, 209
Queijo Terrincho 케이조 테린초 **129**, 208, 254
Queso camerano 케소 카메라노 **129**, 206, 207
Queso Casín 케소 카신 **130**, 206, 255
Queso de flor de Guía 케소 데 플로르 데 기아 **130**, 208, 209
Queso de l'Alt Urgell y la Cerdanya 케소 데 랄 우르젤 이 라 세르다냐 **130**, 206, 207
Queso de la Serena 케소 데 라 세레나 **131**, 209
Queso de Murcia 케소 데 무르시아 **131**, 208, 209, 254
Queso de Murcia al vino 케소 데 무르시아 알 비노 **131**, 208, 209, 255
Queso de Valdeón 케소 데 발데온 **179**, 206, 255
Queso Ibores 케소 이보레스 **132**, 209
Queso Los Beyos 케소 로스 베요스 **132**, 206
Queso majorero 케소 마호레로 **132**, 208, 209
Queso manchego 케소 만체고 32, **133**, 208, 209, 250
Queso nata de Cantabria 케소 나타 데 칸타브리아 **133**, 206
Queso palmero 케소 팔메로 **133**, 208, 209, 254
Queso Tetilla 케소 테티야 35, **186**, 206, 255
Queso Zamorano 케소 자모라노 **134**, 206
Quesucos de Liebana 케수코스 데 리에바나 **134**, 206

R

Raclette de Savoie 라클레트 드 사부아 **134**, 198, 199
Raclette du Valais 라클레트 뒤 발레 **135**, 222, 223
Ragusano 라구자노 **135**, 214, 215
Raschera 라스케라 **135**, 210
Reblochon 르블로숑 13, 16, 38, 90, 106, **136**, 198, 199
Recuite 르퀴트 10, 28, **54**, 125, 169, 202, 203, 243
Red Leicester 레드 레스터 **136**, 216, 217, 254
Redykołka 레디코우카 **187**, 224, 225
Ricotta di bufala Campana 리코타 디 부팔라 캄파나 **54**, 212, 213, 214, 215
Ricotta romana 리코타 로마나 26, 28, **55**, 212, 213, 243, 252
Ridge Line 릿지 라인 **137**, 229
Rigotte de Condrieu 리고트 드 콩드리유 **64**, 98, 99
Robiola di Roccaverano 로비올라 디 로카베라노 **64**, 210
Rocaillou des Cabasses 로카이유 데 카바스 **64**, 202, 203
Rocamadour 로카마두르 **65**, 202, 203
Rocket's Robiola 로켓츠 로비올라 **65**, 229
Rogue River Blue 로그 리버 블루 **180**, 228, 229, 255
Rollot 롤로 **92**, 196, 197
Roncal 론칼 **137**, 206, 207
Roquefort 로크포르 8, 9, 10, 25, 26, 34, 63, 169, **180**, 183, 202, 203, 238, 243, 248, 250
Rouelle du Tarn 루엘 뒤 타른 **65**, 202, 203
Rove des Garrigues 로브 데 가리그 26, 27, **49**, 50, 200, 243, 250
Rovethym 로브탱 12, **66**, 200, 255

S

Sabot de Blanchette 사보 드 블랑셰트 **66**, 230, 243
Saint-félicien 생 펠리시앵 **79**, 200, 201, 252
Saint-John 세인트 존 **49**, 230, 231, 253
Saint-marcellin 생 마르슬랭 **67**, 79, 200, 201
Saint-nectaire 생 넥테르 13, 14, 16, 38, 39, **137**, 202, 203, 238, 252
Saint-nicolas de la Dalmerie 생 니콜라 드 라 달므리 **67**, 200, 201

Sainte-maure de Touraine 생트 모르 드 투렌 29, **66**, 204, 205, 243, 248, 259
Salers 살레르 26, 32, 99, 112, **138**, 146, 151, 202, 203, 238, 254
Salva cremasco 살바 크레마스코 **138**, 210, 211, 243
San Michali 산 미샬리 **139**, 226, 227
San Simón da Costa 산 시몬 다 코스타 **139**, 206
Saveurs du maquis 사뵈르 뒤 마키 27, **50**, 201, 251
Sawtooth 소투스 **93**, 228, 229
Sbrinz 스브린츠 **164**, 222, 223
Selles-sur-cher 셀 쉬르 셰르 11, 12, 29, **68**, 204, 205, 252
Ser koryciński swojski 세르 코리킨스키 스포이스키 **139**, 224, 225
Sérac 세라크 26, 28, **55**, 199, 252
Sfela 스펠라 **140**, 226, 227
Shearer's Choice 시어러즈 초이스 **93**, 232, 243, 255
Shropshire 슈롭셔 **181**, 216, 217, 253
Silk 실크 **50**, 232, 254
Silter 실테르 **140**, 210, 211
Simply Sheep 심플리 쉽 **68**, 230, 252
Single Gloucester 싱글 글로스터 **140**, 216, 217
Sire de Créquy à la bière 시르 드 크레키 아 라 비에르 31, **93**, 196, 197, 255
Slovenská bryndza 슬로벤스카 브린자 **50**, 224, 225
Slovenský oštiepok 슬로벤스키 오스티에포크 **141**, 224, 225
Smokey Oregon Blue 스모키 오리건 블루 **181**, 228, 229, 254
Soumaintrain 수맹트랭 15, **94**, 198, 199
Spressa delle Giudicarie 스프레사 델레 주디카리에 **141**, 210, 211
Squacquerone di Romagna 스콰쿠에로네 디 로마냐 **51**, 210, 211
Staffordshire Cheese 스태퍼드셔 치즈 **141**, 216, 217
Stelvio 스텔비오 **142**, 210, 211
Stilton Cheese 스틸턴 치즈 **181**, 216, 217
Strachitunt 스트라키툰트 **182**, 210, 255
Sunrise Plains 선라이즈 플레인즈 **94**, 232
Svecia 스베시아 **142**, 220
Swaledale Cheese 스웨일데일 치즈 **142**, 143, 216, 217
Swaledale Ewes Cheese 스웨일데일 유즈 치즈 **143**, 216, 217

T U

Taleggio 탈레지오 **143**, 210, 211, 254
Taupinière charentaise® 토피니에르 샤랑테즈 **68**, 204, 205
Tekovský salámový syr 테코브스키 살라모비 시르 **143**, 224, 225
Telemea de Ibăneşti 텔레메아 데 이바네슈티 **51**, 225
Tête de moine 테트 드 무안 154, **164**, 222, 223
Teviotdale Cheese 테비오트데일 치즈 **144**, 216, 217
Timanoix 티마누아 **95**, 194, 252
Tiroler Almkäse 티롤러 알름케제 **164**, 223
Tiroler Bergkäse 티롤러 베르크케제 **165**, 223
Tiroler Graukäse 티롤러 그라우케제 **182**, 223
Tolminc 톨민크 **144**, 223
Toma piemontese 토마 피에몬테제 **144**, 210, 251
Tomme aux artisons 톰 오 자르티종 **145**, 202, 203
Tomme crayeuse 톰 크레이외즈 **146**, 199
Tomme de Rilhac 톰 드 리야크 **146**, 202, 203, 251
Tomme de Savoie 톰 드 사부아 16, 23, **147**, 198, 199
Tome des Bauges 톰 데 보주 13, 16, 26, 32, 96, **145**, 198, 199, 255
Tomme des Pyrénées 톰 데 피레네 10, 12, **147**, 202, 203
Tomme marotte 톰 마로트 **148**, 202, 203, 243, 254
Torta del Casar 토르타 델 카사르 **148**, 208, 209, 247, 254
Traditional Ayrshire Dunlop 트래디셔널 에어셔 던롭 **149**, 216, 217
Traditional Welsh Caerphilly 트래디셔널 웰시 카필리 **149**, 216, 217
Tricorne de Picardie 트리코른 드 피카르디 **95**, 196, 197
Truffe de Ventadour 트뤼프 드 방타두르 **69**, 202, 203, 251
Urban Blue 어반 블루 **182**, 230, 231, 243

V

Vacherin des Bauges 바슈랭 데 보주 83, **96**, 199, 254
Vacherin fribourgeois 바슈랭 프리부르주아 **149**, 222, 223
Vacherin mont-d'or 바슈랭 몽 도르 88, **96**, 222, 223, 254
Valençay 발랑세 12, 29, **69**, 204, 205, 248, 255, 260
Valle d'aosta Fromadzo 발레 다오스타 프로마초 **150**, 210
Valtellina Casera 발텔리나 카제라 **150**, 210
Vastedda della valle del Belice 바스테다 델라 발레 델 벨리체 **187**, 214, 254
Venaco 브나코 80, **97**, 201, 254
Venus Blue 비너스 블루 **183**, 232
Verzin® 베르진 **183**, 210, 253
Vieux-Lille 비유 릴 **97**, 196, 197
Volcano 볼케이노 30, **79**, 233
Vorarlberger Alpkäse 포어아를베거 알프케제 **165**, 223
Vorarlberger Bergkäse 포어아를베거 베르크케제 **165**, 223

W X Y Z

Wangapeka 왕가페카 **150**, 233
Waratah 와라타 **97**, 232, 255
West Country Farmhouse Cheddar Cheese 웨스트 컨추리 팜하우스 체다 치즈 24, **151**, 216, 217, 254
Wielkopolski ser smażony 비엘코폴스키 세르 스마조니 **191**, 224, 225, 253
Windsor Blue 윈저 블루 **183**, 233, 253
Woolamai Mist 울라마이 미스트 **79**, 232, 243, 254
Xygalo Siteias 시갈로 시테이아스 **51**, 227, 253
Xynomyzithra Kritis 시노미지스라 크리티스 **55**, 227
Yorkshire Wensleydale 요크셔 웬즐리데일 **151**, 216, 217
Zázrivský korbáčik 자즈리브슈케 코르바시크 **187**, 224, 225, 253
Zázrivské vojky 자즈리브슈케 보즈키 **187**, 224, 225

참고 문헌

잡지

Magazines *Profession fromager*, Éditions ADS, 2016-2018.

Le Courrier du fromager, Les fromagers de France, 2015-2018.

책

Philippe Olivier, *Fromages des pays du Nord*, Tallandier, 1998.

Monique Roque, Pierre Soissons, *Auvergne, terre de fromages*, Quelque part sur terre, 1998.

Roland Barthélemy, Arnaud Sperat-Czar, *Fromages du monde*, Hachette, 2001.

Jean Froc, *Balade au pays des fromages : les traditions fromagères en France*, éditions Quæ, 2006.

Michel Bouvier, *Le fromage, c'est toute une histoire : petite encyclopédie du bon fromage*, Jean-Paul Rocher, éditeur, 2008.

Kazuko Masui, Tomoko Yamada, *Fromages de France*, Gründ, 2012.

Kilien Stengel, *Traité du fromage : caséologie, authenticité et affinage*, Sang de la Terre, 2015.

Philippe Olivier, *Les Fromages de Normandie hier et aujourd'hui*, Éditions des falaises, 2017.

WEB

http://ec.europa.eu/agriculture/quality/door/list.html
Portail de la Commission européenne pour les labels AOP, STG, IGP.

http://www.racesdefrance.fr
Portail autour des principales races de bêtes laitières de France.

https://www.inao.gouv.fr
Portail de l'Institut national de l'origine et de la qualité pour les AOP françaises.

목차

1

치즈의 기원: 역사와 제조

간략히 살펴보는 치즈 연대표 **8-9**

낙농 동물의 품종 **10-17**
양 10-11
염소 11-12
소 13-16
물소 및 기타 낙농 동물 17
낙농 동물의 섭생 18-19
되새김질 19

기본이 되는 원재료, 젖 **20-21**
우유의 다양한 열처리 21

치즈 제조과정 **22-25**
착유하기 22
응고하기 22
성형하기 23
수분 빼기 23
가염하기 24
숙성하기 25

11가지 치즈 계열 **26-37**
프레시 치즈 27
락토세럼 치즈 28
천연 외피 연성 치즈 29
흰곰팡이 연성 치즈 30
세척 외피 연성치즈 31
비가열 압착 치즈 32
가열 압착 치즈 33
푸른곰팡이 치즈 34
파스타 필라타 치즈 35
녹여 만든 스프레드 치즈, 가공 치즈 36
가향, 가미 치즈 37

치즈 포장 라벨 **38**

품질 인증 마크 **39**

2

세상의 모든 치즈

프레시 치즈 **42-51**

락토세럼(훼이) 치즈 **52-55**

천연 외피 연성 치즈 **56-69**

흰곰팡이 연성 치즈 **70-79**

세척 외피 연성 치즈 **80-97**

비가열 압착 치즈 **98-151**

가열 압착 치즈 **152-165**

푸른곰팡이 치즈 **166-183**

파스타 필라타 치즈 **184-187**

녹여 만든 스프레드 치즈, 가공 치즈 **188-189**

가향, 가미 치즈 **190-191**

3 치즈 생산지

프랑스 **194-205**
브르타뉴, 노르망디 194-195
북동부 196-197
중동부 198-199
남동부 200-201
오베르뉴, 남서부 202-203
중서부 204-205

스페인(북부) **206-207**

스페인(남부), 포르투갈 **208-209**

이탈리아 **210-215**
북부 210-211
중부 212-213
남부 214-215

영국, 아일랜드 **216-217**

벨기에, 네덜란드, 독일 **218-219**

덴마크, 스웨덴, 라트비아, 리투아니아 **220-221**

스위스, 오스트리아, 슬로베니아 **222-223**

폴란드, 체코, 슬로바키아, 루마니아 **224-225**

그리스, 카프로스 **226-227**

미국, 캐나다 **228-231**

호주, 뉴질랜드 **232-233**

4 치즈 테이스팅

치즈의 맛은 어디에서 올까? **236-239**
세균(박테리아) 237
곰팡이 238
효모 239

치즈의 향과 풍미 **240-241**

치즈 페어링 **242-245**
와인 242
맥주 243
위스키 244
차 244
과일 주스 245
애플 시드르, 서양배 푸아레 245

치즈 플래터 준비와 서빙 **246-249**
치즈 서빙용 나이프 및 도구 247
치즈 테이스팅 순서 247
치즈 커팅 방법 248

치즈 플래터 **250-255**
클래식 치즈 3종 플래터 250
테마별 치즈 3종 플래터 251
클래식 치즈 5종 플래터 252
테마별 치즈 5종 플래터 253
클래식 치즈 7종 플래터 254
테마별 치즈 7종 플래터 255

치즈 포장하기 **256-261**
둥근 모양의 치즈 256
끝이 뾰족하게 절단된 치즈 257
정사각형 또는 직사각형 치즈 258
원통형 치즈 259
피라미드 모양의 치즈 260
하트 모양의 치즈 261

용어 정리 **262-263**

치즈 찾아보기 **264-268**

참고 문헌 **269**

감사의 말 **272**

감사의 말

이 멋진 프로젝트를 진행하는 동안 끊임없는 사랑과 지지를 보내준 나의 아내 알리시아 소즈와 세상에서 가장 사랑스러운 나의 자녀 엘리자, 오웬에게 감사를 전합니다.

놀라운 재능을 가진 이 책의 일러스트레이터 야니스 바루치코스, 저를 믿고 이 책을 편집해준 에마뉘엘 르 발루아에게 진심으로 감사의 말을 전합니다.

이 책을 더 아름답고 이해하기 쉽게 만들기 위한 건설적인 조언을 해준 아가트 르게와 자르코 텔레박에게도 따뜻한 감사의 마음을 전합니다.

클레르 조베르의 우정과 편집자로서의 재능에 감사의 마음을 전합니다.

치즈의 미생물에 관한 열정적인 연구와 혜안을 전해준 로안의 로랑 몽스에게도 깊은 감사를 전합니다.

동생 모르강과 릴의 크레므리 데 프레르 들라삭의 멋진 직원 오렐리 민, 세실 투즈에게 감사를 전합니다. 이분들의 도움이 없었다면 이 책 작업을 이렇게 풍성하게 만들 수 없었을 것입니다.

마지막으로 퀘벡의 내 친구들에게 깊은 감사를 전합니다. 특히 가엘 뤼시아 베르두, 요리사 줄리와 그녀의 치즈 피에 드 방, 제롬 라베, 티에리 와틴, 독특한 유머 캐릭터 시도니 와트리강에게 감사를 전합니다.

마지막으로 이 책을 두 손 안에 쥔 독자 여러분들께 감사를 전합니다.
이 책을 통해 맛있는 치즈의 세계를 즐기시길 바랍니다. 그것이 이 책이 존재하는 유일한 목적이니까요.

트리스탕 시카르

세상의 모든 치즈
1판 1쇄 발행일 2022년 11월 15일
저　자 : 트리스탕 시카르
그　림 : 야니스 바루치코스
번　역 : 강현정
발행인 : 김문영
펴낸곳 : 시트롱 마카롱
등　록 : 제2014-000153호
주　소 : 경기도 파주시 책향기로 320, 2-206
페이지 : www.facebook.com/citronmacaron @citronmacaron
이메일 : macaron2000@daum.net
ISBN : 979-11-978789-2-3 03590